"十三五"国家重点出版物出版规划项目

浙江省普通高校"十三五"新形态教材

浙江省普通高校"十二五"优秀教材

浙江省"十一五"重点建设教材

21世纪工业工程专业系列教材

工业工程概论

第 3 版

主　编　薛　伟　　蒋祖华

副主编　周宏明　　陈亚绒

参　编　李峰平　　付培红

　　　　周余庆　　黄沈权

主　审　江志斌

机械工业出版社

本书从工业工程发展的历程和现状入手，以工业工程理论和方法为基础，以工业工程在企业的应用为导向，系统地介绍了工作研究、人因工程学、生产计划与控制、设施规划与物流分析、现代质量工程、现代制造系统等工业工程主要技术的原理、方法和应用，并在相关章介绍了典型应用案例。经典工业工程方法与现代技术有机融合，注重工业工程意识与技能的培养，是本书的突出特点。

　　本书可作为高等院校工业工程专业，机械制造工程、机械电子工程等制造工程类专业，以及管理科学与工程类专业本科及工程硕士教材，也可供广大工程技术人员和管理人员学习或培训使用。

图书在版编目（CIP）数据

工业工程概论/薛伟，蒋祖华主编. —3 版. —北京：机械
工业出版社，2021.3（2024.2 重印）

"十三五"国家重点出版物出版规划项目

ISBN 978-7-111-67952-3

Ⅰ.①工… Ⅱ.①薛… ②蒋… Ⅲ.①工业工程-高等学校-
教材 Ⅳ.①TB

中国版本图书馆 CIP 数据核字（2021）第 061526 号

机械工业出版社（北京市百万庄大街 22 号 邮政编码 100037）
策划编辑：裴 泆 责任编辑：裴 泆 佟 凤
责任校对：王 欣 封面设计：张 静
责任印制：郜 敏
三河市宏达印刷有限公司印刷
2024 年 2 月第 3 版第 5 次印刷
184mm×260mm · 21.75 印张 · 523 千字
标准书号：ISBN 978-7-111-67952-3
定价：59.80 元

序

　　每一个国家的经济发展都有自己特有的规律，而每一个国家的高等教育也都有自己独特的发展轨迹。

　　自从工业工程（Industrial Engineering，IE）学科于 20 世纪初在美国诞生以来，在世界各国得到了较快的发展。工业化强国在第一、二次世界大战中都受益于工业工程。特别是在第二次世界大战后的经济恢复期，日本、德国等国均在工业企业中大力推广工业工程的应用，培养工业工程人才，获得了良好的效果。美国著名企业家、美国福特汽车公司和克莱斯勒汽车公司前总裁李·艾柯卡先生就是毕业于美国里海大学工业工程专业。日本丰田生产方式从 20 世纪 80 年代创建以来，至今仍风靡世界各国，其创始人大野耐一的接班人——原日本丰田汽车公司生产调查部部长中山清孝说："所谓丰田生产方式就是美国的工业工程在日本企业的应用。"工业工程高水平人才的培养，对国内外经济发展和社会进步起到了重要的推动作用。

　　1990 年 6 月，中国机械工程学会工业工程研究会（现已更名为工业工程分会）正式成立并举办了首届全国工业工程学术会议，标志着我国工业工程学科步入了一个崭新的发展阶段。人们逐渐认识到工业工程对中国管理现代化和经济现代化的重要性，并在全国范围内掀起了学习、研究和推广工业工程的热潮。更重要的是在 1992 年国家教委批准天津大学、西安交通大学试办工业工程专业，随后重庆大学也获批试办该专业，1993 年，这三所高校一起招收了首批本科生，由此开创了我国工业工程学科的先河。而后上海交通大学等一批高校也先后开设了工业工程专业。截至 2020 年，全国开设工业工程专业的院校至少有 257 所。我在 2000 年 9 月应邀赴美讲学，2001 年应我国台湾工业工程学会邀请到台湾清华大学讲学，2003 年应韩国工业工程学会邀请赴韩讲学，其题目均为"中国工业工程与高等教育发展概况"。他们均对中国大陆的工业工程学科发展给予了高度的评价，并表达了与我们保持长期交流与往来的意愿。

　　虽然我国工业工程高等教育自 1993 年就已开始，但教材建设却发展缓慢。最初，大家都使用由北京机械工程师进修学院组织编写的"自学考试"系列教材。1998 年，中国机械工程学会工业工程分会与中国科学技术出版社合作出版了一套工业工程专业教材，并请西安交通大学汪应洛教授任编委会主任。这套教材的出版有效地缓解了当时工业工程专业教材短缺的压力，对我国工业工程专业高等教育的发展起到了重要的推动作用。2004 年，中国机械工程学会工业工程分会与机械工业出版社合作，组织国内工业工程专家、学者编写出版了"21 世纪工业工程专业系列教材"。这套教材由国内工业工程领域的一线专家领衔主编，联合多所院校共同编写而成，既保持了较高的学术水平，又具有广泛的适应性，全面、系统、准确地阐述了工业工程学科的基本理论、基础知识、基本方法和学术体系。这套教材的出版，从根本上解决了工业工程专业教材短缺、系统性不强、水平参差不齐的问题，满足了普通高等院校工业工程专业的教学需求。 这套教材出版后，被国内开设工业工程专业的高校广泛采用，也被富士康、一汽等企业作为培训教材，有多本教材先后被教育部评为"普通高等教育'十一五'国家级规划教材""'十二五'普通高等教育本科国家级规划教材"，入选国家新闻出版广电总局"'十三五'国家级重点出版物规划项目"，这套教材得到了教育管理部门、高校、企业的一致认可，对推动工业工程学科发展、人才培养和实践应用发挥了积极的作用。

随着中国特色社会主义进入新时代，中国高等教育也进入了新的历史发展阶段，对高等教育人才培养也提出了新的要求。 同时，近年来我国工业工程学科发展十分迅猛，开设工业工程专业的高校数量直线上升，教育部也不断出台新的政策，对工业工程的学科建设、办学思想、办学水平等进行规范和评估。 为了适应新时代对人才培养和教学改革的要求，满足全国普通高等院校工业工程专业教学的需要，中国机械工程学会工业工程分会和机械工业出版社组织专家对"21世纪工业工程专业系列教材"进行了修订。 新版系列教材力求反映经济社会和科技发展对工业工程人才培养提出的最新要求，反映工业工程学科的最新发展，反映工业工程学科教学和科研的最新进展。 除此之外，新版教材还在以下几方面进行了探索和尝试：

（1）努力把"双一流"建设和"金课"建设的成果融入教材中，体现高阶性、创新性和挑战度，注重培养学生解决复杂问题的综合能力和高级思维。

（2）探索把创新创业教育、课程思政的内容融入专业教学，努力做到将价值塑造、知识传授和能力培养三者融为一体。

（3）探索现代信息技术与教育教学深度融合，创新教材呈现方式，将纸质教材升级为"互联网＋教材"的形式，以现代信息技术提升学生的学习效果和阅读体验。

尽管各位专家付出了极大的努力，但由于工业工程学科在不断发展变化，加上我们的学术水平和知识有限，教材中难免存在各种不足，恳请国内外同仁多加批评指正。

中国机械工程学会工业工程分会

主任委员

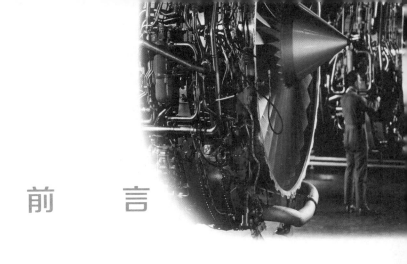

前　言

　　20 世纪初产生于美国的工业工程（Industrial Engineering，IE）是一门以提高质量和效率、降低成本为目标的集工程技术和管理于一体的交叉性学科，其理论和方法对西方发达国家的工业化和韩国、日本、新加坡、中国等亚太国家与地区的经济腾飞起着非常重要的作用。我国从 20 世纪 80 年代开始正式应用工业工程，经过近 40 年的发展，工业工程的应用领域已由最初的传统制造业扩展到服务业、物流业、医疗业等多种行业以及政府部门；工业工程的应用内容也由传统的工作研究、设施规划与物流分析等延伸到与信息技术、业务流程再造等紧密结合的现代制造系统。人们逐渐认识到工业工程在管理现代化和经济现代化进程中的重要性，而国内工业工程的专业教育从 20 世纪 90 年代才完全开始，系统介绍工业工程基本知识、理论、核心方法的教材和专著极少，于是我们筹划编写了本书。

　　本书系 2009 年出版的"21 世纪工业工程专业系列教材"《工业工程概论》的第 3 版。由于工业工程是一门实践性非常强的学科，本教材的建设也力求适应社会经济的发展形势。在近几年教学实践的基础上，融合信息技术与互联网技术等新发展，对教材进行了修订。与第 2 版相比，第 3 版不仅弥补了原书的一些不足，而且增加了多种形式的视频素材，补充了企业实施和应用的与生产计划与控制相关的数字化系统等内容。具体修订内容为：①建设了包括生产实践案例视频、关键概念和知识点讲解视频、核心方法或模型建立与求解的仿真视频等形式多样的视频素材。一是根据编者近几年从事企业管理咨询的课题成果，在第 2 章至第 6 章中添加了多个来自眼镜、剃须刀、水泵、低压电器、汽车发动机等企业生产实践案例的视频；二是针对本书中的关键概念和知识点，如标准时间、提前期、BOM 表、安全色等关键内容制作了讲解视频；三是针对本书中的一些核心方法或模型，如 ILOG 求解生产计划问题的线性规划模型、开放车间调度问题的数学求解模型等，制作了多个建模和仿真求解过程的视频。②在第 4 章中，面向企业的智能制造需求，结合现代信息技术的发展，增加了企业实施和应用的与生产计划与控制相关的数字化系统等内容。

　　与第 2 版一致，本书在介绍工业工程发展与应用的基础上，重点对工业工程的核心技术方法进行了介绍。通过导引案例—理论方法—综合案例的三段式结构，更好地实现了理论与实践的结合，突出了对学生的工业工程意识与技能的培养。本书的特色在于重视经典工业工程方法与现代技术的融合，在内容上，力求全面涵盖经典工业工程与现代工业工程的核心知识、理论和方法；在结构上，力求以工业工程在企业的应用为导向，考虑知识的衔接性与层次性来安排内容体系；在编写上，力求将核心理论知识贯穿于应用案例，让学生更容易理解和掌握，树立工业工程思维和意识；在形式上，通过移动互联网技术，以嵌入"二维码"的纸质教材为载体，嵌入视频等数字资源，方便学生利用手机、PAD 等电子设备开展学习。

　　本书由温州大学薛伟教授和上海交通大学蒋祖华教授担任主编，由温州大学周宏明教授和陈亚绒副教授担任副主编。温州大学李峰平、付培红、周余庆、黄沈权参加了编写。上海交通大学江志斌教授担任主审。具体编写分工如下：第 1 章由薛伟和周余庆编写，第 2 章由陈亚绒编写，第 3 章由薛伟和黄沈权编写，第 4 章由李峰平和陈亚绒编写，第 5 章由付培红编写，第 6 章由周余庆编写，第 7 章由周宏明编写，第 2 章、第 3 章、第 4 章的综合案例由蒋祖华编写。

本书在编写过程中，广泛参考了大量文献资料，在此我们谨向有关作者表示衷心的感谢。

由于工业工程是一门尚在发展中的交叉学科，知识面越来越广泛，加之作者学识浅陋，书中不妥和错漏之处在所难免，敬请广大读者予以指正，以便今后再版时加以改进。

编　者

目　　录

第1章
工业工程概述

工业工程是"生产力水桶"的两个提耳之一，离开工业工程，生产力的潜力和效率都很难得到有效的开发和提高。工业工程是实现管理积累与创新的重要技术，是提高企业竞争能力的关键技术之一。

在本章中，首先，介绍了工业工程的产生和发展历程，以及在我国的发展和应用情况；其次，简要概括了目前国际上流行的工业工程概念，在此基础上归纳总结了工业工程的内涵，并就其学科特点和内容体系进行了详细的阐述；最后，在工业工程的研究和应用领域，介绍了工业工程的基本方法，探讨了现代工业工程面临的新挑战及其发展趋势。

 1.1　工业工程的发展和应用

1.1.1　工业工程的产生和发展历程

1. 工业工程的产生

任何一门科学能被人们接受并成为人们改造自然和社会强有力的工具，必然存在其赖以生存和发展的基础、环境和动因。总体来讲，工业工程（Industrial Engineering，IE）发展的动因在于三个方面，即社会生产力发展的需求、科学技术日新月异的成果的支持作用和社会环境（或说经济形态），确切地说，是商品经济所提供的社会发展环境。生产力的发展使生产与管理系统的规模越来越大、越来越多样化。这在客观上要求必须存在分析、设计及改善这些生产和管理系统的技术体系。因而，在20世纪初生产力开始快速发展时，才产生工业工程。科学技术成果，如运筹学、统计学、系统工程、计算机工程及信息技术都为工业工程技术体系提供了巨大的支持；市场经济为企业提供了竞争的社会环境。

一般认为工业工程最早起源于美国。19世纪末20世纪初，美国工业迅速发展，生产方式由家庭小作坊方式向社会化大生产方式转化，导致劳动力严重不足，而劳动效率又很低下。当时的工业生产很少有生产计划和组织，生产一线的管理人员对工人作业只是口头上的指导，作业方法很少得到改进和提高。管理人员的工作方法缺乏科学性和系统性，主要凭经验办事，很少有人注意一个工厂或一种工艺过程的改进和协调，因而效率低，浪费大。以泰勒和吉尔布雷斯为代表的一大批科学管理先驱者，为改变这种状况进行了卓有成效的工作，开创了科学管理，为工业工程的产生奠定了基础。

弗雷德里克·温斯洛·泰勒（Frederick Winslow Taylor，1856—1915）是一位工程师、效率专家和发明家，一生中获得过100多项专利。他认为管理没有采用科学方法，工人缺乏训练，没有正确的操作方法和程序，大大影响了工作效率。他相信通过对工作的分析，总可以找到改进的方法，设计出效率更高的工作程序。他系统地研究了工场作业和衡量方法，创立了"时间研究"（Time Study），并通过改进操作方法，科学地制定劳动定额，采用标准化，极大地提高了效率，降低了成本。泰勒将他的研究成果应用于管理实践，并提出了一系列科学管理理论和方法。1911年，泰勒公开发表了《科学管理原理》一书。该书的发表被公认为是工业工程的开端。因此，泰勒在美国管理史上被称作"科学管理之父"，也被称作"工业工程之父"。

弗兰克·吉尔布雷斯（Frank Bunker Gilbreth，1868—1924）是和泰勒同一时期的另一位工业工程奠基人，其主要贡献是创立了与时间研究密切相关的"动作研究"（Motion Study）——对人在从事生产作业过程中的动作进行分解，确定基本的动作要素（称为"动素"，Therblig），然后进行科学分析，建立起省工、省时、效率最高和最满意的操作顺序。典型例子是"砌墙实验"。通过对建筑工人的砌砖过程进行动作研究，确定砌砖过程中的无效动作、笨拙动作，并通过改进作业的布置和作业工具，使原先砌一块砖需要18个动作简化到5个，使砌砖效率由每小时120块提高到每小时350块。1912年吉尔布雷斯进一步改进动作研究方法，把工人操作时的动作拍成影片，创造了影片分析方法，对动作进行更细微的研究。1921年，他又创造了工序图，为分析和建立良好的作业顺序提供了工具。

亨利·劳伦斯·甘特（Henry Laurence Gantt，1861—1919）也是工业工程先驱者之一，他的突出贡献是发明了著名的"甘特图"。这是一种预先计划和安排作业活动、检查进度以及更新计划的系统图表方法，为工作计划、进度控制和检查提供了十分有用的方法和工具。直到今天，它仍然被广泛地应用于生产计划和控制这一工业工程的主要领域。

还有许多科学家和工程师对科学管理和早期工业工程的发展做出过贡献，如1776年英国经济学家亚当·斯密（Adam Smith）在其《国富论》一书中提出了劳动分工的概念。

2. 工业工程的发展历程

工业工程形成和发展演变的历史，实际上就是各种用于提高效率、降低成本的知识、原理和方法产生与应用的历史，随着社会和科学技术的发展，工业工程也不断充实新的内容。

从19世纪开始，IE发展经历了四个相互交叉的阶段，每个阶段都有其各自的特点。

第一阶段（19世纪末～20世纪30年代初）：这是IE萌芽和奠基的时期。这一时期以劳动专业化分工、时间研究、动作研究、标准化等方法的出现为标志，主要是在制造业（尤其是机械制造企业）中应用动作研究和时间研究等科学管理方法，提高工人作业效率。并且，主要是针对操作者和作业现场等较小范围、建立在经验基础上的研究。产业革命促进了大批革新项目，制造业的规模和复杂性大幅增加。零件互换性和劳动分工是促使大量生产成为可能的两个重要的工业工程观念。在德国兴起的标准化同样也是促进大量生产和工业化的重要IE成就。1832年，英国的查尔斯·巴贝奇（Charles Babbage，1792—1871）发表了《机械制造业经济论》（*On the Economy of Machinery Manufactures*）一书，提出了时间研究的重要概念。

1910 年，吉尔布雷斯夫妇从事动作研究和工业心理学研究；1913 年，亨利·福特（Henry Ford，1863—1947）发明了流水装配线；1914 年，甘特从事作业进度规划研究和按技能高低与工时付酬的计件工资制的研究；1917 年，福特·惠特曼·哈里斯（Ford W. Harris）研究应用经济批量控制库存量的理论。

被誉为工业工程之父的泰勒，通过著名的"铁铲实验""搬运实验"和"切削实验"，总结了称为"科学管理"的一套思想。

第二阶段（20 世纪 30 年代初～20 世纪 40 年代中期）：这是工业工程的成长时期。这一时期由于吸收了数学和统计学的知识，创立了许多 IE 的原理和方法，包括人机工程，设施规划与设计，物料搬运，生产计划与控制，质量控制，成本管理以及工程经济分析，组织的设计、分析、评价和改善，群体工作效率分析与人员激励，等等，形成了现代 IE 的主体。在这一时期，美国高校成立了更多的 IE 专业或系，并且出现了专门从事 IE 的职业。

第三阶段（20 世纪 40 年代中期～20 世纪 70 年代末）：这是工业工程的成熟时期。在这一时期，运筹学和系统工程成为 IE 的理论基础，计算机为 IE 提供了有效的技术手段，特别是应用数学规划、优化理论、博弈论、排队论、存储论等理论和方法用于描述、分析和设计各种系统，直至系统的寻优。在这一时期 IE 得到了重大发展，美国于 1948 年成立了美国工业工程师学会（American Institute of Industrial Engineer，AIIE）。1955 年，这一组织首次给出了 IE 的正式定义。从 20 世纪 50 年代起逐渐建立了较完整的 IE 学科体系，到 1975 年美国已有 150 所大学提供 IE 教育。另外，在这一时期，工业工程已不仅仅是欧美工业发达国家的"专利"，而且已被成功引入亚太地区。其中最典型和应用最成功的是日本。日本在第二次世界大战后的经济恢复期，从美国成功地将工业工程引入各行各业，并进行日本式消化和改造，开创出丰田生产方式（Toyota Production System，TPS）、全面质量管理（Total Quality Management，TQM）等先进的管理理念和方法。而韩国、新加坡、中国台湾和中国香港等国家和地区更是加大了工业工程的开发与应用力度，在工业工程高等教育、培训、企业应用等方面都走在国际前列。现代 IE 的充分应用既使得以美国为代表的西方国家经济发展到鼎盛时期，同时也使得日本、德国等第二次世界大战的战败国经济得到复苏和迅速崛起。

第四阶段（20 世纪 70 年代末～现在）：这是工业工程的扩展与创新期。计算机技术、系统工程、信息技术、自动化技术等的发展，特别是近年来迅猛发展的物联网、云计算、大数据、人工智能等技术，使工业工程所面临的问题更加复杂，同时又为它的发展提供了新的技术和手段。"数字化工厂""黑灯工厂"、智能远程运维等先进的工业工程管理模式在越来越多的企业得到了应用，极大地提高了企业的生产效率和质量，降低了生产成本。因而，当今是 IE 学科最富有创造力的时代。在这一时期系统工程原理和方法用于 IE，完善了 IE 的理论基础和分析方法，特别是系统分析与设计、信息系统、决策理论、控制理论等成为 IE 新的技术手段，IE 的应用范围从微观系统扩展到宏观系统，从工业和制造部门应用到政府部门和各种组织，IE 全面应用于生产、服务、行政、文体、卫生、教育等各行各业。

从工业工程发展的四个阶段来看，工业工程技术是从着眼局部改造的工作研究开始，逐步扩展到第二个阶段的设施设计、物料搬运、人机工程、生产计划与控制、质量控制、工程经济及成本控制等。其特点是着眼于生产、管理的全过程和整体系统的效益提高。而第三、第四个阶段在全面性、整体性的基础上，吸收了信息技术的特点，面向企业的柔性化、集成化、全面化服务又产生了诸如计算机辅助设计/计算机辅助制造（CAD/CAM）、物料需求计划（MRP）、制造资源计划（MRPⅡ）、准时制（JIT）、敏捷制造（AM）、并行工程（CE）、企业流程重组（BPR）等最新的技术方法。

1.1.2 工业工程在我国的发展及应用

尽管工业工程在工业化发达国家有着长期的发展历史，但在我国，长达几十年的计划经济体制以及从计划经济向市场经济过渡下的企业发展和竞争一直是在追求产品和服务的数量，而没有对效益和效率产生迫切的需求，因此工业工程这门以"软"为特征的工程技术一直没有得到推广。

20世纪80年代，工业部门首先认识到工业工程的推广和应用将会对经济发展产生巨大的影响，原机械电子工业部最早提出"加强企业管理，实行整体优化"的要求，并卓有远见地提出要对企业管理整体优化的理论、方法进行研究和探索。有关部门和许多有识之士普遍认为，工业工程技术比较适合我国当时经济发展的需要，在我国工业界推广应用的前景十分广阔。应用它的一些技术，往往不需要或只需要很少的投资，就可以产生很大的效益。日本能率协会专家三上辰喜受日本政府委托，曾在北京、大连等地推广应用工业工程。他认为，中国许多企业不需要在硬件方面增加许多投资，只要在管理方式、人员素质和工业工程等方面着力改进，生产效率就可以提高2～3倍，甚至5～10倍。

进入20世纪90年代以后，我国企业面临直接介入国际市场竞争的挑战，急需提高管理水平，降低成本，提高效益。中国机械工程学会经过大量的调查研究和专家论证，为了能在全国范围内更好地推广工业工程，使企业自觉、有意识地应用工业工程，按照国际惯例来管理企业，在中国科学技术协会、原机械电子工业部、原国家技术监督局等部委和有关高等院校、研究机构、大型企业的支持下，成立了工业工程学术团体——中国机械工程学会工业工程分会。

在高等教育方面，为了满足社会对现代管理人才的需要，许多高等院校已相继设立管理科学与工程系或者工业工程系，培养既懂经济、又懂技术，掌握现代科学管理理论、手段和方法，能从事企业管理和其他管理工作的高级应用型管理工程人才。

严格地讲，在20世纪60年代到20世纪80年代，我国已经有了一定水平的工业工程应用实例。从80年代开始，随着外资企业的进入，工业工程在我国一定范围内得到推广。经过近30年的发展，目前我国工业工程已取得了较大的成就。但是，由于企业管理水平不同，应用工业工程的动机不同，对工业工程的理解与掌握也有所不同，因此国内企业应用工业工程提高企业管理水平的过程一直是十分复杂和曲折的。在我国，企业应用工业工程的情况大致可以分为如下两种：

1）外资、合资企业的工业工程应用情况。这类企业从20世纪80年代后期就开始应用工业工程，如奥的斯（OTIS）、摩托罗拉、一汽大众、上海大众等。它们是工业工程的推广者，从建厂开始就设有IE部（科）或相关岗位。由于沿袭了国外的先进管理模式，因此企业中IE工作比较规范，工作职责比较清晰，工作范围涵盖了从现场改善，到生产资源规划、工时定额制定、职能核定以及设施布置等。IE在这些企业中发挥了重要的作用。

2）内资企业的工业工程应用情况。内资企业的工业工程应用又可以分为两种类型。一类是东部沿海地区的部分内资企业。这些企业所处地区的市场经济发展很快，因此也最早接触到工业工程理念并率先认识到工业工程对企业的重大作用。它们从 20 世纪 90 年代就相继在企业中应用工业工程的相关技术，并取得了显著的成效，如广东科龙、美的电器、康佳集团等。另一类是其他地区的内资企业。20 世纪 90 年代末，随着改革开放的持续深入，越来越多的内地企业开始意识到工业工程对提高企业竞争力的重要作用，并从应用简单的工业工程技术，逐步转变为成立专门的工业工程部门来辅助管理层决策。

与此同时，工业工程应用的范围增大。早期的工业工程只应用于制造业，随着我国生产力和科学技术的高速发展，现代工业工程的应用领域已从制造业向第三产业等其他领域拓展，其重点转为对整个生产系统和服务系统的管理、集成、控制、改善和优化。

1.2 工业工程的概念和内容

1.2.1 工业工程的概念

工业工程在工业化国家受到了工业界的普遍重视。这主要是因为工业工程直接面向企业的生产运作过程，它与数学、人因学、经济管理、各种工程技术有着密切的关系，它以系统工程为哲理，以运筹学等数学方法为理论基础，以现代信息技术为工具，用工程量化的分析方法对包括制造业、服务业在内的由人、物料、设备、能源、信息等多种因素所组成的各种复杂的企业或组织系统中的实际工程与管理问题进行定量、系统的分析、设计与优化，从而实现系统的最大效率和效益。工业工程是唯一一门以系统效率和效益为目标的工程技术，因此成为其他工程所不能替代，同时又对其他工程有很强互补性的一项综合性边缘学科。

在 IE 发展的不同时期，不同背景、不同国家的学者、学术团体对其所下的定义也不尽相同，但其内涵大体相似。其中最有代表性的当属美国工业工程师学会 1955 年提出后经修改的定义："工业工程是研究由人、物料、设备、能源和信息所组成的综合系统的设计、改善和设置的工程技术，它应用数学、物理学等自然科学和社会科学方面的专门知识和技术，以及工程分析和设计的原理和方法，来确定、预测和评价由该系统可得到的结果。"

该定义已被美国国家标准学会（American National Standards Institute，ANSI）采用，作为标准术语收入美国国家标准 Z94，即《工业工程 术语》（Industrial Engineering Terminology，ANSI Z94，1989）。该定义表明 IE 实际是一门方法学，它告诉人们，为把人员、物资、设备、设施等组成有效的系统，需要运用哪些知识，采用什么方法去研究问题，以及如何解决问题。此定义明确指出了工业工程研究的对象、方法、内容和学科性质，不足之处是没有明确指出 IE 的目标。

在日本，IE 称为经营工学或经营管理，被认为是一门以工程学专业，如机械工程、电子工程、化学工程、建筑工程等为基础的管理技术。1959 年，日本工业工程师协会（JIIE）成立时对 IE 的定义是在美国工业工程师学会 1955 年定义的基础上略加修改而制定的。随着 IE 长期在日本的广泛应用，其理论和方法都取得了很大发展。日本工业工程师协会深感过去的定义已不适合现代生产的要求，故对 IE 重新定义如下："IE 是这样一种活动，它以科学的方法，有效地利用人、财、物、信息、时间等经营资源，优质、廉价并及时地提供市场所需要的商品和服务，同时探求各种方法给从事这些工作的人们带来满足和幸福。"该定义简明、通俗、易懂，不仅清楚地说明了 IE 的性质、目的和方法，而且还特别把对人的关怀写入定义中，体现了"以人为本"的思想。这也正是 IE 与其他工程学科的不同之处。

对于 IE 的定义，有人甚至简化成一句话："IE 是质量和生产率的技术和人文状态。"或者可以这样说："IE 是用软科学的方法获得最高的效率和效益。"

上述各定义是随着时间的推移和科学技术与生产力的发展而变化的，但其本质内容是一致的。各种 IE 定义都旨在说明：

1）工业工程是一门集自然科学、社会科学、工程学和管理学等的综合、交叉型科学。因而工业工程师是一种复合型人才。

2）工业工程的工程属性很强，是一门工程类科学技术。其工作原理是采用工程分析与设计的原理和方法，所以容易强调定量方法等技术手段。

3）工业工程研究的对象是由人、物料、设备、能源、信息等生产要素所组成的各种生产及经营管理系统，且不局限于工业生产领域。

4）工业工程采用和依托的理论与方法是来自数学、自然科学、社会科学中的专门知识和工程学中的分析、规划、设计等理论和技术，特别是与系统工程的理论与方法以及计算机系统技术具有密切的关系。

5）工业工程追求由人、物料、设备、能源、信息等生产要素所组成的综合系统的整体效益，无论系统的大小都反映出很强的降低成本、提高系统管理效益的特征。因而有的学者称之为管理支持技术体系也不为过。

6）现代工业工程不仅是一种工程技术而且还是一种哲理，特别强调发挥系统中人的作用。这也是工业工程发展到今天的一个非常突出的特征。因而，在研究组织设计与重构、人员评价、激励手段等时常采用工业工程的方法。

1.2.2　工业工程的学科特点

1. 工业工程学科的性质

工业工程这一名称表明，它属于工程学范畴，是一种工程技术，同样需要进行观察、实验、测定、分析、设计等。但它不同于一般的工程学科。它不仅包括自然科学和工程技术，而且还包括社会科学和经济管理方面的知识。近年来，工业工程界大量引进系统科学和系统工程的理论与方法，并广泛吸收计算机技术、人工智能技术和现代软科学的最新成就，融合形成一门崭新的学科领域。因此，工业工程已成为一门综合性很强的交叉学科。它是一门技术和管理有机结合的边缘科学。

IE 的首要任务是生产系统的设计，即把人员、物料、设备、能源、信息等要素组成一个综合的有效运行的系统。这与机械工程中的机械设计性质是一样的，不同的是生产系统的设计更大、更复杂。它既有系统总体的设计，如设施规划和平面布置设计；也有子系统的设计，如物流系统设计、人机系统设计、工作站设计等。这都是典型的工程活动。为了完成上述任务，必须对生产系统的各组成要素及其相互关系进行周密的观察和实验分析。例如，要用工程学方法实验、测试人机关系的各种因素、劳动强度等，为优化设计提供依据和参数。为使生产系统有效运行，IE技术人员要不断对其加以改善，因而必须对系统及其控制方法进行模拟、实验、分析研究，选择最好的改进方案。所以，IE是一门工程学科。

在一些国家的大学里，IE专业主要设置在工学院中，IE学生要学习大量的工程技术和数学方面的课程，被培养成为工业工程师。然而，IE又不同于一般的工程学科，它不是单纯的工程技术。由于IE起源于科学管理，并为管理方法提供方法和依据，具有管理特征，因而常被当作管理技术。于是，了解IE与管理及其他相关学科的关系对于更好地理解其学科性质是很必要的。

2. IE与相关学科的关系

工业工程的边缘性决定了工业工程应有一个开放性的体系结构，在各个分支上与相关学科"接口"，而不是企图将其他学科的内容纳入自己的范围。这样才能充分发挥工业工程自身的特色，与其他学科相得益彰，共同发展。

管理科学、系统工程、运筹学和人因工程学等相关学科都是IE的理论基础，与IE有很多共同点，目标都是优化管理，使资源得到有效利用，取得最佳整体效果。但是，它们涉及的范围、研究方式和侧重点又各不相同。因此，认识IE与相关学科的联系和区别，有助于更好地学习和掌握IE。这里主要讨论IE与管理以及IE与系统工程的关系。至于IE与运筹学、人因工程学等学科的相同点与区别，留给读者根据所学的知识进行分析和讨论。由于IE本身就是一个涉及面很广的跨学科领域，所以，不必也不可能在它与相关学科之间画一条很清晰的界线。

1）IE与管理。前面提到IE常被当作管理技术，但它并不等于"管理"（如工业管理、企业管理），它是研究管理方法和手段，为管理提供技术方法和决策依据的，是一种工程活动。而"管理"是指"利用物质和人力资源去实现预定的目标的过程，它包括计划、组织、指挥、协调和控制等活动"。

IE与管理的目的是一致的，都是为了把"人力、物资、能源、设备、信息和生产技术组成一个更有效、更加富有生产力的综合系统。"二者只是做法不同，可谓殊途同归。

IE是对生产系统进行研究、分析、设计和改进等工程活动，管理偏重于对各部门（也包括IE部门）及整个企业活动的决策和指挥。

IE运用科学技术知识，采取规划、设计、评价、创新等工程方法；管理则是运用行政、组织、人事、财政、金融、贸易、法律等手段，采取决策、组织、领导、协调、控制等行为。

IE研究如何发挥科学技术的力量，以提高工效；管理则研究如何运用各种调控手段，以取得最大利益。

管理与被管理者之间总会产生这样或那样的对立；而IE人员是为双方服务的，必须保持客观立场。IE是沟通管理和生产技术的桥梁，为管理提供决策的科学依据，并为管理赋予科学内涵，因而受到管理部门支持。这样才使这两个不同概念和不同职能的事物产生了密切的联系，但两者的概念不可混淆，两者的职能不可等同。

管理和IE都是应社会、科学技术和经济的发展而产生，并随之演进的。生产工业化以后，管理意识必然会得到增强，同时也需要有独立的IE学科和组织作为辅助。

2）IE与系统工程。现代IE与系统工程的功能很相似。国外有的大学把IE系改名为工业与系统工程（IE&SE）系，但两者还是有区别的。

我国著名科学家钱学森指出："系统工程是组织管理系统的规划、研究、设计、制造和使用的科学方法，是一种对所有系统都具有普遍意义的科学方法。"其实质是对系统进行分析、综合、模拟，并辅以最优化的原理和方法，适用于一切系统（包括物质的和非物质的），如自然系统、社会经济系统、经营管理系统等，而不仅限于某种特定的工程物质对象。

IE则不同，它主要是以各种生产系统为研究对象，将各种生产要素组成有效运行的集成系统而进行设计、改善和控制，可以说是系统工程在生产系统上的具体应用。尽管现代IE的应用范围已扩大到许多别的领域，但生产依然是其主要的研究和应用对象。因此，系统工程是现代IE的技术基础和方法学，两者是各有独自任务的相关学科。

1.2.3 工业工程的内容体系

1. 工业工程的范畴

对于IE学科范畴，有多种不同的表述方法。迄今为止，较正规和有代表性的是美国国家标准ANSI Z94（1989年修订）分类方法。它从学科角度将IE知识领域分为17个分支：①生物力学；②成本管理；③数据处理与系统设计；④销售与市场；⑤工程经济；⑥设施规划（含工厂设计、维修保养、物料搬运等）；⑦材料加工（含工具设计、工艺研究、自动化等）；⑧应用数学（含运筹学、管理科学、统计质量控制、统计和数学应用等）；⑨组织规划与理论；⑩生产计划与控制（含库存管理、运输路线、调度、发货等）；⑪实用心理学（含心理学、社会学、工作评价、人事实务等）；⑫作业测定及方法；⑬人的因素；⑭工资管理；⑮人体测量；⑯安全；⑰职业卫生与医学。

此外，IE还有其他一些分类方法。例如，日本从应用角度将IE技术分为20类113种，包括方法研究与作业测定、质量管理、标准化、工厂设计、能力开发等。事实上，凡是符合IE定义的学科和技术，都可以说属于其范畴。这正是IE是一个不断发展的领域的原因。

2. 工业工程的内容体系

工业工程的基础理论比较广泛，其内容体系也在不断地发展与扩大，本书主要从工业工程内容的四个方面——系统管理基础、系统优化设计、系统运行控制和系统评价改善来对其进行研究，如图1-1所示。

（1）系统管理基础

1）管理学原理（Management）。管理学是系统研究管理活动基本规律和一般方法的科学。它的研究目的是：在现有的条件下，如何通过合理的组织和配置人、财、物等因素，提高生产力的水平。一般而言，它是通过采取某些具体的手段和措施，设计、营造、维护一种环境，包括组织内部和外部的环境，使所有管理对象在特定的环境中，协调而有序地进行活动。

2）系统工程（Systems Engineering）。系统工程的主要任务是根据总体协调的需要，把自然科学和社会科学中的基础思想、理论、策略和方法等从横的方面联系起来，应用现代数学和电子计算机等工具，对系统的构成要素、组织结构、信息交换和自动控制等功能进行分析研究，以达到最优化设计、最优控制和最优管理的目标。

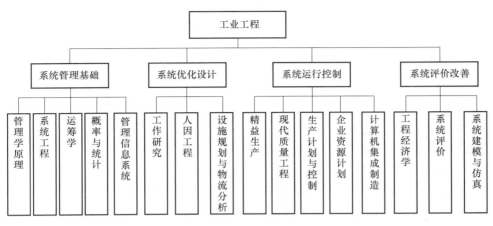

图1-1 工业工程内容体系图

3）运筹学（Operations Research）。运筹学主要研究社会经济活动和军事活动中能用数量来表达的有关策划、管理方面的问题。它利用数学模型和算法，去寻找现实问题中最佳或近似最佳的解答。运筹学经常用于解决现实生活中的复杂问题，特别是改善或优化现有系统的效率。

4）概率论与统计学（Probability and Statistics）。概率论是研究随机现象数量规律的数学分支。虽然在一次随机试验中某个事件的发生是带有偶然性的，但那些可在相同条件下大量重复的随机试验却往往呈现出明显的数量规律。统计学是通过搜索、整理、分析数据等手段，以达到利用样本推断总体的一门科学。

5）管理信息系统。管理信息系统（Management Information System，MIS）是一个以人为主导，利用计算机软硬件、网络通信设备以及其他办公设备，进行信息的收集、传输、加工、储存、更新、拓展和维护的系统。完善的管理信息系统具有以下四个标准：确定的信息需求、信息的可采集与可加工、可以通过程序为管理人员提供信息、可以对信息进行管理。

（2）系统优化设计

1）工作研究（Work Study）。工作研究是工业工程体系中最重要的基础技术和经典内容。它利用动作研究、工作测定、方法设计、流程分析等技术，分析影响工作效率的各种因素，帮助生产系统挖潜、革新和不断改善，以消除人力、物力、财力和时间等方面的消费，减轻劳动强度。同时，工作研究还包括合理安排作业，用新的工作方法代替原有的工作方法，并制定该项工作所需的标准时间，提高劳动生产率和经济效益，因而还被认为是工业工程中一项专门的诊断技术。

2）人因工程（Human Engineering）。人因工程是根据人的心理、生理和身体结构等因素，研究人、机械、环境相互间的合理关系，以保证人们安全、健康、舒适地工作，并取得满意的工作效果的机械工程分支学科，是工业工程的一个重要分支。人因工程经历了人适应机、机适应人、人机相互适应几个阶段，现在又已深入到人、机、环境三者协调的人—机—环境系统。

3）设施规划与物流分析（Facilities Planning and Material-flow Analysis）。设施规划与物流

分析是对对象系统的位置选择、平面布置、物流分析、物料搬运方式及运输工具的选择等进行具体规划与设计，从而使各生产要素和各子系统按照工业工程的要求得到合理的配置和布局，组成高效率的生产集成系统。这是工业工程实现系统整体优化、提高系统整体效益的关键环节，是生产系统规划与设计的主要内容。

（3）系统运行控制

1）精益生产（Lean Production）。精益生产又称 JIT（Just in Time）生产、准时制生产，旨在在需要的时候按需要的量生产所需的产品。精益生产通过系统结构、人员组织、运行方式和市场供求等方面的变革，使生产系统能很快适应用户需求的不断变化，并使生产过程中一切无用、多余的东西被精减，消除一切浪费，最终达到零库存。

2）现代质量工程（Quality Engineering）。现代质量工程是指为保证产品质量或工作质量所进行的质量调查、计划、组织、协调与控制等各项工作，以保证达到规定的质量标准，预防不合格品产生。

3）生产计划与控制（Production Planning and Control）。生产计划与控制主要研究生产过程及各种资源的组织、计划、协调和控制，内容包括生产系统的分析与设计、制造过程的计划与控制、库存管理与控制、维修计划与控制、生产能力的测定与管理等。通过对人、财、物和信息的合理组织及调度，保证生产过程均衡、高效运作，加速物流、信息流的流转，提高资金周转率。

4）企业资源计划（Enterprise Resource Planning，ERP）。ERP 是指建立在信息技术基础上，以系统化的管理思想，将物质资源管理（物流）、人力资源管理（人流）、财务资源管理（财流）、信息资源管理（信息流）等企业资源集成在一起，为企业决策层及员工提供决策运行手段的管理平台。

5）计算机集成制造系统（Computer Integrated Manufacturing System，CIMS）。计算机集成制造系统是随着计算机辅助设计与制造的发展而产生的。它是通过计算机技术把分散在产品设计制造过程中各种孤立的自动化子系统有机地集成起来，形成适用于多品种、小批量生产，实现整体效益的集成化和智能化的制造系统。

（4）系统评价改善

1）工程经济学（Engineering Economics）。工程经济学是以工程项目为主体，以技术—经济系统为核心，研究如何有效利用资源、提高经济效益的学科。工程经济学研究各种工程技术方案的经济效益，研究各种技术在使用过程中如何以最小的投入获得预期产出或者如何以等量的投入获得最大产出，如何用最低的生命周期成本实现产品、作业以及服务的必要功能。

2）系统评价（System Evaluation）。系统评价是对新开发的或改建的系统，根据预定的系统目标，用系统分析的方法，从技术、经济、社会、生态等方面对系统设计的各种方案进行评审和选择，以确定最优、次优或满意的系统方案。

3）系统建模与仿真（System Modeling and Simulation）。系统建模与仿真是根据系统分析的目的，在分析系统各要素性质及其相互关系的基础上，建立能描述系统结构或行为过程的、具有一定逻辑关系或数量关系的仿真模型，据此进行试验或定量分析，以获得正确决策所需的各种信息。

1.3 工业工程的基本方法

在各类工业工程的实践中，已形成了许多具有通用性、能较好体现工业工程思想及工作过程的基本方法，如系统工程中的霍尔三维结构、切克兰德方法论、全面系统干预、物理—事理—人理等方法和5W1H、列举法、头脑风暴法、情景分析、肯定式探询法等创造性方法。这些方法和技术在现代工业工程中具有重要的方法论意义，是各种工业工程专门技术的基础。

1.3.1 系统工程方法

所谓系统，是指由要素构成的，将各种要素组织起来的有特定功能的相互联系、相互作用的整体。系统工程方法是指用系统的观点研究和改造客观对象的方法，要求人们从整体的观点出发，全面地分析系统中要素与要素、要素与系统、系统与环境的关系，从而把握其内部联系与规律，达到有效控制与改造系统的目的。系统工程的观点认为，要始终着重从整体与部分（要素）之间，以及整体与外部环境的相互联系、相互作用、相互制约的关系中，综合地、精确地考察对象，以最佳地处理和研究问题。

1. 霍尔三维结构

霍尔三维结构是美国通信工程师和系统工程专家亚瑟·霍尔（Arthur D. Hall）于1969年提出的，是由时间维、逻辑维和知识维组成的立体空间结构，其三维模型如图1-2所示。霍尔三维结构以三维立体空间结构来概括地表示出系统工程的各阶段、各步骤以及所涉及的知识范围，它将系统工程活动分为前后紧密相连的七个阶段和七个步骤，并同时考虑到为完成各阶段、各步骤所需的各种专业知识，为解决复杂的系统问题提供了一个统一的思想方法。因此，作为运用系统工程解决各种实际问题的方法论基础，霍尔三维结构已被广泛采用。

（1）逻辑维（解决问题的逻辑过程）

运用系统工程方法解决某一大型工程项目时，一般可分为七个步骤：①明确问题。通过系统调查，尽量全面地搜集有关资料和数据，把问题讲清楚。②系统指标设计。选择具体的评价系统功能的指标，以利于衡量所供选择的系统方案。③系统方案综合。主要是按照问题的性质和总的功能要求，形成一组可供选择的系统方案，方案中要明确待选系统的结构和相应参数。④系统分析。分析系统方案的性能、特点、对预定任务能实现的程度以及在评价目标体系上的优劣次序。⑤系统优化选择。在一定的约束条件下，从各入选方案中选择出最佳方案。⑥决策。在分析、评价和优化的基础上做出裁决并选定行动方案。⑦实施计划。根据最后选定的方案，将系统付诸实施。以上七个步骤只是一个大致过程，其先后并无严格要求，而且往往可能要反复多次才能得到满意的结果。

（2）时间维（工作进程）

对于一个具体的工作项目，从制定规划起一直到更新为止，全部过程可分为七个阶段：①规划阶段。调研、程序设计阶段，目的在于谋求活动的规划与战略。②拟订方案阶段。提出具体的计划方案。③研制阶段。做出研制方案及生产计划。④生产阶段。生产出系统的零部件及整个系统，并提出安装计划。⑤安装阶段。将系统安装完毕，并完成系统的运行计划。

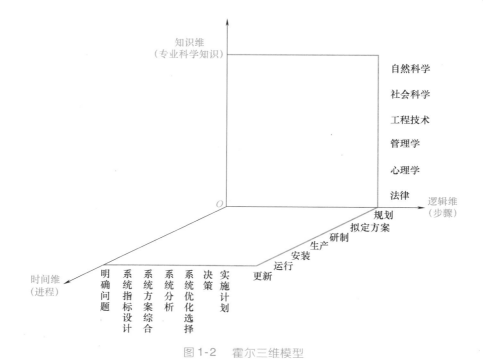

图 1-2 霍尔三维模型

⑥运行阶段。系统按照预期的用途开展服务。⑦更新阶段。为了提高系统功能，取消旧系统而代之以新系统，或改进原有系统，使之更加有效地工作。

（3）知识维（专业科学知识）

系统工程除了要求完成上述各步骤、各阶段所需的某些共性知识外，还需要其他学科的知识和各种专业技术，霍尔把这些知识分为工程、医药、建筑、商业、法律、管理、社会科学和艺术等。各类系统工程，如军事系统工程、经济系统工程、信息系统工程等，都需要使用其他相应的专业基础知识。

霍尔在三维结构中十分重视系统工程各项工作中人的创造性和能动性。他认为，系统工程不仅仅涉及工具，它还是程序、人和工具这三者的精心协调；其中人始终起主导作用，系统工程的程序、原理、观点和手段，只能使一个有才能的人在较短的时间内更好地工作，而不能使一个条件很差的人去做高级工作。这是霍尔系统工程思想的一个显著特点，同时也表明系统工程的三维结构只是一种科学的思想方法，运用得好坏与人的关系极大。

2. 软系统方法论

软系统方法论（Soft Systems Methodology，SSM）是由英国学者彼得·切克兰德（Peter Checkland）在20世纪80年代创立的。软系统方法论是在霍尔的系统工程（后人与软系统方法论对比，称之为硬系统方法论）基础上提出的。

以大型工程技术问题的组织管理为基础产生的硬系统方法论，扩展其应用领域后，特别是在处理存在利益、价值观等方面差异的社会问题时，遇到了难以克服的障碍：人们对问题解决的目标和决策标准（决策选择的指标）这些重要问题，甚至对要解决的问题本身是什么就有不同的理解，即问题是非结构化的。对这类问题，或更确切地称为议题

（Issue），首先需要的是不同观点的人们，通过相互交流，对问题本身达成共识。与硬系统方法论的核心是优化过程（解决问题方案的优化）相比，切克兰德称软系统方法论的核心是一个学习过程。

软系统方法论的逻辑步骤如图 1-3 所示。由图可知，SSM 的逻辑步骤包括 7 个阶段。其中阶段 1、2、5、6、7 是包括人在内的实际世界里的活动，它们可以使用日常的语言来描述；阶段 3、4、（4a、4b）是系统思考的活动，它使用系统语言来描述。值得注意的是，在应用软系统方法论改善现状时，并不用严格按照图示的步骤顺序进行，可结合实际情况跳跃式或循环式进行。各个步骤的简要说明如下：

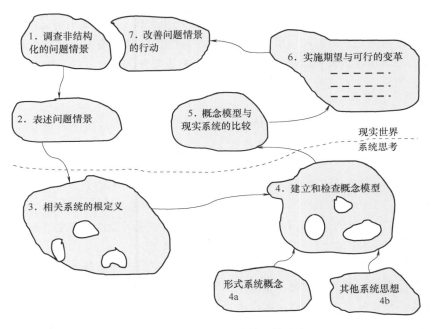

图 1-3　软系统方法论的逻辑步骤

1）调查非结构化的问题情景。明确问题情景的结构变量、过程变量以及两者之间的关系。这里针对的对象是问题情景而不是问题，问题指的是已能够明确确定下来的某些东西，而问题情景是指感到其中有问题却不能确切定义的某种环境。在实践中，明确问题情景是非常困难的，人们往往急于行动却不愿花时间理解有关情况。

2）表述问题情景。应为被研究的问题情景尽可能地建立一个丰富多彩的画面，尽可能了解与情景有关的情况、不同人的不同观点，形成一个丰富的情景描述。"丰富图"（Rich Picture）用来表述问题情景。一张较好的丰富图能够揭示问题的边界、结构、信息流以及沟通渠道等。

3）相关系统的根定义（Root Definition）。第 3 阶段并不回答"需要建立什么系统"，而是回答相关系统的"名字是什么"的问题，也即确切定义相关系统"是什么"，而不是"做什么"。这个定义是根据分析者的观点形成的相关系统的概念，称之为相关系统的根定义。

根定义通常用一句话来表述系统转变过程，并包含有六个基本成分，简称为 CATWOE，具体如下：

① 顾客（Customer）——系统的受益者，因系统问题而遭受损失的人，也应被视为系统的顾客。

② 执行者（Actor）——进行系统变换的行动者。

③ 转变过程（Transformation Process）——系统的变换过程。

④ 世界观（Weltanschauung）——德语 Weltanschauung 是世界观的意思，表示对世界的印象，强调价值观与伦理观。

⑤ 所有者（Owner）——系统的拥有者，有权决定系统开闭的人。

⑥ 环境限制（Environmental Constraints）——必须要考虑的外部因素，包括组织政策以及司法、伦理方面的制约。

4）建立和检查概念模型。根据根定义建立相关的概念模型，完成根定义中定义的转换功能。概念模型由有内在联系的动词所构成，要用尽可能少的动词覆盖有关系统基本定义中所必需的活动，然后用逻辑关系组织它们。4a 是一个根据系统理论建立的标准系统，用来检验概念模型是否完备，若不完备，则要说明理由。4b 涉及其他系统思想，如系统动力学、社会技术系统等。

概念模型的建立是根据根定义做出的，并不是实际正在运行的系统的重复和描述。它回答的是有关系统"做什么"的问题。建立概念模型的过程常常是一个提问过程：什么行动？什么次序？这些行动对于变换是否必需？等等。

5）概念模型与现实系统的比较。将建立的几个概念模型与当前系统进行比较，通过引起与问题情景有关人员的讨论来发现概念模型与现实系统之间的不同及其原因，以便改进。

6）实施期望与可行的变革。在以上分析的基础上，根据可能性和需要性确定系统所需做的调整、变化并实施之。

7）改善问题情景的行动。阶段 7 把阶段 6 的决定付诸行动以进行改善。在实施了期望与可行的变革后，可能会有新的问题情景出现，可再次使用软系统方法。

概括地说，SSM 从整体上来看是逐次改进的一种学习和修改过程，使用系统思想形成 4 种智力活动：感知→判断→比较→决策。SSM 并不寻求问题的完全解决，而是得到情况的改善和学习系统的建立。

3. 全面系统干预

全面系统干预（Total Systems Intervention，TSI）是罗伯特·弗勒德（Robert L. Flood）和麦克尔·杰克逊（Michael C. Jackson）于 1991 年在《创造性问题求解——全面系统干预》一书中提出的，1995 年 Flood 又做了改进。TSI 旨在将由批判系统思考所坚持的承诺（批判意识、改善和多元主义）付诸实践。

全面系统干预的逻辑步骤如图 1-4 所示，主要由三个阶段组成：创造、选择和实施。

1）创造阶段。该阶段的任务是将存在于亟待处理的问题情景中的主要关注焦点、议题和问题凸显出来。在该阶段，研究者从不同的视角来观察组织或问题情景，尽可能全面地了解问题的各个方面，帮助管理人员对组织或问题情景进行创造性的思考。这个阶段要用到一种很有用的工具——系统隐喻——来把握问题的本质。系统隐喻采用类比的方法，根据相同或类似的特征，将其他领域的概念应用于对组织的系统分析，从而获得看清问题的洞察力。

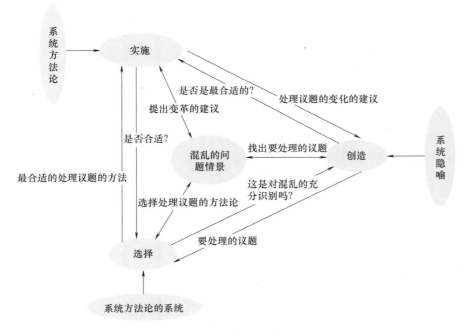

图1-4　全面系统干预的逻辑步骤

2）选择阶段。该阶段的任务是围绕选择一个或一组系统方法论，制定一个合适的干预策略。该阶段需要在充分了解不同系统方法论优缺点的基础上，由在创造阶段中发现的问题情景关键特征等知识来引导完成。选择阶段最有可能的结果是得到一种精选出来的主导性方法论，如果有必要，再加上对次要问题方面的从属性方法论。

3）实施阶段。该阶段的任务是利用选定的系统方法论来进行变革。通常，如果一种方法论被确立为主导性方法论的话，那它将是被用来对付问题情景的基本工具。然而，TSI规定需要永远对由其他系统方法论保持开放姿态。随着问题情景的改变，可能有必要通过重新进入创造阶段对该组织的现状进行重新评价，然后挑选替代的方法论作为主导方法论。实施阶段的结果应该是对目前问题情景亟须改善的那些方面的协同变革。

以上三个阶段可总结为表1-1。

表1-1　TSI方法论的三个阶段

阶段	任务	工具	结果
创造阶段	突出目标和关心的问题	系统隐喻	产生"主导型"和"辅助型"隐喻
选择阶段	选择适当的系统化的干预方法	系统方法论的系统、系统隐喻与方法论之间的关系	选出供使用的"主导型"与"辅助型"方法论
实施阶段	提出具体变革的建议	根据全面系统干预逻辑采用的系统方法论	协调一致地干预

4. 物理—事理—人理

"物理（Wuli）—事理（Shili）—人理（Renli）"（简称WSR）是我国著名系统科学专家顾基发教授和朱志昌博士于1994年提出的。WSR方法论认为，现有的一些系统理论和方法尽管对那些表面上看来物理结构，甚至事理结构比较清楚的问题分析起来可行，但实践效果却不尽如人意，主要是因为忽视了或不清楚人理而事倍功半。从问题结构来看，传统的系统分析方法适合解决结构化的问题，或者说机械的可还原的问题，而对现实大量存在的非结构、病态结构的问题，如大量的社会、经济、环境和管理问题等，靠原来的"硬"方法或"软"方法是不够的。WSR方法论体现了中国传统的哲学思辨，是多种方法的综合统一，属于定性与定量分析综合集成的东方系统思想。

在WSR方法论中，"物理"（W）主要涉及物质运动的机理，通常是用自然科学方面的知识回答"物"是什么的问题，需要的是真实性。"事理"（S）是指做事的道理，主要解决如何去安排、优化，通常会用运筹学与管理科学的知识回答"怎样去做"的问题，追求的是效率。"人理"（R）则是指做人的道理，通常要用人文与社会科学的知识去回答"应当怎样做"和"最好怎样做"的问题，在这个过程中，遵循的是人性与和谐的原则。实际生活中处理任何"事"和"物"都离不开人去做，而判断这些"事"和"物"是否得当也得由人来完成，所以系统实践必须充分考虑人的因素。

WSR方法论的一般工作过程可分解为七步（见图1-5）：①理解意图；②制定目标；③调查分析；④构建策略；⑤选择方案；⑥协调关系；⑦实现构想。这些步骤不一定严格依照图中所描述的顺时针顺序，协调关系始终贯穿于整个过程。协调关系不仅仅是协调人与人的关系，还包括：协调每一步实践中物理、事理和人理的关系；协调意图、目标、现实、策略、方案、构想间的关系；协调系统实践的投入、产出与成效的关系。这些协调都是由人完成，着眼点与手段应根据协调的对象而有所不同。在理解用户意图后，实践者将会根据沟通中所了解到的意图、简单的观察和以往的经验等形成对考察对象一个主观的概念

图1-5　WSR方法论的
一般工作过程

原型，包括所能想到的对考察对象的基本假设，并初步明确实践目标，以此开展调查工作。因资源（人力、物力、财力、思维能力）有限，调查不可能漫无边际、面面俱到，而调查分析的结果是将一个粗略的概念原型演化为详细的概念模型，目标得到了修正，形成了策略和具体方案，并提交用户选择。只有经过真正有效的沟通后，实现的构想才有可能为用户所接受，并有可能启发其新的意图。

1.3.2　创造性方法

1. 5W1H

5W1H分析法也叫"六何"分析法，是一种思考方法，也可以说是一种创造技法。它要求对选定的项目、工序或操作，都要从对象（何事）、目的（何因）、地点（何地）、时间

（何时）、人员（何人）、方法（何法）等六个方面提出问题进行思考。这种看似很简单的问话和思考办法，却能使思考的内容深化、科学化。5W1H 分析法示例见表 1-2。

表 1-2　5W1H 分析法示例

六何	现状如何	为什么	能否改善	该怎么改善
对象（What）	生产什么	为什么生产这种产品或配件	是否可以生产别的	到底应该生产什么
目的（Why）	什么目的	为什么是这种目的	有无别的目的	应该是什么目的
地点（Where）	在哪里生产	为什么在那里生产	是否在别处生产更好	应该在哪里生产
时间（When）	何时生产	为什么在那时生产	有无更适宜的生产时间	应该什么时候生产
人员（Who）	谁来做	为什么是那人做	有无更佳人选	应该由谁来做
方法（How）	怎么生产	为什么要这么生产	有无更好的方法	应该怎么生产

2. 列举法

列举法是一种通过会议等集体启发的形式，借助对所研究问题的特定对象（如优缺点等）从逻辑上进行分析，将其本质内容全面地罗列出来，然后提出相应的改进措施。列举法基本上有三种：属性列举法、希望点列举法和缺点列举法。

1）属性列举法。属性列举法是偏向物性、人性的特征来思考，主要强调于创造过程中观察和分析事物的属性，然后针对每一项属性提出可能改进的方法，或改变某些特质（如大小、形状、颜色等），使产品产生新的用途。属性列举法的步骤是罗列出事物的主要想法、装置、产品、系统或问题重要部分的属性。然后改变或修改所有的属性。其中，必须注意一点，不管多么不切实际，只要是能对目标的想法、装置、产品、系统或问题的重要部分提出可能的改进方案，都可以接受。

2）希望点列举法。希望点列举法是偏向理想型设定的思考，是通过不断地提出"希望可以""怎样才能更好"等的理想和愿望，使原本的问题能聚合成焦点，再针对这些理想和愿望提出达成的方法。希望点列举法的步骤是先确定主题，然后列举主题的希望点，再针对选出的希望点来考虑实现方法。

3）缺点列举法。缺点列举法是偏向改善现状型的思考，通过不断检讨事物的各种缺点，再针对这些缺点一一提出改善对策的方法。缺点列举法的步骤是先确定主题，然后列举主题的缺点，最后针对选出的缺点来考虑改善方法。

3. 头脑风暴法

（1）头脑风暴法的含义

头脑风暴（Brainstorming）法，又称智力激励法。它是由美国创造学家亚历克斯·奥斯本（Alex F. Osborn）于 1939 年首次提出，1953 年正式发表的一种激发创造性思维方法。它是一种通过小型会议的组织形式，让所有参加者在自由愉快、畅所欲言的气氛中，自由交换想法或点子，并以此激发与会者创意及灵感，使各种设想在相互碰撞中激起脑海的创造性"风暴"。头脑风暴法的深层思想是，较之个体之和，群体参与能够达到更高的创造性协同水平。

（2）头脑风暴法的步骤

头脑风暴法力图通过一定的讨论程序与规则来保证创造性讨论的有效性。由此，讨论程序构成了头脑风暴法能否有效实施的关键因素，从程序来说，组织头脑风暴法关键在于把握以下六个环节：

1）确定议题。一个好的头脑风暴法从对问题的准确阐明开始。因此，必须在会前确定一个目标，使与会者明确通过这次会议需要解决什么问题，同时不要限制可能的解决方案的范围。一般而言，比较具体的议题能使与会者较快产生设想，主持人也较容易掌握；比较抽象和宏观的议题引发设想的时间较长，但设想的创造性也可能较强。

2）会前准备。为了使头脑风暴畅谈会的效率较高，效果较好，可在会前做一点准备工作。例如，收集一些资料预先给大家参考，以便与会者了解与议题有关的背景材料和外界动态。就参与者而言，在开会之前，对于要解决的问题一定要有所了解。会场可做适当布置，座位排成圆环形的环境往往比教室式的环境更为有利。此外，在头脑风暴会正式开始前还可以出一些开拓思维的测验题供大家思考，以便活跃气氛。

3）确定人选。一般以 8 ~ 12 人为宜，也可略有增减（5 ~ 15 人）。与会者人数太少不利于交流信息，激发思维；而人数太多则不容易掌握，并且每个人发言的机会相对减少，也会影响会场气氛。只有在特殊情况下，与会者的人数可不受上述限制。

4）明确分工。要选定 1 名主持人和 1 ~ 2 名记录员（秘书）。主持人的作用是在头脑风暴畅谈会开始时重申讨论的议题和纪律，在会议进程中启发引导，掌握进程。例如，通报会议进展情况，归纳某些发言的核心内容，提出自己的设想，活跃会场气氛，或者让大家静下来认真思索片刻再组织下一个发言高潮等。记录员应将与会者的所有设想都及时编号，简要记录，最好写在黑板等醒目处，让与会者能够看清。记录员也应随时提出自己的设想，切忌持旁观态度。

5）规定纪律。根据头脑风暴法的原则，可规定几条纪律，要求与会者遵守。例如，要集中注意力积极投入，不消极旁观；不要私下议论，以免影响他人的思考；发言要针对目标，开门见山，不要客套，也不必做过多的解释；与会者之间相互尊重，平等相待，切忌相互褒贬；等等。

6）掌握时间。会议时间由主持人掌握，不宜在会前定死。一般来说，以几十分钟为宜。时间太短与会者难以畅所欲言，太长则容易产生疲劳感，影响会议效果。经验表明，创造性较强的设想一般要在会议开始后的 10 ~ 15min 逐渐产生。美国创造学家保罗·保卢斯（Paul B. Paulus）指出，会议时间最好安排在 30 ~ 45min 之间。倘若需要更长时间，就应把议题分解成几个小问题分别进行专题讨论。

（3）头脑风暴法的应用

有一年，美国北方格外寒冷，大雪纷飞，电线上积满冰雪，大跨度的电线常被积雪压断，严重影响通信。过去，许多人试图解决这一问题，但都未能如愿以偿。后来，电信公司经理应用头脑风暴法，尝试解决这一难题。他召开了一个头脑风暴座谈会，参加会议的是不同专业的技术人员，要求他们必须遵守以下原则：

1）自由思考，即要求与会者尽可能解放思想，无拘无束地思考问题并畅所欲言，不必顾虑自己的想法或说法是否"离经叛道"或"荒唐可笑"。

2）延迟评判，即要求与会者在会上不要对他人的设想评头论足，不要发表"这主意好极了！""这种想法太离谱了！"之类的"捧杀句"或"扼杀句"。至于对设想的评判，留在会后组织专人考虑。

3）以量求质，即鼓励与会者尽可能多而广地提出设想，以大量的设想来保证质量较高的设想的存在。

4）结合改善，即鼓励与会者积极进行智力互补，在自己提出设想的同时，注意思考如何把两个或更多的设想结合成另一个更完善的设想。

按照这种会议规则，大家七嘴八舌地议论开来。有人提出设计一种专用的电线清雪机；有人想到用电热来化解冰雪；也有人建议用振荡技术来清除积雪；还有人提出能否带上几把大扫帚，乘坐直升机去扫电线上的积雪。对于这种"坐飞机扫雪"的设想，大家心里尽管觉得滑稽可笑，但在会上也无人提出批评。相反，有一个工程师在百思不得其解时，听到用飞机扫雪的想法后，大脑突然受到冲击，一种简单可行且高效率的清雪方法冒了出来。他想，每当大雪过后，出动直升机沿积雪严重的电线飞行，依靠高速旋转的螺旋桨即可将电线上的积雪迅速扇落。他马上提出"用直升机扇雪"的新设想，顿时又引起其他与会者的联想，有关用飞机除雪的主意一下子又多了七八条。不到一小时，与会的 10 名技术人员共提出 90 多条新设想。

会后，公司组织专家对设想进行分类论证。专家们认为设计专用清雪机，采用电热或电磁振荡等方法清除电线上的积雪，在技术上虽然可行，但研制费用大，周期长，一时难以见效。那种因"坐飞机扫雪"激发出来的几种设想，倒是一种大胆的新方案，如果可行，将是一种既简单又高效的好办法。经过现场试验，发现用直升机扇雪真能奏效，一个久悬未决的难题，终于在头脑风暴会议中得到巧妙的解决。

4. 情景分析法

（1）情景分析法概述

"情景"就是对未来情形以及能使事态由初始状态向未来状态发展的一系列事实的描述。情景分析（Scenario Analysis）法又称脚本法或前景描述法，是在对经济、产业或技术的重大演变提出各种关键假设的基础上，通过详细、严密的推理和描述来构想未来各种可能的方案。对未来情景，既要考虑正常的、非突变的情景，也要考虑各种受干扰的、极端的情景。情景分析法的最大优势是使管理者能发现未来变化的某些趋势和避免两个最常见的决策错误：过高或过低估计未来的变化及其影响。

根据国外一些学者的研究，情景分析具有以下本质特征：

1）承认未来的发展是多样化的，有多种可能发展的趋势，其预测结果也将是多维的。

2）承认人在未来发展中的"能动作用"，把分析未来发展中决策者的群体意图和愿望作为情景分析中的一个重要方面，并在情景分析过程中与决策者之间保持畅通的信息交流。

3）在情景分析中，特别注意对组织发展起重要作用的关键因素和协调一致性关系的分析。

4）情景分析中的定量分析与传统趋势外推型的定量分析区别在于：情景分析在定量分

析中嵌入了大量的定性分析，以指导定量分析的进行，所以是一种融定性分析与定量分析于一体的预测方法。

5）情景分析是一种对未来研究的思维方法，它所使用的技术方法大都来源于其他相关学科。情景分析的重点在于如何有效获取和处理专家的经验知识，这使得情景分析具有心理学、未来学和统计学等学科的特征。

（2）情景分析法的步骤

现在大多数国际组织和公司常用的是斯坦福研究院拟定的6个步骤：

1）明确决策焦点。明确所要决策的内容项目，以凝聚情景发展的焦点。所谓决策焦点，是指为达成企业使命在经营领域所必须做的决策。焦点应当具备两个特点：重要性和不确定性。管理者的注意力必须集中在有限的几个最重要的带有一定不确定性的问题上。如果问题十分重要但结果是能够确定的，则不能作为焦点。

2）识别关键因素。确认所有影响决策成功的关键因素，即直接影响决策的外在环境因素，如市场需求、企业生产能力和政府管制力量等。

3）分析外在驱动力量。确认重要的外在驱动力量，包括政治、经济、社会、技术各层面，以决定关键决策因素的未来状态。某种驱动因素如人口、文化价值不能改变，但至少应将它们识别出来。

4）选择不确定的轴面。将驱动力量以冲击水平程度与不确定程度按高、中、低加以归类。在属于高冲击水平、高不确定的驱动力量群组中，选出2~3个相关轴面，称之为不确定轴面，以作为情景内容的主体构架，进而发展出情景逻辑。

5）发展情景逻辑。选定2~3个情景，这些情景包括所有的焦点。针对各个情景进行更细节的描绘，并对情景本身赋予血肉，把故事梗概完善为剧本。情景的数量不宜过多，实践证明，管理者所能应对的情景最大数目是3个。

6）分析情景的内容。可以通过角色试演的方法来检验情景的一致性，这些角色包括本企业、竞争对手、政府等。通过这一步骤，管理者可以根据自己的观点进行辩论并达成一致意见，更重要的是管理者可以看到未来环境里各角色可能做出的反应，最后认定各情景在管理决策上的含义。

（3）情景分析法的应用

武汉市环境保护科学研究院2013年为了分析武汉市在未来一段时间内的 CO_2 减排潜力，采用情景分析法对武汉市低碳化发展进行了分析。

研究院将情景分为低度减排、中度减排和强化减排三种情景模式（见表1-3），以2010年为基准年从工业减排、交通出行、建筑节能三个方面来定量估计2020年的 CO_2 减排潜力。估算结果显示，工业结构调整是实现 CO_2 减排的最主要途径，没有发展模式的根本性转变和产业结构的实质性调整，武汉市的 CO_2 减排工作将面临巨大压力。此外，交通减排潜力重在降低机动车单耗和控制污染物排放标准，建筑节能也具有较大的节能减排潜力，约占总节能潜力的30%左右。

为了进一步有针对性地提出控制和削减 CO_2 排放的措施，研究院根据减排情景分析的结果，设立了基准方案、优化方案和强化方案三种减排方案分别模拟武汉市2020~2050年的 CO_2 排放趋势。同时，还考虑国内生产总值（GDP）对 CO_2 排放的影响，设立了两个情景：保持 GDP 增速和减缓 GDP 增速。计算结果发现，在保持 GDP 高速增长的情景模式下，三种减排方案均无法实现减少 CO_2 排放的目标。在减缓 GDP 增速的情景下，基准方案情景在 2050 年仍无法出现 CO_2 排放量拐点；在优化方案情景下，CO_2 排放量在 2040 年到达拐点之后呈平缓下降趋势，CO_2 排放量与经济发展之间开始逐渐脱钩；在强化方案情景下，CO_2 排放量从 2030 年开始就呈现下降趋势，到 2050 年将低于武汉市 2010 年的 CO_2 排放量。因此，如果武汉市要走可持续发展的道路，就应该力争采取强化方案下的 CO_2 减排措施。

表 1-3　情景设定及情景描述

政策措施	情景描述
低度减排情景	2011~2015 年实现公交出行比例 30%，小排量汽车市场占有率 80%，新增机动车单车每 100km 平均油耗降到 7L，汽车尾气排放实行国Ⅲ标准；2016~2020 年维持此标准
中度减排情景	2011~2015 年实现公交车出行比例 30%，小排量汽车市场占有率 80%，新增机动车单车每 100km 平均油耗达到 7L，汽车尾气排放实行国Ⅲ标准；2016~2020 年实现公交车出行比例 40%，小排量汽车市场占有率 85%，新增机动车单车每 100km 平均油耗降到 6.5L，50% 的汽车尾气排放实行国Ⅳ标准
强化减排情景	2011~2015 年实现公交车出行比例 40%，小排量汽车市场占有率 85%，新增机动车单车每 100km 平均油耗达到 6.5L，40% 的汽车尾气排放实行国Ⅳ标准；2016~2020 年实现公交车出行比例 50%，小排量汽车市场占有率 90%，新增机动车单车每 100km 平均油耗降到 6L，80% 的汽车尾气排放实行国Ⅳ标准

5. 肯定式探询法

（1）肯定式探询法的含义

肯定式探询（Appreciative Inquiry，AI）法，又称欣赏式探询法，是一种日益受到欢迎的组织变革方法。肯定式探询就是搜寻人群间、组织内以及其他相关群体世界中的最好的、最美的一面，借此，实现个人与群体、成员与组织的共同发展。从广义上讲，肯定式探询是一个系统的发现过程，旨在寻找那些使"人类"成为一个鲜活系统的要素。有了这些要素，不管是从经济角度，还是从生态角度，或是从人类社会自身去评断，这个系统都是最具活力的，最有效率的，最有建设能力的。就其中心含义来讲，肯定式探询是一门提问的艺术及实践，它不断强化组织系统的领会能力（Apprehend）、预测能力（Anticipate）以及正向潜能培育能力（Heighten Positive Potential）。

（2）肯定式探询的步骤

肯定式探询的流程形式多种多样，它既可以简单到朋友与同事之间的非正式对话，也可以作为整个公司范围并包括各种利益相关者的正式程序。大多数公司的肯定式探询都要经历以下"4D"阶段：

1）新知探索（Discovery）。新知探索是指调动整个系统，使所有利益相关者都参与进来，找出各种优势和最佳实践及其相互关系，确定"我们过去与现在最为成功的要素"。

2）梦想构筑（Dream）。梦想构筑是指基于业已发现的潜能，围绕更高的追求，构筑清晰的梦想。例如，问一问自己："今天的世界要求我们如何应对明天的挑战？""通过今天的不懈努力，明天的我们又将会怎样？"。

3）组织设计（Design）。组织设计是指就如何构建理想化组织提出各种建议。在这样的组织内，每一名成员要既能自由释放推动组织变革的积极潜能，又能自由实现自己构筑的梦想。

4）把握命运（Destiny）。把握命运是指进一步强化整个系统积极肯定的性质，满怀希望地去为实现更为远大的组织目标而努力。在此过程中，组织成员的学习、调整和提高此时已经成为自觉的行为习惯。

（3）肯定式探询的应用

广西移动客服中心在2010年的员工满意度调查中发现，客服中心员工的工作情绪与状态较差，决定采用肯定式探询峰会（AI峰会）作为内部的班组活动，以提高班组建设整体水平。

AI峰会活动分四个阶段开展。首先，对班组的成功经验进行交流分享，找出"班组过去到现在最令人自豪的方面"，借以发现班组的正面能量。然后，通过相互讨论最终明确一个具体可行的梦想，例如，"请你描述一下，你觉得什么时候自己最尽心，充满生机与活力，我们班什么时候是优秀的？""具体来说，你最喜欢我们班组的哪一方面？""如果按照初定的建设蓝图和计划去执行，一年后我们的班组将变成什么样子？"等。接着，鼓励所有人围绕主题进行"头脑风暴"似的异想天开，探询班组中可能发生的变革因素。最后，主持人不断鼓励和赞美，让所有成员共同努力去积极改变实现班组的美好明天。另外，客服中心的基层管理者采用肯定式面谈与一线员工进行沟通交流。在面谈过程中，管理者使用积极的话和肯定的语气，如"你觉得你自己的工作有一些什么最值得称道的地方？""未来你的梦想和希望是什么？"从中，管理者发现员工的核心优势，通过关爱、表扬等情感激励员工，帮助员工做好职业规划，积极为员工打造一个发展平台。

AI峰会和肯定式面谈的大规模普及，极大地提升了客服中心员工的工作积极性和工作满意度，一举扭转了原来服务人员在态度上积极性不高，满意度一般，影响客户服务工作深入发展的不利局面。在高涨的员工工作积极性保障下，到2011年年底，客服中心各项服务指标得到了全面提升。其中，客服中心热线话务服务总量比2010年第增长了17%，人工应答服务量比2010年提升了34%，普通客户人工应答及时率从2011年第二季度起基本保持在85%以上，较2010年第一季度改善了30个百分点。员工的工作满意度也较2010年出现了明显的提升，提升幅度达到13%。员工敬业度也实现了有效提升，从46%提升至58%。

 ## 1.4 现代工业工程面临的挑战及其发展趋势

1.4.1 现代工业工程面临的挑战

20世纪80年代以来，在经济全球化与信息技术快速发展的形势下，越来越多的经理人和其他领域的工程师已能掌握和运用计算机技术以及现代工业工程的原理与工具，而工业工程师经常表现出在解决大型复杂组织与企业系统时乏力，工业工程师的特色正在被削弱。同时，由于从 80 年代以来工业工程教育目标分散，不能紧跟市场、企业与组织的发展，大学本科的专业教育开始呈现缓慢下滑趋势。因此，未来的工业工程应该侧重从以下五个方面应对挑战：

1. 工业工程技术在服务业中的研究与应用

近年来，服务业蓬勃发展，无论是就业人口数还是产值均大幅上升。面对服务业时代的来临，如何将工业工程在制造业中的经验及技术转换到服务业等非制造领域，成为目前工业工程应用的主要课题之一。用系统的观点来看，服务业作为以提供非实物产品为主的行业，它与制造业系统的本质有相似之处，即有形产品的生产与无形服务提供都可被视为"投入—变换—产出"的过程。但又由于服务业产品本身无形性、即时性、异质性等特点，使得如何运用工业工程的有关理论和方法来处理好服务业在快速发展过程中出现的诸如服务效率低、服务质量差、客户满意度低等矛盾，已成为时代背景下工业工程在服务业领域应用中亟待解决的新问题。

2. 重新定位工业工程，处理好理论与实践的关系和专业、基础与应用的关系

斯科特·辛克（D. Scott. Sink）等人主张把未来的工业工程定位在创新与发挥组织的全潜力/全潜能，即组织的战略定位与策略，有效地改进业绩管理系统，进行系统和流程的改进，设计组织成功的条件与校准方法，以变革导向的管理，信息系统及其技术的研究开发与运用，实现组织任务或项目的利益和以改进为核心八个方面。所以，未来的工业工程学必须为企业与组织实现其目标服务。但是，他们也公开表示出对学科定位不当的担心：如果把未来的工业工程按业务流程而不是按学科发展进行定位，则它对工程与管理的贡献将迅速消失，作为一门专业学科将失去存在的意义。因此要处理好实践与理论的关系，并由此要求处理好基础、专业与应用的关系。未来工业工程的基础是：数学、物理学、信息技术、生物技术、数理统计、会计学、经济学、心理学、行为科学和人文社会科学等的基础知识、理论与方法。工业工程专业教育的基本领域是：人因工程、制造系统工程、运作研究和管理系统工程。

3. 集成工业工程的研究与实施应用

社会和组织迫切要求未来的工业工程能把研究、参与创造与发挥组织潜力的战略定位与策略、成功管理的条件和流程以及运作的改进与再造（Reengineering）系统地集成起来，以摆脱现行改进管理中的困境。例如，把质量的改进同员工参与和流程设计与再造有机地匹配集成，并组织规划与实施，是企业提升竞争力和改进业绩的成功之路。

4. 大型组织变换的建模

全潜力/全潜能的概念是指企业/组织能够长期（譬如 100 年或更长的时间）达到的业绩远远大于同时代行业中排名最前的先进企业的业绩。其量化的概念是前者的业绩是后者的十倍以上。因此，建立组织，特别是大型组织模型及其实现组织与管理变换模型的任务当然地落在工业工程的肩上。这类模型有企业业务改进模型、戴明—石川的 PDCA⊖改进循环模

⊖ PDCA 即 Plan（计划）、Do（实施）、Check（检查）、Action（行动）的首字母组合。

型等。

5. 加大工业工程师的专业教育水平

工业工程师绝非一般的专业技术人才和一般的管理人才所能胜任的，它必须是具有全面素质的复合型人才。美国工业工程师学会为工业工程师下了如下定义："工业工程技术人员是为了实现管理者的目标（目标的根本含义是企业取得最佳利润，且风险最小）而贡献出技术的人，工业工程技术人员协助各级管理人员，在业务经营的设想、规划、实施、控制方法等方面从事研究和发明，以期更有效地利用人才和各种经济资源。"因此，工业工程师必须具备宽广深厚的基础知识，以及相应专业知识、系统工程的理论、现代管理知识及计算机应用知识等。

1.4.2 现代工业工程的发展趋势

IE 学科的产生源于制造工程和管理科学相结合的结果。随后，运筹学、系统分析和设计方法又极大地影响了 IE 的发展，以至于运筹学和系统工程方法成了 IE 的理论基础。由于经济的全球化以及计算机和信息技术的发展，现代工业工程的发展将体现在以下三个方面：

1. 工业工程技术将被广泛应用于服务业领域

服务业在国民经济中的比重已近半壁江山，其重要性与日俱增，如何提升服务业的效率和效益，是工业工程发挥作用的又一个广阔天地。美国著名管理学家彼德·德鲁克（Peter Drucker）说过："在中国最大的商机不是在制造业而是在服务业。"虽然工业工程发源于制造业，并在制造业中获得了举世公认的成就，但是它从来就没有被限制在其他行业的广泛应用。服务业（包括金融产业、旅游产业、教育产业、医疗卫生产业等）都蕴藏着对效率和效益方面需求的巨大潜力。如果将工业工程的原理和方法应用拓展到上述产业部门，必将极大地改善我国服务业的基本素质，提高服务业对国民经济增长的贡献率，同时也能进一步提高我国服务业的综合竞争力。

2. 新的工业工程思想与信息技术紧密融合

目前，制造业已从单一规格的大规模批量生产发展到根据不同用户的具体需求生产的柔性制造系统，这是制造业或加工业发展的最高阶段。通过应用先进的信息通信技术，实现柔性制造，这也是我国工业工程发展的方向之一。信息通信技术的迅猛发展为柔性制造系统提供了新的发展机会。用户可以通过网络迅速、准确地将自己的需求传递给柔性制造系统，企业迅速设计、研制出合格的个性化产品以满足用户的需求，使"个性化可制定"的策略充分实现。

3. 新的工业工程研究手段不断涌现

随着计算机技术的不断发展，人们可以使用个人计算机进行许多高级的数字仿真。数字仿真技术为实际系统的描述、分析和性能预测提供了一种定量化的手段。最新的仿真技术可以将仿真与虚拟现实技术相结合，将设计者置于虚拟现实的环境中，使其能够"身临其境"地发现潜在的问题，从而降低制造成本，缩短实施时间，减少设计的反复。

思考与练习题

1. 什么是工业工程？试用简明的语言表述 IE 的定义。

2. 试述经典 IE 与现代 IE 的关系。应如何理解经典 IE 是现代 IE 的基础和主要部分？

3. IE 学科与相关学科的关系是什么？

4. 您认为当代工业工程的发展面临哪些挑战？

5. 您认为目前在我国推行工业工程会遇到什么样的困难？您有什么好的建议或意见？

第2章
工作研究

引导案例

　　浙江温州是我国的电器之都，低压电器在国内市场一直处于领先地位。创建于1987年的浙江某电子企业是行业领军企业，主要产品覆盖各类工业仪表、电能表及用电信息采集系统等。近年来，随着市场业务的持续扩大，企业订单延期交货、在制品库存多、产品质量不合格率高以及生产管理混乱等问题日益突出。究其原因，主要是从小作坊模式发展壮大的企业以粗放管理为主，存在以下问题：①生产流程缺乏整体标准，造成流程运行不畅、各部门间协作效率低下、运作时间延长；②流程的重复性作业多，作业等待时间长；③工人的具体操作随意性高，没有标准的作业方法，很难保证质量的一致性；④缺少标准的工时研究，无有效的生产计划，作业进度难以控制等；⑤现场环境差，原材料、半成品堆放杂乱，导致产品生产成本增加。在人力成本日益上升、企业竞争环境日益加剧的环境下，企业急需改变原有的生产运作与管理方式，采取有效的科学管理手段，通过挖掘生产潜能来提升企业竞争力。

　　规范生产流程，制定标准作业方法以及科学的标准工时与产量定额，优化车间物流，消除生产过程中的浪费，对企业的成长发展有非常重要的意义。本章将对最佳作业方法制定、最佳作业方法标准化与工时定额制定，以及工作设计和现场管理的方法进行详细阐述，包括各种方法的适用对象、分析工具以及改善重点等。

2.1　工作研究概述

2.1.1　工作研究的内涵

　　1. 工作研究的起源和发展

　　工作研究（Work Study）是工业工程体系中最重要、最基础的技术，起源于泰勒提倡的"时间研究"和吉尔布雷斯提出的"动作研究"。在不断的发展应用过程中，随着内容的不断延伸，技术的不断完善，"动作研究"更名为"方法研究"（Method Study），"时间研究"更名为"作业测定"（Work Measurement）。到 20 世纪 40 年代，"方法研究"与"作业测定"结合在一起统称为"工作研究"。

工作研究在美国、英国、德国、法国、日本、苏联、澳大利亚以及一些发展中国家和地区，包括我国香港和台湾地区，得到了广泛应用和迅速发展，对这些国家和地区的高速发展做出了重大贡献，被公认为是建立企业基础标准、提高生产力的重要手段，在工业发展中至今仍然起着举足轻重、不可替代的作用。工作研究在我国的应用可以追溯到 20 世纪 50 年代初，但由于多种原因发展缓慢，目前在多数行业中的应用还处于起步阶段。

2. 工作研究的含义

工作研究是以作业系统为研究对象的工程活动和作业优化技术，即以科学的方法，在一定的生产技术组织条件下，系统地分析工作中的不合理、不经济、混乱的因素，寻求更好、更经济、更容易的工作方法，以提高系统的生产率。其基本目标是避免或消除包括时间、人力、物料、资金等多种形式的浪费，西方企业曾经用一句非常简洁的话来描述工作研究的目标："Work smart，not hard"（聪明地工作，而不是努力地工作）。工作研究的含义见视频 2-1。

视频 2-1　工作研究的含义

3. 工作研究的对象

工作研究的对象是作业系统或生产系统（见视频 2-2）。作业系统是为实现预定的功能、达成系统的目标，由许多相互联系的因素所形成的有机整体。作业系统的目标表现为输出一定的"产品"或"服务"，主要由材料、设备、能源、方法、人员、环境和信息等因素组成，结构如图 2-1 所示。

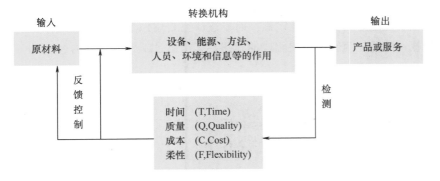

图 2-1　作业系统构成简图

视频 2-2　生产系统

作为作业系统输入的材料不仅仅是指原材料，而是广义的概念，如包括财务部门的各种收支凭证。"设备"也是广义的概念，不仅包括直接生产手段，如机械、工具等，也包括间接的生产手段，如厂房、建筑等。"能源"是指各种动力设备需要的能源物质。"方法"是指为了进行有效的转换而采取的具体技术和技能。人是作业系统中最重要、最积极的因素。"环境"是指生产现场的作业环境，如温度、湿度、气流速度、照明、噪声等。"信息"是指生产转换过程中涉及的各类数据，如设备利用情况、生产任务完成情况等。

为保障作业系统按照预定的目标运行，需要定期检查测定系统转换过程中作业活动的时间、质量、成本和柔性等指标（见视频2-3），并进行反馈控制和调整。"时间"包括作业活动的进度、交货期等；"质量"包括成品的质量、转换过程质量；"成本"是指转换过程中各项耗费的总和；"柔性"是指企业具备的为顾客提供多种类型产品的能力，以及对需求变化的应变能力。

视频2-3 生产系统的运行指标

4. 工作研究的特点

工作研究的显著特点是在只需很少投资或不需要投资的情况下，通过改进作业流程和操作方法，实行先进合理的工作定额，充分利用自身的人力、物力和财力资源，走内涵式发展的道路，挖掘企业内部潜力，提高企业的生产效率和效益，降低成本，增强企业的竞争能力。

2.1.2 工作研究的内容

工作研究包括方法研究与作业测定两大技术（见视频2-4）。方法研究的目的在于寻求经济有效的工作方法，主要包括程序分析、作业分析和动作分析。作业测定的目的是确定各项作业科学合理的工时定额，主要包括秒表时间研究、工作抽样、预定时间标准和标准资料法。

视频2-4 工作研究的内容

尽管这两种技术的运用目的各有侧重，但密切相关。方法研究着眼于对现有工作方法的改进，其实施效果要运用作业测定来衡量；而作业测定是努力减少生产中的无效时间，为作业制定标准时间。在进行工作研究时，一般是先进行方法研究，制定出标准的作业方法，然后再运用作业测定确定标准的作业时间。作业测定要以方法研究选择的较为科学合理的作业方法为前提，并在此基础上制定出标准作业定额；而方法研究要用作业测定的结果作为选择和评价工作方法的依据。因此，两者是相辅相成的，图2-2给出了工作研究的内容及其两种技术之间的关系。

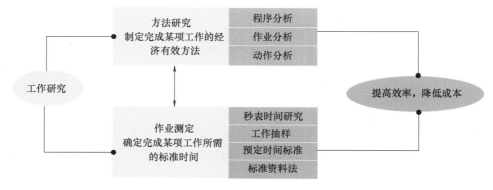

图2-2 工作研究的内容及两种技术之间的关系

在实际应用中，不是所有工作（或）作业都要求同时使用这两种技术，即方法研究和作业测定可以作为单独的技术分开使用，具体技术在后续内容详细介绍。

2.1.3 工作研究的步骤

1. 挖掘问题，确定工作研究项目

企业的问题大多不会明显地呈现出来，因此首先应具有问题意识，善于发现工作中存在的问题。其次有必要对过去的统计资料（效率、机器运转率、成品率等）进行仔细核查。按表2-1所示的PQCDSME调查表进行调查，可以更加有效地确认问题之所在。

2. 观察现行方法，记录全部事实

问题一旦明确，就要确立调查计划，进行现场分析。按表2-2所示的5W1H（见视频2-5）进行全面的、毫无遗漏的调查是至关重要的。

视频2-5 5W1H

表2-1 基于 PQCDSME 的调查表

序号	调查项目	调查重点（举例）
1	生产率（Productivity，P）	生产率是否下降，是否能够提高生产率
2	质量（Quality，Q）	产品质量是否有所下降，合格率是否能够提高
3	成本（Cost，C）	成本是否有所提高，原材料、燃料的单耗是否有所增加
4	交货期（Delivery，D）	是否能赶上交货期，生产时间是否可以缩短
5	安全（Safety，S）	安全隐患是否很多，是否有不安全作业
6	士气（Morale，M）	作业人员是否有干劲，作业人员之间的关系是否存在问题
7	环境（Environment，E）	作业现场劳动条件是否良好，环境条件是否能够满足员工健康要求

表2-2 基于 5W1H 的调查表

序 号	项 目	问 题	
1	对象	做什么？	What
2	作业人员	谁来做？	Who
3	目的	为什么这样做？	Why
4	场所、位置	在哪里做？	Where
5	时间	什么时候？	When
6	方法	怎样做？	How

当进行方法研究时，表2-2的问题必须系统地一一询问。为了清楚地发现问题，需要连续"多问几次"，根据问题的答案，弄清问题的症结所在，并进一步探讨改进的可能性。5W1H提问技巧是方法研究分析成功的基础。

3. 严格考察记录事实，寻求改进现状的可能方案

通过分析记录的事实，确定问题的重点和改善目标，在充分考虑改善四原则取消（Eliminate，E）、合并（Combine，C）、重排（Rearrange，R）、简化（Simplify，S）的基础上，寻求改进现状的可能方案（见视频2-6）。

视频2-6 ECRS

ECRS 改善原则是在 5W1H 提问的基础上运用。一般遵循对"目的（What）"使用 E（取消）原则，而对"地点（Where）""时间（When）""人员（Who）"等使用 C（合并）或 R（重排）原则，对"方法（How）"使用 S（简化）原则。ECRS 改善原则的运用示例如表 2-3 所示。需要注意的是 ECRS 改善原则在使用时需要遵循严格的顺序，即首先考虑是否可以取消，其次是否可以合并，再次重排，最后才是简化。

表 2-3　ECRS 改善原则的运用示例

原　则	适用 5W1H 对象	目　标	实　例
取消 （Eliminate）	目的 （What）	是否可以不做	取消不必要的检查 合理布局，取消搬运 取消笨拙的或不自然、不流畅的动作
合并 （Combine）	地点（Where） 时间（When） 人员（Who）	2 个及 2 个以上的工序是否可以合并	同时进行加工和检查作业 将多处的焊锡作业集中起来
重排 （Rearrange）		是否可以调换顺序	将加工工具合并 更换加工顺序提高作业效率 把检查工序移前
简化 （Simple）	方法 （How）	是否可以更简单	使零件标准化，减少材料种类 实现机械化或自动化 使用尽可能简单的动作组合 使动作幅度减小

4. 评价和拟订新方案

对于一些复杂和重大的改进，通常会形成几个方案。这些方案通常各有所长和所短，需要通过评价比较，选择较为优秀和合理的方案，作为拟订的实施方案。评价和选择方案要考虑多方面的因素，主要应该包括：技术因素、经济因素、环境因素以及方案实施的难易程度。具体内容如表 2-4 所示。

表 2-4　评价方案调查表

序　号	调查因素	调查重点
1	技术	采取的技术方法和手段是否简便、有效 对产品质量是否会带来不利影响
2	经济	方案实施后可能带来的节约额
3	环境	方案的实施是否会对作业现场环境，如温度、湿度等带来的影响
4	实施难易程度	方案实施时组织调度工作量的大小 方案被相关主管人员和操作者接受的程度

5. 制定作业标准及时间标准

对于选定的改进方案要经过标准化的步骤，才能变成指导生产作业活动和操作方法的规范和根据，使改进方案真正落到实处。

作业标准化是新方法的具体化，主要包括机器设备和工具标准化、工作环境标准化、工作地布置标准化以及制定标准作业指导书（Standard Operation Procedure，SOP）（见视频 2-7）。

视频 2-7　SOP

6. 新方案的组织实施

这是工作研究中关键的一步，因为只有新方案真正在生产中得以实施，工作研究的效果才能真正发挥，工作研究的目标才能实现。

新方案的组织实施包括以下工作：获得有关部门主管的认可和支持；相关人员学习、培训，掌握新方案；现场实验运行，确认方案的可行性；维持新方案，切勿半途而废。

7. 改善效果检查与评价

新方案实施一段时间以后，应该由工业工程部门主管对此项目的实施情况进行全面检查并做出评估。重点考察：方案原定目标是否实现；方案实施产生的种种影响；分析制定的作业标准与实际的差异，考虑是否调整等。

2.2　方法研究

2.2.1　方法研究概述

1）方法研究的含义。所谓方法研究，是指运用各种分析技术对现有工作（如加工、制造、装配、操作、管理、服务等）方法进行详细的记录、严格的考察、系统的分析和改进，以寻求更合理、更有效、更安全的工作方法，并使之标准化的一系列活动。

2）方法研究的目的。具体包括：①改进生产工艺和流程；②改进工厂、车间以及工作场所的设施布置；③经济地使用人力、物力和财力，减少不必要的浪费；④改进物料、机器和人力等资源的有效利用，提高生产率；⑤改善工作环境，实现文明生产；⑥降低劳动强度，保证操作者身心健康。

3）方法研究的特点。方法研究的特点体现在三个方面：①求新意识——不以现行的工作方法为满足，力图改进，不断创新，是方法研究的一个显著特点；②寻求最佳的作业方法——挖掘企业内部潜力，力求在不投资或少投资的情况下，获得大的经济效益；③整体优化意识——首先着眼于系统的整体程序，然后再深入地解决局部关键问题，进而解决微观问题，从而实现系统整体优化。

4）方法研究的内容。方法研究是一种系统研究技术，它的研究对象是生产系统，解决的是系统优化问题。因此，方法研究着眼于全局，遵循从宏观到微观、从整体到局部、从粗到细的研究过程。具体包括程序分析、作业分析、动作分析三种分析方法，如图 2-3 所示。

5）方法研究的层次。方法研究的三种分析方法具有一定的层次性。首先，进行程序分析，然后进行作业分析，最后，再进行动作分析。程序分析是对整个过程的分析，研究的最小单位是工序，如用车床加工零件；作业分析是对某项具体工序进行的分析，研究的最小单位是作业，如把材料放入机器；动作分析是对作业者操作过程动作的进一步分析，研究的最小单位是动素，如伸手、移物。方法研究三种分析技术的层次如图 2-4 所示。

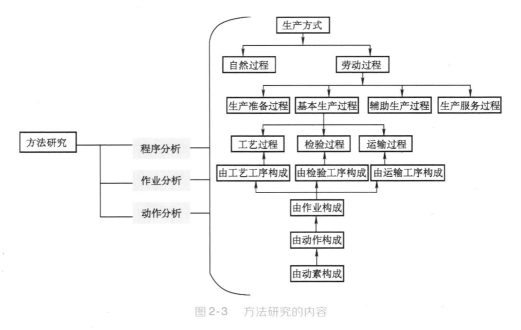

图 2-3　方法研究的内容

图 2-4　方法研究的分析层次

2.2.2　程序分析

1. 程序分析概述

（1）程序分析的含义

程序分析是从宏观角度出发，以整个生产过程为研究对象，进行系统调查、记录和分析考察，以便发现其中不经济、不合理、不均衡的现象，找到改善重点，制定相应改进方案的一种分析技术。程序分析是在对生产过程整体进行完全把握的基础上，找出有问题的工序，并分析该工序与前后工序之间存在的关系，使得对问题本质的把握变得更容易。

（2）程序分析常用的符号

为使程序分析过程简化并易于理解，美国机械工程师学会规定把生产过程中常见的活动用表 2-5 所示的符号表示。

表 2-5　程序分析常用的符号

活　　动	符　号	意　　　义
加工（操作）	○	表示使原材料、零件、制品的形状或性质发生变化，以符合某种加工目的的过程
搬运（运输）	→	表示使原材料、零件、制品位置发生变化的过程

（续）

活　动		符　号	意　义
储存		▽	表示按计划储藏原材料、零件、制品
等待（暂存）		▷	表示原材料、零件、制品处于非预期的滞留状态
检查	数量检查	□	测量原材料、零件、制品的数量，与基准进行比较
	品质检查	◇	测试原材料、零件、制品的品质特性，把结果和基准进行比较，以做出合格与否或优良与否的判断

在实际工作中，除了上述 5 种基本符号表示的单一活动以外，还有两种活动同时发生的情况。为此，派生出表 2-6 所示的一些复合符号。

表 2-6　程序分析中使用的复合符号

符　号	意　义	符　号	意　义
⬡	表示同一时间或同一工作场所由同一人同时执行加工与检查工作	⬭	以加工为主，同时也进行数量检查
◈	以品质检查为主，同时也进行数量检查	⊝	以加工为主，同时也进行搬运
⬔	以数量检查为主，同时也进行质量检查		

（3）程序分析的种类

程序分析按照研究对象的不同，可以分为工艺程序分析、流程程序分析、布置和经路分析、管理事务分析四种，如图 2-5 所示。

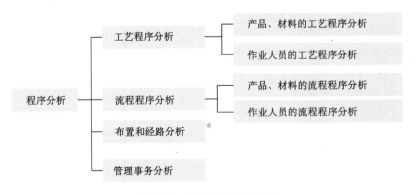

图 2-5　程序分析的种类

（4）程序分析的技巧

程序分析是对整个生产过程进行的全面观察记录和整体分析。在实际运用中，可采用以下分析技巧：一个不忘、四大原则、五个方面和六大提问技术。

1）一个不忘——不忘动作经济原则。在程序分析时应根据动作经济原则建立新方法并不断加以改进，动作经济原则的详细内容见本章"动作分析"。

2）四大原则——ECRS 四大改善原则。程序分析的目的是建立新的工作流程，需要对现行的工作流程进行严格考核与分析，灵活运用 ECRS 改善原则进行改善。运用时，首先考虑取消该工序，对不能取消而又必要者考虑进行合并、重排和简化。

3）五个方面——加工、搬运、等待、储存和检查。生产流程的这五个方面，在生产过程中发挥的作用不同，分析改善重点也不同。表 2-7 列出了这五个方面的改善重点。

表 2-7　程序分析五项活动的改善重点

序号	目标	分析和改善重点
1	加工	改善产品设计、引进先进生产技术，取消、合并或简化加工活动
2	搬运	优化设施布局，改进搬运作业方法，缩短搬运距离，提高搬运效率
3	等待	系统分析人员、设备和物料等待的原因，对症制定对策，消除或减少等待
4	储存	采取合理的采购与生产策略，科学仓库管理，减少库存
5	检查	改善检查方法、检查手段和工具，减少检查次数，避免不良再次发生

4）六大提问技术——5W1H 提问技术。为使分析尽可能地全面，最好按照 5W1H 的提问方法依次提问，寻找问题点，确定所有可能的改善方向。5W1H 通过系统询问能够深入了解现行方法，并提出建设性意见，是程序分析成功的基础。

（5）程序分析的步骤

以工作研究的步骤为基础，程序分析的六大步骤见表 2-8。实际分析过程中，一般先用"5W1H"技术发现"五个方面"存在的问题点，然后用"ECRS 四大原则"和"一个不忘原则"进行分析改善，最后得出改善方案。

2. 工艺程序分析

（1）工艺程序分析概述

工艺程序分析是以生产系统中某个产品或零部件的整个生产过程为研究对象，全面记录、分析生产工艺过程中的加工和检验两项活动，进行工艺改善的方法。

工艺程序分析的特点是：①分析改进对象只包括加工和检验两项活动，技术性强；②对生产系统进行概略分析，试图从宏观上发现问题，为后面的流程程序分析、布置分析做准备。

表 2-8　程序分析的步骤

序号	步骤	内　　容
1	选择	确定研究对象
2	记录	针对不同的研究对象，采用不同的研究图表系统，全面地记录现状
3	分析	用 5W1H 提问技术、ECRS 和动作经济原则进行分析、改进
4	建立	建立最经济、最科学、最合理、最实用的新方法
5	实施	实施新方法
6	维持	对新方法的运行情况进行经常检查，持续改善

（2）工艺程序分析的用途

通过工艺程序分析可以做到：更好地把握工作流程的全貌及各活动之间的相互关系；了解产品或零部件的组成结构及其制造工艺；改进加工和检验方法；为编制作业计划、供应计划、核算零件工艺成本以及控制外购件进货日期等提供依据。

（3）工艺程序分析步骤和方法

工艺程序分析作为程序分析的方法之一，其分析步骤与程序分析一致，分析工具为工艺程序图。通过运用 5W1H 提问、ECRS 改善原则以及动作经济原则等技巧，对生产工艺现状进行系统分析，制定产品的标准工艺程序或改善现有的生产工艺程序。

工艺程序图是对产品生产全过程的概略描述，便于研究人员从总体上发现存在的问题以及关键环节。

1）工艺程序图的结构形式。工艺程序图的结构形式主要有：①合成型——由多种材料、零件、部件合并成一个产品的工艺程序；②直列型——由一种材料经过若干道工序制成一种产品的工艺程序，有时也称为"单一型"工艺程序；③分解型——由一个主程序分成几个分程序分别处理的工艺程序；④复合型——产品的加工工艺在某处出现了分支，然后再合流的工艺程序。

2）工艺程序图的组成。工艺程序图由表头、图形和统计三大部分组成，如图 2-6 所示。表头的格式和内容根据工艺程序分析的具体任务而定；将现行工艺程序，用表 2-5 或表 2-6 规定的符号记录下来，并绘制在标准图表上，就得到工艺程序图形；对绘制出来的工艺程序图形，按照加工、检查分别进行统计，得到统计结果。

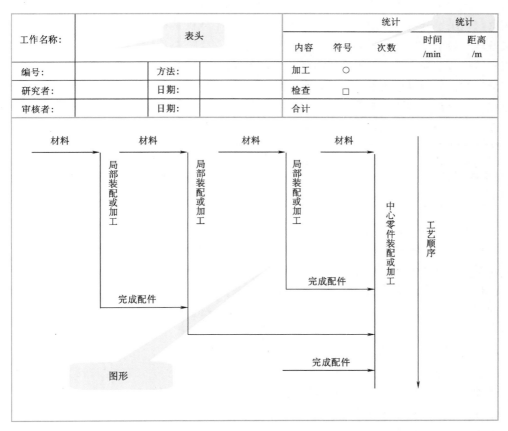

图 2-6　工艺程序图

3）工艺程序图的作图规则。在绘制工艺程序图前，首先要掌握充分的资料，如产品的工艺过程（加工工艺、装配工艺），原材料（或零件）的品种、规格、型号及每一工序的时间等，然后按照以下的作图规则绘制工艺程序图。

① 工艺流程用垂直线表示，材料、零件（自制、外购件）的引入用水平线表示，线上填写零件名称、规格、型号等信息。

② 主要零件的工艺顺序画在最右边，其余零件按其在主要零件上的装配顺序，自右向左依次排列。

③ 加工、检查符号之间用长约 6mm 的竖线连接，符号的右边填写加工或检查的内容，左边记录所需的时间。

④ 根据加工装配的先后顺序，按照从上到下、从右至左的原则，从 1 开始分别对加工与检查符号依次编号。

（4）工艺程序图绘制实例（见视频 2-8）。

3. 流程程序分析

（1）流程程序分析概述

流程程序分析是以产品或某个零件的制造全过程为研究对象，通过对生产流程中的加工、检查、搬运、储存和等待等各项活动做详细的观察与记录，分析研究改进流程的方法。流程程序分析是程序分析中最基本、最重要的一种分析方法。实践经验表明，生产流程中，除加工和检查活动外，搬运、等待和储存发生频率高、耗用工时长，应作为改进的重点。

视频 2-8 电测仪表产品测量机构装配的工艺程序图绘制

流程程序分析根据观察对象不同可分为：物料型流程程序分析和人流型流程程序分析两种方法。其分析类型和分析重点见表 2-9。

表 2-9 流程程序分析类型和分析重点

类　型	分析对象	分析重点
物料型流程程序分析	材料和产品	生产过程中材料、零件、部件等被处理、被加工的全部过程
人流型流程程序分析	人员	作业人员在生产过程中的一连串活动

（2）流程程序分析的用途

流程程序分析是对产品或零件生产全过程的详细分析，通过流程程序分析，可以深入了解产品或零件制造全过程，全面分析生产过程中的搬运、储存、等待等隐藏成本浪费的活动，进行流程优化；为设施优化布置提供必要的基础数据；获得生产流程、设备、方法、时间等方面的资料，为制订恰当的生产计划提供依据；是作业分析、动作分析之前必须经历的一个环节。

（3）流程程序分析的步骤和方法

流程程序分析步骤与程序分析一致，分析工具为流程程序图，分析技巧即程序分析中提出的四种技巧。流程程序分析通过运用流程程序图描述现状，依据分析技巧对现状分析，寻求改善方案。流程程序图与工艺程序图类似，主要由表头、图形和统计三大部分组成，二者的区别在于分析内容增加了"搬运""储存"和"等待"三种活动。流程程序图的标准格式如图 2-7、图 2-8 所示。

			统 计 表		
工作部别：_____ 编号：_____			项 别	现行方法	改良方法
工作名称：_____ 编号：_____			加工次数：○		
开始：_____			搬运次数：→		
结束：_____			检查次数：□		
研究者：_____ 日期：___年__月__日			等待次数：D		
审阅者：_____ 日期：___年__月__日			储存次数：▽		
			搬运距离/m		
			共需时间/min		

	现行方法								改善要点					情况						
步骤	情 况					工作说明	距离/m	时间/min	排除	组合	重排	简化	步骤	加工	搬运	检查	等待	储存	工作说明	距离/m	时间/min
	加工	搬运	检查	等待	储存																
	○	→	□	D	▽								×	○	→	□	D	▽			
	○	→	□	D	▽								×	○	→	□	D	▽			
	○	→	□	D	▽								×	○	→	□	D	▽			

图 2-7 流程程序图标准格式一

			统 计 表			
工作名称：_____ 编号：_____			项 别	次数	距离/m	时间/min
开 始：_____			加工 ○			
结 束：_____			检查 □			
研 究 者：_____ 日期：__年__月__日			搬运 →			
审 阅 者：_____ 日期：__年__月__日			等待 D			
			储存 ▽			

工作说明	距离/m	时间/min	工 序 系 列				
			加工	检查	搬运	等待	储存
			○	□	→	D	▽
			○	□	→	D	▽
			○	□	→	D	▽
			○	□	→	D	▽

图 2-8 流程程序图标准格式二

在实际运用中，也可以根据具体情况重新设计图表。另外，由于工作范围和工作地布置对流程影响很大，为了便于分析研究，最好绘制出工作范围简图或设施布置简图。

（4）流程程序分析的应用

例 2-1 休斯直升机回转驱动机械零件的加工流程改善。

1）提出问题。该零件质量能满足要求，但交货期和成本不能让用户满意，给公司带来不利的影响。于是提出进行流程程序分析，寻找该零件加工中存在的不经济、不合理现象，进行改善，以降低加工周期和生产成本，让用户满意。

2）现状调查与记录。该零件毛坯为精密锻件，按批量生产方式进行作业，先用车床车削零件的基准面，用钻床钻 T/H 基准孔，再用铣床铣键槽和加工外圆边，最后是成品保管。该零件共有 19 个工序，零件加工现场设施布置及物流路线简图如图 2-9 所示，图中的数字表示工序代号。改善前的零件加工的流程程序如图 2-10 所示。

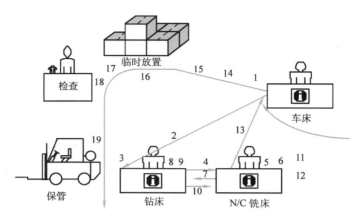

图 2-9　零件加工现场设施布置及物流路线简图 （改善前）

工作名称：回转驱动机械零件加工					编号：		统　计				
开　　始：车削底盘							项　别	次数	时间／min	距离／m	人数
结　　束：检查完成保管							加工　○	6	440		6
方　　法：现行方法							检查　□	4	26		4
研究者：				日期：			搬运　→	7	10	105	8
审阅者：				日期：			等待　D	○	○		
							储存　▽	2	70		
序号	工　作　说　明	距离／m	时间／min	人员／人	工 序 系 列						
					加工	检查	搬运	等待	储存		
1	车削底盘		45	1	●	□	→	D	▽		
2	搬往下一工序	15	1	1	○	□	→	D	▽		
3	钻TH基准孔		20	1	●	□	→	D	▽		
4	搬往下一工序	10	1	1	○	□	→	D	▽		
5	铣键槽和外圆边		180	1	●	□	→	D	▽		
6	测量（操作者）		5	1	○	■	→	D	▽		
7	搬往下一工序	10	1	1	○	□	→	D	▽		
8	修正TH基准孔		15	1	●	□	→	D	▽		
9	检查		1	1	○	■	→	D	▽		
10	搬往下一工序	10	1	2	○	□	→	D	▽		
11	加工外圆边		150	1	●	□	→	D	▽		
12	检查尺寸		5	1	○	■	→	D	▽		
13	搬往下一工序	10	2	1	○	□	→	D	▽		
14	加工底盘		30	1	●	□	→	D	▽		
15	搬往下一工序	30	2	1	○	□	→	D	▽		
16	临时放置		30	1	○	□	→	D	▼		
17	搬往下一工序	20	2	1	○	□	→	D	▽		
18	检查尺寸		15	1	○	■	→	D	▽		
19	保管		40		○	□	→	D	▽		

图 2-10　零件加工的流程程序图 （改善前）

3）现状分析与改善方案提出。从图 2-9、图 2-10 可知，钻床和 N/C 铣床之间往返作业很多，有 7 次搬运，共有 8 个搬运人员应该是改善的重点。通过表 2-10 的提问分析，发现由于工艺安排不合理造成了钻床和 N/C 铣床之间往返次数多，需要对其进行改进。通过合并钻 TH 基准孔和修正 TH 基准孔的工序，达到减少搬运次数、缩短搬运距离的目的。改善后的加工现场布置及物流路线简图如图 2-11 所示，改善后的零件加工的流程程序图如图 2-12 所示。

表 2-10　提问分析表

问	答
钻床加工完毕之后，为何搬运到 N/C 铣床？	为了在 N/C 铣床上铣键槽和外圆边、测量尺寸
N/C 铣床上加工完成后，为何还要回到钻床上进行加工？	为了修正标准孔
一定需要修正标准孔吗？	为了保证加工精度，修正标准孔是必要的
钻 TH 基准孔和修正 TH 基准孔为什么要分开完成？	工艺是这样要求的
钻 TH 基准孔和修正 TH 基准孔可以放在一道工序完成吗？	可以

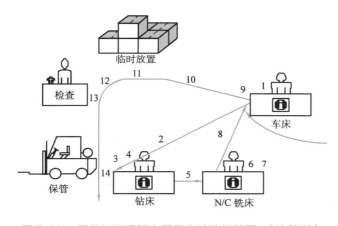

图 2-11　零件加工现场布置及物流路线简图 （改善后）

4）改善效果。通过比较改善前后的统计结果，发现加工由原来的 6 次减少为 4 次，减少了 33%；时间减少了 45min，减少了 10%；搬运次数由原来的 7 次减少为 5 次，减少了 28.6%；搬运人数由原来的 8 人减少为 5 人，减少了 37.5%。

5）改善方案的标准化

企业根据改善方案，修改作业标准，并按标准的方法对操作人员进行培训和教育。

4. 布置和经路分析

（1）布置和经路分析概述

布置和经路分析是以产品、零件的现场布置或作业者的移动路线为研究对象，进行分析改善的方法。它常与流程程序图配合使用，重点对"搬运"与"移动"路线进行分析，以达到缩短搬运距离和改变不合理流向的目的。

工作名称：回转驱动机械零件加工　　编号：	统　计				
开　　始：底盘切削　结束：成品加工保管	项　别	次数	时间/min	距离/m	人数
方　　法：改良方法	加工　○	4	395		4
研 究 者：＿＿＿＿＿　日期：	检查　□	3	21		3
审 阅 者：＿＿＿＿＿　日期：	搬运　→	5	8	85	5
	等待　D				
	储存　▽	2	70		

序号	工作说明	距离/m	时间/min	人员/人	工序系列				
					加工	检查	搬运	等待	储存
1	底盘切削		45	1	●	□	→	D	▽
2	搬往下一工序	15	1	1	○	□	→	D	▽
3	钻TH基准孔		20	1	●	□	→	D	▽
4	检查		1	1	○	■	→	D	▽
5	搬往下一工序	10	1	1	○	□	→	D	▽
6	铣键槽和外圆边		300	1	●	□	→	D	▽
7	检查尺寸		5	1	○	■	→	D	▽
8	搬往下一工序	10	2	1	○	□	→	D	▽
9	加工底盘		30	1	●	□	→	D	▽
10	搬往下一工序	30	2	1	○	□	→	D	▽
11	暂时放置		30	1	○	□	→	D	▼
12	搬往下一工序	20	2	1	○	□	→	D	▽
13	检查尺寸		15	1	○	■	→	D	▽
14	保管		40	1	○	□	→	D	▼

图2-12　零件加工的流程程序图 （改善后）

（2）布置和经路分析的步骤与方法

布置和经路分析的步骤与程序分析一致，分析工具为线路图和线图两种（线路图与线图的区别和联系见视频2-9），分析技巧为程序分析中提出的四种技巧。

视频2-9　线路图与线图的区别和联系

1）线路图。线路图是指将机器、工作台、运行路线等的相互位置按比例缩小绘制于工厂简图或车间平面布置图上，以图示方式表明产品或工人的实际流通线路。

绘制线路图时，首先按比例绘制工作地的平面布置图，然后将生产流程中的加工、检验、等待、储存和搬运五项活动用规定的符号标示在图中，并用线条连接。注意在线与线的交叉处，应用半圆形线避开；如果在制品数量较多，则可采用实线、虚线、点画线或用不同颜色的线条将其区别开来；如果产品或零件要进行立体移动，则宜利用空间立体图表示。

2）线图。线图是指用线条表示并度量工人或物料在一系列活动中所移动路线的图形，完全按比例绘制，是线路图的一种特殊形式。

绘制线图时，首先按比例绘制工作地平面布置图，明确标示与研究对象相关的机器、工作台、库房、各工作点以及可能影响移动线路的门、柱、隔墙等的位置，然后从第一道工序的位置开始画线条，按照实际加工顺序，依次绕过各点，直至完成最后一道工序为止。最后，测量所画线条的长度，并按比例扩大，就得到该产品或该零件加工过程中的实际移动距离。如果同一工作区域内有两个以上的产品或零件在移动，则可用不同颜色的线条来区别表示。包含线条越多的区域，表示活动越频繁。

5. 管理事务分析

（1）管理事务分析概述

管理事务分析是以业务处理、信息管理、办公自动化等管理过程为研究对象，通过对现行流程进行调查、记录，发现其中不合理之处，并加以改进，以提高整个管理事务系统效率的一种分析方法。

（2）管理事务分析的用途

管理事务流程性质不同于制造流程，不能直接生产出制品，但是各管理事务流程对于制造过程、生产过程的影响和作用，无论如何不能低估。通过管理事务流程分析，可以达到以下目的：强化管理效能，提高管理效率；设置科学化、标准化的作业流程，实现信息共享和无纸化办公。

（3）管理事务分析的步骤和方法

管理事务流程分析的步骤与程序分析的步骤相同。管理事务分析图是管理事务分析的工具，其分析技巧与程序分析技巧相同。

1）管理事务分析的符号。管理事务分析的符号以程序分析的符号为基础，再结合管理事务的特点加以改制形成，见表2-11。

2）管理事务分析图的绘制。管理事务分析图用规定的符号将管理事务所涉及的内容形象化地记录下来，进行分析研究，以寻找改善点。管理事务分析图的绘制与流程程序图的绘制方法相同，只是管理事务分析是以信息的流动为对象，账票、单据、报告文件等都是信息的载体。

表 2-11　管理事务分析的符号

事务名称	符号	含义
开始、结束		管理事务流程的开始和结束
流程活动		人员或岗位业务处理工作的活动和顺序，如制订生产计划、设计人员的活动等
子流程		上级流程包含的子流程
判断		对活动结果的审核，如签字、审批等
文档		流程活动中产生的文档、数据和信息
传递		文档、数据和信息等从一个岗位转移至另一个岗位

6. 程序分析的各种分析技术比较汇总

程序分析的不同方法，因研究的对象不同，分析的重点也不同。四种方法的比较汇总见表2-12。

表2-12 四种方法的比较汇总

分析研究的名称	分析研究的对象	分析考察的主要活动	分析改进的重点	应 用 场 合
工艺程序分析	制造对象全部工艺过程	加工、检查	操作和检验工序设置的合理性	制造工艺程序分析
流程程序分析	人流型：操作者所承担的作业流程全过程	加工、检查、运输、等待	操作者活动路线合理，减少运输和等待活动，提高作业活动的有效性	各类作业活动分析
	物料型：原材料或半成品投入到制成品的全过程	加工、检查、搬运、储存、等待	缩短物品流动路线，减少运输和等待，缩短生产周期	各种制品生产过程的分析
布置和经路分析	产品、零件的现场布置或操作者的移动路线	搬运和移动路线	缩短搬运距离和改变不合理流向	各类作业活动分析
管理事务分析	管理事务全过程	管理事务涉及的处理、审核、传送、等待等活动	改善不合理流程，标准化管理作业	公文、单据的传送，管理文件的审批

2.2.3 作业分析

1. 作业分析概述

（1）作业分析的含义

作业分析是指以人操作为主的工序为研究对象，通过系统观察、记录和分析考察，进行改善的方法。其目的是实现作业者、作业对象和作业设备三者的科学组合和合理布置，达到优化工序结构，减轻劳动强度，减少作业工时消耗，缩短整个工作周期，提高产品的质量和产量。

作业分析是方法研究第二层次的方法，与程序分析的区别在于：程序分析是研究整个生产的运行过程，分析到工序为止；而作业分析是研究一道工序的运行过程，分析到作业为止。

（2）作业分析的分类

根据特定的适用场合以及分析对象的不同，作业分析可分为人机作业分析、双手作业分析和联合作业分析三种。

2. 人机作业分析

（1）人机作业分析的含义

人机作业分析是以机械化作业为研究对象，研究、分析人机作业过程中操作者和机器设备之间的相互配合关系，尽可能消除操作者和机器设备在工作循环周期内的空闲时间，提高人机作业效率的一种分析技术。

（2）人机作业分析的作用

进行人机作业分析，可以达到以下目的：找出影响人机作业效率低的原因；判断操作者能够同时操作机器的台数；判定操作者和机器哪一方对提高工效更有利；设备改造，实现自动化与作业区的布置优化。

（3）人机作业分析的步骤和方法

人机作业分析采用与工作研究类似的步骤，利用人机作业图对现状进行记录分析，利用5W1H提问技术发现问题，利用ECRS和动作经济原则进行改善。

1）人机作业图。人机作业图是记录在同一时间坐标上，表示操作者与机器协调配合关系的一种图表。它可以清楚地显示在一个工作周期中，操作者和机器的工作及空闲状况。

人机作业图由三部分构成：表头、图表和统计。表头的内容依具体情况而制定，一般包括作业名称、工作部门、产品名称等基础信息。图表绘制时，首先选择适当的比例尺，如以1cm代表1min；然后用垂直竖线把人与机器分开；再分别在人与机器栏内，依作业程序和时间由上而下记录人与机器在一个作业周程的活动情况，相应地用规定的符号按比例表示人（或机器）工作或空闲或人与机器同时工作状况。一般用▨表示人或机器处于工作状态，用▭表示人或机器处于空闲状态，用▨表示人与机器处于同时工作状态。统计部分的内容包括操作周程（期），人与机器在一个工作周程的工作时间和空闲时间，以及人与机器的利用率。

2）人机作业分析改善重点。根据人机作业图进行改善时，可参考表2-13所示的人机分析改善重点。

表 2-13　人机分析改善重点

分析结果	着眼点
操作者有等待现象时	缩短自动运转时间，使机器高速化，对机器进行改善 寻找可以在机械自动运转时同时进行的作业
机器有闲置现象时	缩短操作者单独作业的时间 改善手操作的时间或使手操作作业自动化
操作者、机器都有等待的现象时	考虑改变作业顺序 前两项之改善着眼点也可考虑
操作者、机器几乎没有等待的现象时	考虑是否有缩短各段作业时间的可能

在人机作业分析中，当操作者有较大的空闲等待时间时，可通过操纵多台机器减少空闲时间，提高工效。操作者可同时操作的机器数量需要通过闲余能力分析（见视频2-10）确定。闲余能力分析通过对人员和机器设备的能力进行准确调查分析后将作业内容合理地再分配，最大限度地减少人员及设备的空闲时间。利用闲余能力分析一个操作者可同时操作的机器数量通过下式确定

视频2-10　闲余能力分析

$$N = \frac{t + M}{t} \tag{2-1}$$

式中，N 为一个操作者操作的机器台数；M 为机器完成该项作业的有效时间；t 为一台操作者操作一台机器所需的时间（包括从一台机器走到另一台机器的时间）。

人机作业分析的目的是实现"人不等机，机不待人"。因为作业过程的各种宽放时间是客观存在的，所以这只是一种理想状况，但应作为企业追求的目标。

（4）人机作业分析应用实例

例2-2　某工人开动两台滚齿机加工齿轮，加工过程和相应的时间为：进料，0.5min；滚齿，4.0min；退料，0.25min。两台滚齿机加工同一种零件，可自动开始加工并自动停机。请进行人机作业分析，判断现状是否合理，若不合理请提出改善方案。

1）现状调查，绘制滚齿工序的人机作业图，如图2-13所示。

作业名称：滚齿		编号：		图号：	日期：	
开始动作：		结束动作：			方法：现行方法	
人		滚齿机1		时间/min	滚齿机2	
进料1		空闲		0.5	空闲	
进料2				1		
空闲		滚齿		1.5	滚齿	
				2		
				2.5		
				3		
				3.5		
				4		
				4.5		
退料1		空闲		4.75		
空闲				5		
退料2				5.25	空闲	
项目	工作周程/min		工作时间/min		空闲时间/min	利用率
人	5.25		1.5		3.75	28.6%
滚齿机1	5.25		4		1.25	76.2%
滚齿机2	5.25		4		1.25	76.2%

图2-13　滚齿工序的人机作业图（现行方法）

2）现状分析，提出改善方案。由图2-13的人机作业图可以看出，人的空闲时间太多，利用率仅为28.6%。采用5W1H提问分析得出人之所以有空闲，其主要原因是滚齿机的自动加工时间比较长，加工过程中人无事可做；采用ECRS改善原则改进，提出通过合理安排工作顺序，减少人和机器的空闲等待时间，缩短工作周程。改善后的人机作业分析图如图2-14所示。

作业名称：滚齿		编号：		图号：		日期：	
开始动作：		结束动作：				方法：改善方法	
人		滚齿机1		时间 / min		滚齿机2	
进料1		空闲		0.5		滚齿	
退料2				0.75		空闲	
进料2				1.25			
				1.5			
				2			
				2.5			
空闲		滚齿		3		滚齿	
				3.5			
				4			
				4.5			
退料1		空闲		4.75			
项目	工作周程 / min		工作时间 / min		空闲时间 / min		利用率
人	4.75		1.5		3.25		31.6%
滚齿机1	4.75		4		0.75		84.2%
滚齿机2	4.75		4		0.75		84.2%

图 2-14　滚齿工序人机作业图 （改善后）

由图 2-14 可看出，通过重排工作顺序，不需增加设备和工具，利用机器工作时间进行手工操作，缩短了工作周程，提高了工效和人机利用率。但是，在每一个周程内，人仍有很多的空闲时间。分析发现，要进一步缩短周程比较难，这时改善方法有两种：一是增加其他工作，二是利用空闲操作其他滚齿机。因为在一个周程内，工人有 3.25min 的空闲，而在滚齿过程中，人需要的作业时间只有 0.75min，让操作者操作多台滚齿机是可行的。在本例中，工人可以操作几台机器，请读者自己完成。

例 2-3　某汽车发动机厂铣连杆工序的人机作业分析见视频 2-11。

3. 双手作业分析

（1）双手作业分析的含义

双手作业分析是指以工序的操作过程为研究对象，详细观察和记录其过程，应用双手协调工作原理，改进操作方法，以平衡双手负荷、减轻疲劳和提高效率的方法。

视频 2-11　铣连杆工序的人机作业分析

（2）双手作业分析的作用

运用双手作业分析，可以找出"独臂"式作业；平衡左、右手分工，减轻疲劳；发现伸手、找寻以及笨拙而无效的动作；发现工具物料、设备等不合适的放置位置；规范作业，为编制作业指导书提供参考。

（3）双手作业分析的步骤和方法

双手作业分析按照与工作研究一致的步骤，通过绘制双手作业图，运用 5W1H 提问、ECRS 改善原则和动作经济原则进行改善，实现双手的均衡作业。

双手作业分析图绘制使用与程序分析相同的符号，但含义有所区别。双手作业分析中"○"表示手的作业，"▽"表示手长时间持住对象物，"□"表示手的等待，"→"表示手的移动，双手作业分析中无检查"□"符号。双手作业分析图由四部分组成，如图2-15所示。左上部填写常规项目，如作业名称、地点、作业人员、作业的起点等。右上部填写工作地布置平面简图，表明各种零件、工具、设备的位置。中间部分用规定的符号填写左、右手动作的具体过程及动作说明。右下方对左、右手的动作进行统计，为改善提供思路。

绘制双手作业分析图之前，要对整个作业周期认真研究若干次。记录时，应以拿起新的工件的动作作为起点，一次记录一只手的动作，左手或右手均可，一般应从工作最多的一只手开始，并将全部操作记录完毕。应该注意的是，当左、右手同时动作时，要记录在同一水平线上；顺次发生的动作，要记录在不同水平线上。

（4）双手作业分析的应用

例2-4　将轴装入套筒的双手作业过程分析。

1）记录。对加工完的一批轴套零件检查其长度并装入套筒，将成品放在工作台上。该作业过程对应的双手作业图如图2-15所示。

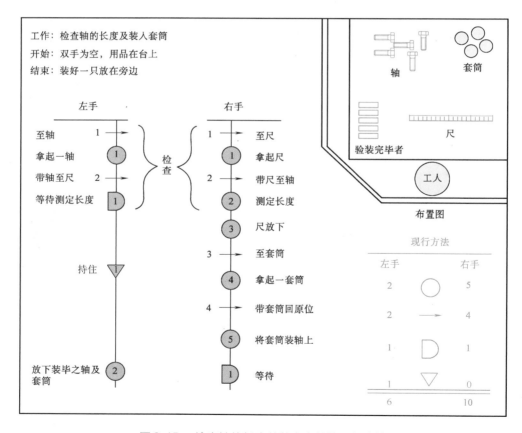

图2-15　检查轴的长度并装入套筒的现行方法

2）分析改善。从图2-15可以看出，左右手的动作不均衡，右手的动作次数是左手的

1.67倍，而且左手的移动次数比例很高（33%以上），提出改善的方向应该是减少移动次数，实现双手同时对称动作。运用5W1H提问及ECRS改善原则分析改善，取消了下列三种无效的动作：①一手持物，另一手的往复动作；②将套入的方法改变，使轴直接套入套筒，节省套筒拿起与放下的无效动作；③改变原来用的普通尺为标准长度的尺，并固定在操作台上，省去每次将尺重复地拿起、放下的动作。根据以上改善措施，得到改善以后的双手作业分析图如图2-16所示。

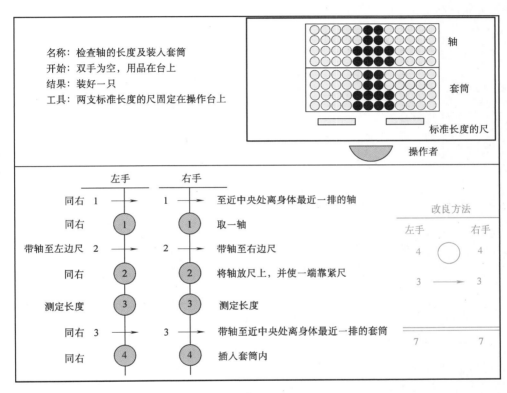

图2-16 检查轴的长度并装入套筒的改善方法

3）改善效果。此例说明，对工作场地重新布置和改变工具的使用就能对原不良作业方法进行改进，使双手达到对称、平衡，动作规范化，效率显著提高。

例2-5 剃须刀中端装配工序的双手作业分析见视频2-12。

4. 联合作业分析

（1）联合作业分析的含义

联合作业分析是对多个操作者共同完成一项作业时，操作者之间的配合关系进行分析，以便消除操作者之间负荷不均衡和浪费等，提高工组效率。

视频2-12 剃须刀中端装配工序的双手作业分析

（2）联合作业分析的作用

联合作业分析通过调查操作者之间的相互关系，均衡作业负荷，提高工组的作业效率。具体而言，即发现空闲与等待时间的状态；平衡工作负荷；减少周期（程）时间；获得最大的机器利用率；合理配置人员和机器；决定共同作业最合适的作业方法。

（3）联合作业分析的步骤和方法

联合作业分析运用与工作研究一致的步骤，以联合作业分析图的现状记录为基础，运用5W1H提问、ECRS改善原则和动作经济原则进行分析改善。

联合作业分析图的形式与人机作业分析图类似，由表头、图表、统计三部分构成。图表部分的绘制是先绘制各操作者的作业流程，然后使各操作者的作业时间坐标一致，最后合并绘制出完整的联合作业分析图。

5. 作业分析三种技术的比较

作业分析三种技术的比较汇总见表2-14。

表2-14 作业分析三种技术比较汇总表

分析研究名称	分析研究对象	分析考察主要活动	分析改进重点	应用场合
人机作业分析	机械化作业过程	操作（○）空闲（□）	人机操作的有机配合，提高人和机器的生产效率	机械化作业
双手作业分析	作业活动单人过程	操作、持住、搬运、等待等各项活动	改进作业方法，消除多余笨拙的操作，实施双手操作	各种手工作业、装配作业
联合作业分析	联合作业过程	操作（○）空闲（□）	工组人员分工合理性，协作配合	装配作业

2.2.4 动作分析

1. 动作分析概述

（1）动作分析的含义

生产活动中的加工和检查实际上都是由一系列的动作所组成的，如寻找、握取、移动、装配必要的目的物等。这些动作的快慢、多少、有效与否，直接影响生产效率的高低。无效动作对产品的性能和结构没有任何改变，自然也不可能创造附加价值，因此，吉尔布雷斯曾说："世界上最大的浪费，莫过于动作的浪费。"

动作分析就是对作业动作进行细致的分解研究，消除不合理现象，使动作更为简化，更为合理，从而提升生产效率的方法。动作分析是方法研究第三层次的分析方法，是在流程和工序决定之后，对操作者身体细微动作进行的分析。其基本思想是对操作者手、眼和其他身体部位的动作，进行分析、比较、研究，剔除多余无效的动作，把必要的有效动作很好地组合成标准动作系列，并设计与之相配合的适当的工具、工作地布置等。

（2）动作分析的用途

简单地讲，动作分析的主要用途是简化操作方法，发现操作者的动作浪费，减轻操作者疲劳，为制定标准工作方法提供依据。具体分为三个方面：①制定出合理、无浪费、稳定的动作顺序和方法；②制定出轻松不易疲劳的作业方法；③设计最适当的工具、夹具，改善作业现场布置。动作研究对于大批量生产型企业作用更大，往往一个动作的改善，可获得相当可观的效果。如某水泵控制器生产企业经过动作分析，确定的底板测试工序的标准作业指导书，见视频 2-13。

视频 2-13　EW-A2
底板测试作业
指导书

（3）动作分析的方法

动作分析按照研究精度的不同分为目视动作分析和影像动作分析两种方法。其含义及特点见表 2-15。

表 2-15　动作分析方法

方　　法	含　　义	特　　点
目视动作分析	观测者以目视直接对现场作业进行观测，细分为动素分析、寻求改善的方法	优点是对现场瓶颈工序实时改善，提高作业效率；缺点是时间测定及细微动作的观测困难，对执行者观察能力和分析能力要求高
影像动作分析	通过拍摄作业录像，进行分析，可以精确地对作业时间及动作要素进行测定及研究分析	优点是精度高、成本低、易操作、可重复，缺点是需投入一定的设备

随着计算机技术和网络技术的发展，影像动作分析日益受到广泛关注。因此，市场上涌现了越来越多的影像动作分析软件（如 OTRS）。与传统动作分析手段相比，这些软件的应用在确保动作分析准确度的同时，大大减少了动作分析的工作量，提高了分析效率。

2. 动素分析

（1）动素分析概述

吉尔布雷斯最先把以手、眼活动为中心的基本动作细分为 18 种，称之为动素（Therblig），并确定了这些动素的定义和符号。此后，用动素符号详尽分析动作实际状态的方法就是动素分析。

（2）动素分类及其记号

18 种动素分成 3 大类：第 1 类为有效动素；第 2 类为辅助动素；第 3 类为无效动素。各动素的名称、符号、代号和定义见表 2-16。

有效动素是指进行作业必要的动作，包括：伸手、握取、移物、定位、装配、拆卸、使用、放手、检查 9 种动作。这类动素的改善重点是缩短其持续时间。

辅助动素是指辅助作业完成的动作，包括：寻找、发现、选择、思考、预置 5 种动作。虽然此类动作有时是必要的，但会使第 1 类动作变得迟缓，使作业时间消耗过多，降低作业效率。因此，除了非用不可者外，应尽量取消此类动素。

无效动素是指对作业完成无效的动作，包括：持住、不可避免的迟延、可以避免的耽搁和休息 4 种动作。由于此类动素不进行任何工作，一定要设法取消。

（3）动素分析的步骤和方法

动素分析的目的是找出问题点，进而实施必要的改善。与工作研究的步骤类似，动素分析首先用动素符号详细记录动作过程，然后运用 5W1H 对现状提问分析，最后运用 ECRS 改善原则和动作经济原则进行改善。

表 2-16　动素的名称、符号、代号和定义

类别	序号	名称	符号	代号	例：用书桌上放着的铅笔写字	动素定义
		记号说明				
第1类 为完成工作所必要的动作	1	伸手	⌣	TE	把手伸到放置铅笔的位置处	空手移动接近或离开目的物的动作
		空手的形状				
	2	握取	∩	G	用手抓住铅笔	用手或身体的某一部位抓取或控制目的物的动作
		用手抓目的物的形状				
	3	移物	⌣	TL	用手抓住铅笔移动	用手或身体的某一部位承受载荷改变目的物位置的动作，包括搬运，压，推，使之滑动，拉、拖，转送等
		手中放置目的物的形状				
	4	定位	9	P	把铅笔尖对准写字的位置	使手持的目的物与其他的装配或使用的目的物取得正确位置关系的动作
		把目的物放在指尖的形状				
	5	装配	#	A	为铅笔套上笔套	使两个或两个以上的目的物合并的动作
		组合形状				
	6	拆卸	##	DA	打开铅笔套	将一物分解为两个或两个以上目的物的动作
		从组合形状中拆除一物体				
	7	使用	U	U	正在写字的时候	利用器具或装置所做的动作。用手改变目的物的状态、性质的动作也属于此类动素
		英文 Use 的第一个字母 U				
	8	放手	⌒	RL	把手中的铅笔放下	放开由手或身体的某一部位控制着的目的物的动作
		从手中落出目的物的形状				
	9	检查	〇	I	检查所写的字是否正确	将目的物的性能、质量、数量与规定标准相比较的动作
		放大镜的形状				
第2类 将延缓第1类动作	10	寻找	⊂⊃	SH	寻找铅笔放在何处	用眼、手等五种感官寻找目的物的动作
		用眼寻找目的物的形状				
	11	发现	⊂⊃	F	看见铅笔	在寻找动作之后，找到目的物瞬间的动作
		用眼看到目的物的形状				
	12	选择	→	ST	从数支铅笔中选择恰当的一支铅笔	使用五官从数个物件中选定目的物的动作
		指向目的物的形状				
	13	思考	⅋	PN	回忆忘记掉的单词	以思考为主的理解和判断等心理活动
		用手指摸着手的形状				
	14	预置	⅋	PP	改正铅笔的握持以便于写字	为了便于下一个动作的实施调整目的物的位置，使其正好处于最好的朝向而完成的动作
		保龄球瓶立着的形状				

（续）

类别	序号	名称	符号	代号	例：用书桌上放着的铅笔写字	动素定义
		记号说明				
第3类与工作无关的动作	15	持住	⌒	H	在写字的时候要压紧纸	用手或身体的某一部位保护目的物维持原状的动作
		用磁石吸住目的物的形状				
	16	不可避免的迟延		UD	由于停电而无法写字	由于机械的自动进给而造成的等待以及双手操作时的某只手的空闲，迟延不是有效动作，但操作者不负责任
		人被绊倒的形状				
	17	可以避免的耽搁		AD	由于观望别处而停止写字	不含有效动作，但操作者可以控制的迟延
		人躺着的形状				
	18	休息		R	由于手的发酸而停止写字	为了缓解疲劳，身心活动处于休息状态
		人坐在椅子上的形状				

注：当两个动作同时实施时，用动素符号记录，则在两个动作动素符号中间用"＋"号连接，称为复合动素符号。

动素分析的工具是动素分析表，其形式类似于双手作业分析图，采用动作要素符号记录左右手的动作过程。然后根据统计结果，遵循重点消除第 3 类动作、尽量减少第 2 类动作、简化第 1 类动作的原则进行改善。

2.2.5 动作经济原则

"动作经济原则"又称"省工原则"，是为了以最低限度的疲劳获得最高的效率，寻求最合理的作业动作应遵循的原则。简而言之，动作经济原则就是更好地改善动作的原则，不仅要改善操作方法以便轻快动作，还要改善相关的物料、工具、夹具与机器的功能、布置和形状以便于动作。

动作经济原则的四条基本原则为：减少动作数量、追求动作平衡、缩短动作移动距离、使动作保持轻松自然的节奏。将这四条基本原则应用于生产现场的三个方面：动作方法、作业现场布置和工具、夹具与机器，可以得到表 2-17 所示的 31 条动作经济原则。

表 2-17 动作经济原则

基本原则		1. 减少动作数量	2. 追求动作平衡	3. 缩短动作移动距离	4. 使动作保持轻松自然的节奏
		是否进行多余的搜索、选择、思考和预置？	某一只手是否处于空闲等待或持住状态？	是否用过大的动作进行作业？	能否减少动素数？
1. 动作方法		① 取消不必要的动作 ② 减少眼的活动 ③ 合并两个以上的动作	① 双手同时开始、同时完成动作 ② 双手反向、对称同时动作	① 用最适当的人体部位动作 ② 用最短的距离动作	① 尽量使动作无限制轻松地进行 ② 利用重力和其他力完成动作 ③ 利用惯性力和反弹力完成动作 ④ 连续、顺畅地改变动作方向

（续）

基本原则	1. 减少动作数量	2. 追求动作平衡	3. 缩短动作移动距离	4. 使动作保持轻松自然的节奏
	是否进行多余的搜索、选择、思考和预置？	某一只手是否处于空闲等待或持住状态？	是否用过大的动作进行作业？	能否减少动素数？
2. 作业现场布置	① 将工具物料放置在操作者前面固定位置处 ② 按作业顺序排列工具物料 ③ 工具物料的放置要便于作业	按双手能同时动作布置作业现场	在不妨碍动作的前提下，作业区域应尽量窄	采用最舒适的作业位置高度
3. 工具、夹具与机器	① 使用便于抓取零件的物料箱 ② 将两个以上的工具合为一件 ③ 采用动作数少的联动快速夹紧机构 ④ 用一个动作操作机器的装置	① 利用专用夹持机构长时间拿住目的物 ② 用使用足的装置完成简单作业或要使力的作业 ③ 设计双手能同时动作的夹具	① 利用重力或机械动力送进或取出物料 ② 机器的操作位置要便于用身体最适当的部位操作	① 利用夹具或滑轨限定动作经路 ② 抓握部的形状要便于抓握 ③ 在可见的位置通过夹具轻松定位 ④ 使操作方向与机器移动方向一致 ⑤ 用轻便操作工具

　　在实际运用中，通过对照比较实际作业过程与动作经济原则，运用5W1H和ECRS改善原则进行提问改善。

2.3.1　作业测定概述

　　1. 标准时间

　　标准时间（见视频2-14）是指"在适宜的操作条件下，用最合适的操作方法，以普通合格工人的正常速度完成标准作业所需要的劳动时间。"换言之，标准时间是指具有平均熟练程度的操作者，在标准作业条件和环境下，以正常的作业速度和标准的程序方法，完成某一作业所需要的总时间。

　　由于历史上受苏联和西方的影响，我国同时存在着与标准时间类似的另一种表述，即工时定额。国家标准GB/T 14163—2009《工时消耗分类代号和标准工时构成》中工时定额的定义为"生产工人在工作班内为完成生产任务，直接和间接的全部工时消耗。"工时消耗的相关

视频2-14　标准
时间

信息请参见 GB/T 14163—2009《工时消耗分类、代号和标准工时构成》。定额时间的定义似乎没有操作人员、环境和作业条件的限制，仅用于对工时消耗的分类。但如果从具体的生产劳动出发，两者在同一时期内，对于特定的生产企业，具有共同的人员、作业环境和条件，因此，可以认为两个概念的本质是相同的，具有同样的内涵和外延。

标准时间是企业生产管理的重要组成部分，为生产管理计划安排、成本核算、设备数量确定和人员编制、生产面积规划提供科学依据。对于根据标准时间确定劳动定员定额以及编制机械产品劳动消耗工艺定额，我国制定了与之相关的标准，包括 GB/T 14002—2008《劳动定员定额术语》、GB/T 24737.7—2009《工艺管理导则　第 7 部分：工艺定额编制》。

2. 作业测定

（1）作业测定的含义

作业测定是运用各种技术来确定合格工人按规定的作业标准完成某项工作所需的时间。合格工人是指必须具备必要的身体素质、智力水平和受教育程度，并具备必要的技能知识，使他所从事的工作在安全、质量和数量方面都能达到令人满意的水平。规定的作业标准是指："经过方法研究后制定的标准工作方法，以及有关设备、材料、作业环境、动作等的一切规定。"

（2）作业测定的作用

作业测定不仅仅用于制定标准工时，同时也用于进行工作改善，因此在企业的管理中具有举足轻重的地位。具体作用为：①制定作业系统的标准时间；②与方法研究相结合，用以作业系统的改进；③为生产排程、产能复核、绩效评估、生产线平衡、生产成本核算等提供依据或衡量标准。

（3）作业测定的方法

作业测定按照时间数据资料取得的方法不同，可分为两类：直接法和间接法。直接法是指通过现场直接观察测定取得标准资料的方法，包括秒表时间研究和工作抽样法。间接法（综合法）是指依靠事先制定的标准资料，通过最后的综合获得标准时间数据的方法，包括标准资料法和预定时间标准（PTS）法。在企业进行作业测定的实际过程中，这几种方法不是独立使用的，而是经常结合起来使用的。作业测定方法之间的关系如图 2-17 所示。

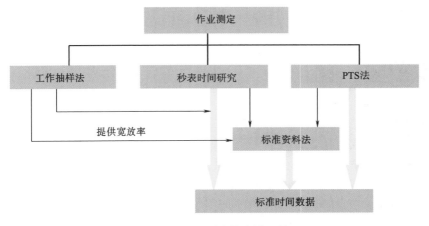

图 2-17　作业测定的方法及关系

在实际应用过程如何选择合适的作业测定方法呢？不同的作业测定方法有特定的要求和使用环境。从研究人员对操作者作业的观察记录来看，有的方法要求对人的基本动作进行观察记录，有的则以整个制造过程作为对象进行观察记录。也就是说不同方法所要求的工作阶次可能不同，因此在实际应用中，首先决定要研究对象的阶次，然后再根据各个作业测定方法的阶次适用性选择合适的方法。常用的工作阶次的划分见表2-18。

表 2-18   工作阶次划分信息表

阶次		对象	举例
第Ⅰ阶次	动作	人的基本动作单元，最小的工作阶次	伸手、握取等
第Ⅱ阶次	单元	由几个连续动作集合而成	伸手抓取物料、放置零件等
第Ⅲ阶次	作业	通常由两、三个操作单元集合而成。一般而言，作业可以分为多个操作单元，但这些操作单元不能分配给两个以上的人以分担的方式进行作业	伸手抓取物料在夹具上定位（包括放置），拆卸加工完成品（从伸手到放置为止）等
第Ⅳ阶次	制程	为进行某些活动所必需作业的串联	钻孔、装配、焊接等

工作阶次的划分应以研究方便为原则。低阶次的工作可以合成为高阶次的工作，高阶次的工作亦能分解成低阶次的工作。一般来说，秒表时间研究适用于第一阶次的工作；秒表时间研究适用于第二和第三阶次，即动作单元和工序作业；工作抽样适用于第三、第四阶次的工作；标准资料适用于第二、第三和第四阶次的工作。

3. 作业测定与标准时间

用科学的作业测定方法制定的完成作业的劳动量消耗时间就是标准时间。作业测定侧重于方法，而标准时间侧重于所获得的结果。作业测定作为一种科学测定完成工作所需要时间的方法，已经被欧美、日本等企业广泛采用。而在我国的很多企业，作业时间的确定还是简单依据经验或者统计得到，因此，有必要在我国大力推广作业测定的各种方法。

2.3.2   秒表时间研究

1. 秒表时间研究概述

秒表时间研究概述的内容见视频2-15。

（1）秒表时间研究的含义

秒表时间研究是作业测定技术中的一种常用方法，也被称为"直接时间研究—密集抽样"（Direct Time Study-intensive Samplings，DT-SIS），是以工序作业时间为研究对象，对构成工序的作业要素进行直接、连续、重复的观测、记录，并结合与标准概念相比较进行的评比以及组织所制定的宽放政策，来确定操作者完成某项工作所需的标准

视频2-15   秒表
时间研究概述

时间的方法。

（2）秒表时间研究的用途

秒表时间研究的主要用途有：①精确测定操作者完成工序及其各个作业要素的工时消耗量；②研究合理的工序结构，为方法研究提供工时消耗数据，为作业标准制定提供依据；③制定作业时间定额和标准时间；④总结先进生产者的操作经验，指导和培训工人。

2. 秒表时间研究的步骤和方法

秒表时间研究的总体步骤见视频2-16。

（1）明确时间研究目的，确定观测对象

时间研究的对象是由观测目的决定的，如果是为了制定标准时间或为制定标准资料提供资料，则选择"中等合格的工人"即可；如果是为了总结和推广经验，则应选择"先进工人"进行。因此在测时之前，要先根据观测目的，选择具体的观测对象。

视频2-16 秒表时间研究的总体步骤

（2）调查作业现场环境和条件

为制定某一操作的标准时间，必须对整个操作相关的资料进行详细而完整的调查，不能遗漏操作的任何一部分，否则将导致标准时间的失误。调查内容包括：①温度、湿度等与工作环境相关信息；②操作者信息（姓名、性别、操作水平等）；③与制造的产品或零件相关的资料等。

（3）细分工序作业，确定分界点（见视频2-17）

秒表时间研究所测定的时间并非其操作的总时数，因总时间内包括的动作数量多、性质复杂，很难评比其快慢。因此，在进行正式观测时，应将操作单元划分为若干单元，以确保每个单元动作数量少，而且均为性质相同的动作，便于评比。

视频2-17 秒表时间研究步骤：作业分解

作业单元划分的合适与否直接影响秒表时间研究的质量，对于经标准化的操作过程，作业单元划分一般遵循以下原则：①单元之间界限清楚，每一单元有明显易辨认的起点和终点，作为分界点；②各单元时间长短适度，一般认为以0.04min以上为宜；③人工操作单元应与机器操作单元分开；④不变单元与可变单元应分开。不变单元是指在各种情况下，其操作时间基本相等；可变单元是指因加工对象的尺寸、大小、重量的不同而变化的单元；⑤规则单元、间歇性单元和外来单元应分开；⑥物料搬运时间与其他单元时间分开。

（4）准备观测工具及培训观测人员

秒表时间研究的工具主要有秒表、记录板、时间研究表格以及其他工具。在正式进行观测之前，还需要对观测人员进行培训。这是确保获得正确、可靠测时数据和资料的最重要的条件。

1）秒表（又称马表、停表）。通常采用1/100min秒表，记录容易，整理、计算方便，如图2-18所示。

2）记录板。用于安放时间研究表格和秒表，如图2-19所示。

图2-18　秒表

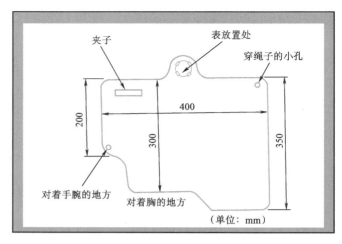

图2-19　记录板

3）时间研究表格。这是指记录、汇总与分析时间研究观测数据的各种表格。其格式可自行设计，大小按实际情况及观测板的大小而定。为便于保存、查阅，各单位应规定统一的格式。表2-19为常用的时间研究表形式。如果作业时间短而循环进行时，则利用表2-20、表2-21所示的表格式样比较方便。

表2-19　常用的时间研究表

时间研究表首页		
部门： 作业：　　　　　　　方法研究编号： 车间/机器：　　　　　号码： 工具及量具： 产品/零件：　　　　　号码： 图号：　　　　　　　材料： 质量：	研究编号： 第　　页：　　　　共　　页 开始时间： 结束时间： 延续时间： 操作人： 秒表号： 研究人员： 日　　期： 审定人：	

注意：将现场平面布置图、装配图、部件图绘于反面或另附一张纸

工作要素 说明	评估 速度	秒表 读数	减去 时间	正常 时间	工作要素说明	评估 速度	秒表 读数	减去 时间	正常 时间

表 2-20　短期时间研究表（正面）

研究日期	完成时间： 开始时间： 经过时间：	短周期研究表（正面）		研究编号：
				张号：
部　　别： 作　　业： 使用工具：		零件名称： 图号：　　　　件号： 速率：　　r/min 进料：　　cm/min		基本周期时间：　　min 　　　或 总平均单位时间：　　min 评比因素：　　min 基本周期时间：　　min
机器及号码： 操作人：自动□　脚动□ 手动□		标　准	研究原因 初始研究　　　□ 方法研究改变　　□ 检查既定标准　　□	人员　% 宽放：延迟　% 　　　疲乏　%　}min 　　　其他　% 每件标准时间：　　min
材料：　工作环境：				
工作位置布置				方法说明

表 2-21　短期时间研究表（反面）

研究 日期		完成时间： 开始时间： 经过时间：		短周期研究表 （反面）						研究号码：
										张号：
单元号码	1	2	3	4	5	6	7	8	9	10	操作人：

站立 □
坐 □
移动 □

秒表号：
观察人：
核定人：
外来单元

周期序数	R	T	R	T	R	T	R	T	R	T	R	T	R	T	R	T	R	T	R	T	符号	R	T	说明
1 2 3 4 5 6 7 8 9 …																					A — B — C — D — E — F — G — H — I — … …			
总计 观察次数 平均时间 正常时间																								

表 2-20 为短期时间研究表的正面，用于记录一切有关当时实际状况的资料，应尽可能详细，以说明标准时间测定的条件。表 2-21 为短期时间研究表的反面，用于记录现场时间测定，"R" 列填写连续测时法的秒表指针读数，"T" 列为本单元实际工作时间，具体记录方法将在后面介绍。

4）其他工具。其他工具包括钢卷尺、千分尺、弹簧秤、转速表等测量工具，计算器，摄影、录像设备或计时机等。测量工具主要用于测定观测时的作业条件；摄影或录像设备可以很精确地记录时间研究对象作业的实际操作细节与所耗的时间，并可重现，便于做更细致的分析与研究。

（5）确定观测次数

秒表时间研究是通过对同一作业进行多次重复测定，获得抽样数据，因而需要事先确定观测次数（见视频 2-18）。显然，观测次数越多，测定精度越高。但随着观测次数的增加，相应的工作量也要增加。过多的观测不经济，也没必要。因此，可以在综合考虑精度和可靠度的条件下，根据统计学中提供的公式确定。为简便起见，也可以采用经验数据确定。下面介绍三种常用的方法。

视频 2-18　秒表
时间研究步骤：
确定观测次数

1）误差界限（Error Limit）法。根据样本平均值与总体平均值之间的误差范围以及置信度确定。

当误差范围在 ±5% 以内，置信度为 95% 时

$$n' = \left(\dfrac{40 \sqrt{n \sum\limits_{i=1}^{n} X_i^2 - \left(\sum\limits_{i=1}^{n} X_i \right)^2}}{\sum\limits_{i=1}^{n} X_i} \right)^2 = \left(\dfrac{40\sigma}{\overline{X}} \right)^2 \tag{2-2}$$

当误差范围在 ±10% 以内，置信度为 95% 时

$$n' = \left(\dfrac{20 \sqrt{n \sum\limits_{i=1}^{n} X_i^2 - \left(\sum\limits_{i=1}^{n} X_i \right)^2}}{\sum\limits_{i=1}^{n} X_i} \right)^2 = \left(\dfrac{20\sigma}{\overline{X}} \right)^2 \tag{2-3}$$

式中，n' 为应进行观测的次数；n 为试观测次数；X_i 为样本观测值；$\overline{X}$ 为样本均值.

例 2-5　设在秒表时间研究中，先对某操作单元观测 10 次，得其作业时间分别为 10、12、11、12、9、11、10、11、10、9，现要求误差界限控制在 5% 以内，取置信度为 95%，求应观测多少次？

解　据 10 次观测的结果，可求得：$\sum\limits_{i=1}^{10} X_i = 105$，$\sum\limits_{i=1}^{10} X_i^2 = 1113$，$n = 10$，代入式（2-2）得

$$n' = \left[\dfrac{40 \sqrt{10 \times 1113 - (105)^2}}{105} \right]^2 = 15.24$$

即应观测的次数为 15 次。因为已经观测了 10 次，所以还需要再观测 5 次。

预先对操作单元进行观测时，观测次数可选 5 次或 10 次，一般选 10 次的较多。当划分的不同操作单元，计算的观测次数不同时，实际观测次数应为各单元中次数最大者。

2）d_2 值法。当观测次数比较少时，标准差 $\sigma = R/d_2$，R 是级差，即观测单元时间最大值与最小值之差；d_2 是以观测次数为基础的一个系数，可查表 2-22 得出。将 σ 用 d_2 表示，则得到观测次数的确定公式为

当误差范围在 ±5% 以内，置信度为 95% 时

$$n' = \left(\frac{40R/d_2}{\bar{X}}\right)^2 = \left(\frac{40Rn}{d_2 \sum_{i=1}^{n} X_i}\right)^2 \tag{2-4}$$

当误差范围在 ±10% 以内，置信度为 95% 时

$$n' = \left(\frac{20R/d_2}{\bar{X}}\right)^2 = \left(\frac{20Rn}{d_2 \sum_{i=1}^{n} X_i}\right)^2 \tag{2-5}$$

3）通过作业周期确定观测次数的方法。如果是为了工作改善而进行时间研究，要求不必像制定标准时间那么严格，可根据作业周期粗略确定观测次数，具体见表 2-23 所示。

表 2-22 d_2 值系数表

n	d_2	n	d_2	n	d_2	n	d_2
2	1.128	8	2.847	14	3.407	20	3.735
3	1.693	9	2.970	15	3.472	21	3.778
4	2.059	10	3.078	16	3.532	22	3.819
5	2.326	11	3.173	17	3.588	23	3.858
6	2.534	12	3.258	18	3.640	24	3.895
7	2.704	13	3.336	19	3.689	25	3.931

表 2-23 观测次数确定标准

作业周期/min	0.10	0.25	0.50	0.75	1.00	2.00	5.00	10.00	20.00	40.00	40.00 以上
观测次数	200	100	60	40	30	20	15	10	8	5	3

（6）实地观测，记录观测时间

正式观测时，秒表时间研究人员根据选定的测时方法测时（见视频 2-19），并记录在对应的时间研究表格中，用于整理、分析。

1）秒表时间研究的方法。秒表时间研究的方法主要有四种，各种方法的含义以及适用情况见表 2-24。

视频 2-19 秒表时间研究步骤：测时

表 2-24 秒表时间研究的四种方法

序号	方 法	具 体 应 用	优 缺 点
1	连续测时法	在整个研究持续时间内，秒表不停地连续走动，直到整个研究结束为止。观测者将每个操作单元的终点时间读出，记录在表格内。研究结束后，将相邻两个操作单元的终点时间相减，即得到操作单元实际持续时间	优点是比较方便，能得到完整的记录；缺点是各单元的持续时间必须通过减法求得，处理数据工作量大

（续）

序号	方法	具体应用	优缺点
2	归零测时法	在观测过程中，每一个操作单元结束即按停秒表，读取表上读数，然后使秒表指针快速回零点，下一个操作单元开始时重新起动	优点是直接记录所有操作单元的时间、随时比较不同周期内各单元时间读数的一致性；缺点是费时且易漏记
3	累计测时法	用两个秒表，由一个联动机构连接。一表开动，另一表即停止；一表停止，另一表即起动。记录停下的表的读数后，返零位	优点是直接读出所有操作单元的时间，缺点是携带不便
4	周程测时法	也称之为差值测时法，将几个操作单元组合在一起测时，每次去掉一个单元测时，联立求解得到	适用于单元甚小且周期甚短的作业，缺点是读出并记录时间很难准确

2）现场观测出现特殊情况的记录。以连续测时法为例，在测时过程中常会遇到一些特殊情况，可参照以下方法处理。具体应用参考实例2-5中的时间研究表。

① 测时时来不及记录某一单元的时间。在该单元"R"列中记一个"×"或"M"，表示失去记录。例如，第3个单元的第10个作业周期。

② 操作者省去某一单元。在该单元的"R"列中画一斜线，表示省去。

③ 操作者没按照单元的顺序进行。在相互颠倒的两个单元的"R"列内分别画一横线，横线下记录开始时间，横线上记录结束时间。例如第5、6单元在第6个作业周期顺序颠倒。

④ 观测过程中出现外来单元，如刀具断裂、工具掉地等。在相应栏内做上记号，并记录影响时间。当外来单元正巧在某一单元结束时发生，则下一单元的"T"列的左上角标记英文字母，第一次发生记A，第二次发生记B，以此类推，包括单元内发生的所有外来单元按此方法标记。并于时间研究表右边"外来单元"栏符号列填写英文字母，同时在"R"列横线下方记入开始时间，待外来单元结束时，将其结束时间记入横线上方，结束时间减去开始时间即为该外来单元时间。最后，将外来单元的内容记入"说明"栏内。当外来单元在某单元进行过程中发生时，在该单元的"T"列的左上角内记下英文字母，其他与单元外发生情况完全相同，如第2单元第4作业周期有外来单元。

3）剔除异常值并计算各单元实际操作时间。现场记录之后，需要对观测数据进行处理、计算。在计算平均值之前，必须检查分析并剔除观测数值内的异常值（见视频2-20）。异常值是指某单元的时间由于外来因素的影响，而使其超出正常范围的数值。剔除异常值的方法有多种，此处仅介绍最常用的方法——三倍标准差法。根据正态分布的

视频2-20　秒表时间研究步骤：剔除异常值

原理，在正常情况下，若计算同一分布的抽样数值，其99.7%的数据应在均值正负三倍标准差区域内。

假设对某一操作单元观测 n 次得到的时间为：$X_1, X_2, X_3, \cdots, X_n$，则标准差为

$$\sigma = \sqrt{\frac{\sum\limits_{i=1}^{n}(X_i - \overline{X})^2}{n}}$$

正常值为 $\overline{X} \pm 3\sigma$ 之内的数值，凡超过者即为异常值，应予以剔除。异常值剔除后，运用剩余的合格数据分别求各单元观测时间的算术平均值，即为该单元的实际操作时间。

（7）考虑评比，确定正常时间

观测时间为样本的平均时间，不能作为企业总体适用的标准时间。因为抽样个体的动作可能比标准动作快，也可能比标准动作慢，所以必须利用"评比"予以修正，使其动作慢者变快，使动作快者变慢，以确定正常时间（见视频 2-21）。

视频 2-21　秒表时间研究步骤：确定正常时间

1）评比的含义。评比是一种判断或评价的技术，是指时间研究人员将操作者的操作速度与理想速度（正常速度）做比较，以使实际操作时间调整至平均熟练工人的正常速度基准上。

2）评比的方法。常用的评比方法有速度评比法、平准化法、客观评比法与合成评比法。其中，速度评比法、平准化法是最常用的评比方法。

速度评比（Speed Rating）法是指完全根据观测者关于理想速度（即正常速度）的概念评定工人的工作速度，即将工人工作速度与观测者脑海中已有的标准水平进行比较。常用的速度评比尺度有三种：60 分法、100 分法及 75 分法。速度评比时，以评比尺度为基准。当操作速度超过正常速度，则评分高于基准；反之，则评分低于基准。此法简单，但受时间研究人员主观影响较大，因此要求观测人员必须对该项作业有完整的认识，并接受过系统的速度评定训练，否则得到的评定数据可能不准确。

平准化（Leveling）法克服了速度评比完全靠主观评估的缺点，将熟练程度、努力程度、工作环境和一致性四个因素作为评比考虑的因素。根据每个因素的评比值，对操作单元进行评定，即评定系数 = 1 + 熟练系数 + 努力系数 + 工作环境系数 + 一致性系数。各因素的等级和评比系数见表 2-25、表 2-26、表 2-27 和表 2-28。

<table>
<tr><td colspan="3">表 2-25　熟练系数</td></tr>
<tr><td rowspan="2">超佳</td><td>A1</td><td>+ 0.15</td></tr>
<tr><td>A2</td><td>+ 0.13</td></tr>
<tr><td rowspan="2">优</td><td>B1</td><td>+ 0.11</td></tr>
<tr><td>B2</td><td>+ 0.08</td></tr>
<tr><td rowspan="2">良</td><td>C1</td><td>+ 0.06</td></tr>
<tr><td>C2</td><td>+ 0.03</td></tr>
<tr><td>平均</td><td>D</td><td>+ 0.00</td></tr>
<tr><td rowspan="2">可</td><td>E1</td><td>− 0.05</td></tr>
<tr><td>E2</td><td>− 0.10</td></tr>
<tr><td rowspan="2">劣</td><td>F1</td><td>− 0.16</td></tr>
<tr><td>F2</td><td>− 0.22</td></tr>
</table>

<table>
<tr><td colspan="3">表 2-26　努力系数</td></tr>
<tr><td rowspan="2">超佳</td><td>A1</td><td>+ 0.13</td></tr>
<tr><td>A2</td><td>+ 0.12</td></tr>
<tr><td rowspan="2">优</td><td>B1</td><td>+ 0.10</td></tr>
<tr><td>B2</td><td>+ 0.08</td></tr>
<tr><td rowspan="2">良</td><td>C1</td><td>+ 0.05</td></tr>
<tr><td>C2</td><td>+ 0.02</td></tr>
<tr><td>平均</td><td>D</td><td>+ 0.00</td></tr>
<tr><td rowspan="2">可</td><td>E1</td><td>− 0.04</td></tr>
<tr><td>E2</td><td>− 0.08</td></tr>
<tr><td rowspan="2">劣</td><td>F1</td><td>− 0.12</td></tr>
<tr><td>F2</td><td>− 0.17</td></tr>
</table>

表 2-27　工作环境系数

理想	A	+ 0.06
优	B	+ 0.04
良	C	+ 0.02
平均	D	+ 0.00
可	E	− 0.03
劣	F	− 0.07

表 2-28　一致性系数

理想	A	+ 0.04
优	B	+ 0.03
良	C	+ 0.01
平均	D	+ 0.00
可	E	− 0.02
劣	F	− 0.04

速度评比只是靠"正常速度"的概念来衡量，而平准化法是根据四种影响因素的六个等级来衡量，这两种方法都靠时间研究人员的主观判断进行衡量。马尔文·门达尔（Marvin E. Mundel）博士为将观测人员的主观因素减少到最低程度，创建了客观评比（Objective Rating）法。客观评比法通过将某一操作观测的速度同正常速度相比较，确定两者适当的比率，作为第一个调整系数；利用"工作难度调整系数"（参考周密编写的《IE方法实战精解》）作为第二个调整系数，即正常时间＝实测单元平均值×速度评比系数×工作难度调整系数；工作难度调整系数＝1+六项调整系数之和（六项调整系数包括：身体使用部位、足踏情形、两手工作、目与手的配合、搬运条件、重量）。

速度评比法、平准化法和客观评比法，都不同程度地带有观测人员的主观判断。随着预定时间标准法的发展，莫罗（R. L. Morrow）1964年创立了合成评比（Synthetic Leveling）法。其要点是在作业观测时，将观测到的若干操作单元的数据与预定时间标准中的相同单元的数据加以对比，求出两者的比例关系，并以此若干单元的数据比例的平均值，作为该观测周期中整个作业所有单元的评定系数（机动时间除外）。

（8）考虑宽放时间，确定标准时间

1）宽放时间的含义。正常时间是操作者连续稳定工作所需的时间，并未考虑操作者个人需要和各种不可避免的延迟因素所耽误的时间。例如，实际生产过程中，操作者可能因疲劳需要休息；因喝水、上厕所、擦汗、更衣等暂停工作；因听取班长或车间主任指示等造成工作停顿等。所以在制定标准时间以前，必须找出操作时所需的停顿或休息，加入正常时间，这才符合实际需要，也更能使操作者稳定地维持正常的操作。这种进一步进行修正的时间称为宽放时间。确定宽放时间见视频2-22。

视频2-22　秒表时间研究步骤：确定宽放时间

2）宽放时间的种类。在制定标准时间时，合理地确定宽放时间是重要的，但因为宽放时间与操作者的个人特征、工作性质、企业组织管理水平和作业现场环境等因素有关，必须根据具体情况分析确定。因此，国际劳工组织至今没有通过与宽放时间确定有关的标准。目前有关宽放种类划分的方法各不相同，通常可划分为私事宽放、疲劳宽放、延迟宽放和政策宽放四种，具体含义及参考取值见表2-29。

则通过秒表时间研究确定标准时间：标准时间＝正常时间+宽放时间＝正常时间×（1+宽放率）。

正常时间＝平均作业时间×评比系数；平均作业时间为剔除异常值以后的观测作业时间的算术平均值。

表 2-29　宽放时间分类及参考取值

种类	含　义	取　值
私事宽放	满足操作者生理需要所需的时间，如喝水、上厕所、擦汗、更衣等	与工作环境，操作者的年龄、体质、性别（女工的私事宽放多于男工）等有关；在正常情况下，每个工作日中私事宽放时间约5%；轻松工作一般为正常时间的 2%～5%；较重工作（或不良环境）大于5%；对于举重工作（或天气炎热）定为 7%。工间休息时间不计入宽放时间
疲劳宽放	为缓解操作者在工作中产生的生理上或心理上的疲劳而考虑的宽放	工作环境的影响、精神疲劳、劳动强度与静态肌肉疲劳、操作者的健康状况等因素都影响疲劳宽放的取值。具体取值可参考相关资料
延迟宽放	操作中无法避免的延迟所需要的宽放，即并非由操作者本人所能控制的中断	操作宽放：操作过程中发生的不可避免的中断时间，直接观测确定 机器干扰宽放：机器完成工序等待操作，（莱特）公式计算确定 偶发宽放：生产中不规则发生的中断迟延时间，很不稳定，可通过工作抽样确定
政策宽放	作为管理政策上给予的宽放时间	因事实上的需要，通过"政策宽放"给予补偿等，保持"时间研究"的原则不受破坏，各企业视实际情况确定

3. 秒表时间研究制定标准工时应用案例

例 2-6　某企业产品加工中有在铣床上铣通槽的作业，请运用秒表时间研究制定该作业的标准时间。

解：1）选择观测工序和对象。因秒表时间研究的目的是制定标准时间，因此在企业完成该作业的工人中选择具有中等技能水平的工人作为观测对象。

2）作业单元划分。根据秒表时间研究工序单元划分的原则，将整个作业分为 7 个单元，各单元操作内容如下：①拿起零件放到夹具上；②夹紧零件；③开动机床，铣刀空进；④立铣通槽；⑤按停机床；⑥松开夹具，取出零件；⑦刷出铁屑。

3）观测次数确定。通过试观测，计算得到各个单元的需要观测的次数。本例在简化的基础上，选择连续测时法观测了 10 个周期，结果（R 值）记录在表 2-30（单位：DM$^{\ominus}$）所示的时间研究表上。

4）进行数据处理。首先，计算每个周期各单元的实际工作时间（T 值）；然后，求各单元平均工作时间（此处时间单位换算为 min）。

5）进行作业评定。用速度评定法对各单元作业进行评定，评定系数为：第 1、2、5 单元的评定系数为 1.15，第 3、6、7 单元的评定系数为 1.1，第 4 单元的评定系数为 1.0。

6）计算正常时间。以第 1 单元为例，正常时间 = 观测时间平均值 × 评定系数 = 0.146min × 1.15 = 0.168min。

7）确定宽放比率，计算标准时间。经过对作业及现场环境等的综合考虑，确定宽放率为 10%，以 1 单元为例，标准时间 = 正常时间 ×（1 + 宽放率）= 0.168min ×（1 + 10%）= 0.185min。

依此类推，各单元的标准时间之和，即为铣通槽作业的标准时间。作业标准时间 = （0.185 + 0.200 + 0.061 + 0.756 + 0.835 + 0.238 + 0.197）min = 2.472min。

$\ominus$　即 1/100min。

表2-30　铣床上铣通槽的作业时间研究表

研究日期 2014年 7月28日	完成时间: 10:37.4（上午） 开始时间: 10:10（上午） 经过时间: 27.4min	短周期研究表（反面）	研究号码: 张　号:

单元号码	1	2	3	4	5	6	7	8	9	10	操作人姓名:
站立坐移动	拿起零件放到夹具上	夹紧零件	开动机床，铣刀空进	立铣通槽	按停机床	松开夹具，取出零件	刷出铁屑				观察人: 核定人: 外来动作因素: ABCD

周期序数	R	T	R	T	R	T	R	T	R	T	R	T	R	T	R	T	R	T	R	T	符号	R	T	说明
1	15	15	30	15	35	5	100	65	108	8	127	19	144	17							A	592/286	306	喝茶
2	158	14	174	16	178	4	246	68	253	7	270	17	286	16							B	937/756	181	组长询问
3	610	A18	627	17	633	6	699	66	705	6	725	20	743	18							C	1450/1249	201	擦眼睛
4	756	13	953	B16	960	7	1030	70	1040	10	1061	21	1076	15							D	2357/1748	609	换刀具
5	1088	12	1100	12	1104	4	1174	70	1181	7	1200	19	1217	17							E			
6	1232	15	1249	17	1254	4	1520	66	1546/1540	6	1540/1520	20	1560	14							F			
7	1573	13	1592	19	1597	5	1670	73	1675	5	1696	21	1710	14							G			
8	1725	15	1742	17	1748	6	2426	D69	2432	6	2450	18	2467	17							H			
9	2481	14	2498	17	2502	4	2573	71	2579	6	2600	21	2614	14							I			
10	2631	17	2643	12	M		2700		2705	5	2726	21	2740	14							J			

项目	1	2	3	4	5	6	7	
统计（T）	146	158	45	618	66	197	156	
观察次数	10	10	9	9	10	10	10	
平均/min	0.146	0.158	0.050	0.687	0.660	0.197	0.156	
评定系数（%）	1.15	1.15	1.10	1.00	1.15	1.10	1.15	总观测时间: 27.4min
正常时间	0.168	0.182	0.055	0.687	0.759	0.217	0.179	
宽放率（%）	10	10	10	10	10	10	10	
标准时间	0.185	0.200	0.061	0.756	0.835	0.238	0.197	

实际生产过程中利用秒表时间研究方法确定工序标准工时进行生产改善时，可适当简化步骤（可参见 GB/T 23859—2009《劳动定额测时方法》中附录 C 给出的案例）。

2.3.3 工作抽样

1. 工作抽样概述

（1）工作抽样的含义

工作抽样（Work Sampling）是指对作业者或者机器设备的工作状态进行瞬时观测，调查各种作业活动事项的发生次数及发生率的工时研究方法。如果抽取的样本足够大，可以根据观察结果推断出各个观察项目的时间构成及其推移状况。对于重复性的、循环周期较短的作业，用时间研究法制定工时定额是一种有效方法，而对于重复率低、循环周期长的作业，如维修、材料搬运及办公工作，一般是采用工作抽样法制定工时或任务定额。

（2）工作抽样的用途

工作抽样的主要用途如下：①测定机器设备或人员在工作班内的工时利用情况，进行作业改善；②测定工作班内各类工时消耗比例，为标准时间制定的各类宽放率确定提供依据。

2. 工作抽样的步骤和方法

一般来说，工作抽样遵循图 2-20 所示的步骤，每步骤的内容说明如下：

1. 明确工作抽样的目的和任务	——工作抽样的目的，测定事项
2. 确定观测对象范围	——根据调查目的，明确测定的对象和范围
3. 调查项目分类	——根据不同的调查目的对活动事项分类
4. 确定观测路径	——巡回观测的线路及抽样观测点
5. 设计工作抽样观测表	——设计准确、高效记录观测结果的表格
6. 试观测	——正式观测前的预演
7. 确定观测次数	——$n=4p(1-p)/E^2$ 或 $n=4(1-p)/(S^2p)$
8. 确定观测期间及每天的观测次数	——做到无规律性，使用乱数表
9. 向有关人员说明调查目的	——工作抽样的目的、方法的现场说明
10. 正式观测	——每日观测时刻的确定、实地观测、记录数据
11. 整理与分析观测数据	——数据统计、结果图表化、异常值剔除、修正等。

图 2-20　工作抽样的步骤

（1）明确工作抽样的目的和任务

调查目的不同，则观测项目分类、观测次数、观测表格设计、观测时间及数据处理的方法也不同，因此首先要明确工作抽样的目的和任务。

（2）确定观测对象范围

工作抽样可以以作业人员、机械设备为对象，也可以一次性地观测多个作业人员和多套机械设备，所以要根据调查的目的和任务，事先明确观测对象和范围，包括观测的人数、机械设备的台数等。

（3）调查项目分类

明确调查的目的和范围以后，就要对调查对象进行分类。具体的分类根据实际情况确定。如只是单纯调查机器设备的开动率，则观测项目可分为"工作（即开动）、停工（停机）、闲置"三项。如果要进一步了解停工和闲置的原因，则应将可能发生的原因详细分类，以便进一步了解，图2-21是设备观测项目分类图，图2-22是操作人员的观测项目分类图。

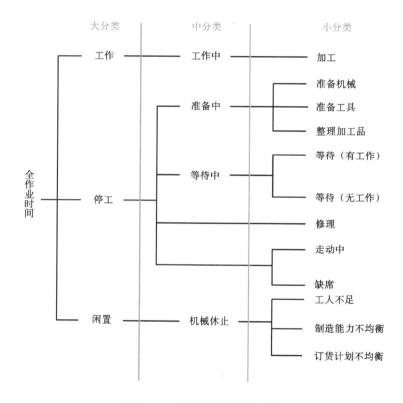

图 2-21　设备观测项目分类图

（4）确定观测路径

在观测前，首先绘制被观测的设备及操作者的平面位置图和巡回观测的路线图，并注明观测的位置。为保证随机性，应预先设定多条路径，以便每次观测时随机确定。图2-23为在某工厂机器与操作者配置平面图上绘制的观测路线和观测点。图中圆圈为观测机器的位置，×为观测操作者的位置，带箭头的线表示巡回路线。

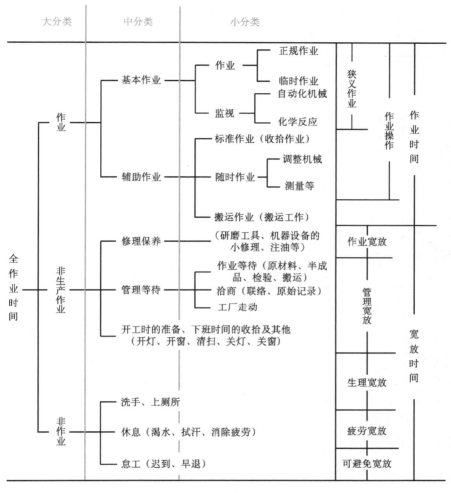

图 2-22　操作人员的观测项目分类图

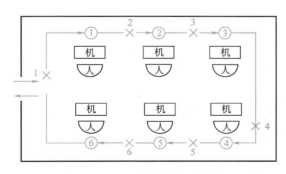

图 2-23　观测路线和观测点

（5）设计工作抽样观测表

为了使抽样工作准确、高效，应根据企业实际问题事先设计好表格。表格一般包括观测项目、观测者姓名及日期、被观测的对象情况、观测时刻等内容。观测表的格式很多，应根据内容和目的而定。表2-31是工作抽样观测表。

表2-31 工作抽样观测表

工厂名： 车间名称： 作业： 轴加工					
时间： 年 月 日（8：00~17：00）					
观测时刻	粗车	精车	磨削	铣槽	观测者 总计（比率）
8：15	×	√	×	○	
8：32	△	○	√	○	
8：46	○	×	√	×	
9：03	√	○	√	√	
⋮	⋮	⋮	⋮	⋮	
合计 ○	12	17	14	17	60（49.2%）
√	9	6	6	5	26（21.3%）
△	5	3	4	3	15（12.3%）
×	4	7	4	6	21（17.2%）

注：○表示基本作业；√表示辅助作业（调整测量，上下料、清切屑）；△表示准备、结束作业（备料、备工具、看图样、交检）；×表示停止作业（休息、等待、迟到、早退、旷工等）。

（6）试观测

正式观测前，需要进行一定次数的试观测。

通过试观测求得观测事项的发生率，为正式观测次数确定提供依据。根据统计抽样原理，试观测的次数一般为100~200次。

（7）确定观测次数

根据试观测得到的事项发生率，取可靠度为95%，计算正式观测次数：

$$n = \frac{4p(1-p)}{E^2} \tag{2-6}$$

$$n = \frac{4(1-p)}{S^2 p} \tag{2-7}$$

式中，p 为观察项目的发生率；n 为观察次数；E 为绝对精度，一般取2%~3%；S 为相对精度，一般取5%~10%。

$$观测时间 = \frac{观测总次数}{观测对象 \times 每天观测次数} \tag{2-8}$$

（8）确定观测期间及每天的观测次数

考虑到调查目的及观测对象的工作状态，确定观测期间显得很重要。因为工作效率会随着日期的不同而发生变化，具有一定的周期性，此外生产计划和条件也会发生很大的变化。观测期间和每天的观测次数一般按照以下的公式确定：

$$一天的观测次数 = \frac{观测次数}{观测时间} \tag{2-9}$$

（9）向有关人员说明调查目的

为使工作抽样取得成功，必须将抽样的目的、意义与方法向观测对象讲清楚，以便消除不必要的疑虑，并要求操作者按平时状态工作，避免紧张或做作。

（10）正式观测

1）决定每日的观测时刻。根据抽样理论，观测时刻应是随机的，以免观测结果产生误差。随机决定观测时刻的方法很多，可采用随机数表、分层随机抽样等方法确定随机的观测时刻。

2）实地观测。观测人员按照既定的观测时刻及观测路线，根据预定的抽样项目，逐个观测并将观测结果准确地记录在设计的表格上。记录时以刚看到观测对象的瞬时工作状态为记录标准，不能犹豫迟延，切忌用主观的想象推断来代替客观发生的事实。

（11）整理与分析观测数据

全部观测结束后，就要对观测数据进行统计、整理及分析。其处理过程如下：

1）统计观测数据。每天（或每个班次）结束，应将一天（或一个班次）的观测数据进行统计，并核对各个时刻的记录有无差错。

2）计算项目的发生率。计算出每一个分类项目的发生次数并计算各个项目的发生率，即

$$某项目发生率 = \frac{某项目的发生次数}{每天(每个班次)的全部观测次数} \times 100\% \qquad (2-10)$$

3）剔除异常值。在完成全部观测之后，需检验观测数据是否正常，如发现异常数值应予以剔除。剔除异常值的"三倍标准差法"参见本章相关内容。

3. 工作抽样的应用实例

例 2-7 工作抽样在板式家具生产企业数控裁板中心的应用。

（1）确定调查目的与调查对象

数控裁板中心（俗称电脑锯）是某板式家具生产企业单机价格最高的进口设备，虽然具有全自动功能，但由于多种原因，实际作业属于半自动化作业。因此提出运用工作抽样的方法，以数控裁板中心作业小组的操作为主要观测对象，调查计算作业小组的作业率，并寻找可以改善作业的途径。

（2）调查项目分类

根据企业生产现状，参考公司制定的《生产工人工时消耗分类表》对生产工人作业活动项目分类，设备利用项目分类见表 2-32。

表 2-32 设备利用项目分类

序号	1	2	3	4	5	6	7	8	9	10
分类	读图输入	装机	首检	结束工作	基本作业	辅助作业	布置场地	休息	寻料	待料待运

（3）确定观测方法

因为调查对象单一，裁板中心有两个工位，它们分别位于机器前方和机器后方，加上工人其他活动，观测点比较分散，所以抽样采用围绕裁板中心的定点观测方法而不是巡回观测的方法。

（4）设计工作抽样观测表

根据抽样目的，设计了以操作者和设备为观测记录对象的表格。每一次观测，都将操作者或机器的实际状态按照调查项目分类的细项记录在表格中。

（5）确定观测时刻

采用了随机起点、等时间间隔的观测方法。由于研究数目较少，决定观测六日，每隔5min观测一次。裁板中心每天8：00上班，17：00下班，12：00～13：00午休。按照以下的步骤确定每日的观测时刻：

1）做乱数排列。借助扑克牌随机抽取确定1位数的乱数排列，得到5，7，9，8，4，6。

2）决定第一日的第一次观测时刻。选择乱数中的第一个，如5，那么上、下午的第一次观测时刻分别为8：05和13：05。随后根据等间隔确定其他每次观测时刻，最后得到每日的观测数为92次。

3）分别取其他乱数，决定第二日至第六日观测时刻。

（6）现场观测

观测人员按照预定的观测时刻、调查项目和观测方法，将观察到的活动状态准确地记录在调查表格上。

（7）数据处理

经过数日的观测，得到裁板中心作业小组的抽样统计数据见表2-32。

在计算平均发生率之前，应检查分析并剔除异常值。一般将超出界限 L 者视为异常值：

$$L = \overline{P} \pm 3 \sqrt{\frac{\overline{P}(1-\overline{P})}{N}} \tag{2-11}$$

式中，$\overline{P}$ 为未剔除异常值时观测事项发生率的平均数；N 为平均每日观测次数。

在本例中，$\overline{P} = (80.43\% + 79.35\% + 78.26\% + 79.35\% + 78.26\% + 82.61\%)/6 = 79.71\%$

若每日观测数不同，平均发生率 $\overline{P}$ 应为加权平均值。根据计算的 $\overline{P}$ 值，得到

$$L = 0.7971 \pm 3 \times \sqrt{\frac{0.7971 \times (1 - 0.7971)}{92}} = 0.7971 \pm 3 \times 0.0419$$

对照表2-33的数据，发现抽样结果无异常值。取绝对精度为3.5%，根据式（2-6）计算需要的观测次数：

$$n = 4 \frac{p(1-p)}{E^2} = \frac{4 \times 0.7971 \times (1 - 0.7971)}{0.035^2} = 528$$

表2-33　裁板中心作业小组的抽样统计数据

| 日期 | 工时消耗类别及其在观测期间的发生次数 | | | | | | | | | | 统计结果 | |
	读图输入	装机	首检	结束工作	基本作业	辅助作业	布置场地	休息	寻料	待料待运	观察数	作业率
08.28	8	0	0	0	60	14	5	1	1	3	92	80.43%
08.29	4	0	0	2	64	9	7	0	2	4	92	79.35%
08.30	6	0	1	1	59	13	6	0	3	3	92	78.26%
08.31	7	1	0	1	61	12	5	0	2	3	92	79.35%
09.01	5	1	0	1	58	14	5	1	3	4	92	78.26%
09.02	6	0	1	0	62	14	6	0	1	2	92	82.61%

在本例中，实际观测次数为 552 次，大于计算得到的观测次数，观测结果有效。

（8）改善建议与结论

通过裁板中心作业小组的工作抽样，可以得知其当前作业率为 79.71%。这是比较令人满意的，但仍可以进行作业改善，如厂内物流配送人员属于辅助工人，裁板中心作业人员属于基本工作人员，因此物流配送人员应加强服务现场的意识，减少裁板中心作业小组待料时间。

2.3.4　预定时间标准法

1. 预定时间标准概述

（1）预定时间标准的含义

预定时间标准（Predetermined Time System，PTS）法，是国际公认的制定时间标准的先进技术。它利用预先为各种动作制定的时间标准来确定进行各种操作所需要的时间，而不是通过直接观察来测定。

关于预定时间标准，最早的研究者是美国人阿萨·西格（Asa B. Segur，1924），1926 年出版了《动作时间分析》（*Motion Time Analysis*）一书，提出不同的人做同一动作，所需要的时间值大体上相同（偏差一般为 10%）的思想。1934 年，美国无线电公司的约瑟夫·奎克（Joseph H. Quick）等人在动作研究的基础上创立了工作因素体系（Work Factor System，WFS）；1948 年，美国西屋电气公司的哈罗德·梅纳德（Harold B. Maynad）、古斯塔夫·斯坦门丁（Gustave J. Stegemerteh）和约翰·施瓦布（John L. Schwab）公开了他们创立的方法时间衡量（Methods Time Measurement，MTM）；1949 年，海尔姆特·盖皮恩格尔（Helmut C. Geppinger）首创空间动作时间（Dimensional Motion Time，DMT）法；20 世纪 50 年代，加拿大伍药·高登公司的咨询合作人贝利（Bailey）等人，开发了基本动作时间研究系统（Basic Motion Time System，BMTS）；1966 年，澳大利亚的克里斯·哈依德博士（G. Chris Heyde）创立了模特排时（Modolar Arrangement of Predetermind Time Standard，MOD）法。到目前为止，世界上已有 40 多种预定时间标准法，其中经常使用的有 MTM、MOD 法，这里重点介绍 MOD 法。

（2）预定时间标准的作用

预定时间标准的具体用途为：①制定作业的标准时间；②验证秒表时间研究方法制定标准时间的准确性，为合成（综合）评定方法中评定系数的确定提供依据；③为标准资料法的工作单元时间值提供依据；④作业方法的事先改进；⑤为合理选用工具、夹具和设备提供评价依据；⑥为产品设计提供辅助资料。

2. 预定时间标准制定标准工时的步骤和方法

对于各种预定时间标准法，尽管构成的基本动作及衡量条件不同，但皆源于同一基本原理，应用这些方法制定作业标准时间的步骤也一致，具体如下：

1）作业要素分解。根据预定的动作，把待研究作业分解成为各个有关的动作要素。

2）确定动作要素时间。根据作业的动作要素和其相应的各种衡量条件，查表得到各种动作要素时间值。

3）确定作业要素标准时间。把各种动作要素时间值的总和作为作业的正常时间标准。

4）确定工序或产品标准时间。正常时间加宽放时间即得标准时间。

3. MOD法

（1）MOD法的原理

MOD法是一种使动作和时间融为一体，精度又不低于传统PTS技术的更为简单、易掌握的预定时间标准方法。该方法主要依据美国人西格所创立的动作时间分析（MTA）法、动素划分及时间表示方法，并基于以下基本原理：

1）所有人力操作时的动作均包括一些基本动作。MOD法把生产实际中的操作动作归纳为21种基本动作。

2）操作条件相同时，不同的人完成同一动作所需要的时间值基本相等（误差在10%左右）。

3）使用身体的不同部位做动作时，其动作所需时间互成比例，如手腕的动作时间是手指动作时间的2倍。

MOD法是在人体工程学实验的基础上，根据人的动作级次，选择一个正常人级次最低、速度最快、能量消耗最少的手指一次动作的时间消耗值，作为它的时间单位，定为1MOD。相当于手指移动2.5cm的距离，平均动作所需的时间为0.129s，即1MOD = 0.129s。MOD法的21种动作都以手指移动一次的时间消耗值为基准进行试验、比较，来确定各动作的时间值。试验表明，其他部位动作一次的MOD数都大于1MOD，通过四舍五入简化的处理，得到其他动作一次所需的正常时间均为手指动作一次MOD数的整倍数。

（2）MOD法的特点

1）MOD法将动作归纳为21种，分类简单、易记，如图2-24所示。

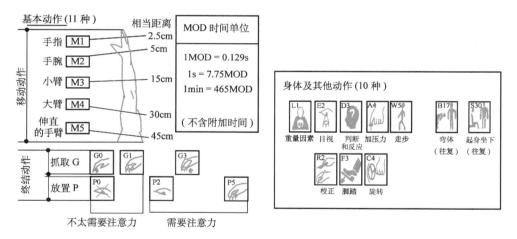

图2-24 MOD法的21种基本动作

2）以手指动作一次（移动2.5cm）所需时间作为动作时间单位，其他部位动作时间是手指动作时间的整数倍。在MOD法的21种动作中，不相同的时间值只有"0、1、2、3、4、5、17、30"8个，而且都是整数，因而具有连续性、系统性，应用起来简单方便。

3）MOD法把动作符号与时间值融为一体，动作标号的数值也就是动作的时间值。只要有了动作表达式，就能很快计算出动作的时间值，记忆方便。如G1表示简单地抓取动作，同时也表示了时间为1MOD = 1 × 0.129s = 0.129s。

4）MOD法简便实用。企业经过自己培训，就能够使技术人员、管理人员，甚至生产工人利用 MOD 法计算动作时间,并能广泛应用于生产、工艺、设计、管理及办公事务等部门的各项工作。

(3) MOD 法的动作分类

根据工业生产的实际统计,一般最常见的手工操作,其操作动作有 95% 以上是以上肢为主的动作,附加一些其他少量的动作。MOD 法的 21 种动作分为两大类,上肢基本动作 11 种,下肢和腰部基本动作 4 种,辅助动作(附加动作)6 种。具体动作分类说明见表 2-34。

表 2-34　MOD 法动作分类

上肢动作 (基本动作)	移动动作	移动动作	M1 手指动作
			M2 手腕动作
			M3 小臂动作
			M4 大臂动作
			M5 手臂伸直
		反复多次的反射动作	(M1/2,M1,M2,M3)
	终结动作	抓取动作	G0 碰、接触
			G1 简单地抓取
			G3(注)复杂地抓取
		放置动作	P0 简单放置
			P2(注)较复杂放置
			P5(注)组装
身体及 其他动作	下肢和 腰部动作		F3 脚踏动作
			W5 走步动作
			B17(往)弯体动作
			S30(往)起身坐下
	附加 动作		L1 重量因素
			E2(独)目视
			R2(独)校正
			D3(独)单纯地判断和反应
			A4(独)加压力
			C4 旋转动作

注:需要注意力的动作
独:只有在其他动作停止的场合独立进行
往:往复动作,即往复一次回到原来状态

(4) MOD 法的动作分析

1) 上肢动作。上肢动作包括移动动作和终结动作。在 MOD 法中,根据使用的身体部位的不同,分为五个等级,即手指的移动动作 M1、手腕的移动动作 M2、小臂的移动动作 M3、大臂的移动动作 M4、胳膊伸直而且尽量向前伸的动作 M5。各移动动作的含义、移动距离、时间值及实例见表 2-35。

表 2-35　移动动作的含义、移动距离、时间值及实例

动作	含　义	移动距离	时间值	实　例
M1	用手指的第三个关节前的部分进行的动作	2.5cm	1MOD	①把开关拨到 on(off)位置;②用手指拧螺母
M2	用腕关节以前的部分进行的一次动作	5cm	2MOD	①转动调谐旋钮,每次转动不超过 180°;②将电阻插在印制电路板上

（续）

动作	含　义	移动距离	时间值	实　例
M3	肘关节以前（包括手指、手、小臂）的动作	15cm 左右	3MOD	①粗加工、组装部件等在操作机上作业时，移动零件的位置的动作一般认为是 M3；②M3 的移动范围为正常的作业范围
M4	伴随肘的移动，小臂和大臂作为一个整体在自然状态下伸出的动作	30cm 左右	4MOD	①把手伸向放在桌子前方的钢笔；②把手伸向放在略高于操作者头部的工具；③M4 的移动范围为最大作业范围
M5	在胳膊自然伸直的基础上，再尽量伸直的动作	45cm 左右	5MOD	①尽量伸直胳膊取高架上的东西；②坐在椅子上抓取放在地上的物体等

　　五个移动动作的实际分析应用中，应注意：M2 动作完成时，或多或少会牵动小臂，仍按 M2 分析；M3 动作的完成会或多或少地牵动大臂，仍按 M3 分析；各移动动作对应的移动范围如图 2-25 所示，设计工作区时尽量把操作动作按 M3 级别完成；从劳动生理的角度来看，工人连续做 M5 的动作是不可取的，不符合动作经济原则，应尽量减少 M5 的动作。

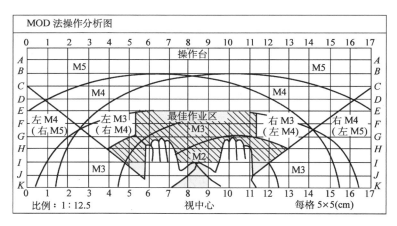

图 2-25　　MOD 法的移动范围

　　终结动作是指移动动作进行到最后时，要达到目的的动作。操作者在作业过程中移动手或手指不是去抓取物体就是放置物体，所以终结动作由抓取、放置动作组成。

　　抓取动作是指移动（伸手）动作后，手或手指握住（或触及）目的物的动作，用符号 G 表示。抓取动作随着对象与方式的不同分为三种：接触 G0；简单地抓取 G1；复杂地抓取 G3。各个抓取动作的含义、内涵、时间值及实例见表 2-36。

　　放置动作是将手中的物体放置在一定的位置所做的动作，用符号 P 表示。放置动作在工厂里主要表现为放入、嵌入、装配、贴上、配合、装载、隔开等形式。根据所进行的放置动作的难易程度分为三类：简单放置 P0；较复杂的需要注意力的放置 P2；复杂的需要注意力的放置 P5。各个放置动作的含义、内涵、时间值及实例见表 2-37。

表2-36 抓取动作的含义、内涵、时间值及实例

动作	含 义	内 涵	时间值	实 例
G0	用手、手指去接触目的物的动作，支配对象物的最简单的动作	无抓取目的物的意图，一般表现为触、摸、推	0	①用手按门铃时，必先伸手去接触门铃，然后再按门铃；②用手去推动放在地上的一个铁桶时，必先接触桶，才能推动它
G1	自然放松的状态下用手或手指抓取物件的动作	被抓物件的附近没有障碍物，动作自然，无踌躇现象	1MOD	①抓起放在桌子上的水杯；②抓起放在写字台上的书籍；③两手同时伸出捧住电视机
G3	需要注意力的动作	因目的物比较小，易变形、易碎，周围有障碍物，抓取目的物时有迟疑现象	3MOD	①抓起放在工作台面上的二极管；②抓起混在一起的小螺钉，抓时必须排开周围其他物件；③轻轻地抓起易变形的零件

表2-37 放置动作的含义、内涵、时间值及实例

动 作	含 义	内 涵	时 间 值	实 例
P0	把抓着的物品运送到目的地后，直接放下的动作	不需要用眼注视周围的情况，放置处也无特殊要求，被放下的物体允许移动或滚动	0	①将用完的工具随意放到桌子上；②将加工完的产品，顺手扔到成品箱里
P2	往目的地放物体的动作	需要用眼睛看，以决定物体的大致位置	2MOD	①把装配件有规则地放入成品箱；②将垫圈套入螺栓的动作
P5	将物体准确地放在所规定的位置或进行配合的动作	需要伴有2次以上的修正动作，从始至终需要用眼睛观察，动作中产生犹豫	5MOD	①把螺钉旋具的头，放入螺钉头的沟槽中；②把导线焊在印刷线路板上

从以上上肢的动作分析可以看出，MOD法的11个上肢动作中，需要注意力的动作共有三个，为G3、P2和P5。

另外，移动动作和终结动作总是成对出现。例如伸手（移动动作）必然是去拿某种物体或者放置某种物体（终结动作）。移动动作和终结动作相结合的书写方式为，将移动动作符号与抓取动作符号连在一起写。例如伸手拿放在工作台上（15cm）的螺钉旋具，伸手为移动M3，取螺钉旋具为抓取G1。所以伸手取螺钉旋具的基本动作是移动加抓取，表达为M3G1，时间值为4MOD。

2）反射动作。生产或服务过程中，操作者将工具或专用工具等紧紧地握在手里，进行反复操作的动作，称为反射动作。例如，用锉刀锉物、用铁锤钉钉子等。反射动作是移动动作的特例，不是每一次都特别需要注意力或保持特别意识的动作。由于反射动作是反复操作，所以所需的时间值比通常移动动作的时间值少。各种移动动作的反射动作时间值如下：手指的反射动作时间为正常一次动作的1/2MOD；手的反射动作时间为1MOD；小臂的反射动作时

间为2MOD；大臂的反射动作时间为3MOD。

反射动作与一般动作分析不同，省略终结动作符号标记，因此，分析符号用反射动作符号和反复的次数来表示，即"反射动作的符号标记×动作次数"。例如，用锤子敲3次箱子（距离15cm，每个单程记录为M2），分析式为M2×6，时间为12MOD。

3）同时动作。用不同的身体部位，同时进行相同或不相同的两个以上的动作称为同时动作。两手同时动作可以提高工作效率。例如，工作台上放着螺钉和垫圈，两手同时伸出，用左手抓螺钉（G1），用右手抓垫圈（G1），然后回到身前安装。两只手动作时，分为可同时动作和不能同时动作两种情况，见表2-38。

表2-38　两手终结动作分析

情　况	同时动作	一只手的终结动作	另一只手的终结动作
1	可能	G0　P0　G1	G0　P0　G1
2	可能	G0　P0　G1	P2　G3　P5
3	不可能	P2　G3　P5	P2　G3　P5

注：情况1两手的终结动作都不需要注意力，可同时动作；情况2只有一只手的终结动作需要注意力时，可同时动作；情况3两只手都需要注意力的终结动作，不可能同时动作。

两手同时动作时，动作时间有时不同。依据动作所需时间把动作分为时限动作与被时限动作。其中，时间值大的动作叫作时限动作，时间值小的叫作被时限动作。被时限动作的标记符号用"（）"表示，它不影响分析结果。用时限动作的时间值来表示两手完成动作的时间值，时限动作举例见表2-39。左、右手的动作时间值相同时，可根据哪个是主要动作或哪只手方便来确定时限动作。

表2-39　时限动作举例

序号	左手动作	右手动作	标记符号	次　数	MOD
1	抓零件A（M3G1）	抓螺钉旋具 M4G1	M4G1	1	5

两手都需要注意力时，可同时开始移动，但终结动作不能同时进行，只能先做一个，再做另一个。如图2-26所示的双手操作为：左手M3G3，右手M3G3。由于移动动作不需要注意力，所以两手可以同时向目的物移动，当左手移动到M3时，进行抓取动作G3。此时右手要在目的物的附近稍稍等待2MOD。当左手完成抓取动作时，右手稍微移动M2（必须要有转手动作，以使右手能进行抓取动作），再进行抓取动作。此时，左手时间为M3G3 = 6MOD，右手时间为M3G3M2G3 = 11MOD。当终结动作为P2、P5时，分析过程与G3相似。

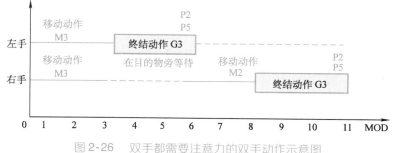

图2-26　双手都需要注意力的双手动作示意图

总之，对于同时工作在分析时，要注意以下要点：首先分析两手是否可以同时动作，如可以，则看哪一只手为时限动作，时间按时限动作取；如果两手均需注意力，则看哪只手先做、哪只手后做，后做的那只手在等待先做的手做完后，做一个 M2 的动作，再做终结动作。

4）身体及其他动作。在 MOD 法中，身体及其他动作共 11 个，具体动作、含义、时间值见表 2-40。

表 2-40 MOD 法中身体及其他动作

动 作		含 义	时 间 值
下肢和腰部动作	F3	以脚踝为支点的足部动作	3MOD
	W5	每步行一步为 5MOD，包含用力的足部动作	5MOD
	B17	弯腰与起身	17MOD
	S30	坐下与站起来	30MOD
附加动作	L1	放置动作时，单手每增 4kg 应加 1MOD	1MOD
	E2	视觉焦点或眼睛	2MOD
	R2	重抓或移开手指位置的动作	2MOD
	D3	依照一定标准做简单的判断	3MOD
	A4	压下、用力，为确实地控制而使力	4MOD
	C4	用手或手臂使对象物呈圆周状移动	4MOD

（5）MOD 法动作分析使用的其他符号

1）延时（BD）。延时表示一只手进行动作，另一只手什么也没做，即为停止状态，不给予时间值。综合分析以另一只手的动作为准。

2）保持（H）。保持表示用手拿着或抓着物体一直不动的状态。有时为了防止零件倒下，而用固定的工具也为保持。保持也不给时间值，如一只手处于保持状态，另一只手进行动作，综合分析则以另一只手的动作为准。

3）有效时间（UT）。有效时间是指人的动作之外的机械或其他固有的加工时间。有效时间要用计时仪表分别确定其时间值。例如，用电动扳手拧螺母、焊锡、铆铆钉等。在动作分析时，应把有效时间值如实地填入分析表中的有效时间栏内。

4. MOD 法的应用

例 2-8 运用 MOD 法确定在 PCB 生产线上手工作业段，锡焊耳机插座工序的标准作业时间，以便为均衡生产线时人力安排、教育培训、平衡率的计算等提供决策依据。

1）记录与操作有关的基本信息资料。具体包括作业名称、工序名称、作业条件、使用工具和分析条件以及零件图号、分析日期等基本信息，见表 2-41。

2）按左右手的作业顺序，逐一将作业分解为相应的动作要素，并将结果填入"分析式"一列。

3）对左右手的动作要素进行综合分析，按照是否可以同时动作确定综合分析式，并将 MOD 值加起来，记入 MOD 栏。例如第一个作业单元左手和右手的取 PCB 至夹具的动作要素中，取 PCB 的 M3G3 不能同时动作，则综合分析式为 M3G3M2G3，总的 MOD 分析式为 E2M3G3M2G3M3P0，MOD 值为 16。

表 2-41 锡焊耳机插座工序的 MOD 法制定标准时间表

零件图号		2012 年 8 月 20 日	分 析		校 对	审 核
						D
设备名称	锡焊机	作业条件	正常			
工序名称	锡焊	使用工具	控温烙铁、夹具			
作业名称	锡焊耳机插座	分析条件	正常			

单元	左手			时间		右手		
	动作叙述	分析式	次数	MOD	次数	分析式	动作叙述	
1	从线上取 N/B PCB 至夹具	E2M3G3M3P0	1	16	1	E2M3G3M3P0	从线上取 N/B PCB 至夹具	
2	定位于夹具上	M2P5	1	14	1	M2P5	定位于夹具上	
3	取耳机插座并置于焊接位置	M3G1M2P5	1	11	1	M3G1M2P0	手取控温烙铁至要焊接处	
4	送给手中的焊丝	M2P2	1	12	1	M2P2M2P2	焊一引脚转移焊另一引脚	
5	空闲	H		8	1	M2G1M3P2	送回烙铁	
6	送回板子至带上	M2G3M3P2	1	19	1	M2G3M3P2	送回板子至带上	
合计（MOD）				80		10.32s		

4）将 MOD 值（s）的合计值填入合计栏内。

5）按照电子行业的约 17% 的宽放率制定出标准作业时间为：$T_{标} = T_{正} \times (1 + 17\%) = 10.32s \times 1.17 = 12.07s$。

例 2-9　水泵控制器产品水流开关测试工序 MOD 法分析与标准时间制定见视频 2-23。

例 2-10　眼镜产品点酒杯工序 MOD 法标准时间制定见视频 2-24。

视频 2-23　水泵控制器产品水流开关测试工序 MOD 法分析与标准时间制定　　视频 2-24　眼镜产品点酒杯工序 MOD 法标准时间制定

2.3.5　标准资料法

1. 标准资料法概述

（1）标准资料法的概念

标准资料是指由其他作业测定方法（秒表时间研究、工作抽样、PTS 等）所获得的大量数据（测定值或经验值）分析整理，编制而成的某种结构的作业要素（基本操作单元）正常时间值的数据库。标准资料一经建立，在制定新作业的标准时间时，就不必再进行直接的时间研究，而只需将它分解为各个要素，从资料库中找出相同要素的正常时间，然后通过计算加上适当的宽放量，即可得到该项新作业的标准时间。利用标准资料来综合制定各种作业的标准时间的方法称为标准资料法（见视频2-25）。

（2）标准资料法的用途

标准资料法的基本用途就是用来制定工序或作业的标准时间。由于标准资料本身的内容及综合程度的差别，在具体用途上会有所差别：有的标准资料专门提供各种生产条件下作业宽放率、个人需要与休息宽放率数据；有的标准资料专门提供各种辅助性手工操作的数据；有

视频2-25 标准
资料法概述

的标准资料专门提供确定机械设备加工时间的基础数据等。同其他作业测定数据一样，标准资料也为企业设计和调整生产线、生产组织和劳动组织提供基础的标准数据资料。

（3）标准资料的表现形式

标准资料的常见表现形式有以下三种：

1）解析式（经验公式）。这即以特定的函数反映变动影响因素与工时消耗变化规律的关系，是最简单的方法，如车削时间、钻孔时间、铣削时间的计算公式等。

2）图线（包括直线、曲线）。这即以函数图表反映变动影响因素同工时消耗变化规律的关系。图表的形状包括直线和曲线，曲线中有幂函数、指数函数和抛物线等。

3）表格式或其他形式。表格式即以表格的形式反映变动影响因素和工时消耗的关系，通常把变量之间的对应关系做成数表。数表的形式因作业内容和影响时间值的变动因素多少而异，影响时间的因素越多，数表越复杂。

标准资料的三种形式中，表格式便于检索，是最常用的形式；图线往往是作为其他两种形式的过渡资料。

2. 标准资料法编制的方法和步骤

（1）选择和确定建立标准资料的对象和范围

企业标准资料的编制是一项系统工程。

首先，应建立标准资料的体系表，对准备建立的标准资料数据库进行全面系统规划，以确保建立的标准资料系统完整，满足实际使用要求。在设计规划标准资料体系时，正确选择适合企业实际情况的标准资料的综合程度是十分重要的。

在通常情况下，企业生产类型趋向大批量专业化生产时，标准资料综合程度（即它的阶次）应该低些，即趋向于动作和操作的标准资料；而生产类型趋向多品种小批量生产时，标准资料综合程度应该高些，即趋向于工步、工序乃至典型零件的标准资料。

另外，应把范围限制在企业内一个或几个部门（车间），或一定的生产过程（如特种产品的生产过程）内。因为实践中很难遇到这样的情况，即构成作业的所有要素都能测时并储存，供今后检索，所以最好将建立标准资料的作业数目加以限制。在此范围内，各种作业有一些相似的要素，它们操作方法相同。

（2）作业分解

将作业分解成各个基本动素，这些动素有类似动作的标准时间记录。标准资料对象的阶次不同，作业分解的详细程度也不同，因而作业分解没有统一的标准。但有一个基本准则，

就是要找出尽可能多的各种作业的公共要素。

（3）确定建立标准资料所用的作业测定方法

秒表时间研究、工作抽样、预定时间标准法都可为编制标准资料收集原始数据，在条件受到限制时也可借助积累的统计资料作为原始数据。具体应用中应使用何种方法，要根据作业的性质和三种基本测定方法的特点及应用成本来选择。例如，秒表时间研究法有时比较省钱，但对某些要素来说，并不总能从记录中得到足够的或可靠的数据，而且用这种办法收集资料，往往要经过几个月甚至一年以上才能积累充分的数据。PTS法不仅要有使用经验，而且要在数据精确度和成本上进行权衡。总之，作业的性质和各种方法的成本及编制时间是选用测定方法的主要因素。

（4）确定影响因素

在标准资料编制中正确分析和选择影响因素是十分关键的一步，它对标准资料的质量和使用有着至关重要的影响。影响作业要素工时消耗的因素很多，也很复杂，不同的角度，分类不同，具体如下：

1）按影响工时消耗因素产生的原因分类：①与加工对象有关的因素，如材质、加工要求等；②与加工设备有关的因素，如设备种类、型号等；③与工装、模具、量具有关的因素，如卡具的种类、模具的类型、量具的规格等；④与工作地布置、作业环境有关的因素；⑤与作业现场组织管理有关的因素，如加工批量大小、工作地供应服务等。

2）按影响因素的性质分类：①质的影响因素，即加工过程中由于一些质的条件变化而影响工时消耗的因素，如加工对象材质的改变、刀具种类和材质的改变等；②量的影响因素，即由于影响因素量的变化而影响工时消耗的因素，如加工对象的重量、体积和面积等。

在编制标准资料时，通常把"质"的影响因素作为加工条件相对地固定下来，而逐一研究"量"的影响因素对工时消耗的影响。

3）按影响因素与加工对象的关系分类：①不变作业要素，即工时消耗不随加工对象改变而变化，如机床开、停时间与加工对象的形状和尺寸无关；②可变作业要素，即工时消耗随加工对象改变而变化，如装卡工件时间和工件的形状有关。

（5）收集数据

按照选定的作业测定方法进行作业测定，记录各个要素所需的时间，或者收集以往的测定值，要按测定方法设计相应的数据记录表格，对每一个要素都要积累足够的数据。

（6）分析整理，编制标准资料

由训练有素的工作研究人员对测定和收集的作业要素时间数据进行分析、整理，按照使用要求进行分类、编码，用表格、图线或公式的形式制成标准资料。

3. 标准资料法的应用

例2-11　某机械制造厂编制钻床（立钻）加工手工操作部分的标准资料，综合程度为作业要素，主要步骤如下：

（1）选择确定建立标准资料的对象和范围

建立标准资料的对象为钻床加工手工操作时间，范围为企业全部钻床。

（2）进行作业分解

通过对现场操作过程进行观察分析，把作业细分为 13 个作业要素，具体见表 2-42。

（3）选择作业测定方法

该企业多年应用秒表时间研究方法，有丰富的经验和大量的时间研究数据，因此采用秒表时间研究方法。

（4）分析影响因素

本例中，开动机床、停止主轴、将钻头引向工件、清除夹具中的切屑等均为不变作业要素，表中要素性质栏内以"C"表示。而取加工件、将工件装入钻模以及拧紧和松开钻模等分别受"零件质量"和"钻模坚固点个数"及"零件复杂程度"的影响，均为可变作业要素，表中以"V"表示。

表 2-42　钻床时间研究资料汇总表

（时间单位：DM）

时间研究号		D-1	D-2	D-3	D-4	D-5	D-6	D-7	D-8	D-9	D-10	要素的性质	不变要素代表值	备注
零件号		B-501	C-408	B-532	A-392	B-108	C-119	A-201	B-482	A-108	B-109			
零件质量/kg		2	8	6	4	3	8	6	5	1	8			
零件形状类别		简单	中级	复杂	中级	复杂	复杂	中级	简单	中级	简单			
材质		S-25	FC-19	FC-19	S-25	FC-19	S-25	S-25	FC-19	S-25	S-25			
夹具紧固点		1	3	2	1	1	3	2	2	1	3			
序号	作业要素	平均时间	平均时间	平均时间	平均时间	平均时间	平均时间	平均时间	平均时间	平均时间	平均时间			
1	取加工件	2.9	10.5	7.5	6.5	6.0	8.5	8.0	7.5	5.0	8.5	V	—	公式
2	清除夹具中的切屑	5.7	6.3	5.8	6.8	5.2	5.8	6.0	5.4	6.0	8.5	C	6.2	
3	将工件装入钻模	5.8	21.0	24.0	12.5	17.5	30.0	16.0	7.5	11.0	9.0	V	—	公式
4	拧紧钻模	5.4	10.0	7.5	5.3	5.2	9.5	6.8	6.9	4.9	10.5	V	—	公式
5	开动机床	2.1	2.0	2.0	2.5	1.5	1.2	1.3	2.0	2.0	1.8	C	1.8	
6	钻头上沾冷却油	3.8	—	—	—	3.4	—	3.6	—	—	3.7	C	3.6	
7	将钻头引向工件	2.0	2.0	2.9	2.5	2.8	3.2	2.0	2.5	2.5	2.0	C	2.4	
8	除去切屑	1.9	—	—	—	—	2.0	1.5	—	—	—	C	1.8	
9	变速	5.1	—	5.4	—	—	—	—	5.2	—	—	C	5.2	
10	退出钻头	1.9	2.1	1.8	1.9	1.7	1.8	1.8	2.0	2.0	1.8	C	1.9	
11	停止主轴	4.0	2.5	3.5	3.0	2.9	2.5	2.5	3.5	2.5	3.5	C	3.0	
12	松开拧紧的钻模	6.0	7.5	7.0	4.4	5.0	8.0	7.0	6.5	5.5	9.5	V	—	公式
13	取出工件	3.0	3.2	3.5	3.0	3.0	3.1	3.3	3.0	3.1	3.0	C	3.1	

（5）收集数据

通过大量的现场测定获得 10 种零件的相类似钻孔工序的时间研究资料，并将其汇总于表 2-42 中。表中汇总的各作业要素的平均时间值，是严格按照时间研究要求的步骤，最后经过工作评比后得到的。

（6）原始资料的分析和整理

确定不变作业要素时间代表值的方法比较简便，通常是将汇总表内所有的测定值（同一作业要素）取其算术平均值即可。例如，作业要素 5 的时间值为

$$t = \frac{(2.1 + 2.0 + 2.0 + 2.5 + 1.5 + 1.2 + 1.3 + 2.0 + 2.0 + 1.8)}{10}DM = 1.8DM$$

对可变作业要素，一般需要借助函数图表分析方法，确定其作为时间定额标准的代表值。下面将具体计算各可变作业要素时间，并加以说明。

1）第 1 项作业要素——取加工件。经分析，在工作地布置标准化情况下，该作业要素的主要影响因素是工件的质量，即"取加工件"的时间值是工件质量的函数。将该作业要素的 10 次测定值在直角坐标中作散点图，如图 2-27 所示。从图中看出散点图呈直线趋势，用平差法做一直线，即 $y = ax + b$，该直线反映时间随工件质量的变化规律。

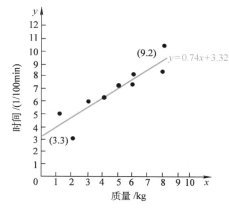

图 2-27 "取加工件" 要素时间与质量关系曲线

为了建立该项作业要素时间标准的数学模型（即函数公式），需要求解直线方程中的常数项 b 和系数 a，可采用多种方法求解，此处用最小二乘法求解（请参考相关数学知识），可直接使用公式

$$a = \frac{\sum x_i \sum y_i - n \sum x_i y_i}{\left(\sum x_i\right)^2 - n \sum x_i^2} \tag{2-12}$$

$$b = \frac{\sum y_i - a \sum x_i}{n} \tag{2-13}$$

式中，x_i 是第 i 个自变量值（本例中表示第 i 个工件质量）；y_i 是第 i 个函数值（本例中为取第 i 个工件的时间平均值）；n 是数据组数（本例为 10，$i = 1$，2，…，n）。

从表 2-41 中取出 x 和 y 的数据，代入式（2-12）、式（2-13），分别求出 a 和 b。即

$$a = \frac{51 \times 70.9 - 10 \times 405.3}{51^2 - 10 \times 319} = 0.74$$

$$b = \frac{70.9 - 0.74 \times 51}{10} = 3.32$$

得到立式钻床上"取加工件"作业要素时间（正常时间）的标准资料表达式为

$$y = 0.74x_1 + 3.32 \tag{2-14}$$

为了和其他变量区分，设零件质量为 x_1。式（2-14）是以公式形式表示的标准资料，

图 2-27 是图线式标准资料。有时两个变量之间关系不是直线，而是曲线，这时应以对数坐标系作图。

2）第 3 项作业要素——将工件装入钻模。经过分析，该项作业要素的时间值同时受零件质量和零件复杂程度的影响。零件复杂程度属于质的影响因素，因而在整理分析数据时，可先按复杂程度分组，然后根据不同复杂程度组内零件的质量与时间数据，求出工件质量与时间消耗的关系。具体如下：

① 按零件复杂程度分组。本例分为简单、中级、复杂三种类型。

② 在直角坐标系上，对三种复杂程度的零件数据，分别作散点图，得到三条直线，如图 2-28 所示。

③ 用前述方法分别求出对应的直线解析式（注意：实际应用中应使数据达到一定数量，以保证精度要求）。

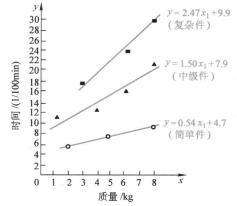

图 2-28　要素时间与质量和复杂程度关系曲线

$y = 2.47x_1 + 9.9$（复杂件）；$y = 1.50x_1 + 7.9$（中级件）；$y = 0.54x_1 + 4.7$（简单件）

3）按照与作业要素 1 标准资料建立相同的方法，建立以下解析式：

拧紧钻模所需时间：$y = 2.4x_2 + 2.6$

式中，x_2 为紧固点个数。

松开拧紧的钻模所需时间：$y = 1.5x_2 + 3.8$

式中，x_2 为紧固点个数。

4）4 个可变要素的解析式和前面计算的 9 个不变要素的时间值，共同构成了整个钻床作业手工操作部分的标准资料。

5）为了简化计算，方便使用，可以将资料综合，即将全部 13 个作业要素的时间资料进行合成，则钻床手工操作正常时间 y 为

复杂件：$y = 3.21x_1 + 3.9x_2 + 48.6$

中级件：$y = 2.24x_1 + 3.9x_2 + 46.6$

简单件：$y = 1.28x_1 + 3.9x_2 + 43.4$

在以后的钻床零件加工过程中，只要知道零件的质量、复杂程度、紧固点个数，就可以按照上述解析式，求出手工操作的正常时间。再加宽放时间，就可得到手工操作的标准时间。

2.3.6　作业测定方法比较

不同的作业测定方法在速度、精度、工作量、成本上相差很大。一般地说，预定时间标准法是最花费时间的，其次是秒表时间研究，最后是工作抽样。提高应用速度往往会牺牲测定精度，在实际工作中采用何种制定方法，企业应根据自身条件并考虑其需要与可能予以灵活应用。四种作业测定方法的比较见表 2-43。

表 2-43 作业测定方法比较

类 别	直接测定法			间接测定法	
名 称	秒表时间研究		工作抽样	预定时间标准	标准资料法
目 的	有规律的作业时间	不规则的作业时间	掌握工作效率，求各种时间比	设定短周期的标准时间	推断同类作业单元时间
耗 时	较短		短	长	较短
精确度	较好		一般	优	较好
用 途	短，周期性重复、变化的作业	短而变化的作业	较长且变化的作业	很短、高度重复的作业	相似作业通用操作单元
说 明	预先分成操作单元之后再测定	将与规则作业不同的因素加以分类，同时进行测定	随机观察作业内容，由观测频数求时间比率；同时观测多对象	对于每个要素动作使用预定规定的适用时间值	汇总并整理过去求得的标准时间值
评 比	需要		需要	不需要	不需要
客观性	一般		一般	好	较好

 2.4 现场管理

2.4.1 现场管理概述

1. 现场管理的含义

现场有广义和狭义之分。广义的现场包括任何企业用来从事生产经营的场所，如厂区、车间、仓库、运输线路、办公室以及营销场所等；狭义的现场是指企业内部直接从事基本或辅助生产的场所或企业为顾客制造产品或提供服务的制造中心，是生产系统布置的具体体现，是企业实现生产经营目标的基本要素之一。一般所说的现场，默认为狭义现场。

现场管理是指用科学的管理手段对生产现场各生产要素，包括人（工人和管理人员）、机（设备、工具、工位器具）、料（原材料）、法（加工、检测方法）、环（环境）、信（信息）等进行合理有效的计划、组织、协调、控制和检测，使其处于良好的结合状态，以实现质量、成本、交货期、效率、安全、员工士气等管理目标，见视频 2-3。

2. 现场管理方法

现场管理是企业的专项综合管理，涉及企业管理的方方面面。相应地，现场管理的研究方法或技术也很多，如 5S 管理、定置管理、目视管理、工厂设计、工作地布置、标准化管理、全面质量管理（Total Quality Management，TQM）、计划与生产过程控制、工作研究、人因工程、质量控制（Quality Control，QC）小组、学习型团队、班组建设、精益生产、六西格玛、全员设备维护（Total Productive Maintenance，TPM）、企业流程再造、制造执行系统（Manufacturing Execution System，MES）等。在对现场进行管理时，可以根据实际的生产情况和管理目标，选择合适的管理方法。

2.4.2　5S 管理

1. 5S 管理概述

（1）5S 管理的含义

5S 起源于日本企业广泛采用的现场管理方法，通过开展整理、整顿、清扫、清洁和素养五项活动，规范现场、现物，营造一目了然的工作环境，培养员工良好的工作习惯，实现对生产现场中的生产要素进行有效管理。"S" 是上述五个日文汉字短语发音的第一个字母，故称为 5S，其含义见表 2-44。

表 2-44　5S 管理的含义

日文汉字	日文发音	含　义	举　例
整理	SEIRI	清理物品，明确判断要与不要，不要的坚决丢弃	倒掉垃圾，长期不用的东西放仓库
整顿	SEITON	将整理好的物品定位、定量摆放，并明确标示	寻找必需品的时间减少到最低，让常用物品随手可得
清扫	SEISO	清除工作现场的脏污，并防止污染发生	谁使用谁负责清洁（管理）
清洁	SEIKETSU	维持以上 3S 工作，使其制度化、规范化	环境随时保持整洁
素养	SHITSUKE	人人依规定行事，养成好习惯	严守标准、团队精神

（2）5S 的作用

5S 对于塑造企业形象、降低成本、提高工作效率、安全生产、改善现场等发挥了巨大作用。

具体而言，5S 的作用可主要概括为以下五个方面：①提高工作效率；②保证产品质量；③保障生产安全；④降低生产成本；⑤提升企业文化。除此以外，推行 5S 还具有消除交货延迟、培养有企划能力以及自主管理的干部和员工等作用。因此，推行 5S 活动，进行规范化的管理经营活动，是企业存在、发展和壮大的有效途径之一，是现代企业提高管理水平的关键和基础。

2. 5S 管理的内容

5S 包括整理、整顿、清扫、清洁、素养五个内容。

（1）整理

整理是指区分要用和不要用的物品，清除掉不要用的物品。它包含两层意思：①将工作场所任何东西区分为要用的与不要用的两类；②将不需要的物品清除。

整理实施的关键是制定需要与不需要的判别标准以及各类物品的处理方法，可细分为：①对于需的判别标准应该是"客观需要"的物品，而不是"以防万一"需要的物品；②处理物品时要注重物品现在的使用价值，而不是物品购买时的价值；③对于现场不需要的东西要坚决清除，做到生产现场无不用之物；④对需要的物品调查使用频度，决定日常用量及放置位置。

（2）整顿

整顿是指将整理好的物品依规定定位、定量地放好，明确地标示。它包含两层意思：①分门别类摆放必需品到固定放置；②一旦物品或者设备有异常，通过整顿能立刻发现。整顿的目标是可以快速、正确、安全地取得所需要的物品。

整顿的实施要点在于物品的分类、定位和标示，可细分为三个方面：①为物品正确地命名、标识，制定规范；②生产必需的物品、工装、夹具、量具按类别、规格摆放整齐；③使用不同颜色、形状等对物品进行标识。

对于作业现场不同的物品有不同的整顿方法和要求，但都要满足以下五条基本要求：①确定放置场所；②规定放置方法；③画线定位；④清楚标示场所物品；⑤说明物品数量。

（3）清扫

清扫是指清除工作场所的脏污，并防止污染的发生。它包含两层意思：①扫除工作岗位的垃圾、灰尘，清除长年堆积的杂物、污染，不留死角；②"清扫其实就是点检"，通过清扫暴露设备磨耗、瑕疵、漏油、松动、裂纹、变形等缺陷。

清扫的实施关键是明确清扫的目标和制订有效的清扫计划，保证现场干净、明亮。清扫的实施方法如下：①落实整理工作，建立清扫责任区；②执行例行扫除，清理污秽；③调查脏污来源，彻底根除；④建立清扫基准，共同遵守。

（4）清洁

清洁是整理、整顿、清扫这3S的坚持与深入，并将其制度化和规范化。清洁不能单纯地从字面上来理解，其本质是通过制度化来保持前面3S的成果，拥有整洁、干净、明亮清爽的工作环境。

清洁的实施关键是通过制定清洁的稽核方法和奖惩制度，落实前面3S工作，维持5S意识。清洁的要求和实施方法，归纳为：①明确清洁的目标；②确定清洁的状态标准；③充分利用色彩的变化；④定期检查并制度化。

（5）素养

素养是指人人依规定行事，养成好习惯。素养是5S活动的核心和精髓，是保证前4S持续、自觉、有序、有效开展的前提，是使5S活动顺利开展并坚持下去的关键。整理、整顿、清扫、清洁和素养这5个S之间是相辅相成、缺一不可的。5S之间的关系如图2-29所示。整理是整顿的基础；整顿是整理的巩固；清扫是显现整理、整顿的效果；而通过清洁来持续保养并巩固之前取得的成效；通过持续的宣传和实施、总结与改进，使之上升为一种习惯，即素养，从而使企业形成整体的改善气氛，能够进入良性的循环之中。

素养的关键是制定共同遵守的有关规则和礼仪守则，并通过教育训练，开展诸如早会、礼貌运动等活动，并配合检查考核，使人人养成工作认真规范的习惯。

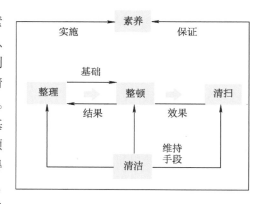

图2-29　5S之间的关系

（6）5S活动的延伸

目前很多企业在5S基础上，增加安全S（Safety）或习惯化（Shiukanka），形成6S；增加服务S（Service）或坚持（Shikoku），形成7S；也有的企业加上效率（Speed）、简化程序（Simple）、软件设计及应用（Software）形成8S。其实，只要能领会5S的精要，彻底做好5S，则其他延伸的 S 就比较容易推行了。

3. 5S 活动的开展

企业开展 5S 活动，应该根据自身的实际情况，制订切实可行的实施计划，分阶段推进，一般步骤如下：

（1）成立推行组织

为了有效推行 5S 活动，需要建立一个符合本企业条件的推行组织。一般企业普遍采用的 5S 推行委员会的组织结构，如图 2-30 所示。

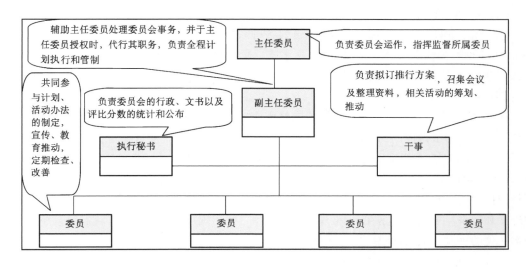

图 2-30　5S 推行委员会组织结构图

（2）拟订推行方针与目标

推行 5S 活动时，应制定推行方针（如自主管理、全员参与）作为指导原则，设定活动目标作为活动的努力方向及执行过程的成果检验标准。

（3）制订工作计划及实施方案

拟订 5S 活动工作进度计划，见表 2-45；张榜公示，使员工知道在 5S 活动推行过程中要做什么、如何做等。

表 2-45　5S 活动工作进度计划

序号	项　　目	计　　划								备注
		1月	2月	3月	4月	5月	6月	7月	8月	
1	计划、组织	──								
2	教育与培训、宣传	────							
3	样板区域 5S 活动推行		────────						
4	5S 活动全面实施				────────				
5	5S 活动评比考核				────────				
6	5S 活动总结、持续						────────		

（4）教育与培训

推行 5S 活动一定要让企业的各级主管和全体员工了解 5S 的含义、作用和实施方法等，激发大家的参与感和投入感。因此，教育培训是活动成败的关键，而且应是一个长期的系统工程。

（5）宣传

各项准备活动就绪以后，为了让员工更好地了解 5S 管理，激起对 5S 管理的热情和兴趣，积极参与到 5S 活动中，有必要采用宣传攻势，进行大规模的宣传造势，创造良好的活动气氛。可以通过标语、漫画、看板等通俗易记的方法进行宣传。

（6）活动试运行

在 5S 活动的推行过程中，有时会遇到各种各样的问题，这些问题如果得不到解决，5S 活动的推行就会很困难。因此在企业正式、全面地推行 5S 活动前，先可以通过整理、整顿两项活动的推行，样板区域 5S 活动的推行，总结经验和不足，为企业全面推行 5S 奠定基础。

在 5S 活动推行过程中，常用的工具有红牌作战、定点拍照、寻宝活动、油漆作战等。红牌是指用红色的纸做成的 5S 管理问题揭示单，红牌作战是指 5S 推行委员会在工作现场巡回诊断，依一定的基准判断出违反 5S 规则的情形及不符合的项目时，就在其上面贴上红牌。凡被贴上红牌的物品，责任部门必须自行检讨，并将处理结果向红牌张贴者报告。定点拍照是指从同样位置、同样方向，对问题点连续进行拍照，对比改善前后的状态，让员工清楚改善的进度和效果。寻宝活动是在 5S 整理活动过程中，找出现场的无用物品，进行彻底整理的一种趣味化的手段。油漆作战主要适用于清扫活动。

（7）全面推进 5S 活动的实施

在试运行以及样板区推行工作总结的基础上，拟订详尽的计划和活动办法，推进 5S 活动在企业的全面实施。在 5S 活动全面推进的过程中，必须进行定期诊断与查核，对发现的问题，及时进行纠正和解决。

（8）5S 活动的评比与考核

5S 评比与考核是检验各部分的 5S 活动是否有效推行，以及推行的效果是否达到要求所进行的检查评比活动，是推进 5S 活动的一种有效手法。5S 评比与考核一般以部门为单位进行，通过对照考核评分标准打分、评价、奖优罚劣。

（9）5S 活动的持续改善

5S 是一项长期的活动，只有持续推行才能真正发挥 5S 的效力。各部门要不断地进行检讨改善以及实施效果确认。对有效的改善对策要通过标准化、制度化纳入日常管理活动中；对发现的问题要进行汇总，形成改善项目，限期整改。这一过程可以运用管理循环圈 PDCA 作为改善持续的工具，以实现改进、维持、再改进的目标。

2.4.3 目视管理

1. 目视管理概述

（1）目视管理的含义

目视管理是利用形象直观、色彩适宜的各种视觉感知信息来组织现场生产活动，达到提高劳动生产率目的的一种管理方式。它是以视觉信号为基本手段，以公开化为基本原则，尽可能地将管理者的要求和意图让大家都看得见，从而达到员工的自主管理、自我控制及提高劳动生产率的目的。所以目视管理是一种以公开化和视觉显示为特征的管理方式，也可称之为"看得见的管理""一目了然的管理"。目视管理在日常生活中得到了广泛应用，如交通信号灯，红灯停、绿灯行；排气口上绑一根小布条，看布条的飘动可知其运行状态。

目视管理可在生产现场通过将工作中发生的问题、异常、浪费以及六大管理目标等状态进行可视化描述，使生产过程正常与否"一目了然"。当现场发生了异常或问题，操作人员便可以迅速采取对策，防止错误，将事故的发生和损失降到最低程度。目视管理方式可以贯穿于各个管理领域中，常常与 5S 管理结合使用，来提升现场管理水平。

（2）目视管理的作用

通过实施目视管理，可以做到：①使管理形象直观，有利于提高工作效率；②使管理透明化，便于现场人员互相监督，发挥激励作用；③延伸管理者的能力和范围，降低成本，增加经济效益；④有利于产生良好的生理和心理效应；⑤减少现场管理人员。

2. 目视管理的内容

目视管理（见视频 2-26）可以使生产现场的各种要求直观化，也使操作人员能够方便学习，正确处理，因此能大大提高现场安全的程度。一般而言，目视管理项目包括以下七个方面内容：

视频 2-26　目视
管理举例

1）规章制度与工作标准的公开化。

2）生产任务与完成情况的图表化。

3）以清晰的、标准化的视觉显示信息落实定置设计。

4）控制手段的形象与直观化。

5）物品的码放和运送的数量标准化。

6）现场人员着装的统一化与挂牌制。

7）色彩的标准化管理。

目视管理对所管理项目的基本要求是统一、简明、醒目、实用、严格。同时，还要把握"三要点"：①透明化，无论是谁都能判明是好是坏（异常），"一目了然"；②视觉化，明确标示各种状态，正常与否能迅速判断，精度高；③定量化，不同状态对应定量数据或可确定范围，判断结果不会因人而异。

3. 目视管理的实施

目视管理的实施步骤如图 2-31 所示，共分为 8 个步骤，各步骤的内容简单说明如下：

首先要明确管理目的、期望目标、活动期间、推行方法等，并形成文件。成立诸如目视管理推行委员会的组织。制订包括目视管理活动计划、目视管理办法、奖惩条例、宣传事宜等活动计划。设定包括作业管理、品质管理、物品管理、设备和工装夹具管理、生产控制与交货期管理等目视管理项目。在现状调查的基础上，明确问题点与改善点。针对目视管理项目，使用"看板管理""图示管理"等方法，设计多种形式的目视管理用具。目视管理常用用具见表 2-46。

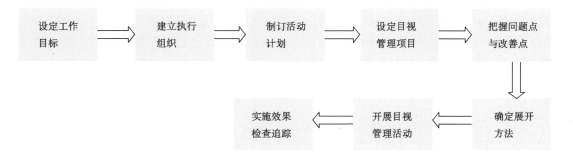

图 2-31　目视管理的实施步骤

表 2-46　目视管理常用用具

序　号	项　目	目视管理用具实例
1	目视生产管理	生产管理板、目标生产量标示板、实际生产量标示板、生产量图、进度管理板、负荷管理板、人员配置板、电光标示板、作业指示看板、交货期管理板、交货时间管理板、作业标准书、作业指导书、作业标示灯、作业改善揭示板、出勤表
2	目视物料管理	放置场所编号、现货揭示看板、库存表示板、库存最大与最小量标签、订购点标签、缺货库存标签
3	目视质量管理	不合格图表、管制图、不合格发生标示灯、不合格品放置场所标示、不合格品展示台、不合格品处置规则标示板、不合格品样本
4	目视设备管理	设备清单一览表、设备保养及点检处所标示、设备点检检验表、设备管理负责人标牌、设备故障时间表（图）、设备运转标示板、经常停止柏拉图、运转率表、运转率图
5	目视安全管理	各类警示标志、安全标志、操作规范

　　在宣传、培训的基础上，开展目视管理活动，包括：设计并张贴海报、标语；规划责任区；规划办公室、生产工序、设备、公共场所等的标示、管理看板和图表；制定目视管理活动评价规定；进行现场巡视、指导和评审；活动总结和改善。为确保目视管理活动准确实施，企业按自身生产经营特点，制定切实可行的考核指标，设计制定相应的查核表，并定期检查，常抓不懈。

2.4.4　定置管理

1. 定置管理概述

（1）定置管理的含义

　　定置管理以生产现场为研究对象，通过整理、整顿把与生产无关的物品清除掉，把需要的物品放在规定位置，以物在场所的科学定置为前提，以定置的信息系统为媒介，使各生产要素实现有机组合，达到生产现场的科学化、标准化和规范化。简单而言，定置管理是对生产现场中的人、物、场所三者之间的关系进行科学的分析研究，使之达到最佳结合状态的一门科学管理方法。定置管理是"5S"活动中整理、整顿针对实际状态的深入与细化。

（2）定置管理的作用

定置管理的实施可以：①使各种物品合理化定置，最大限度地减少生产经营现场中物的不安全因素；②建立起规范、舒适、严格的工作环境，减少生产中人的不安全行为；③使生产均衡，劳动组织合理，岗位责任明确，提高生产效率；④使物流和各种物品摆放有序，避免碰伤、变形等，保证产品质量。总之，通过实施定置管理，能够构建一个"环境整洁、生产均衡、物流有序、纪律严明、设备完好、信息准确"的生产经营现场。

2. 定置管理的内容

定置管理的主要内容，就是研究如何建立科学有效的信息系统，使现场之物处于受控状态，随时能够与人结合，从而提高工作效率。人与物的结合是定置管理的本质和主体，物与场所的结合是定置管理的前提和基础。

（1）人与物、场所结合的基本状态

定置管理要在生产现场实现人、物、场所三者最佳结合。在生产现场，人与物的结合状态有 A、B、C 三种基本状态。A 状态是指人与物能马上结合发挥效能的状态。这是生产中理想的状态，在这种状态下能使生产井然有序。B 状态是指人与物不能马上结合发挥效能的状态。C 状态是指人与物已失去结合的意义，与生产无关。

实际生产时，为实现人与物的有效结合，需要消耗一定的工时和成本，因此要设法消除 C 状态，认真分析 B 状态使之转化为 A 状态。定置管理的任务就是努力使人与物、场所的结合保持 A 状态，设法采取措施和对策将 B 状态和 C 状态转化为 A 状态。

（2）信息媒介物与人、物、场所的关系

在生产活动中，众多的对象物不可能都同人处于直接结合状态，而绝大多数是处于间接结合状态。要实现人与物的科学结合，就必须依靠信息媒介物的指引和确认。在定置管理中，使用的特定信息包括引导性信息和确认性信息两类。

通过引导性信息人被引导到目的场所，分为两个层次：一是"该物在何处？"表明物品存放的场所，如物品的位置台账；二是"该处在哪里？"形象地指示存放物品的处所或区域的位置，如定置图。

通过确认性信息确认场所和物品，也分为两个层次：一是"这里就是该场所"，表明该场所就是物品的存放场所，如区域牌、货架标牌、名称、标号、图示等；二是"此物就是该物"，标明物的确认性信息，使人同该物的结合成为有效的结合，如物品的名称、规格、数量、质量、颜色、形状等。

3. 定置管理的实施

（1）成立定置管理推行领导小组，制订定置管理的推行计划，并进行宣传、教育等工作

推行定置管理必须坚持"始于教育，终于教育"的原则，在全体员工中有组织、有计划地开展理论培训，以此来转变观念，树立信心，统一认识，掌握定置管理的内容、原理、程序和注意事项等，不搞形式，不搞花架子，务必求真务实。实践证明，推行定置管理必须建立以主要负责人挂帅的领导机构，全员参加，才能成功。

（2）现场调查，明确问题点

针对不同管理对象和管理目的，对生产现场的人、物结合现状进行详尽的调查研究，明确现存的问题，并进行归纳整理，以便提出改进的方案。现场调查的内容见表2-47。

表 2-47　现场调查内容表

序　号	调查具体内容	序　号	调查具体内容
1	人、机操作情况	7	生产现场物品搬运情况
2	物流情况	8	生产现场物品摆放情况
3	作业面积和空间利用情况	9	质量保证和安全生产情况
4	原材料、在制品管理情况	10	设备运转和利用情况
5	半成品库和中间库的管理情况	11	生产中各类消耗情况
6	工位、器具的配备和使用情况		

（3）分析问题，提出改革方案

根据调查发现的问题，运用流程分析、作业分析及动作分析等研究方法分析加工路线和加工方法、分析人和物的结合状态、分析物流和信息流，按照5W1H提问、ECRS改善原则对现状详细分析，提出科学的改进方案。

（4）定置管理设计

定置管理设计实际是在遵循设计原则的前提下，绘制一幅带有定置管理特点和能反映定置管理要求的"管理文件"和目标的图形，该图称为定置管理图，简称定置图。定置图的种类如图2-32所示。

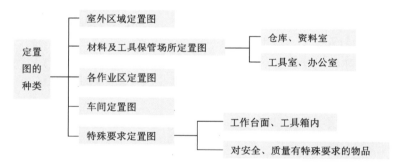

图 2-32　定置图的种类

绘制定置图，明确改善方案中现场各种场所、物品的具体位置。定置图的绘制是一项很重要的工作，对于生产厂有总厂定置图、分厂定置图、车间定置图、工段定置图、班组定置图、工具箱定置图、仓库定置图等多种，其要求各不相同，但图上的各种符号、图示要统一。车间定置图、工段定置图、班组定置图等，要以某一固定位置的设备作参照物，然后依次画出各个区域和各种物品的定置位置。

定置管理设计中除了绘制定置图，还需要进行信息媒介物的设计。这主要包括：生产现场各种区域、通道、活动器具和位置信息符号的设计，各种货架、工具箱、生活柜等的结构和编号的标准设计，物品的台账、物品（仓库存放物）确认卡片的标准设计，信息符号设计和图示板、标牌设计，制定各种物品的进出、收发办法的设计等。

（5）定置实施

定置方案的实施是理论付诸实践的阶段，也是定置管理工作的重点。主要包括按照定置设计的内容要求，清除与生产无关之物；制作专用的工位器具，如定置架、箱、柜等；对生产现场的物品按设计要求开展 5S 活动；按定置图进行定位和设置标志牌，做到"定置必有图，有图必有物，有物必有区，有区必挂牌，挂牌必分类，图物必一致"。

（6）维持、深化和提高

定置管理的目的是要改变人的行为习惯，但绝非一日之功，也不可能一劳永逸，非反复抓不可。必须有一定的强制措施，就是要经常开展检查、评比工作，把检查评比的结果同经济责任制、评先立功、劳动竞赛、两个文明建设、达标升级等进行挂钩考核，实行奖优罚劣。

2.5 造船厂埋弧焊作业工作研究

2.5.1 造船厂开展工作研究的概况

近些年来，我国的造船能力飞速发展，单从造船的吨位上计算，我国已成为世界造船大国。但也应该看到，在技术水平上，特别是在尖端造船技术领域，与已经成为世界造船强国的日本、韩国相比，我国还存在不小的差距。特别是在管理水平上，还存在着劳动生产率低下等诸多问题，这与我国造船大国的身份很不相称。

船厂的问题主要源自车间生产层，解决这种问题的办法只有通过工作研究，找出较好的工作方法，通过标准化把好的作业方法固定下来，经过贯彻实施可以提高企业的生产效率和管理水平。从这个思想出发，最先想到的是利用成组技术对相似性高的结构或工作进行归类。为了提高分段制造效率，船厂将船体结构中相似性大的分段集中到一起，采用流水线的生产方式，变单件生产为批量生产，配备专用制造装备，从而提高了此类分段的制造效率。而那些结构差异性较大的艏艉分段则在曲面中心制造。这样，通过规范工作流程，规定工作内容。实现一定程度上的批量作业来提高每类分段的作业效率。

经过观察，发现几乎所有的造船生产工作都是由一系列内容相似的基本作业组成。将这些工作进行合理的分类，并根据 MOD 法将这些基本作业进一步细分，直到每项工作的工作内容基本确定。那么，这些工作包含了固定的操作程序、操作人员以及所涉及的设备，如果由经过训练的工人来完成，过程时间能够固定在一个确定的范围内，这类工作称为工作单元。这样任何一个分段的制造工作都是由与之相关的一系列标准工作单元构成，按照制造工艺流程，就可以得到熟练工人按照标准工作单元规定的工作方法操作所需要的制造总工时，以及完成本分段制造工作所需要的总过程时间。制造总时间是否准确的关键在于单元工作时间的准确性。在进行工作单元划分时，为了使单元工作时间更准确、合理，即使是同种性质的工作，也要根据它们的不同特性对之进一步细分，找出相应的最优工作方法，形成立足现有技术和加工能力的最佳操作标准。不同的工人被分配从事其中某类或某几类单元工作，经过针对性的培训，以及之后工作中的不断重复使用，凸显出单元工作的规模效应，从而进一步提高工作效率。这样的工作标准化方法与按照分段的相似性进行的工作标准化方法相比具有更高的准确度和普适性。它不但适用于曲面中心现在承制船型的所有特定分段，而且适用于船厂平直中心、总装中心的工作，以及以后船厂将承制的其他船型或海洋平台等钢质构件产品。

2.5.2 埋弧焊工作现状描述

埋弧自动焊在工厂中又简称自动焊，它是一种常见的焊接方法，焊接效率高。在船厂的曲面中心，它通常用作不开坡口的水平位置 8～12mm 板的双面埋弧焊对接，和 CO_2 打底的水平位置对接焊缝的填充、盖面焊接。下面以船厂使用较多的某型埋弧焊焊机为例研究埋弧焊的操作过程。

船厂每台埋弧焊机的操作工定员是 2 人，而在现场实地考察时，有时有 3 个人，甚至 4 个人同时操作 1 台焊机。这样虽然人数众多，但往往由于技术水平不高，焊接过程经常中断，且经常需要返工，完全不能发挥埋弧焊应有的工作效率。按照精益生产中工时的概念，每天有计划的工作量，需要确定的工人人数和确定的消耗工时来完成这些工作，每个上岗的工人必须达到并超过上岗所需要的日工作量，才能获得施工资格。而这些人，本身就超过企业现有定员标准，根据他们工作中反映出的技术水平，需要更多的时间、更多的消耗来完成相同的工作量，焊缝质量还不一定能得到保证。如此工作，即使不考虑效率问题，单是工作的计划节点就无法保证，只能在节点到来前组织临时的突击加班。从总体上看，这样的生产是脉动的、不稳定的、低效的。这虽然是在研究埋弧焊操作时反映出的问题，但类似的情况在船厂的其他专业工作中同样存在。因此，这要求船厂在录用新员工（包括外包工）时，既要对工人的工作质量进行考核，也要对工人的日生产能力进行考察，达不到能力标准的不能参加现场施工。这里所提到的这种情况虽然具有一定的代表性，但它属于非正常的工作状态。下面以工作连续、稳定的两人一机的工作方式为例，介绍埋弧焊的工作过程。

从现场观察的情况看，船厂埋弧焊作业所用的工具有埋弧焊机、轨道（2m×1.8m）、平嘴钳、标尺、焊丝盘、焊剂桶、垃圾桶、笤帚、铁簸箕。埋弧焊作业定员为 2 人，一人为上手，另一人为下手。当焊接一道焊缝时，现场的操作方式通常包括以下五个步骤：

1）先由下手将一块轨道拿至焊缝起始位置，放于焊缝一侧约一标尺距离处（注：这个标尺是由工人根据经验自制的，它可能是一根折弯的焊条，也可能是一小块钢条，它的长度为通常焊接时轨道距焊缝中间的距离）。

2）两人合力将焊机拖到焊缝的起始位置，并将之置于轨道上。

3）反复将小车置于轨道一侧，调整轨道另一侧，调整时以标尺为基准，直至轨道两端近焊缝侧到焊缝中间的距离都为标尺长度，移动小车，使焊嘴处的焊丝对准焊缝起始位置。

4）上手打开焊剂阀门预堆焊剂，同时检查焊机下漏是否流畅，流量是否满足焊接的需要。

5）上手按动开关，开始焊接，在焊接初期，需要根据情况调节焊接规范，在焊出 15～20cm 后，焊接基本稳定，上手只要根据情况偶尔对焊机进行一些调整即可；在焊接过程中，下手负责清理焊渣、回收焊剂、往焊剂盒内补充焊剂，以及去烘箱内用焊剂桶取用焊剂和铺设轨道，如焊接过程中碰到焊丝用完，还要负责从焊机房中搬来焊丝，并配合上手更换焊丝。

从以上的步骤中可以大概看出两操作人员的分工：上手主要负责与焊接质量直接相关的操作，而下手配合上手做些辅助工作。总的来说，焊接过程中两操作人员的空闲时间偏多，焊机的利用率也不高，这可以从图 2-33 所示人机作业图中看出。两个人的时间利用率分别为30.36% 和 67.25%，焊机的时间利用率为 44.29%。图 2-33 是根据现场一组操作人员的实际工作情况绘制的，仅反映此种操作方法下人、机的时间利用率，其时间值并不一定具有普遍的代表性。

2.5.3　埋弧焊作业工作单元提取

从图 2-33 中不难看出，通过作业改善，完全存在一人操作一台焊机的可能。通过大量的观察发现，埋弧焊作业是由埋弧焊机的连续焊接和操作工的一系列相对稳定的操作内容构成的，见表 2-48，图 2-33 中也有所反映。

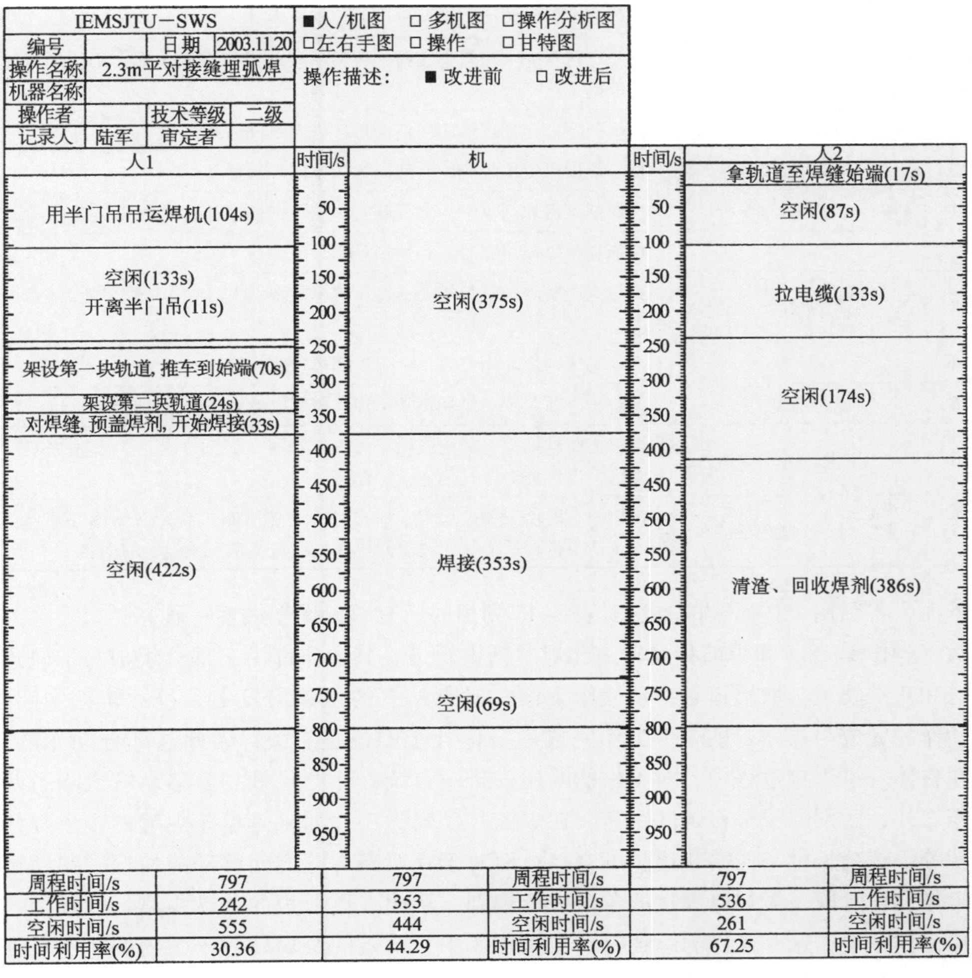

IEMSJTU－SWS		■人/机图　□多机图　□操作分析图				
编号	日期　2003.11.20	□左右手图　□操作　□甘特图				
操作名称	2.3m平对接缝埋弧焊	操作描述：　■改进前　□改进后				
机器名称						
操作者	技术等级　二级					
记录人 陆军	审定者					

人1	时间/s	机	时间/s	人2
				拿轨道至焊缝始端(17s)
用半门吊吊运焊机(104s)	50 100		50 100	空闲(87s)
空闲(133s) 开离半门吊(11s)	150 200	空闲(375s)	150 200	拉电缆(133s)
	250		250	
架设第一块轨道, 推车到始端(70s)	300		300	空闲(174s)
架设第二块轨道(24s) 对焊缝, 预盖焊剂, 开始焊接(33s)	350		350	
	400		400	
	450		450	
空闲(422s)	500	焊接(353s)	500	
	550		550	清渣、回收焊剂(386s)
	600		600	
	650		650	
	700		700	
	750	空闲(69s)	750	
	800		800	
	850		850	
	900		900	
	950		950	

周程时间/s	797	797	周程时间/s	797	周程时间/s
工作时间/s	242	353	工作时间/s	536	工作时间/s
空闲时间/s	555	444	空闲时间/s	261	空闲时间/s
时间利用率(%)	30.36	44.29	时间利用率(%)	67.25	时间利用率(%)

图 2-33　2.3m 平对接缝埋弧焊作业实测人机图

表 2-48　现有的埋弧焊作业中人的操作内容列表

代号	操作内容	详细操作
1	焊前移动轨道	将一块轨道拿至焊缝起始位置，放于焊缝一侧约一标尺距离处
2	移动焊机	将焊机拖到焊缝的起始位置附近
3	搬焊机上轨道	将焊机移至轨道上远焊缝起始位置端
4	焊前轨道定位	反复将小车置于轨道一侧，调整轨道另一侧，调整时以标尺为基准，直至轨道两端近焊缝侧边缘到焊缝中间的距离都为标尺长度，移动小车，使焊嘴处的焊丝对准焊缝起始位置
5	预盖焊剂	打开焊剂阀门预堆焊剂至合适高度、宽度，同时检查焊机下漏是否流畅，流量是否满足焊接的需要
6	焊初调节规范	按动开关，开始焊接，在焊接初期，需要根据情况调节规范，在焊出 15～20cm 后，焊接基本稳定
7	清理焊渣、回收焊剂	隔一段时间用笤帚和铁簸箕将焊渣掀起，将之投入垃圾桶中，之后，清扫剩余焊剂，并将之回收到焊机上的焊剂盒中
8	焊中铺设轨道	在小车行走完一块轨道之前，将另一块轨道拼在其末端，用标尺保证其位置的准确
9	移动焊剂桶	将焊剂桶以清理焊渣的周期向焊接方向步进移动
10	移动垃圾桶	将垃圾桶以清理焊渣的周期向焊接方向步进移动
11	补充焊剂	当焊剂盒内焊剂少于一定程度时，从焊剂桶中补充焊剂
12	领焊剂	焊剂桶中焊剂用完时，到烘箱处领焊剂
13	换焊丝	到焊机房搬焊丝到焊机处，将新焊丝装到焊机上，送丝至焊嘴处露出合适长度
14	领焊丝	当焊机房内焊丝用完后，由焊工到焊丝房领取焊丝
15	整理电缆	为防止电缆影响小车的正常行走，要将电缆归于合适的位置
16	架设轨道支撑物	当轨道跨越钢板上的洞或处于焊缝末端时，必须在合适位置预先架设轨道支撑物，以保证焊接过程连续、稳定
17	处理焊接中断	焊接中有时由于偶然原因，焊接过程突然中断，需要做简单处理后，在中断处重新引弧开始焊接，此单元操作最后包括单元操作5的内容

下面，将利用工作研究的方法对表 2-48 列出的所有单元操作做逐一研究。

对于操作 1、8，即焊前移动轨道和焊中铺设轨道，其操作都由三部分组成：取轨道、移动轨道和对准轨道。取轨道是指从操作工前一时刻站立的位置出发走到目标轨道中间位置。这段动作的完成与操作工前一个工作完成后身体处于的位置有关，因此这部分动作的优化，只有在整体安排焊接过程中，对工作的顺序安排时，统一作路径规划。移动轨道除了两次弯腰动作之外，区别的只是行走的距离。在焊前移动轨道中，如果是单条焊缝的多道焊，移动距离就等于焊缝长度与两倍轨道长度之差；而对于在两条焊缝之间移动的情况，移动距离可以在工作设计阶段，对焊缝焊接的顺序进行规划，从而求得最短的移动距离，以减少一批埋弧焊焊接作业中，这一操作的总耗时。在操作 8 中，行走的距离就等于 2 倍的轨道长度，即 3.6m。对准轨道是通过类似表 2-48 中操作 4 中的方法，反复对准轨道两端来最终实现的。由于这种方法在对准一端时另一端也会移动，因此对准麻烦，耗时长。因此可以考虑改多次对准为一次对准。具体说，在焊前用标尺沿焊缝一侧，每隔一定距离，预先做好标记，对准时只要目视对准后放下即可，无须再做调整。其中画线操作可以成为焊前准备的一个独立操作，连续作业时可以安排在前一个焊缝焊接过程中进行。

对于操作 2、3，即移动焊机和搬焊机上轨道，这两个操作都由人力完成，由于埋弧焊焊机重量大，劳动强度大、耗时长，由此，考虑用半门吊这种设备来吊运焊机，并在下落时直接落在轨道上，这样既降低了劳动强度，又缩短了作业时间。只是要保证车间的桁车能及时到达作业地点，否则反而会因为等工而使这个改进失去意义。因此，在桁车被占用时，由操作者本人人工移动焊机。

操作 4，即焊前轨道定位，不同的操作工时间差别较大。其原因就在于：①焊机上轨道之前，焊机与轨道没有在一条直线上；②轨道中间下凹，人站在轨道上，拉动焊机时很容易把轨道碰歪。针对这两点，注意以下操作要点：①定期矫正轨道，确保轨道平整或略有上凸；②小车上轨道之前，应尽量调整小车位置使车轮方向与轨道直线方向重合；③上轨道时，轻抬焊机一端，使其一端两只轮子先搭在轨道上，期间注意用一只脚踩在轨道上，起到固定作用；④推焊机使其后轮靠于轨道边缘，抬起后轮前送，使后轮也卡在轨道上。

操作 7，即清理焊渣、回收焊剂，现场的情况是焊机焊一小段，下手就随之清理一点，这样每次清理的量少，反复多次的起身、下蹲、倒渣等动作，使操作时间大大增加。另外，清渣过早也会造成焊缝区的氧化。因此，减少本操作的工作频率，增多每次清理的工作量，以减少每道焊缝中操作 7 中的耗费时间，减少工人的无效劳动，降低工人的劳动强度。具体频率结合焊接中的其他操作经综合考虑确定。

操作 9、10，即移动焊剂桶、垃圾桶，在现有的工人操作方法中，要么是几乎将它们"随身携带"，每清理一次就要将它们移动一次，要么是一直放在一个地方，直到自我感觉太远了，才把它们提回焊机附近。前一种方式中垃圾桶的移动方式无可非议，但焊剂桶并不是每次都用。移动一次焊剂桶的过程由四部分组成：无负重行走、弯腰拎起、负重行走和放下。其中，负重行走部分由于在开始和结束阶段，有加速减速过程。如果同样将焊剂桶移动同等长度，但采用这样的分段移动和全程移动两种方式，分段移动方式不但比全程移动方式多了几组弯腰拎起、放下的动作，而且由于负重行走的加、减速，使不但在平均移动速度上低于全程方式，而且能耗也比全程方式大。因此，对于焊剂桶只有在焊剂盒中需要补充焊剂时再从前一位置移动它；而垃圾桶是每清理一次就要相应移动一次。

操作 11，即补充焊剂，原来仅指在焊剂盒需要补充时，拎起身边的焊剂桶添满焊剂盒，然后放下焊剂桶的过程。但在上面由于将移动焊剂桶的移动方式由"随身携带"变成按需移动，因此可以将操作 9 并于本操作中，这样补充焊剂操作就包括取焊剂桶和添加焊剂两部分内容。取焊剂桶的时间可以通过焊剂的耗用速度统计出来，添加焊剂的时间可以通过多次测量统计出来。

操作 13，即换焊丝，是将新焊丝换到送丝机上。现在的做法，先把空焊丝盘拆下，将焊丝装入焊丝盘中后，再将焊丝盘装上焊机。改进后的做法是，准备两个焊丝盘，一个是焊机上在用的，另一个是备用的，在焊接进行中人空闲时，预先将焊丝装于焊丝盘中，这样，在焊丝用完后，可以直接将新焊丝盘换到焊机上，换下的空焊丝盘成为备用，然后送丝至焊嘴处露出合适长度。

操作15，即整理电缆，现有的操作方式是电缆形状焊前基本保持移动焊机时形成的自然形状，只有在发现电缆影响小车移动时，才把电缆移开。这样，在各种操作周期化安排时，容易因这种偶然操作的需要而影响其他操作的正常进行，因此，在改进后的埋弧焊操作方式中，电缆应定期整理。可以考虑与操作8合并成一个工作，即在焊机完全走行到下一轨道，需要铺设腾出轨道时，一手拿起轨道，同时另一只手拿起身侧电缆，往焊接方向行走两倍轨道长度，尽量拉直电缆，先放下后再转身铺设轨道。

操作16，即架设轨道支撑物的操作时间与走动的距离、环境和支撑工装有关。环境是由工作所在地决定的，建造工法确定后，基本无改动可能；距离方面，可以通过在焊机距架设工装位置一定距离时开始本步骤操作来确定，这个距离包括获取支撑工装的移动距离和移动支撑工装的距离。现有的支撑工装是铁架和不同厚度的木块，最好能换成可以连续可调的专用支撑工装，即使不能也应根据各工作情况预先将合适高度的架子或木块准备好，以减少操作人员寻找合适工装的时间。

在操作人员技术水平不高，或轨道悬空处未支撑稳固时，焊接中断出现频率大幅度增加。因此，提高工人技术水平和辅助工作的工作质量是减少焊接中断的主要手段。另外，焊接中断有时也是由焊剂颗粒掉入焊丝与导电嘴之间，引起的电流中断所造成的。因此应有装置绝对阻止焊剂颗粒落入。这里推荐一个小技巧：可以在焊丝插入导电嘴之前，在导电嘴上放一硬纸片，送丝，令焊丝穿过，这样纸片与焊丝之间结合紧密，而纸片又盖在孔上，由焊剂盒漏出的焊剂颗粒很难进入导电嘴与焊丝的间隙。

操作5、6的现有操作程序已比较合理，所需的工作就是标准化、制定时间标准。操作12、14这样领用物资的情况，应该从焊工的工作内容中除去，因为这样单个领取造成大量时间浪费，不经济，应组织专人配送。

这样，经过分析就可以把埋弧焊作业中人的工作分成表2-49中的14项操作内容。这些操作内容工作内容稳定，工作时间或确定，或能够稳定在一个可接受的范围内，或能够通过推导出的公式计算。这些具有相对稳定的操作内容称为工作单元。

表2-49　埋弧焊作业工作单元列表

代　号	工 作 单 元	详 细 操 作
1	画线	用石笔每隔约1.5m做一标记，距焊缝中间一标尺长
2	焊前移动轨道	从焊缝末端走回焊机所在位置，将一块轨道拿至焊缝起始位置，并使近焊缝边与标记对齐
3	移动焊机	从轨道处走回焊机所在位置，将焊机吊至轨道远焊缝起始位置端附近，落下时尽量使小车车轮方向与轨道在同一直线上
4	搬焊机上轨道	调整小车位置使车轮方向与轨道直线方向重合，轻抬焊机前端，使其前端两只轮子先搭在轨道上，期间注意用一只脚固定轨道，拉焊机使其后轮靠轨道边缘，抬起后轮前送，使后轮也卡在轨道上
5	检查并校正轨道位置	反复将小车置于轨道一侧，调整轨道另一侧，调整时以标尺为基准，直至轨道两端近焊缝侧边缘到焊缝中间的距离都为标尺长度；移动小车，使焊嘴处的焊丝对准焊缝起始位置（如果前步骤的工作完成质量高，则无须本步骤，或耗时很短）

（续）

代　号	工作单元	详细操作
6	预盖焊剂	送丝，使焊丝顶住焊缝，来回拖动小车，确保焊丝与待焊件接触良好；打开焊剂阀门预堆焊剂至合适高度、宽度，同时检查焊机下漏是否流畅，流量是否满足焊接的需要
7	焊初调节规范	开始焊接后，调节规范至规定值，在焊出10cm后，焊接基本稳定
8	清理焊渣、回收焊剂	隔一段时间用笤帚和铁簸箕将焊渣掀起，将之投入垃圾桶中，之后，清扫剩余焊剂，并将之回收于焊机上的焊剂盒中，回身拎起垃圾桶，向焊接方向移动约90cm，放下所有东西
9	整理电缆、铺设轨道	在焊机走行完一块轨道（180cm）之后，一手拿起该轨道，同时另一只手拿起身侧电缆，往焊接方向行走两倍轨道长度，尽量拉直电缆，放下后，转身沿预先做好的标记将此轨道铺在另一轨道末端
10	补充焊剂	当焊剂盒内焊剂少于一定程度时，从前一位置处取来焊剂桶，将焊剂盒补满
11	装填焊丝盘	在焊机房将新焊丝装于空焊丝盘中
12	换焊丝盘	停机，拆下空焊丝盘，拿到焊机房，带回已装填焊丝的另一焊丝盘，装上，送丝至焊嘴处露出合适长度
13	架设轨道支撑物	当轨道跨越钢板上的开孔或处于焊缝末端时，必须在适当位置预先架设轨道支撑物，以保证焊接过程连续、稳定
14	处理焊接中断	焊接中有时由于偶然原因，焊接过程突然中断，需要做简单处理后，在中断处重新引弧焊接，此单元操作最后包括单元操作6的内容

2.5.4　工作单元时间的计算

MOD法适用于在一个活动范围较小的空间内，从事主要由上身动作构成的工作。这些动作的负重通常不大。但是，在造船生产中，人在工作中的活动范围很大，动作往往是全身性的，而且有些工作的完成与工人的技术掌握程度或一些偶然情况关系很大。因此，结合实测结果统计的方法，对MOD法中的动作进行扩充，对船厂焊接作业中特定动作的时间进行规定，并通过统计得出那些无法确定具体工作内容或动作次数的工作的完成时间，从而得出构成焊接工作的所有工作单元的完成时间，见表2-50。

表 2-50　埋弧焊工作单元时间标准

代　号	工作单元	动作分析式	MOD 值	时间值/s
1	画线	下蹲，对准标尺（M3P5），做标记（E2M4P2M2），起身，走到下一位置（W(5×3)）	$63[l/1.5]$MOD$+63$MOD	$8.13[l/1.5]$ $+8.13$
2	焊前移动轨道	走回焊机所在位置（W5×$[d/0.7+1]$）拿起轨道（S30G3），走到焊缝始端（W5×$[d/0.7+1]$），对准轨道（S30E2M4R2E2M4R2P5）	94MOD$+10$ $[d/0.7]$MOD	$12.13+1.29$ $[d/0.7]$[1]
3	移动焊机	时间按人工方式计算：调整方向，拉动到轨道远起端（（W5L2）×$[d/0.7+1]$），调整焊机位置使车轮方向与轨道直线方向重合，将近轨道侧车轮靠于轨道边缘		$13.39+0.90$ $[d/0.7]$

（续）

代 号	工 作 单 元	动 作 分 析 式	MOD 值	时间值/s
4	搬焊机上轨道	抬起前端使前轮搭在轨道上（B17G1M4P5），拉焊机使其后轮靠于轨道边缘（W（5×2）B17+2s），抬起后轮前送使其卡在轨道上（W（5×4）B17G1 M4P5）	101MOD+2s	15.03
5	校正轨道位置	调整轨道近始焊端（W（5×3）S30E（2×2）M（3×4）），小车移至始端（B17W5+2.5s），调整轨道远端（W（5×3）S30 E（2×2）M（3×4））	144MOD+2.5s	21.08
6	预盖焊剂	统计结果		28.02
7	焊初调节规范	必须在引弧板内完成，无须测量时间		
8	清理焊渣、回收焊剂	统计结果		32.38
9	整理电缆、铺设轨道	走到轨道与电缆之间（W（5×4）），移动轨道电缆到下一位置（B17E2G3 E2G1W（5×6）W5），放下电缆对准轨道（M4P0W（5×2）B17E2M4P5E2M4P5），回到焊机操作面板侧（W（5×5））	158MOD	20.38
10	补充焊剂	取焊剂桶（W（5×6）B17W（5×6）），加焊剂（拎起，加满，放下，共10.59s）	77MOD+10.59s	20.52
11	装填焊丝盘	统计结果		176.45
12	换焊丝盘	停机退出焊丝头（16.25s），拆下空焊丝盘（W（5×3）B17+5.19s），换回新焊丝盘（W（5×46）+B（17×2）），装上（W（5×3）B17+25.19s），预盖焊剂（28.02s）	328MOD+74.65s	116.96
13	架设轨道支撑	小组立（装配）阶段 中、大组立（装配）阶段		15.00 118.00
14	处理焊接中断	统计结果		108.52

① 其中的 d，若为一条焊缝上多道焊之间的，取焊缝长度 l；若焊缝间的，在小组立（装配）阶段取8m，中、大组立（装配）阶段取20m。

例如，埋弧焊工作单元1中，它实际上是由 m 个相同的宏动作构成。m 的值为

$$m = \left\lfloor \frac{l}{1.5} \right\rfloor^{\ominus} + 1 \tag{2-15}$$

式中，l 为焊缝长度。

———————

$\ominus$ ⌊⌋取整符号，表示向下取整。

每个宏动作由多个 MOD 法的单位动作组成。某一次焊接工作可描述为：下蹲，对准标尺（E2M4R2），做标记（E2M4P2M2），起身，走到下一位置（W(5×3)）。其中的"下蹲起身"动作在 MOD 法中没有定义，经过多次实测，结果表明其动作完成时间与"起身坐下"动作的完成时间极为接近。鉴于此动作非大量重复动作，此处的细微差异不会影响结果的准确性，在这里及此后的时间计算中，我们用 S30 表示"下蹲起身"动作。这样工作单元 1 中每个宏动作的总 MOD 值为 63，对应完成时间为 8.13s。则此工作单元的完成时间 t_1 为

$$t_1 = 8.13\left(\left\lfloor \frac{1}{1.5} \right\rfloor + 1\right) \tag{2-16}$$

2.5.5　单道焊作业时间计算

所谓单道焊，是指焊机在焊缝上走行一趟的焊接过程。对于较薄的板，单道焊就能完成一条焊缝的焊接；但对于较厚的、开坡口的对接缝，一条焊缝的焊接需要进行几次单道焊。

在对单道焊作业时间进行计算之前，有必要对组成整个工作的工作单元进行分类。工作单元 1、13 的时间是对应于一条焊缝的，即在用埋弧焊对一条焊缝进行多道焊时，这两个工作单元的完成时间必须平摊到每道焊缝上，或作为一个整体参与整条焊缝焊接工作完成时间的计算；工作单元 11、12 的时间与每天的焊丝消耗量有关，可根据焊丝消耗统计将之整体加于每天的工作时间内，其中装填焊丝盘可以通过适当的时间安排在焊机工作时完成；工作单元 14 的出现是随机的，但又与工人的技术水平有关，因此可根据数据统计，得到每天每人的意外中断次数，从而得到每天用于工作单元 14 的时间。这样，在每天的工作时间中扣除各种宽放，以及完成工作单元 11、12、14 所需的时间后，就是每天的净工作时间，它由其余工作单元构成的单焊缝作业时间组成。工作单元 1、13 的时间在一条焊缝中，不论这条焊缝由几层几道焊成，只进行一次。这两个工作单元可以在焊接过程中人空闲时完成，因此不会对单道焊作业时间值构成影响。

图 2-34 是改进后的单道焊缝工作程序图（工作单元代号同表 2-47），该图把工作单元进行重新组合，希望提高工作效率。焊前、焊后的表述都很清楚，结合表 2-48 中各工作单元详细操作的描述，不难理解这两部分的具体工作过程。焊中工作包含的内容多，既有周期性的，又有非周期性的。周期性工作包括 8、9、10 三个工作单元。工作单元 9 是每焊接一个轨道长度执行一次，即在埋弧焊机离开一块轨道后，立即进行本单元的工作；单元 8 是在每焊完约半个轨道长时进行一次，时间要求不是很严格，当埋弧焊机处于轨道长度整数倍时，工作单元 8 在工作单元 9 完成后进行；工作单元 10 每焊完 1.5 个轨道长度进行一次，安排在工作单元 8 之后。在非周期性工作中，工作单元 1、2 的耗时较短，完全可以保证在完成周期性工作的时间间隔中完成；工作单元 11、13 的工作耗时较长，如果在一个时间间隔内不能完成，可以将之分别分在两个时间间隔中完成，如果焊缝太短，没有足够时间间隔，则放在焊前完成；工作单元 12、14 不是每条焊缝埋弧焊作业的必然组成部分，只在有需要时停机进行，它对焊中时间安排无影响。

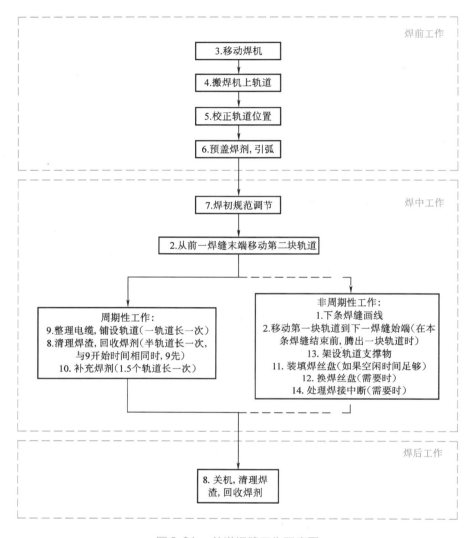

图 2-34　单道焊缝工作程序图

这样，焊前耗时 $T_{焊前}$ 为工作单元 3、4、5、6 时间值之和，即

$$T_{焊前} = 77.52\text{s} + 0.9 \left\lfloor \frac{d}{0.7} \right\rfloor \text{s} \tag{2-17}$$

设此焊缝长度为 l（m），规定的焊接速度为 v（cm/s），则焊中的耗时 $T_{焊中}$ 为

$$T_{焊中} = \frac{100l}{v} \tag{2-18}$$

焊后耗时 $T_{焊后}$ 为工作单元 8 的时间，即

$$T_{焊后} = 32.38\text{s} \tag{2-19}$$

所以，单道焊缝的作业时间 T 为

$$T = T_{焊前} + T_{焊中} + T_{焊后} = 109.9\text{s} + \frac{100l}{v} + 0.9 \left\lfloor \frac{d}{0.7} \right\rfloor \text{s} \tag{2-20}$$

2.5.6　工作效率的实例比较

在图 2-33 所举的例子中，焊缝一道焊成，因此单道焊作业时间就是单焊缝作业时间。焊缝长度 2.3m，焊机焊接时间 353s，因此，焊接速度为 0.652cm/s。如按图 2-34 所示的标准作业方式工作，其具体的人机作业安排如图 2-35 所示。

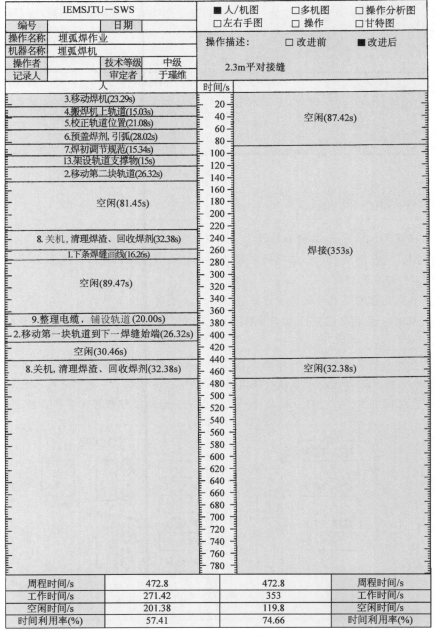

图 2-35　改进后 2.3m 埋弧焊作业人机作业图

从图2-35中可知，按标准作业方式工作，此焊缝的焊接作业周程时间为472.8s，焊机时间利用率为74.66%，整个过程有一人操作，工作时间为271.42s，时间利用率为57.41%。而原埋弧焊作业的周程时间为797s，焊机时间利用率为44.29%，两人操作，上手工作时间为242s，时间利用率为30.36%，下手工作时间为536s，时间利用率为67.25%。

从表2-51中可以看出，与原作业方法相比，改进后的标准作业方法在总周程时间上降低了40.68%，大大提高了生产效率；在人员配置上，定员由两个变成一个，总工作时间降低了65.11%，大幅度减少了实际工作量；人的时间利用率提高了89.10%；焊机时间利用率提高了68.57%，显著降低了每条焊缝摊付的设备成本。

表2-51　埋弧焊作业方法改进前后的效果对比

对比	周程时间/s	人的工作时间/s	人的时间利用率 （%）	焊机时间利用率 （%）
改进前	797	242（上手）	30.36（上手）	44.29
改进后	472.8	536（下手）	67.25（下手）	74.66
效果	降低了40.68%	降低了65.11%	提高了89.10%	提高了68.57%

思考与练习题

1. 如何理解工作研究是IE的基础技术？试说明它在IE应用的地位和作用。

2. 工作研究包括哪些内容？工作研究的两种分析技术是什么样的关系？试举一两个实际工作中应用工作研究的实例。

3. 方法研究包括哪些具体的分析方法？各种方法适用于什么样的应用环境？

4. 你认为运用方法研究解决实际问题的过程中，应如何更好地应用"5W1H"提问、ECRS改善原则？

5. 某汽车零部件生产厂家，将组装汽车内部用来连接电气零部件的电线，并将其制作成一个车用组合电线。现行设施布置以及物流路线如图2-36所示，作业相关内容见表2-52。要求：①绘出流程程序图，并进行分析改进；②绘出改进后的流程程序图并评价改进效果。

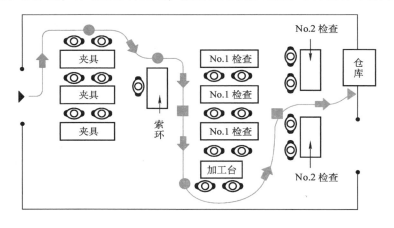

图2-36　现行设施布置以及物流路线图

表2-52 作业相关内容

序 号	作业名称	距离/m	时间/min
1	搬运组件	5	0.16
2	把电线装入夹具内,插入机架,用胶带缠好	—	30
3	移到嵌入索环台	3	0.18
4	嵌入索环	—	0.9
5	搬到No.1检验台	2	0.08
6	No.1检验	—	5
7	搬到加工台	2	0.12
8	组装	—	3
9	搬到No.2检验台	3	0.2
10	No.2检验	—	5
11	搬到仓库	5	0.25
12	保管	—	—

6. 某人开动两台滚齿机加工齿轮,加工过程为:进料0.4min;滚齿3min;退料0.2min。此两台滚齿机加工同一种零件,可自动加工并自动停机,试绘出此人机分析图,并分析是否可以改善?如果可以,请提出改善方法。

7. 假设桌子上放有一瓶啤酒、一个开瓶器和一只杯子。试以双手作业分析的方法记录并分析打开瓶子并把啤酒倒入杯中的整个过程。

8. 什么是联合作业分析?联合作业分析适用于什么样的环境?适用于解决哪一类问题?试根据你的理解提出某一应用实例。

9. 请运用动作要素分析的方法分析题7中打开瓶子并把啤酒倒入杯中的过程,并说明动作要素分析与双手作业分析的区别和联系。

10. 动作经济原则的本质是什么?你认为该如何应用?试指出您认为的日常生活与生产活动中,存在违反动作经济原则的事例,并提出改善方法。

11. 什么是作业测定?作业测定的目的及用途有哪些?

12. 作业测定有哪些基本方法?这些方法有何异同?在实际工作中应如何应用这些方法?

13. 什么是秒表时间研究?其制定标准时间的思路是什么?如何得到标准时间?

14. 什么是作业评比?常用的评比方法有哪些?试述各种方法确定评比系数的思路。

15. 什么是宽放时间?为什么要增加宽放时间?宽放时间有多少种?

16. 什么是工作抽样?工作抽样与秒表时间研究有何联系和区别?试从用途、特点等方面说明。

17. 在解决实际问题过程中,如何实施工作抽样?实施的关键是什么?

18. 某公司为满足日益扩大的市场需求,购进一台先进设备,为了解目前状况下的使用情况,决定运用工作抽样方法调查。经实地采样,得到设备的停机率为25%,取可靠度为95%,相对精度为±5%。试确定其观测次数。

19. 什么是预定时间标准法?它有什么特点及用途?

20. MOD 法有什么特点？它包括哪些动作？需要注意力的动作有几个？不太需要注意力的动作有几个？

21. 表 2-53 为一操作者装配螺栓的左、右手动作分析，操作中，双手各自独立装配相同的产品，且双手同时动作，试进行：

（1）综合分析。

（2）计算正常时间（1MOD = 0.129s）。

（3）如果宽放时间为正常时间的 15%，求标准时间。

表 2-53　装配螺栓的左、右手动作分析

序　号	动作说明	左　手	右　手	综合分析	MOD 值
1	取放橡皮垫圈	M3G3M3P2	M3G3M3P2		
2	取放平钢垫圈	M3G3M3P2	M3G3M3P2		
3	取放锁紧垫圈	M3G3M3P2	M3G3M3P2		
4	取放螺栓	M3G1M2P2	M3G1M2P2		
5	放装配件	M3P0	M3P0		

22. 什么是标准资料，什么是标准资料法？标准资料法有什么特点？

23. 标准资料法有什么用途？它有哪些表现形式？如何编制标准资料？

24. 什么是现场？什么是现场管理？企业现场管理的方法有哪些？

25. 5S 管理、目视管理、定置管理各自的含义是什么？它们之间有何联系与区别？请列表表述。

第3章
人因工程学

引导案例

2011年7月23日20时30分左右，我国北京至福州的D301次列车行驶至温州市双屿路段时，与杭州开往福州的D3115次列车追尾，导致D301次3列车厢侧翻，从高架桥上坠落，毁坏严重，4车厢悬挂桥上，D3115次列车2节车厢损毁严重，事故共造成40人死亡，200多人受伤。这就是"7·23"甬温线特别重大铁路交通事故。

事故发生后，国务院"7·23"甬温线特别重大铁路交通事故调查组经过详细调查，认定事故发生的原因主要涉及以下四个人因方面：①人员方面。上海铁路局有关作业人员安全意识不强，在设备故障发生后，未认真正确地履行职责，故障处置工作不得力，未能起到可能避免事故发生或减轻事故损失的作用。②机器设备方面。通信信号集团公司作为甬温线通信信号集成总承包商，其所属通信信号研究设计院在LKD2—T1型列控中心设备研发中管理混乱，履行职责不力，致使为甬温线温州南站提供的设备存在严重设计缺陷和重大安全隐患。③管理制度方面。铁道部在LKD2—T1型列控中心设备招投标、技术审查、上道使用等方面违规操作、把关不严，致使其在温州南站上道使用。④环境因素方面。发生事故的路段当时正在经历严重的雷电天气，雷击导致列控中心设备和轨道电路发生故障，错误地控制信号显示，使行车处于不安全状态。

为了避免类似造成重大损失的严重事故，必须坚持以人为本，着眼于防止人的失误，提高人的工作绩效，优化人—机器—环境系统的总体性能。因此，如何充分考虑人的能力和行为（生理的、心理的）特征，设计或改善机器和环境，完善管理规章制度，保证组织高效、安全、健康和舒适的运行，具有重要的现实意义。

本章首先讲述了人因工程学的起源与发展、研究内容以及研究方法，然后阐述了人因工程学应用的基础人体测量，接着引出了人因工程学在作业环境设计、作业空间设计、人机系统设计方面的应用原理和方法，最后以两个典型案例结束。

3.1 人因工程学概述

3.1.1 人因工程学的命名和定义

人因工程学（Human Factors Engineering）是研究人、机器及其工作环境三者之间相互关系的学科，是近几十年发展起来的一门边缘性应用学科。该学科在发展过程中有机地融合了生理学、心理学、医学、卫生学、人体测量学、劳动科学、系统工程学、社会学和管理学等学科的知识和成果，形成了自身的理论体系、研究方法、标准和规范，研究和应用范围广泛并具有综合性。因此，它具有现代各门新兴边缘学科共有的特点，如学科命名多样化、学科定义不统一、学科边界模糊、学科内容综合性强、学科应用范围广泛等。

该学科在美国被称为"Human Engineering"（人类工程学）或"Human Factors Engineering"（人的因素工程学）；西欧国家称其为"Ergonomics"（人类工效学）；日本称其为"人间工学"；我国除了在机械工程领域中普遍用人机工程学命名外，目前常用的名称还有：人体工程学、人类工效学、人因工程学、工程心理学、人的因素等。本书旨在强调重视人的因素的作用，故采用人因工程学这一名称。

与该学科的命名一样，不同国家或组织对该学科所下的定义也不尽相同。国际人类工效学学会（International Ergonomics Association，IEA）为该学科所下的定义是最权威、最全面的定义，即人因工程学是研究人在某种工作环境中的解剖学、生理学和心理学等方面的各种因素；研究人、机器及环境的相互作用；研究在工作中、生活中和休假时怎样统一考虑工作效率，人的健康、安全和舒适等问题的学科。

《中国企业管理百科全书》将其定义为：研究人和机器、环境的相互作用及其合理结合，使设计的机器和环境系统适合人的生理、心理等特征，达到在生产中提高效率，安全、健康和舒适的目的。

综上所述，人因工程学就是按照人的特性设计和改进人—机—环境系统的科学。人—机—环境系统是指由共处于同一时间和空间的人与其所操作的机器以及它们所处的周围环境所构成的系统，可简称为人—机系统。

3.1.2 人因工程学的起源与发展

人因工程学有"起源于欧洲，形成于美国"之说。英国是世界上开展人因工程学最早的国家，但该学科的奠基性工作实际上是在美国完成的。人因工程学的形成与发展大致经历了以下三个阶段：

1. 经验人因工程学

20世纪初，美国学者泰勒在传统管理方法的基础上，首创了新的管理方法和理论，并据此制定了一整套以提高工作效率为目的的操作方法，考虑了人使用的机器、工具、材料及作业环境的标准化问题。例如，他曾经研究过铲子的最佳形状、重量，以及如何减少由于动作不合理而引起的疲劳等。因此，人们认为他的科学管理方法和理论是后来人因工程学发展的基石。

从泰勒的科学管理方法和理论的形成到第二次世界大战之前，其间称为经验人因工程学的发展阶段。在这期间，研究者大多是心理学家。由于当时该学科的研究偏重于心理学方面，因而在这一阶段大都称为"应用实验心理学"。学科发展的主要特点是：机械设计的主要着眼点在于力学、电学、热力学等工程技术方面的原理设计上，在人—机关系上是以选择和培训操作者为主，使人适应于机器。

2. 科学人因工程学

人因工程学发展的第二阶段是第二次世界大战期间。在这个阶段中，由于战争的需要，许多国家大力发展效能高、威力大的新式武器和装备。但由于武器设计者片面注重新式武器和装备的功能研究，而忽视了其中"人的因素"，结果导致那些虽然经过严格选拔而且训练有素的操作者也经常会误读仪表，发生操作错误，使事故率大为增加。通过分析研究，人们逐步认识到，在人和武器的关系中，主要的限制因素不是武器而是人，并深深感到"人的因素"在设计中是不可忽视的一个重要条件；同时还认识到，要设计一个高效能的装备，只有工程技术知识是不够的，还必须有生理学、心理学、人体测量学、生物力学等方面的知识。因此，在第二次世界大战期间，首先在军事领域中开展了与设计相关学科的综合研究与应用。

20 世纪 50 年代末，本学科的综合研究与应用逐步从军事领域向非军事领域发展，并逐步应用军事领域中的研究成果来解决工业与工程设计中的问题，许多生理学家、工程技术专家投身到该学科中来，因而在这一阶段人因工程学大多被称为"工程心理学"。

在这一阶段人因工程学科发展的主要特点是：重视工业与工程设计中"人的因素"，力求使机器适应于人。

3. 现代人因工程学

20 世纪 60 年代以后，由于科学技术的进步，人因工程学获得了更多的发展机会。电子计算机的普及应用，工程系统的复杂化、自动化程度的不断提高，宇宙事业的空前繁荣，一系列新学科的迅速崛起，不仅为人因工程学提供了新的研究理论、方法和手段，同时也向人因工程学提出了新的要求，如核电站等重要系统的可靠性问题、计算机的人机界面问题、宇航系统的设计问题等，从而拓宽了人因工程学的研究和应用范围，促进了该学科的发展。同时，在科学研究领域中，由于控制论、信息论、系统论和人体科学等学科中新理论的建立，在人因工程学中应用"新三论"来进行人—机系统的研究便应运而生。从 20 世纪 60 年代至今，可以称它为现代人因工程学发展阶段。

现代人因工程学的研究方向是：把人—机—环境系统作为一个统一的整体来研究，以创造最适合人操作的机械设备和作业环境，使人—机—环境系统相协调，从而获得系统的最高综合效能。

英国于 1949 年成立了工效学研究协会，由工效学研究协会出版了《工效学》杂志。美国于 1957 年建立了人因工程学协会，并由 21 个部门组成了美国心理学家协会。为了加强国际交流，1960 年正式成立了 IEA，该学术组织为推动各国人因工程学的发展起了重大的作用。

该学科在我国起步虽晚，但发展迅速。中华人民共和国成立前仅有少数人从事工程心理学的研究，到 20 世纪 60 年代初，也只有在中国科学院、中国军事科学院等少数单位从事该学科中个别问题的研究，而且其研究范围仅局限于国防和军事领域。但是，这些研究却为我国人因工程学的发展奠定了基础。1989 年正式成立了本学科与 IEA 相应的国家一级学术组织——中国人类工效学学会（Chinese Ergonomics Society，CES）。

3.1.3 人因工程学的研究内容

人因工程学研究应包括理论和应用两个方面，但当今该学科研究的总趋势还是侧重于应用。虽然各国工业基础及学科发展程度不同，学科研究的主体方向及侧重点也不同，但根本研究方向都是通过揭示人—机—环境之间相互关系的规律，以达到确保人—机—环境系统总体的最优化。

对工业工程师来说，该学科研究的主要内容可概括为如下八个方面：

1. 人体特性的研究

其主要研究对象是在工业工程中与人体有关的问题。例如，人体形态特征参数、人的感知特性、人的反应特性以及人在劳动中的心理特性等。这些研究为人—机—环境系统的设计和改善，以及制定有关标准提供科学依据，使设计的工作系统及机器、作业、环境都更好地适应于人，创造高效、安全、健康和舒适的工作条件。

2. 人机系统的总体设计

人机系统工作效能的高低首先取决于它的总体设计。人机之所以能配合成功，主要是因为两者都有自己的特点，在系统中可以互补彼此的不足，如机器功率大、速度快等，而人具有智慧、多方面的才能和极强的适应能力。如果注意在分工中取长补短，则两者的结合就会卓有成效。显然，系统基本设计包括人与机器之间的分工，以及人与机器之间如何有效地交流信息等问题。

3. 研究人机界面设计

在人机系统中，人与机相互作用的过程，就是利用人机界面上的显示器与控制器，实现人与机的信息交换的过程。显示器是向人传递信息的装置，控制器则是接收人发出去的信息。显示器的研究包括视觉、听觉、触觉等各种类型显示器的设计，同时还要研究显示器的布置和组合问题，使其与人的感觉器官特性相适应。控制器设计研究包括操作装置的形状、大小、位置以及作用力等在人体解剖学、生物力学和心理学等方面的问题，使其与人的运动器官特性相适应。

4. 研究工作场所设计和改善

工作场所设计的合理性，对人的工作效率有直接影响，也是保护和有效利用人力资源、发挥人的潜能的需要。工作场所设计包括工作场所总体布置、工作台或操纵台与座椅设计、工作条件设计等。

5. 研究工作环境及其改善

任何人机系统都处于一定的环境中，因此人机系统的功能不得不受环境因素影响。作业环境包括一般工作环境，如照明、颜色、噪声、温度等，也包括高空、深水、地下及辐射等特殊工作环境。人因工程学主要研究在各种环境下人的生理、心理反应，及其对工作和生活的影响。研究控制改善和预防不良环境的措施，使之适应人的需求。

6. 研究作业方法及其改善

作业是人机关系的主要表现形式，也是人机系统的工作过程。只有通过作业才能产生系统的成果。人因工程学主要研究人从事体力作业、技能作业和脑力作业时的生理与心理反应、工作能力及信息处理特点；研究作业时合理的负荷及能量消耗、工作与休息制度等。

7. 研究系统的安全性和可靠性

人机系统已向高度精密、复杂和快速化发展。而这种系统的失效将可能产生重大损失和严重后果。人因工程学主要研究人为失误的特征和规律，以及人的可靠性和安全性，找出导致人为失误的各种因素，以改进人—机—环境系统，并通过主观和客观因素的相互补充和协调，克服不安全因素，搞好系统安全管理工作。

8. 研究组织与管理的效率

人—机—环境系统的研究应与组织、管理、文化和社会相适应。人因工程学要研究人的决策行为模式；研究如何改进生产或服务流程；研究使复杂的管理综合化、系统化，形成人与各种要素相互协调的信息流、物流等管理体系和方式；研究组织形式与组织界面，便于员工参与管理和决策，使员工行为与组织目标相适应。

3.1.4　人因工程学的研究方法

人因工程学的研究广泛采用了人体科学和生物科学等相关学科的研究方法及手段，也汲取了系统工程、控制理论、统计学等其他学科的研究方法。

目前采用的研究方法有以下七种：

1. 观察法

为了研究系统中人、机的工作状态，常采用各种各样的观察方法，如工人操作动作的分析，功能分析和工艺流程分析等都采用观察法。

2. 实测法

这是一种借助仪器设备进行实测的方法。例如，对人体静态与动态参数的测量，对人体生理参数的测量或者对系统参数、作业环境参数的测量等。

3. 实验法

这是当实测法受到限制时所采用的一种研究方法，一般是在实验室进行，也可在作业现场进行。例如，为了获得对各种不同显示仪表的认读速度和差错率的数据的实验，一般在实验室进行。

4. 模拟和模型试验法

它包括各种技术和装置的模拟，如操作训练模拟器、机械的模型以及各种人体模型等，该方法可对某些操作系统进行逼真的试验，且价格比真实系统便宜得多，所以获得较多的应用。

5. 计算机数值仿真法

这是指在计算机上利用系统的数学模型进行仿真性实验研究。研究者可对尚处于设计阶段的未来系统进行仿真，并就系统中的人、机、环境三要素的功能特点及其相互间的协调性进行分析，从而预知所设计产品的性能，并改进设计。

6. 分析法

这是在上述各种方法中获得一定的资料和数据后采用的一种研究方法。其中，包括瞬间操作分析法、知觉与运动信息分析法、动作负荷分析法、频率分析法、危象分析法、相关分析法等。

7. 调查研究法

人因工程学专家还采用各种调查研究方法来抽样分析操作者或使用者的意见和建议。这种方法包括初步访问、专门调查、非常精细的评分、心理学和生理学分析判断以及间接意见与建议分析等。

3.1.5 人因工程学的应用领域

人因工程学的应用涉及非常广泛的领域：可应用于工具、机械及设备的设计和运用，以及生产场所的环境改善；为了减轻作业负荷而对作业方式的改善和研究开发；为防止单调劳动而对作业进行合理的安排；为防止人的差错而设计的安全保障系统；为了提高产品的操作性能、舒适性及安全性，对整个系统的设计和改善等。表 3-1 为人因工程学的各个应用领域及示例。

表 3-1 人因工程学的应用领域及示例

应用领域	对 象	示 例
产品类	机械	机床、自行车、摩托车、汽车、火车、飞机、宇宙飞船、船舶、计算机、仪器仪表、医疗器械、家用电器等
	器具	通信工具、厨卫用具、办公用具等
	设备与设施	工厂、车间、监控中心、军事系统、机场、码头、车站、城市设施、住宅设施、场馆等
	服装	工作服、安全帽、工作靴等
作业类	作业条件、作业方法、作业量、作业姿势、工具选择与放置等	生产作业，服务作业，驾驶作业，检验作业，维修作业，计算机操作，体力作业，技能作业，脑力劳动，危险作业以及学习、训练、运动等活动
环境类	照明、颜色、噪声、微气候、空气污染等	工厂、车间、控制中心、计算室、操纵室、驾驶室、办公室、船舱、住宅、医院、学校、商店等
管理类	人与组织、设备、信息、技术、职能、模式等	业务流程再造、生产与服务过程优化、管理运作模式、决策行为模式、管理信息系统、计算机集成制造系统（CIMS）、程序与标准、人事制度、激励机制等

3.2 人体测量

人体测量学是研究通过各种精密的仪器和方法，测量人体各部位尺寸，以确定个体之间和群体之间在尺寸上的差别，为各种设计活动提供人体尺寸依据，其最终目的就是使人机系统中的人和机能够合理有效地匹配。

人体测量数据主要有两类：人体构造尺寸的测量数据和人体功能尺寸的测量数据。人体构造尺寸是指静态尺寸；人体功能尺寸是指动态尺寸，包括人在工作姿势下或在某种操作活动状态下测量的尺寸。例如，对于车辆驾驶室的设计，静态尺寸强调的是驾驶员与驾驶座位、方向盘、仪表等的物理距离；而动态尺寸强调的是驾驶员身体各部分的动作关系。

3.2.1　人体测量的主要统计参数

由于群体中个体与个体之间存在着差异，一般来说，某一个体的测量尺寸不能作为设计的依据。为使产品适合一个群体的使用，设计中需要的是一个群体的测量尺寸，然而，全面测量群体中每个个体的尺寸是不现实的。通常是通过测量群体中一定数量的个体尺寸，再经数据统计处理后便可获得较为精确的群体尺寸。

在人体测量中所得的数据值都是离散的随机变量，因而可根据概率论与数据统计理论对测量数据进行统计分析，从而获得所需群体的统计规律和特征参数。

1. 均值

表示样本的测量数据集中地趋向某一个值，称为平均值，简称均值。均值是描述测量数据位置特征的值，可用来衡量一定条件下的测量水平和概括地表示测量数据的集中情况。

对于有 n 个样本的测量值：x_1，x_2，$\cdots$，x_n，其均值为

$$\bar{x} = \frac{x_1 + x_2 + \cdots + x_n}{n} = \frac{1}{n}\sum_{i=1}^{n} x_i \tag{3-1}$$

2. 标准差

它表示一系列测量值对平均值的波动情况。标准差大，表明数据分散，远离平均值；标准差小，表明数据接近平均值。标准差可以衡量变量值的变异程度和离散程度，也可以概括地估计变量值的频数分布。

对于均值为 $\bar{x}$ 的 n 个样本测量值：x_1，x_2，$\cdots$，x_n，其标准差 S_D 的一般计算公式为

$$S_D = \left[\frac{1}{n-1}\left(\sum_{i=1}^{n} x_i^2 - n\bar{x}^2\right)\right]^{\frac{1}{2}} \tag{3-2}$$

3. 百分位数

百分位数表示设计的适应域。人体测量的数据常以百分位数 PK 作为一种位置指标，一个界值。一个百分位数将总体或样本的全部观测值分为两部分。第 K 个百分位数，意味着有 $K\%$ 的观测值等于和小于它，有 $(100-K)\%$ 的观测值大于它。例如，在设计中最常用的是 P5、P50、P95 三种百分位数。其中，第 5 百分位数是代表"小"身材，是指有 5% 的人群身材尺寸小于此值，而有 95% 的人群身材尺寸均大于此值；第 50 百分位数表示"中"身材，是指大于和小于此人群身材尺寸的各为 50%；第 95 百分位数代表"大"身材，是指有 95% 的人群身材尺寸均小于此值，而有 5% 的人群身材尺寸大于此值。

3.2.2　常用的人体测量数据

1. 我国成年人人体结构尺寸

GB/T 10000—1988《中国成年人人体尺寸》是 1989 年 7 月开始实施的我国成年人人体尺寸国家标准。该标准根据人因工程学要求提供了我国成年人人体尺寸的基础数据，它适用于工业产品设计、建筑设计、军事工业，以及工业的技术改造、设备更新和劳动安全保护等领域。

该标准共提供了七大类共 47 项人体尺寸基础数据，标准中的数据是代表从事工业生产的法定中国成年人（男 18 ~ 60 岁，女 18 ~ 55 岁）的人体尺寸，并按男女性别分开列表。

1）人体主要尺寸。该标准给出了身高、体重、上臂长、前臂长、大腿长、小腿长共 6 项人体主要尺寸数据。除体重外，其余 5 项主要尺寸的部位如图 3-1a 所示，表 3-2 为我国成年人人体主要尺寸。

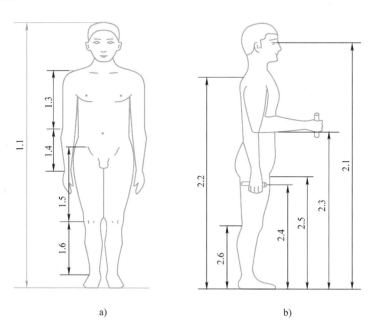

a)　　　　　　　　　　　b)

图 3-1　立姿人体尺寸

a）人体主要尺寸　b）立姿人体尺寸的部位

表 3-2　人体主要尺寸

| 测量项目 | 男（18~60岁） | | | | | | | 女（18~55岁） | | | | | | |
| | 百分位数 | | | | | | | 百分位数 | | | | | | |
	1	5	10	50	90	95	99	1	5	10	50	90	95	99
1.1 身高/mm	1543	1583	1604	1678	1754	1775	1814	1449	1484	1503	1570	1640	1659	1697
1.2 体重/kg	44	48	50	59	70	75	83	39	42	44	52	63	66	71
1.3 上臂长/mm	279	289	294	313	333	338	349	252	262	267	284	303	302	319
1.4 前臂长/mm	206	216	220	237	253	258	268	185	193	198	213	229	234	242
1.5 大腿长/mm	413	428	436	465	496	505	523	387	402	410	438	467	476	494
1.6 小腿长/mm	324	338	344	369	396	403	419	300	313	319	344	370	375	390

2）立姿人体尺寸。标准中提供的成年人立姿人体尺寸有：眼高、肩高、肘高、手功能高、会阴高、胫骨点高，这六项立姿人体尺寸的部位见图 3-1b。我国成年人立姿人体尺寸见表 3-3。

表 3-3　立姿人体尺寸

（单位：mm）

测量项目	男（18~60岁）							女（18~55岁）						
	百分位数							百分位数						
	1	5	10	50	90	95	99	1	5	10	50	90	95	99
2.1 眼高	1436	1474	1495	1568	1643	1664	1705	1337	1371	1388	1454	1522	1541	1579
2.2 肩高	1244	1281	1299	1367	1435	1455	1494	1166	1195	1211	1271	1333	1350	1385
2.3 肘高	925	954	968	1024	1079	1096	1128	873	899	913	960	1009	1023	1050
2.4 手功能高	656	680	693	741	787	801	828	630	650	662	704	746	757	778
2.5 会阴高	701	728	741	790	840	856	887	648	673	686	732	779	792	819
2.6 胫骨点高	394	409	417	444	472	481	498	363	377	384	410	437	444	459

3）坐姿人体尺寸。标准中的成年人坐姿人体尺寸包括：坐高、坐姿颈椎点高、坐姿眼高、坐姿肩高、坐姿肘高、坐姿大腿厚、坐姿膝高、小腿加足高、坐深、臀膝距、坐姿下肢长共 11 项，坐姿尺寸部位如图 3-2 所示。表 3-4 为我国成年人坐姿人体尺寸。

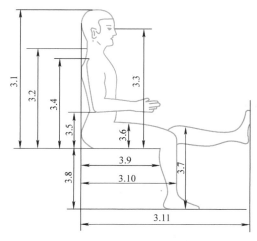

图 3-2　坐姿人体尺寸

表 3-4　坐姿人体尺寸

（单位：mm）

测量项目	男（18~60岁）							女（18~55岁）						
	百分位数							百分位数						
	1	5	10	50	90	95	99	1	5	10	50	90	95	99
3.1 坐高	836	858	870	908	947	958	979	789	809	819	855	891	901	920
3.2 坐姿颈椎点高	599	615	624	657	691	701	719	563	579	587	617	648	657	675
3.3 坐姿眼高	729	749	761	798	836	847	868	678	695	704	739	773	783	803
3.4 坐姿肩高	539	557	566	598	631	641	659	504	518	526	556	585	594	609
3.5 坐姿肘高	214	228	235	263	291	298	312	201	215	223	251	277	284	299
3.6 坐姿大腿厚	103	112	116	130	146	151	160	107	113	117	130	146	151	160

测量项目	男（18~60岁）							女（18~55岁）						
	百分位数							百分位数						
	1	5	10	50	90	95	99	1	5	10	50	90	95	99
3.7 坐姿膝高	441	456	461	493	523	532	549	410	424	431	458	485	493	507
3.8 小腿加足高	372	383	389	413	439	448	463	331	342	350	382	399	405	417
3.9 坐深	407	421	429	457	486	494	510	388	401	408	433	461	469	485
3.10 臀膝距	499	515	524	554	585	595	613	481	495	502	529	561	570	587
3.11 坐姿下肢长	892	921	937	992	1046	1063	1096	826	851	865	912	960	975	1005

4）其他一些人体尺寸标准。主要包括 GB/T 2428—1998《成年人头面部尺寸》、GB/T 16252—1996《成年人手部号型》、GB/T 23461—2009《成年男性头型三维尺寸》、GB/T 26158—2010《中国未成年人人体尺寸》、GB/T 26160—2010《中国未成年人头面部尺寸》、GB/T 13547—1992《工作空间人体尺寸》。

2. 人体测量数据的应用

只有熟悉人体测量基本知识之后，才能选择和利用各种人体数据，否则有的数据可能被误解，如果使用不当，还可能导致严重的设计错误。因此，当设计中涉及人体尺寸时，设计者必须熟悉数据测量定义、适用条件、百分位的选择等方面的知识，才能正确地利用有关的数据。国家标准 GB/T 12985—1991《在产品设计中应用人体尺寸百分位数的通则》对人体测量的数据给出了应用的原则。

（1）确定所设计产品的类型（见视频 3-1）

在涉及人体尺寸的产品设计中，设定产品功能尺寸的主要依据是人体尺寸百分位数，而人体尺寸百分位数的选用又与所设计产品的类型密切相关。在此，我们依据所设计的尺寸受限制的情况不同，把设计的产品分为三类：

视频 3-1 确定
设计产品的
类型的方法

1）双限值设计。这是指产品尺寸的上限值和下限值同时受到两个人体尺寸百分位数的限制。例如，进行汽车驾驶室的座椅设计时，为使身材高、矮的驾驶员都能方便地操纵方向盘，适宜地用脚踩踏加速踏板和制动踏板，并具有良好的视野，座椅的高低和椅背的前后必须能够调节。且以某高身材者（大百分位数）人体尺寸和某矮身材者（小百分位数）人体尺寸分别作为座椅尺寸范围限值设计的依据。

2）单限值设计。这是指只需要一个人体尺寸的百分位数作为产品尺寸的上限或下限值依据。它又分为两类：

一类是大尺寸设计，只需要一个人体尺寸百分位数作为产品尺寸上限值的依据。例如，设计床的长度和宽度、门的宽度和高度时，只需要考虑高身材者的需要，至于低身材者，其使用时必然不会发生问题。

另一类是小尺寸设计，只需要一个人体尺寸百分位数作为产品尺寸下限值的依据。例如，设计过街天桥护栏杆的间距、公共汽车上下车踏板的高度、阅览室上层书架的高度时，只要符合低身材者的要求，对高身材者就一定没问题。

3）平均尺寸设计，只需要第 50 百分位数作为产品尺寸设计的依据。例如，门把手的高度、电灯开关在墙壁上的高度等，就属于这类设计。

（2）确定产品的尺寸（见视频 3-2）

设计产品尺寸时，人体尺寸的百分位数只是作为一项基准值，它必须进行某些修正后才能作为产品的设计尺寸。修正量有两种：①功能修正量；②心理修正量。

功能修正量是指为了保证实现产品的某项功能（有用性）而对人体尺寸百分位数所做的修正量。增加功能修正量的原因有三种：①因为人体测量值均是在裸体或穿单薄内衣的条件下测得的，测量时不穿鞋，依据这些值进行产品设计时应考虑到由于穿鞋引起的高度变化量，穿衣引起的围度、厚度变化量；②因为人体测量值是在躯干挺直姿势的情况下测得的，而人在正常作业时，躯干采用自然放松的姿势，因此要考虑到由于姿势不同所引起的变化量；③其他为确保实现该产品功能所需的修正量。所有这些修正量的总和为功能修正量。

心理修正量是指为消除空间压抑感、恐惧感，或为追求美观等满足心理需要而做的修正量。例如，设计护栏高度，只要栏杆高度略高于人体重心就不会发生跌落事故。但对于较高的工作台，操作者在这样高度的护栏旁时，会因恐惧心理而感到手脚发软，患恐高症的人甚至会晕倒。因此对于较高的工作台，栏杆高度应进一步加高，才能克服心理失常的现象。

功能尺寸是指为保证产品实现某项功能所确定的基本尺寸。产品的功能尺寸又可分为两类：产品最小功能尺寸和产品最佳功能尺寸。

产品最小功能尺寸是指为确保产品实现某一功能，在设计时所允许的产品最小尺寸。例如，在设计坦克时，通常追求的是尽可能地把各项内尺寸规定得"最小"，但同时要确保乘员能以合适的姿势有效地进行各项作业活动。

产品最小功能尺寸 = 相应百分位数的人体尺寸 + 功能修正量

例如，在设计船舶最低的层高时，男子身高的第 90 百分位数是 1754mm，鞋跟高修正量为 25mm，高度最小余裕量为 90mm，所以

船舶最低的层高 = 1754mm +（25 + 90）mm = 1869mm

产品最佳功能尺寸是指为方便、舒适地实现产品的某项功能而设定的产品尺寸。人因工程学是以追求高效、安全、健康和舒适为目标，所以在客观上许可的前提下，就应考虑产品最佳尺寸。

产品最佳功能尺寸 = 相应百分位数的人体尺寸 + 功能修正量 + 心理修正量

例如，在船舶的最佳层高设计时，高度的心理修正量为 115mm，所以

船舶最佳层高 = 1754mm +（25 + 90）mm + 115mm = 1984mm

（3）人体测量的综合应用案例

1）公交车横杆设计案例见视频 3-3。

2）电影院前后排阶梯设计案例见视频 3-4。

3）车船上下铺高度设计案例见视频3-5。

视频3-3 公交车横杆设计案例　　视频3-4 电影院前后排阶梯设计案例　　视频3-5 车船上下铺高度设计案例

3.3 作业环境设计

3.3.1 微气候

微气候是指工作环境局部的空气温度（气温）、湿度、气流速度（风速）以及作业场所中的设备、原料、半成品或成品的热辐射，又称作业环境的气象条件。微气候直接影响工人的作业能力和机器的运行状态，不良的微气候条件不仅会增加作业者的劳动强度和疲劳感，还会影响作业者的健康甚至造成不安全，有时还会引起机器运行出错。

1. 影响微气候的要素（见视频3-6）

1）气温。空气的冷热程度称为气温。它是评价作业环境气候条件的主要指标，通常用干球温度计测定，这种温度计所指示的温度叫干球温度。气温的度量有三种：摄氏温标（℃）、华氏温标（℉）和热力学温标（K），三种温标的换算关系为

视频3-6 影响微气候的要素

$$t(\mathrm{K}) = 273 + t(℃)$$
$$t(℉) = \frac{9}{5}t(℃) + 32$$

我国一般采用摄氏温标（℃）。

作业环境中的气温除取决于大气温度外，还受太阳辐射和作业场所的热源（如各种冶炼炉、化学反应锅、被加热的物体、机器运转发热和人体散热等）影响。热源通过传导、对流使作业环境的空气加热，并通过辐射加热四周物体，形成第二热源，扩大了直接加热空气的面积，使气温升高。

2）湿度。空气的干湿程度称为湿度。作业环境的湿度以空气相对湿度表示。相对湿度在70%以上称为高湿度，低于30%称为低湿度。高湿度主要由于水分蒸发与释放蒸汽所致，如纺织、印染、造纸、制革、缫丝，以及潮湿的矿井、隧道等作业场所常为高湿度。在冬季的高温车间可能出现低湿度。

3）气流。气流主要是在温度差形成的热压力作用下产生的。在舒适温度范围内，当气流速度为0.15m/s时，人即可感到空气新鲜；如果气流速度太小，即使温度适宜，在室内也会有沉闷感，这种沉闷感在密封的空调房内就可感受到。

作业环境中的气流除受外界风力的影响外，主要与作业场所中的热源有关。

4）热辐射。热辐射主要对红外线及一部分可视光线而言。太阳及作业环境中的各种熔炉、开放的火焰、熔化的金属等热源均能产生大量热辐射。当周围的物体表面温度高于人体表面温度时，周围物体表面则向人体放射热辐射而使人体受热，称为正辐射；相反，当周围物体表面温度低于人体表面温度时，人体表面则向周围物体放射热辐射，称为负辐射。负辐射有利于人体散热，在防暑降温上有一定的意义。

2. 微气候对人的影响

微气候对人的生理有很大的影响，特别是在那种温度、湿度及空气对流异常的气候条件下，会对人产生很大的影响。此处主要介绍冷热气温环境对人体及工作的影响。

（1）高温作业环境对人的影响

一般具有下列条件之一的，即可认为是高温作业环境：

1）在有热源的作业场所，热源的散热率大于 $84kJ/(m^2 \cdot h)$。

2）在寒冷地区，工作地的气温超过32℃；而在炎热地区，工作地的气温超过35℃。

3）工作地的气温超过30℃，相对湿度超过80%。

操作者在高温条件下操作时，其健康在两种情况下易受到损害：一种是高温灼伤皮肤，特别是皮肤温度超过45℃时，这种伤害立即可见；另一种是使体温升高，称为过热。如果体温升高到42℃或更高则可能产生严重后果。若未能及时对突发的过热采取降温措施，常会导致操作者虚脱或突然死亡。

在高温条件下，操作者的知觉速度、准确度和反应能力均有不同程度的下降，具体表现为注意力不集中、烦躁不安、易于激动，对工作的满意感大为降低。当温度大致在 27~32℃ 范围时，肌肉用力的工作效率下降；当温度高达32℃以上时，需要注意力集中的工作以及精密工作的效率也开始下降。英国的研究资料表明，夏季装有通风设备的工厂，生产率较春秋降低3%；而缺少通风设备的同类工厂，生产率则降低13%。高温环境不仅使生产率下降，而且还会诱发事故。

（2）低温作业环境对人的影响

低温环境条件通常是指低于允许温度下限的气温条件。允许温度是指基本不影响人的工作效率、身心健康和安全的温度范围，一般为舒适温度（19~24℃）±（3~5℃）。

在低温条件下，皮肤毛细血管收缩，使人体散热减少，通过增强肌肉收缩使人体产热量增加。当产热量少于散热量时，人体热平衡遭到破坏，机体体温下降。此时，神经系统机能处于抑制状态。当体温下降至30℃以下时，可导致死亡。

低温对工作的影响，最为明显地表现在手部动作的准确性程度和灵活性程度都呈现下降趋势。实验表明，随温度的降低，操作的灵活性下降；在相同温度条件下，暴露时间越长，手的灵活性越差；当环境温度为7℃时，手工作业的效率仅为舒适温度时的80%。

3.3.2　照明

在人们认识和改造自然界的过程中，大约有80%的信息量是通过视觉器官所获得的，而视觉是由于物体所发出或反射的可见光进入人眼产生的。视觉获得信息的数量和质量，取决于视觉特性和照明条件。所以，照明条件是工作环境中的重要因素之一。

1. 光的物理性质

光的波动性理论认为，光是一种电磁波。电磁波的波谱范围极其广泛，其中人眼所能感受到的那部分电磁波长为380～780nm，这个范围的光叫可见光。在可见光中，不同波长所呈现的颜色各不相同。按照波长由大到小，相应的颜色依次为红、橙、黄、绿、青、蓝、紫。只含一种波长的光称为单色光，包含两种或两种以上波长的光称为复合光。例如，红色光为单色光，而太阳光为复合光。

2. 光的度量

1）光通量（Luminous Flux）。光通量是最基本的光度量，是用国际照明组织规定的标准人眼视觉特性（光谱光效率函数）来评价的辐射通量，单位为流明（lm）。利用光电管可测量光通量。

2）发光强度（Luminous Intensity）。光源在给定方向的发光强度，用在该方向的单位立体角内光源辐射出的光通量来表示，单位为坎德拉（cd），简称坎。

3）亮度（Luminance）。亮度是指发光面单位面积在给定方向上的发光强度，它用来表示发光面的明亮程度，单位是坎每平方米（cd/m^2）。发光面的亮度，只有当反射光刺激视网膜细胞，传到大脑视觉皮层时，才能被观察者所察觉，此时才产生亮度的概念。亮度的清晰程度即为视度。

4）照度（Illuminance）。照度是被照面单位面积上所接受的光通量，单位是勒克斯（lx）。照度可用照度计测量。

3. 工作环境照明的作用

工作场所的光环境，有天然采光和人工照明两种。利用自然界的天然光源形成工作场所光环境的称为天然采光，利用人工制造的光源构成工作场所光环境的称为人工照明。工作场所的合理采光与照明，对生产中的效率、安全和卫生都有重要意义。可观看视频3-7的调查统计案例了解照明对作业的影响。

视频3-7 照明对作业影响的调查统计案例

1）照明对生产率的影响。根据大量的改善照明环境而具有一定效果的定量数据和统计分析的结果来说明良好照明环境的作用，如图3-3所示。由图可知，良好的照明环境主要通过改善人的视觉条件（照明生理因素）和改善人的视觉环境（照明心理因素）来达到提高生产率的目的。

2）照明对安全的影响。良好的照明环境对降低事故发生率和保护工作人员的视力及安全有明显的效果。图3-4a表示的是改善照明和作业场所的粉刷而减少事故发生率的统计资料。从中可以看出，仅仅改善照明一项，现场事故率就降低了32%，全厂事故率降低了16.5%；若同时改善照明和粉刷，事故的减少就更为显著。图3-4b则说明良好的照明能使事故次数、出错件数和缺勤人数明显减少。

4. 工作环境照明的要求

照明的目的大致可以分为：以功能为主的明视照明和以舒适感为主的气氛照明。明视性对工作场所的照明而言虽然重要，但环境的舒适感也是非常重要的。前者与视觉工作对象的关系密切，而后者与环境舒适性的关系很大。为满足视觉工作和环境舒适性的需要，照明设计应考虑以下几项主要指标：

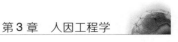

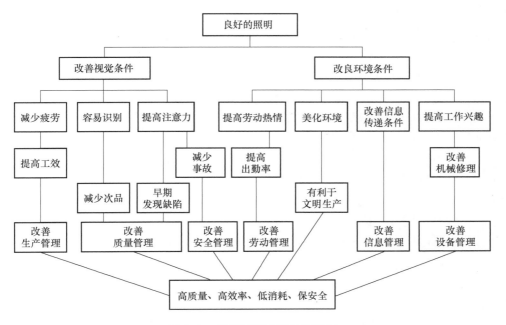

图 3-3　良好的照明环境的作用

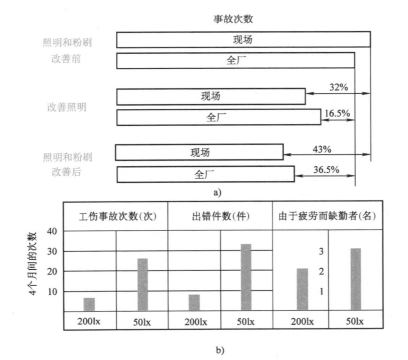

图 3-4　照明对安全的影响
a) 事故发生率　b) 事故次数等

（1）设计的基本原则

1）合理的照度平均水平，在同一环境中，亮度和照度不应过高或过低，也不要过于一致而产生单调感。

2）光线的方向和扩散要合理，避免产生干扰阴影，但可保留必要的阴影，使物体有立体感。

3）不让光线直接照射眼睛，避免产生眩光，而应让光源光线照射物体或物体的附近，只让反射光线进入眼睛。

4）光源光色要合理，光源光谱要有再现各种颜色的特性。

5）让照明和色相协调，营造舒适氛围。

6）创造理想的照明环境不能忽视经济条件的制约，因而必须要考虑成本。

（2）照明的照度与照度分布

照度是照明设计的数量指标，它表明被照面上光的强弱，照度的定义式为

$$E = \frac{\Phi}{S} \tag{3-3}$$

式中，E 为照度（lx）；Φ 为光通量（lm）；S 为被照物体表面面积（m^2）。

我国的照度标准是以最低照度值作为设计的标准值。标准规定，生产车间工作面上的最低照度值，不得低于表 3-5 中所规定的数值。

表 3-5　生产车间工作面上的最低照度值

识别对象的最小尺寸 d /mm	视觉工作分类 等　级	亮 度 对 比	最低照度/lx 混合照明	最低照度/lx 一般照明
$d \leqslant 0.15$	I	小 大	1500 1000	— —
$0.15 < d \leqslant 0.3$	II	小 大	750 500	200 150
$0.3 < d \leqslant 0.6$	III	小 大	500 300	150 100
$0.6 < d \leqslant 1.0$	IV	小 大	300 200	100 75
$1 < d \leqslant 2$	V	—	150	50
$2 < d \leqslant 5$	VI	—	—	30
$d > 5$	VII	—	—	20
一般观察生产过程	VIII	—	—	10
大件储存	IX	—	—	5
有自行发光材料的车间	X	—	—	30

注：1. 一般照明的最低照度是指距墙 1m（小面积房间为 0.5m）、距地 0.8m 的假定工作面上的最低照度。

　　2. 混合照明的最低照度是指实际工作面上的最低照度。

　　3. 一般照明是指单独使用的照明。

若照度标准值用 E_n 表示，则工作面上的最小照度 E_{min} 应满足下式：

$$E_{min} \geqslant E_n$$

由于视觉工作对象的正确布置及它如何变化通常难以预测，因而希望工作面照度分布相对比较均匀。在全部工作平面内，照度不必都一样，但变化必须平缓。若被照场所的最大照度为 E_{max}，最小照度为 E_{min}，平均照度为 $\overline{E}$，则应使照度的均匀度 Au 满足下式要求 Au $= \dfrac{E_{max} - \overline{E}}{\overline{E}} \leqslant \dfrac{1}{3}$ 或 Au $= \dfrac{\overline{E} - E_{min}}{\overline{E}} \leqslant \dfrac{1}{3}$。

可观看视频 3-8 的案例了解根据照度选择作业空间光源的方法。

（3）亮度分布

为了形成良好的明视和舒适的照明环境，需要适当的亮度分布。从工作方面看，亮度分布比较均匀的环境，使人感到愉快，动作变得活跃。如果只是工作面明亮而周围较暗时，动作变得稳定、缓慢。四周很昏暗时，在心理上会造成不愉快的感觉，容易引起视觉疲劳。但是亮度过于均匀也不必要，亮度有差异，就有反差存在。通常有足够的反差，容易分辨前后、深浅、高低和远近，这既有利于信息的正确评定，又能使工作环境协调，富有层次感和愉快感。

视频 3-8　根据
照度选择作业
空间光源案例

3.3.3　色彩

色彩在人类生产生活中起着极为重要的作用。生产生活中的环境色彩变化和刺激有助于操作者保持感情和心理平衡以及正常的知觉和意识，而对于生产中的机器、设备、各类工具和操作对象的恰当色彩设计则能使之外观美化，让操作者心情舒畅，视觉良好，有利于提高工作效率。

1. 色彩对生理的影响

色彩对人的生理影响主要是指对视觉器官生理机制的影响。研究证明，在其他条件相同的环境中，如果人视野中接受的是光谱中间的波长颜色，那么眼睛产生疲劳的速度与程度都会较低。这就是说，人最适宜的颜色是单绿色、黄绿色、浅黄色、蓝绿色、浅蓝色和白色。但是，无论色彩多么适宜，眼睛迟早会产生疲劳。可喜的是，从生理学角度看，人对某种颜色的色觉疲劳可以借助另一种颜色而延迟和减轻，这两种颜色的光存在这样的关系：它们以适当的比例相混合后能得到白色或灰色的无彩色光。在色彩混合定律中把这两种色光称为互补色，例如蓝色与黄色、红色与青色、绿色与紫红色等。

色彩的生理作用还表明，眼睛对不同的颜色具有不同的敏感性。例如，眼睛对黄色光比较敏感，所以黄色光常被用来作为警戒色，如车间内警告人们注意的器件、设备等适宜涂以黄色或黄黑相间的颜色。

2. 色彩对心理的影响

色彩对人的心理影响突出反映在感知觉与情绪这两个领域中。色彩对感知觉产生较强烈的影响，甚至会使人产生各种错觉与偏见，具体表现在以下几点：

1）对空间知觉的影响。不同的色彩会使人产生空间后退或前进的知觉。通常，人们把红、橙、黄等颜色称为暖色系，蓝、青、绿等颜色称为冷色系，黄绿色与紫色等称为中间色。由于暖色系及它们的中间色能使人感到距离近些，因此称这些颜色为前进色；而冷色系及它们的中间色能使人感到距离远些，则称这些颜色为后退色。前进色使人产生空间缩小的强烈感觉，仿佛空间向前移动；后退色使人产生空间扩大的强烈感觉，仿佛空间向后倒退。此外，明度高的色彩让人感到近些，明度低的色彩让人感到远些。例如，在黄昏时，汽车驾驶员就容易把车与路面行人之间的距离看成比实际的远，所以此时发生交通事故的可能性更大。

2）对重量知觉的影响。深浅不同的色彩会让人联想起轻重不同的物体。通常，浅色会使人联想到白云、棉花等轻质物体，深色则会使人联想到煤块、钢铁等重质的东西。决定色彩轻重感的主要因素是明度，明度越高显得越轻，明度越低显得越重。有人在一家企业进行这样的试验，让几组工人搬运一些重量相同，但颜色不同的箱子，让工人判断黑色、褐色、黄色、白色箱子的重量时，所有的工人都认为白色和黄色的箱子要比黑色和褐色的箱子轻些。

色彩对人的情绪和心境也具有感染作用，因而它可能对人的活动产生更大的影响。

1）对兴奋程度的影响。色彩能影响人的兴奋性水平，其影响程度与光谱顺序相关。光谱前端的红色、橙色、黄色称为强色，它们都具有刺激作用，能提高人的兴奋性水平；光谱中段的绿色、青色称为平衡色，它们与人的兴奋性水平相关程度低；光谱后面的蓝色、紫色称为弱色，具有抑制人的兴奋性水平使人安静的特性。根据这些特性，在选择工业装饰的色彩方案时，不应把光谱两端的色彩作为主导色彩。

2）色彩对心境的影响。有的颜色会使人产生愉快和舒畅的心境，有的颜色则会使人产生悲伤或忧郁的心境。这种心理效应是由于人们在长期日常生活和工作中形成的。例如，红色伴随着火与血，橙色与黄色伴随着太阳，浅蓝色伴随着晴朗的天空，绿色伴随着充满生机的原野……所有这些关联的不断出现，使人形成习惯，并由色彩而产生一系列联想。

3. 工作场所的色彩设计

既然色彩对人的生理、心理能产生如此的影响，就有必要对工作场所进行色彩设计，从而提高工作效率和作业人员的满意感。

1）布置一个舒适的工作环境。要根据工作特性配以相应的色彩。例如，高温车间用淡绿色或淡青色装饰有降温的效果；在高噪声和拥挤的环境中涂上绿色与天蓝色会令人宁静、安详；由于过于鲜明的色彩会令人倦怠，而深暗色又会使人有沉重、压抑之感，因此厂房、车间的主导色调要避免这两类色彩。

2）作为编码手段。因为颜色具有比文字简单、易于迅速识别的特点，所以在设计安全系统时，常常应用色彩作为编码手段。凡是禁止、停止、消防和有危险的器件或环境均应涂以红色标记作为警示信号。

3）调节照明。因为不同的颜色反射性能不相同，其中白色反射能力最强，所以大多数车间天花板及墙壁上部要用白色，使光线能得以充分反射；而墙壁下部则用反射系数小的色彩以减少眩光。

4）突出工艺特点。用色彩突出按钮、开关、加油点等关键点，会提高操作的效率。把功能相同或相近的一组设备涂成特定的色调，以及把某种颜色涂在工艺管道或煤气罐上，有利于突出工艺过程的特点。表3-6是一些管道的色彩标志。

表 3-6　一些管道的色彩标志

种类	水	汽	空气	氧	煤气	酸或碱	油	电气	真空
色彩	青	深红	白	蓝	黄	灰紫	深橙	浅橙	灰

5）安全色的典型设计案例（见视频3-9）

3.3.4　噪声

环境中起干扰作用的声音、人们感到吵闹的声音或不需要的声音，称为噪声。噪声的大小可以采用声压和声压级来衡量（见视频3-10）。作业环境的噪声不只限于杂乱无章的声音，也包括影响人们工作的车辆声、飞机声、机械撞击振动声、电动机声、邻室的高声谈笑声、琴声、歌声等。环境噪声可能妨碍工作者对听觉信息的感知，也可能造成生理或心理上的危害，因而将影响操作者的工作效能、舒适性或听觉器官的健康。

视频 3-9　安全色设计案例

视频 3-10　噪声的衡量

1. 噪声对人体的影响

（1）噪声对听觉的影响

1）听觉疲劳。人处于强噪声环境中，听觉敏感性降低，表现为听阈比原来提高 10～15dB，但在离开噪声环境几分钟后即可恢复，这种现象称为听觉适应，是人耳的一种保护性功能。这种听阈位移称为暂时听阈位移（TTS）。

噪声引起的听力疲劳不仅取决于噪声的声级，还取决于噪声的频谱组成。频谱越高，引起的疲劳程度越重。

2）噪声性耳聋。在强噪声的长期、反复刺激下，听阈提高后经一段时间仍不能恢复正常，就可能造成病理状态，引起内耳的退化性改变，成为噪声性耳聋，出现永久性的听阈位移（PTS）。

3）爆震噪声性耳聋。当人耳受到突然的、声级在 130dB 以上的特强音（如炸弹、放炮声）刺激时，由于鼓膜内外产生较大的压力差，导致鼓膜破裂、耳组织机构损坏，使人双耳完全失去听力，这种损伤称为声外伤，或称为爆震噪声性耳聋。

（2）噪声对心理的影响

噪声对心理的影响主要表现为烦恼。烦恼是每个人都会遇到的对来自外界的不需要的刺激所引起的烦躁、焦虑、讨厌、生气等不愉快的心理情绪。烦恼常常干扰正常的工作和生活，还会导致生理上的变化，如头痛、高血压等。

噪声引起的烦恼程度不仅与噪声本身的特征有关，而且还与听者的特征有关。前者是由于噪声本身的特征起作用的客观因素，后者是由于听者本身的特征起作用的主观因素。表3-7列出了噪声影响烦恼的主、客观因素。

表 3-7　噪声影响烦恼的主、客观因素

客 观 因 素	主 观 因 素
声压 频谱成分及其水平 频谱的复杂程度 持续时间 声压的波动 噪声的间歇时间	听者对噪声的过去体验 听者的活动性质 听者的个性 听者对噪声源的态度 噪声出现的时间、地点

2. 噪声对工作的影响

对于噪声对不同性质工作的影响，许多国家做过大量的研究。成果表明，噪声不但影响工作质量，同时也会影响工作效率。如果噪声级达到 70dB（A），则对各种工作产生的影响表现在以下八个方面：

1）通常将会影响工作者的注意力。

2）对于脑力劳动和需要高度技巧的体力劳动等工种，将会降低工作效率。

3）对于需要高度集中精力的工种，将会造成差错。

4）对于需要经过学习后才能从事的工种，将会降低工作质量。

5）对于不需要集中精力进行工作的情况，人将会对中等噪声级的环境产生适应性。

6）如果已对噪声适应，同时又要求保持原有的生产能力，将要消耗较多的精力，从而会加速疲劳。

7）对于非常单调的工作，处在中等噪声级的环境中，噪声就像一只闹钟，将可能产生有益的效果。

8）对能够遮蔽危险报警信号和交通运行信号的强噪声环境，还易引起事故。

因此，许多国家的标准在规定作业场所的最大允许噪声级时，对于需要高度集中精力的工作场所，均以 50dB（A）的稳态噪声级作为其上限。我国制定了 GB/T 50087—2013《工业企业噪声控制设计规范》来防止工业企业噪声的危害。

3. 噪声评价标准

噪声标准是噪声控制和保护环境的基本依据，控制标准分为三类：第一类是基于对作业者的听力保护提出的，以等效连续声级为指标；第二类是基于降低人们对环境噪声烦恼而提出的，以等效连续声级、统计声级为指标；第三类是基于改善工作条件、提高效率而提出的，以语言干扰声级为指标。表 3-8 列出了我国工业企业的噪声允许标准。

表 3-8　我国工业企业的噪声允许标准

每个工作日接触噪声 的时间/h	新建、改建企业的噪声 允许标准/［dB（A）］	现有企业暂时达不到标准时，允许放宽的 噪声标准/［dB（A）］
8	85	90
4	88	93
2	91	96
1	94	99
最高不得超过	115	115

作业空间设计

人与机器结合完成生产任务是在一定的作业空间进行的。人、机器设备、工装以及被加工物所占的空间称为作业空间。按作业空间包含的范围，可把它分为近身作业空间、个体作业场所和总体作业空间。

1）近身作业空间。这是指作业者在某一位置时，考虑身体的静态和动态尺寸，在坐姿或立姿状态下所能完成作业的空间范围。

2）个体作业场所。这是指操作者周围与作业有关的，包含设备因素在内的作业区域，如汽车驾驶室、计算机操作台（包括计算机、工作台与座椅等）。

3）总体作业空间。不同个体作业场所的布置构成了总体作业空间。总体作业空间不是直接的作业场所，它反映的是多个作业者或使用者之间作业的相互关系，如一个办公室或计算机房等。

作业空间设计，从大的范围来讲就是组织生产现场，把所需要的机器、设备和工具按照生产任务、工艺流程的特点和人的操作要求进行合理的空间布局，给人、物等确定最佳的流通路线和占有区域，提高系统总体可靠性和经济性。从小的范围来讲就是合理设计工作岗位，以保证作业者能够安全、舒适、高效地工作。

3.4.1　作业空间设计的人体尺度

在进行作业空间设计时，要根据生产特点和使用对象的不同，恰当地选择和应用人体测量学数据的研究资料，以使人正确地认知信息，方便地操纵机器和使用工具，可靠地进行作业，从而降低劳动负荷，提高工作质量。

1. 人体测量数据的运用

在作业空间设计时，人体测量数据的静态数据及动态尺寸都有其用处。下面列出人体测量数据运用的步骤：

1）确定对于设计至关重要的人体尺度（如座椅设计中的坐高、大腿长等）。

2）确定设计对象的使用群体，以决定必须考虑的尺度范围（如成年女性或男性及地域性群体差异等）。

3）确定数据运用原则。根据所设计的尺寸受限制的情况不同，运用人体测量学数据时，可按照双限值设计、单限值设计及平均尺寸设计三种方式进行设计。

4）数据运用原则确定后，还应选择合适的数据定位群体的百分位。

5）查找与定位群体特征相符合的人体测量数据表，选择有关的数据值。

6）设计作业空间时应考虑人的着装情况和动态作业的性质。

2. 人体视觉尺度

在空间设计中，尤其是作业空间的布局设计中，除了应满足人的操作范围要求外，人的视觉特性也是重要的因素之一。在作业中大多数信息是通过视觉来传递的，因此，眼睛的高度和视野所及的范围等视觉尺度，是作业空间设计中协调人机关系时必须考虑的重要问题。

（1）眼高

立姿眼高是从地面至眼睛的距离。在一般工业人口中，眼高的范围约为147～175cm。坐姿眼高是从座位面至眼睛的距离，其范围约为66～79cm。两组数值均为正常衣着和身体姿势状态。这些尺寸是目视工作必须适应的眼高范围。

（2）视野

视野也称为视场，是指头部和眼睛在规定的条件下，人眼所能觉察到的水平面与铅垂面内所有的空间范围。

在水平内的视野是双眼视区大约在左右60°以内的区域，在这个区域里还包括文字和颜色的辨别范围。辨别字的视线角度为10°～20°，分辨字母的视线角度为5°～30°，在各自视线范围以外，字和字母变得模糊，趋于消失；对于特定颜色的辨别，视线角度为30°～60°。最敏锐的视力是在标准视线两侧1°的范围内。

在垂直平面的视野是：以标准视线水平为0°基准。则最大视区为视平线以上60°及视平线以下70°。颜色辨别界限为视平线以上30°，视平线以下40°。实际上，人的自然视线是低于标准视线的。一般状态下，站立时自然视线低于水平线40°，坐着时低于水平线15°；在站姿松弛时，自然视线偏离标准线30°，在坐姿松弛时，自然视线偏离标准线38°。最佳观看展示物的视区在低于标准线30°的区域里。

作业者在操作过程中，其视野范围内不仅有操作对象，而且还有四周的作业环境，作业者在注视操作对象的时候，很容易受到环境的影响。所以，实际视力范围小于上面说的标准范围。在空间设计时，要充分考虑眼睛的适应性。

（3）主要视力范围

视力是眼睛分辨物体细微结构能力的一个生理尺度。正常人的视力范围比视野要小些。因为视力范围是指能迅速、清晰地看清目标细节的范围，所以视力只是视野的一部分。根据对物体视觉的清晰度，一般把视野分为三个主要视力范围区。

1）中心视力范围。人们通常所说的视力是指视网膜中心窝处的视力，又称中心视力。中心视力范围为1.5°～3°，其特点是对该区内的事物的视觉最为清晰。

2）瞬间视力范围。该范围的视角为18°，特点是通过眼球的转动，在有限的时间内就能获得该区内物体的清晰形象。

3）有效视力范围。该范围的视角为30°，特点是利用头部和眼球的转动，在该区内注视物体时，必须集中注意力才能获得足够清晰的视觉。

有时，对被观察物体并不要求获得十分细致的清晰程度，所以注意力不必集中，视力也不紧张。此外，视力范围与被观察的目标距离有关。目标在560mm处最为适宜，低于380mm时会发生目眩，超过760mm时，细节看不清楚。

3．工作体位

作业时体位正确，可以减少静态疲劳，有利于提高工作效率和工作质量。因此，在作业空间设计时，应保证在正常作业时，作业者具有舒适、方便和安全的姿势。

（1）坐姿

坐姿是指身躯伸直或稍向前倾角10°～15°，大腿平放，小腿一般垂直于地面或稍向前倾斜着地，身体处于舒适状态的体位。

坐姿作业具有以下特点：脚蹬范围广，能正确操作。

人体最合理的作业姿势就是坐姿。对于以下作业应采用坐姿作业：精细而准确的作业；持续时间较长的作业；施力较小的作业；需要手、足并用的作业。

（2）立姿

立姿通常是指人站立时上体前屈小于30°时所保持的姿势。立姿作业的特点如下：

1）立姿作业的优点：可活动的空间增大；需经常改变体位的作业，立姿比频繁起坐消耗能量少；手的力量增大，即人体能输出较大的操作力；减少作业空间，在没有座位的场所，以及显示器、控制器配置在墙壁上的情况，立姿较好。

2）立姿作业的缺点：不易进行精确和细致的作业；不易转换操作；立姿时肌肉要做出更大的功来支持体重，容易引起疲劳；长期站立容易引起下肢静脉曲张等。

对于需要经常改变体位的作业；工作地的控制装置布置分散，需要手、足活动幅度较大的作业；在没有足够容膝空间的机器设备旁作业；用力较大的作业；单调的作业：应采用立姿。

（3）坐、立交替

某些作业不要求作业者始终保持立姿或坐姿，在作业的一定阶段，需交换姿势完成操作。这种作业姿势称为坐、立交替的作业姿势。采用这种作业姿势既可以避免由于长期立姿操作而引起的疲劳，又可以在较大的区域内活动以完成作业，同时稳定的坐姿可以帮助作业者完成一些较精细的作业。

3.4.2 不同作业姿势的作业空间设计

由于工业生产中的工作任务和工作性质不同，在人机系统中人的作业姿势也不相同。由于作业姿势的不同，其作业空间设计具有不同特点。国家技术监督局制定了 GB/T 14776—1993《工作岗位尺寸设计原则及其数值》来指导不同作业姿势下的作业空间设计。

1. 坐姿作业空间设计

坐姿作业是为从事轻作业、中作业且不要求作业者在作业过程中走动的工作而设计的作业姿势。坐姿作业空间设计主要包括工作面、作业范围、座椅及人体活动余隙等的尺寸设计。

（1）工作面

坐姿工作面高度主要由人体参数和作业性质等因素决定。从人体力学角度来看，作业者小臂接近水平或稍微向下倾斜放在工作面上而上臂自然下垂是最适宜的操作姿势。所以，一般把工作面高度设计在肘部以下 50～100mm。具体的工作面高度还要根据作业性质适当调整。例如，精密装配作业、书写作业等的作业面应设计得高一点，一般高于肘部50～150mm，因为从事这类作业时，往往要使操作对象放在较近的视距范围内，便于观察。而从事负荷较重时的工作面高度应低于正常位置 50～100mm，以免手部负重，易于臂部施力。

工作面的宽度根据作业功能而定。若仅供靠肘用，最小宽度为 100mm，最佳宽度为200mm；若仅供写字用，最小宽度为 305mm，最佳宽度为 400mm。为保证大腿容隙，工作面板的厚度一般不超过50mm。

（2）作业范围

作业范围是指作业者以站姿或坐姿进行作业时，手和脚在水平面和垂直面内所触及的最大轨迹范围。作业范围可分为水平作业范围、垂直作业范围和立体作业范围。

1）水平作业范围。水平作业范围是指人坐在工作台前，在水平面上方便地移动手臂所形成的轨迹。它包括正常作业范围和最大作业范围。正常作业范围是将上臂自然下垂，以肘关节为中心，前臂和手能自由达到的区域；最大作业范围是指手臂向外伸直，以肩关节为中心，上肢伸直在台面上运动所形成的轨迹。图3-5是美国的拉尔夫·巴恩斯（Ralph M. Barnes）于1949年根据测得的数值定出的平面作业范围。而斯夸尔斯（P. C. Squires）认为，在前臂由里侧向外侧做回转运动时，肘部位置发生了一定的相随运动，此时手指伸及点组成的轨迹不是圆弧而是近似于扁长外摆线的特殊曲线。

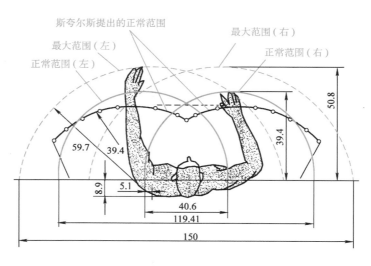

图3-5　平面作业范围　（单位：mm）

在正常作业范围内，作业者能够舒适愉快地工作。在最大作业范围内，静力负荷较大，长时间在此范围内操作，容易使人产生疲劳。根据手臂的活动范围，可以确定坐姿作业空间的平面尺寸。按照能使95%的人满意的原则，应将常使用的控制器、工具放在正常作业范围之内；将不常用的控制器放在正常作业范围和最大作用范围之间；将特殊的易引起危害的装置布置在最大作业范围之外。

2）垂直作业范围。从垂直平面看，人体手臂最合适的作业区域是一个近似梯形的区域。

3）立体作业范围。立体作业范围是指将水平和垂直作业范围结合在一起的三维空间。舒适的空间作业范围一般介于肩与肘之间的空间范围内。

（3）容膝、容脚空间

在设计坐姿用工作台时，必须根据脚可达到区域在工作台下部布置容膝、容脚的空间，以保证作业者在作业过程中，腿脚都能有方便的姿势。表3-9给出了坐姿作业时的最小和最佳容膝空间尺寸，设计时可做参考。

表 3-9　容膝空间尺寸

尺 寸 部 位	最小尺寸/mm	最大尺寸/mm
容膝孔宽度	510	1000
容膝孔高度	640	680
容膝孔深度	460	660
大腿空隙	200	240
容腿孔深度	660	1000

（4）椅面高度以及活动余隙

坐姿作业离不开座椅，因此设计坐姿作业空间要考虑座椅所需的空间及其人体活动需要改变座椅位置等余隙要求。

1）座椅的椅面高度一般略低于小腿加足高长度，以便使全部脚掌着地支撑下肢重量，并有利于下肢移动，减少臀部压力，避免椅子前沿压迫大腿。

2）座椅放置空间的深度距离（台面边缘到固定壁面的距离）至少应在 810mm 以上，以便作业者起身与坐下时移动椅子。

3）座椅的扶手至侧面固定壁面的距离应大于 610mm，以利于作业者自由地伸展手臂等活动。

视频 3-11 是一个座椅设计的案例。

（5）脚作业空间

与手相比，脚操作力较大，但精确度较差，且脚的作业范围较小，脚操作一般限于踏板类装置。正常的脚作业空间位于身体前侧、座高以下区域，其舒适作业空间取决于身体尺寸与动作的性质。

视频 3-11　座椅设计案例

2. 立姿作业空间设计

立姿作业空间设计主要包括工作面、作业范围和工作活动余隙等的设计。

（1）工作面

立姿工作面高度不仅与作业人员的身高有关，而且还与作业时施力的大小、视力要求和操作范围等诸多因素有关。实际设计中，既可设计成适合不同身高的作业中需求的高度可调的工作台，也可以按立姿肘高尺寸的第 95 百分位数来设计，然后通过调整脚垫的高度来调整作业者的肘高。图 3-6 给出了立姿时从事高精细作业、轻作业和重作业的工作面高度设计的一般尺寸（图中尺寸以平均肘关节高度尺寸为参考数据进行调整）。工作面的宽度根据实际需要而定。

（2）作业范围

立姿作业的水平作业范围与坐姿时相同，垂直面作业范围要比坐姿时大一些，其中也分为正常作业范围和最大作业范围，同时有正面和侧面之分。最大可及范围是以肩关节为中心，臂的长度为半径（720mm，包括手长）所画的圆弧；最大可抓取的作业范围是以 600mm 为半径所画的圆弧。正常或舒适作业范围是以 300mm 左右为半径所画的圆弧。当身体向前倾斜时，半径可增大至 400mm。垂直作业范围是设计控制台、配电板、驾驶盘和确定控制位置的基础。

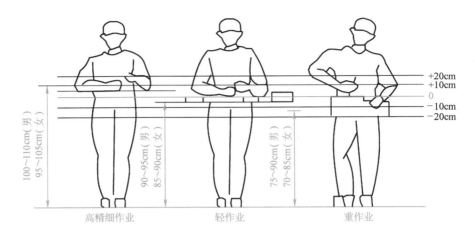

图 3-6　立姿作业的工作台高度推荐值

（3）工作活动余隙

立姿作业时，作业者的活动性比较大。为了保证作业者操作自由、行动舒展，必须使站立位置有一定的工作活动余隙。一般应满足如下要求：

1）站立用空间（作业者身前工作台边缘至身后墙壁之间的距离）应大于 760mm，最好在 910mm 以上。

2）身体通过的宽度（身体左右两侧间距）应大于 510mm，最好在 810mm 以上。

3）身体通过的深度（在局部位置侧身通过的前后间距）应大于 330mm，最好在 380mm 以上。

4）行走空间宽度（供两脚行走的凹进或凸出的平整地面宽度）应大于 305mm，最好在 380mm 以上。

5）容膝容脚空间。立姿作业提供了容膝容脚空间，可以使作业者站在工作台前能够屈膝和向前伸脚。容膝空间最好在 200mm 以上，容脚空间最好在 150mm×150mm 以上。

6）过头顶余隙（地面至顶板的距离）。作业者头顶隙过小，心理上就产生压迫感，影响作业的耐久性和准确性。过头顶余隙应大于 2030mm，最好在 2100mm 以上，在此高度下不应有任何构件通过。

3. 坐立交替作业空间设计

为了克服坐姿、立姿作业的缺点，在工作岗位上经常采用坐立交替作业的方式。这种作业方式能使作业者在工作中变化体位，从而避免由于身体长时间处于一种体位而引起的肌肉疲劳。

坐立交替作业空间的设计特点是：工作台高度既适合立姿作业又适合坐姿作业，这时工作台高度应按立姿作业设计；为了使工作台高度适合坐姿操作，需要提高座椅高度，该高度恰好使作业者半坐在椅面上，一条腿刚好落地为宜；由于坐立交替作业空间的特殊性，座椅应设计得高度可调，并可移动，椅面设计略小些；为了防止坐姿操作时两腿悬空而压迫静脉血管，一般在座椅前设置搁脚板。图 3-7 给出了坐立交替作业空间设计。

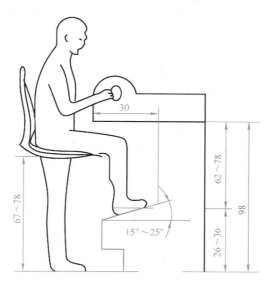

图 3-7　坐立交替作业空间设计 （单位：cm）

3.4.3　工作场所性质与作业空间设计

作业空间设计不仅包括与人体密切接触的空间设计，而且还包括周围工作环境的设计。只有设计较好的工作场所，才能使人—机—环境协调一致，满足工作任务所提出的要求。

1. 主要工作岗位的空间尺寸

（1）工作间

为了使作业者在工作时行动自如，避免产生心理障碍和身体损伤，要求工作地面积大于 $8m^2$，每个作业者的活动面积应大于 $1.5m^2$，宽度大于 $1m$。每个作业者的最佳活动面积为 $4m^2$。对于长时间在工作间工作的作业者来说，应有一个基本的空间要求。坐姿工作人员，应大于 $12m^3$；不以坐姿为主的人员，应大于 $15m^3$；对重体力劳动者而言，应保证在 $18m^3$ 以上。

（2）机器设备与设施间的布局尺寸

多台机器协同作业时，机器设备与设施间要保证足够的空间距离，其设计尺寸可参照表 3-10。此外，高于 $2m$ 的运输线路需要有牢固的防护罩。

表 3-10　机器设备与设施间的布局尺寸

（单位：m）

间　距	设备类型		
	小　型	中　型	大　型
加工设备间距	≥0.7	≥1.0	≥2.0
设备与墙、柱间距	≥0.7	≥0.8	≥0.9
操作空间	≥0.6	≥0.7	≥1.1

（3）办公室管理岗位和设计工作岗位

在集体办公情况下，每名管理人员占用的最小面积为 $5m^2$，空间为 $15m^3$，最低高度为 $3m$。设计人员的最小活动面积为 $6m^2$（不包括绘图桌），空间为 $20m^3$，最低高度为 $3m$。从心理学角度考虑，还应避免桌子面对面排列或顺序排列。

2. 辅助性工作场地的空间设计

（1）出入口

封闭的工作区首先要有供人员和车辆日常通行的常规出入口。出入口的位置应保证畅通无阻，避免意外堵塞，其大小视具体使用情况而定。一般供人员进出的出入口应大于 $2100mm \times 8100mm$，出入口一般应避免采用门槛，除非有特殊的使用要求而非用不可。

（2）通道和走廊

生产区域经常设有一条或几条主要通道和走廊，其中有主通道和辅助通道。在设计这些通道和走廊的高度、宽度和位置时，应充分考虑该区域预定的人流和物流的流动方向、高峰负荷量及该区域的出入口数量和尺寸。设计通道和走廊应遵循以下原则：

1）通道和走廊应避免死角，在安排机器设备的工作场所，通道拐角周围要保证视线良好，能看到周边情况。

2）用流程图等图示形式标示通道的结构。

3）在地面、墙壁、顶棚等处设置导向标志。

4）通道内避免人员随意挪动设备，避免无意中合闸等不安全的活动。

5）保证通道畅通，避免生产设备伸进通道。

6）尽量设计双向通道，避免设计单向通道。

（3）楼梯、梯子和斜坡道

楼梯和梯子是作业过程中重要的设施，许多工伤事故都是由于操作者从楼梯或梯子上摔下来造成的。好的楼梯或梯子设计是生产安全的有利保证。设计楼梯、梯子和斜坡道应遵循以下原则：

1）楼梯。楼梯的坡度应设计为 $30° \sim 35°$。坡度在 $20°$ 以下应设计为坡道，$50°$ 以上应使用梯子。具体的设计参数见表3-11。

表3-11 楼梯的设计参数

坡　　度	抬步高度/cm	踏脚板深度/cm
30°	16	28
35°	18	26
40°	20	24
45°	22	22
50°	24	20

为防止在楼梯上滑跌，踏板设计应设计防滑面。一般采用金属条、硬橡胶、合成材料或特殊的涂料等，既可防滑，又可增加上下楼梯人员的稳定性。

2）梯子。常用的梯子有移动式和固定式两种。固定的梯子一般设计有扶手，称为登梯，其坡度为 50°~70°；移动的梯子一般可折叠，使用时应使其坡度大于 70°。梯子的坡度决定其抬步高度和踏板深度，坡度越大，踏脚板深度越小，而抬步高度越大。

3）斜坡道。斜坡道是在作业区域中连接两个不同高度作业面的地面通道，经常用来装卸货物之用。斜坡道的设计要考虑人的力量和安全性，一般对于手推车和货运车，坡度不超过 15°，无动力时设计坡道要平缓些。斜坡道也要设计防滑表面，并在两边安装扶手，搬运设备还要设计制动装置。

（4）平台和护栏

1）平台。在生产中经常需要将作业人员升至设备的最佳操作距离之内进行作业，这时就需要围绕工作区域或在工作区域相关部分之间建立连续工作面，这种工作面就是平台。平台的设计要求负荷要大于实际的负荷，并与相邻工作设备表面的高度差小于 50mm，平台的尺寸应大于 910mm×700mm，空间高度大于 1800mm，此外，还要在平台面板四周装踢脚板，高度应大于 150mm。

2）护栏。当作业者的工作平台高于地面 200mm 时，或为保证作业者远离危险部位时，都应设计合理的护栏以保证工作者的安全。护栏的扶手高度应根据第 95 百分位数的人体重心高度来设计，数值应大于 1050mm，护栏可采用网状结构。

3.5.1　人机系统概述

1. 人机系统的定义

人机系统是由相互作用、相互依存的人和机器两个子系统构成，且能完成特定目标的一个整体系统。人机系统中的人是指机器的操作者或使用者，机器泛指人所操纵或使用的各种机器、设备、工具等。人机系统是通过人的感觉器官和运动器官，与机器相互作用、相互依存来完成某一特定生产过程的。例如，人骑自行车、人操纵机床、人驾驶汽车、人使用手机、人使用计算机等都属于人机系统的范畴。在人机系统中，人在操作过程中，机器通过显示器将信息传递给人的感觉器官（如眼睛、耳朵等），经中枢神经系统对信息进行处理后，再指挥运动系统（如手、脚等）操纵控制器，改变机器所处的状态。因此，从广义来讲，人机系统又称人—机—环境系统。

人因工程学的最大特点是把人、机、环境看作一个系统的三个要素，在深入研究三要素各自性能和特征的基础上，着重强调从全系统的总体性能出发，并运用系统论、控制论和优化论三大基础理论，使系统三要素形成最佳组合的优化系统。

2. 人机系统的类型

（1）按系统自动化程度分类

1）人工操作系统。这类系统包括人和一些辅助机械及手工工具。它由人提供作业动力，并作为生产过程的控制者，如钳工锉削、木工手工锯木、铸造中的手工造型等，如图 3-8a 所示，人直接把输入转变为输出。

2）半自动化系统。这类系统由人来控制具有动力的机器设备，人也可能为系统提供少量的动力，对系统进行某些调整或简单操作。在闭环系统中反馈的信息，经人的处理成为进一步操纵机器的依据，这样不断地反复调整，保证人机系统得以正常运行，如图3-8b所示。凡是人操纵具有动力的设备均属于这种系统，如操纵各种机床加工零件、驾驶汽车等。

3）自动化系统。这类系统中信息的接受、储存、处理和执行等工作，全部由机器完成，人只起管理和监督作用，如图3-8c所示，系统的能源从外部获得，人的具体功能是启动、制动、编程、维修和调试等。为了安全运行，系统必须对可能产生的意外情况设有预报及应急处理的功能。

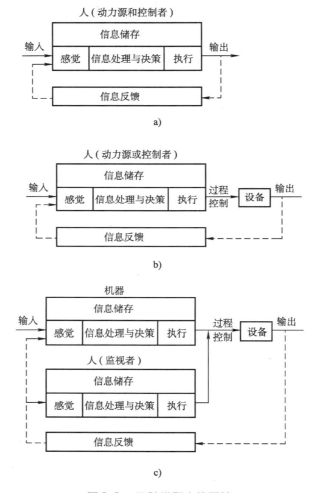

图3-8 三种类型人机系统

a）人工操作系统 b）半自动化系统 c）自动化系统

（2）按人机结合方式分类

1）人机串联。在人机串联系统中，人机连环串接，人与机任何一方停止活动或发生故障，都会使整个系统中断工作，如图3-9a所示。人、机的特性相互增强、相互干扰。人必须与机器相互作用才能输出，人工操作系统及部分半自动化系统中一般采用这种结合方式。

2）人机并联。人机并联结合方式如图 3-9b 所示。人、机两者可以相互取代，具有较高的可靠性。作业时人间接介入工作系统，人的作用以监视、管理为主，手工作业为辅。这种结合方式，人与机的功能相互补充，自动化系统中多采用这种人机结合方式。当系统运行正常时，机器自动运转，人只起监视和遥控作用；当系统运行异常时，机器由自动变为手动，人机结合方式由并联变为串联。

3）人与机串、并联混合。人与机串、并联混合方式如图 3-9c 所示。这种结合方式多种多样，实际上都是人机串联和人机并联的两种方式的结合，往往同时兼有这两种方式的基本特性，如一个人同时监管多台前后顺序且自动化水平较高的机床，一个人监管流水线上多个工位等。

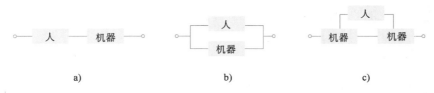

图 3-9　人与机的结合方式

a）人机串联　b）人机并联　c）人与机串、并联混合

3. 人机系统的目标

由于人机系统构成复杂、形式繁多、功能各异，所以无法一一列举具体人机系统的设计方法。但是，结构、形式、功能均不相同的各种各样的人机系统设计，其总体目标都是一致的。因此，研究人机系统的总体设计就具有重要的意义。

在人机系统设计时，必须考虑系统的目标，也就是系统设计的目的所在。由图 3-10 可知，人机系统的总体目标也就是人因工程学所追求的优化目标，因此，在人机系统总体设计时，需要满足安全、高效、舒适、健康和经济五个指标的总体优化。

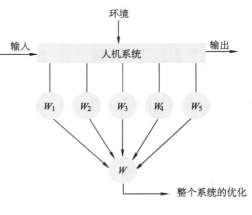

图 3-10　人机系统的总体目标

3.5.2　人机系统设计程序

1. 人机系统设计的内容

一般来说，人机系统设计的程序包括如下八个方面：

1）了解整个系统的必要条件。例如，系统的任务、目标，系统使用的一般环境条件，以及对系统的机动性要求等。

2）调查系统的外部环境。例如，构成系统执行障碍的外部大气环境，外部环境的检验或监测装置等。

3）了解系统内部环境的设计要求。例如，了解采光、照明、噪声、振动、温度、湿度、粉尘、气体、辐射等作业环境，以及操作空间等要求，并从中分析构成执行障碍的内部环境。

4）进行系统分析。例如，利用人因工程学知识对系统的组成、人机联系、作业活动方式等内容进行方案分析。

5）分析构成系统各要素的机能特性及其制约条件。

6）优化人与机的整体配合关系。例如，分析人与机之间作业的合理分工，人机共同作业时互相适应程度等配合关系。

7）确定人、机、环境各要素。

8）利用人因工程学标准对系统的方案进行评价。例如，选定合适的评价方法，对系统的可靠性、安全性、高效性、完整性及经济性等方面做出综合评价，以确定方案是否可行。

2. 人机系统开发的步骤

按人因工程学要求，在人机系统开发的全过程中，均应有人因工程学专家参与，而且在不同的开发阶段，所参与的工作是不同的。人机系统的开发步骤见表3-12。

表3-12　人机系统的开发步骤

系统开发阶段	各阶段的主要内容	人机系统设计应注意的事项	人因工程学专家的设计事例
明确系统的重要事项	确定目标	主要人员的要求和制约条件	对主要人员的特性、训练等有关问题的调查和预测
	确定使命	系统使用的制约条件和环境的制约条件，组成系统中人员的数量和质量	对安全性和舒适性有关条件的检验
	明确适用条件	能够确保的主要人员的数量和质量，能够得到的训练设备	预测对精神、动机的影响
系统分析和系统规划	详细划分系统的主要事项	详细划分系统的主要事项及其性能	设想系统的性能
	分析系统的功能	对各项设想进行比较	实施系统的轮廓及其分布图
	系统构思的发展（对可能的构思进行分析评价）	系统的功能分配；与设计有关的必要条件，与人员有关的必要条件；功能分析；主要人员的配备与训练方案的制定	对人机功能分配和系统功能的各种方案进行比较研究，对各种性能的作业进行分析，调查决定必要的信息显示与控制的种类
	选择最佳设想和必要的设计条件	人机系统的试验评价设想，与其他专家组进行权衡	根据功能分配，预测所需人员的数量和质量，以及训练计划和设备；提出试验评价的方法；设想与其他子系统的关系和准备采取的决策

（续）

系统开发阶段	各阶段的主要内容	人机系统设计应注意的事项	人因工程学专家的设计事例
系统设计	预备设计	设计时应考虑与人有关的因素	准备适用的人因工程数据
	设计细则	设计细则与人的作业的关系	提出人因工程设计标准，关于信息与控制必要性的研究与实现方法的选择与开发，研究作业性能，居住性研究
	具体设计	在系统的最终构成阶段，协调人机系统；详细分析研究操作和保养；设计适应性高的机器；人所处空间的安排	参与系统设计最终方案的确定；最后决定人机之间的功能分配；使人在作业过程中，信息、联络、行动能够迅速、准确地进行；考虑安全性；防止热情下降的措施；显示装置、控制装置的选择和设计；控制面板的配置；提高维修性对策；空间设计、人员和机器的配置；决定照明、温度、噪声等环境条件和保护措施
	人员的培养计划	人员的指导训练和配备计划与其他专家小组的折中方案	决定使用说明书的内容和式样，决定系统的运行和保养所需人员的数量和质量，训练计划的开展和器材的配置
系统的试验和评价	规划阶段的评价；模型制作阶段原型、最终模型的缺陷诊断和修改建议	人因工程学试验评价；根据试验数据的分析，修改设计	设计图样阶段的评价；模型或操纵训练用模拟装置的人机关系评价；确定评价标准（试验法、数据种类、分析法等）；对安全性、舒适性、工作热情的影响评价；机械设计的变动，使用程序的变动，人的作业内容变动，人员素质的提高，训练方法的改善，对系统规划的反馈
生产	生产	以上几项为准	以上几项为准
使用	使用、保养	以上几项为准	以上几项为准

3.5.3　人机系统设计要点

人机系统的显著特点是对系统中人、机和环境三个组成要素，不单纯追求某一个要素的最优，而是在总体上、系统级的最高层次上正确地解决好人机功能分配、人机关系匹配和人机界面合理三个基本问题，以求得满足系统总体目标的优化方案。因此，应该掌握总体设计的要点。

1. 人机功能分配

在人机系统中，充分发挥人与机器各自的特长，互补所短，以达到人机系统整体的最佳效率与总体功能。这是人机系统设计的基础，称为人机功能分配。

人机功能分配必须建立在对人和机器特性充分分析比较的基础上，见表 3-13。一般地说，指令程序编制、系统监控、维修排除故障、设计、创造、辨认、调整，以及应付突然事件等工作应由人承担。速度快、精度高、规律性、长时间的重复操作与高阶运算，以及危险和笨重等方面的工作则应由机器来承担。

表 3-13 人与机器的特性比较

能力种类	人的特性	机器的特性
物理方面的功率（能）	10s 内能输出 1.5kW，以 0.15kW 的输出能连续工作 1 天，并能做精细的调整	能输出极大的和极小的功率，但不能像人手那样进行精细的调整
计算能力	计算速度慢，常出差错，但能巧妙地修正错误	计算速度快，能够正确地进行计算，但不会修正错误
记忆容量	能够实现大容量的、长时间的记忆，并能实现同时和几个对象联系	能进行大容量的数据记忆和取出
反应时间	最小值 200ms	反应时间可达微秒级
通道	只能单通道	能够进行多通道的复杂动作
监控	难以监控偶然发生的事件	监控能力强
操作内容	超精密重复操作时易出差错，可靠性较低	能够连续进行超精密的重复操作和按程序常规操作，可靠性较高
手指的能力	能够进行非常细致而灵活快速的动作	只能进行特定的工作
图形识别	图形识别能力强	图形识别能力弱
预测能力	对事物的发展能做出相应的预测	预测能力有很大的局限性
经验性	能够从经验中发现规律性的东西，并能根据经验进行修正总结	不能自动归纳经验
创造能力	具有创造能力，能够对各种问题具有全新的、完全不同的见解，具有发现特殊原理或关键措施的能力	完全没有自发的创造能力，但可以在程序功能的范围内进行一定的创造性工作
随机应变能力	有随机应变能力	无随机应变能力
高噪声特性	在高噪声的环境下能够检出需要的信号	在高噪声的环境下很难正确无误地接收信号
多样性	能够通过直觉从许多目标中找出真正的目标	只能发现特定的目标
适应性	能够处理完全出乎意料的事件，如设备功能出现异常或周围环境异常时，均能想出应付的方法	只能处理既定的事件
耐久性、可维修性和持续性	需要适当的休息、休养、保健、娱乐，否则很难长时间保持紧张状态，不适合从事刺激性小、重复、单调乏味的作业	根据成本而定。设计合理的机器对议定的作业有良好的耐久性，需要适当的维修保养，能可靠地完成单调、重复性的作业
归纳能力	能够从特定的情况推出一般的结论，即具有归纳思维能力	只能理解特定的事物
学习能力	具有很强的学习能力，能阅读和接受口头指令，灵活性很强	学习能力较低，灵活性差

（续）

能力种类	人的特性	机器的特性
视觉	视觉范围有一定的限制，可感受波长380～780nm的可见光，能够识别物体的位置、色彩和物体的移动	能够在视觉范围以外用红外线和电磁波工作
环境条件	环境条件要求舒适，但对特定的环境能很快适应	可耐恶劣的环境，能在放射性、尘埃、有毒气体、噪声、黑暗、强风大雨等条件下工作
成本	除工资外，还需要有福利和对家庭的照顾；如果万一发生灾害事故，可能丧失生命	购置费、运转费和保养费，机器万一不能使用，也只失去机器本身的价值

在人机系统设计中，对人和机器进行功能分配，主要考虑的是系统的效能、可靠性和成本。功能分配也称为划定人机界限，通常应考虑如下几点：

1）人与机器的性能、负荷能力、潜力及局限性。

2）人进行规定操作所需的训练时间和精力限度。

3）对异常情况的适应性和反应能力的人机对比。

4）人的个体差异的统计。

5）机器代替人的效果和成本等。

人机功能分配的结果形成了由人、机共同作用而实现的人机系统功能。在现代，人机系统的功能包括信息接收、储存、处理、反馈、输入、输出及执行等。

2. 人机关系匹配

在复杂的人机系统中，人是一个子系统，为使人机系统总体效能最优，必须使机器设备与操作者之间达到最佳的配合，即达到最佳的人机关系匹配。人机关系匹配包括显示器与人的信息通道特性的匹配，控制器与人体运动特性的匹配，显示器与控制器之间的匹配，作业环境与操作者适应性的匹配，人、机、环境因素与作业之间的匹配等。

随着信息技术的不断发展，将会使人机配合、人机对话进入新的阶段，使人机系统形成一种新的组成形式：人与智能机的结合、人类智能与人工智能的结合、人与机械的结合，从而使人在人机系统中处于新的主导地位。

3. 人机界面设计

人机界面设计，必须解决好两个主要问题，即人控制机器和人接受信息。前者主要是指控制器要适合于人的操作，应考虑人进行操作时的空间与控制器的配置。例如，采用坐姿脚动的控制器，其配置必须考虑脚的最佳活动空间；而采用手动控制器，则必须考虑手的最佳活动空间。后者主要是指显示器的配置如何与控制器相匹配，使人在操作时观察方便，判断迅速、准确。

人机界面设计主要是指显示器、控制器，以及它们之间关系的设计。作业空间设计、作业分析等也是人机界面设计的内容。

3.5.4 人机系统的评价

所谓评价，一般是指按照明确目标测定对象的属性，并把它变成主观效用（满足主体要求的程序）的行为，即明确价值的过程。对人机系统设计进行评价，就是查明设计方案对于预定目标的"价值"及"效用"。因此，进行评价时，要从明确目标开始，通过评价目标导出评价要素，并对其功能、特性和效果等属性进行科学测定，最后由测定者根据给定的评价标准和主观判断把测定结果变成价值，作为决策者的参考。

1. 人机系统评价方法

人机系统的评价方法通常分为三类：实验法、模拟装置法和实际运行测定法。它们各自的优缺点及用途见表3-14。

表3-14　人机系统各种评价方法的优缺点及用途

评价方法	优　点	缺　点	用　途
实验法	正确性——非常好 彻底性——现象的把握和记录确切 再现性——在大体上相同或完全相同的实验条件下能再现 控制性——可限定实验条件，也可限定实验范围 弹性——实验因素可作各种组合，各因素的水平可变化 解析性——由于以上的特点，可把握住因果关系 问题的探索——可判定问题的焦点，能较早得到初步的概念 费用——一般来说费用较便宜	人为性——与实际情况相比较，实验室的作业条件是人为的 不完全性——在很多场合下，不能再现人的不安、应激、异常环境和辅助条件等	实验室方法最适合剖析科学现象，能用公式表示结论。用这种方法也能求得特殊问题的特殊解答
模拟装置法	真实性——能在实际的或逼真的装置上进行真实的作业 交互作用研究——能较真实地对操作顺序、训练与任务的协调、人机之间的干扰等进行研究 诊断——能有效地模拟系统特有的问题	特殊性——因为模拟装置是为特定目的设计的，所以不能在很宽的范围内改变变量，难以得出一般性的结论	模拟装置适合在计划初期时做人机系统的研究，以谋求系统的最佳化。这时，就可做各种各样的设计修改。采用模拟装置能预测实际的作业
实际运行测定法	真实性——在实际运行状态下观察到的行动，其真实性高。在被试者不知正在进行着实验的情况下，能得到非常有用的数据	设定条件的限制——难以设定控制的要素与偶然性要素两者相容的条件 缺少再现性——不能重复设定环境条件和实验条件 复杂性——由于以上的原因，作业测定的结果受其他因素的影响。在很多场合，数据混淆、歪曲，仅采用这样的数据来预测是有危险的	在确认系统可否使用时，实际运行测定法是有效的。此法更适用于检验，因为在实际运行时马上可发现设计上的差别

2. 校核表评价法

校核表评价法也称为检查表法，是一个较为普遍的初步定性的评价方法。该方法既可用于系统评价，也可用于单元评价。

（1）校核表编制方法

应根据评价对象和要求，有针对性地编制检查表，要求尽可能系统和详细。具体要求如下：

1）从"人、机、环境"要求出发，利用系统工程方法和人因工程的原理编制，将系统划分成单元，便于集中分析问题。

2）以各种规范、规定和标准等为依据。

3）要充分收集有关资料、市场信息和同类或类似产品的情报。

4）由人因工程技术人员、生产技术人员和有经验的操作人员共同编制。

5）检查表的格式有提问式、叙述式和打分式。表3-15是提问式检查表的格式。

表3-15 提问式检查表

单元名称	检查项目内容	回答		备注
		是	否	

（2）系统分析检查表

系统分析检查表是指对整个人机系统（包括人、机、环境）进行检查。由于篇幅所限，这里仅介绍其中几个主要部分的检查内容，供评价时参考。

1）信息显示。对信息显示的要求如下：

① 作业操作能得到充分的信息指示吗？

② 信息数量是否合适？

③ 作业面的亮度能否满足视觉的判断对象，以及进行作业要求的必要照明标准？

④ 警报指示装置是否配置在引人注意的地方？

⑤ 仪表控制台上的事故信号灯是否位于操作者的视野中心？

⑥ 标志记号是否简洁、意思明确？

⑦ 信号和显示装置的种类、数量是否符合信息的特性？

⑧ 仪表的安排是否符合按用途分组的要求？

⑨ 最重要的仪表是否布置在最有利的视区内？

⑩ 显示仪表与控制装置在位置上对应关系如何？

2）操纵装置。对操纵装置的要求如下：

① 操纵装置是否设置在手易达到的范围内？

② 需要进行快而准确的操纵动作是否用手操作？

③ 操纵装置是否按不同功能和不同系统分组？

④ 不同的操纵装置在形状、大小、颜色上是否有区别？

⑤ 操作极快、使用频繁的操纵装置是否用按钮？

⑥ 按钮的表面大小、揿压深度和表面形状是否合理？

⑦ 手控操纵机构的形状、大小是否与施力大小相符合？

⑧ 从生理上考虑，施力大小是否合理？是否有静态施力状态？

⑨ 脚踏板是否必要？是否坐姿操作脚踏板？

⑩ 显示装置与操纵装置是否按使用顺序原则、使用频率原则和重要性原则安排？

3）作业空间。对作业空间的要求如下：

① 作业地点的空间是否足够宽敞？

② 仪表及操纵机构的布置是否便于操作者采取方便的工作姿势？

③ 如果是坐姿工作，是否有放脚的空间？

④ 从工作位置和到眼睛的距离来考虑，工作面的高度是否合适？

⑤ 机器、显示装置、操纵装置和工具的布置是否能保证人的最佳视觉条件、最佳听觉条件和最佳触觉条件？

⑥ 是否按机器的功能和操作顺序安排？

⑦ 设备布置是否考虑进入作业姿势及退出作业姿势的充分空间？

⑧ 设备布置是否注意安全和交通问题？

⑨ 大型仪表板的位置能否满足作业人员操纵仪表、巡视仪表和在控制台前操作的空间尺寸？

⑩ 危险作业点是否留有足够的退避空间？

4）环境要素。对环境要素的要求如下：

① 作业区的环境温度是否适宜？

② 全区照明与局部照明之比是否适当？是否有产生眩光的可能？

③ 作业区的湿度是否适宜？

④ 作业区的粉尘怎样？

⑤ 作业区的通风条件怎样？

⑥ 噪声是否超过卫生标准？采用的措施是否有效？

⑦ 作业区是否有放射性物质？采用的措施是否有效？

⑧ 电磁波的辐射量怎样？是否有防护措施？

⑨ 是否有出现可燃、有毒气体的可能？监测装置是否符合要求？

⑩ 原材料、半成品、工具及边角废料置放是否可靠？

⑪ 是否有刺眼或不协调的颜色存在？

3.6.1 残疾人士的无障碍设计——厨房设计

无障碍设计的目的是为行动不便的人士设置各种便利设施，消除人为环境中不利于行动不便者的各种障碍，使社会全体成员共享社会发展的成果。在这种无障碍设计中应充分考虑到设计的人因问题。

所谓设计的人因问题，就是依据人因工程学理论，在产品设计过程中把人、机、环境三个因素有机结合起来，使产品更加符合人的生理、心理特点，把人作为设计的主要考虑因素。

下面就从残疾人士的无障碍设计——厨房设计来说明。

在英国伦敦的一次比较"健全主妇"与"有残疾的主妇"在厨房中操作活动的研究中得出如下结论：在一个标准的厨房活动日中，能行动的残疾主妇在厨房中各部位往来的次数，比健全主妇往来的总次数要少得多，两者比例是 84∶144。但每两个工作部位之间，两类主妇往返次数之比是相似的。

从上面的研究可以得知，在厨房的设计研究中也可以以健全人的操作活动作为参考。通过观察轮椅使用者在厨房中的操作，并参考健全人的情况，发现在厨房中最频繁的活动是在冲洗池与炊具之间，其中以把盛水的锅或水壶放到炉架上的次数为最多，从食物储藏处到冲洗池或餐桌之间的活动量是大致相当的。

厨房是储存食物、用具，准备及烹饪食物的地方。从许多人因研究所累积的结果可归纳出六项厨房设计的基本原则：

1）操作台、水槽和炉具在一条直线上或形成一个小的工作三角形，可缩短工作的流程。

2）食物准备的过程如下：从冰箱或橱柜中取出食物，在水槽旁的工作面上混合或处理，然后在炉具上烹饪，因此厨房的设计要使工作更为顺畅，该路线不应被其他人的动线所打断，以免干扰。

3）工作区域不要被橱柜或电器用品及其他设备的门所干扰，可以采用推拉门。

4）物品应储放在近处、取用方便的地方，以缩短动线。

5）操作台面的高度，应在肘部的高度或稍低，有助于手及视线的控制，并在下部要提供轮椅的容脚或是容膝空间。

6）物品储放的高度，应低于或等于眼睛的高度，以方便手的触及和眼睛的观察。

对于乘坐轮椅者，其使用的洗涤池高度应以轮椅的扶手能够插入水池的下部，而水又不会顺手流向肘的高度为准，所以水池的台板要薄、池子要浅些。这样就可以有较好的容膝空间。当这样还解决不了问题时，建议采用图 3-11 中形状的洗涤池，来化解矛盾，即借鉴美发店洗头池的设计，将洗脸池前部边缘凹下去一部分，用于手的放置。这样既降低了高度，达到与肘部相平或低于肘部的舒适高度，又不妨碍容膝空间的设计。

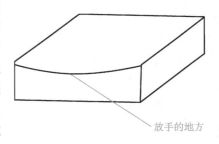

图 3-11　洗涤池台面示意图

对于视障者使用的厨房，一方面，要进行操作流程的合理设计；另一方面，也要结合他们固有的生活习惯和操作顺序，将设备安装在容易摸到的地方，保证其能顺利地应用。要保证视障者能安全地使用各种设施，各用具布置在高度上要避开可能给视障者造成危险隐患的空间范围，保障环境安全。尤其是电器及插座开关等设施，为了保证触摸的安全，与视障者接触的用电设备的外壳必须采用绝缘材料并要加装有一定的防护装置，同时保证要接地。要注重利用其他感觉通道的补偿作用，在产品设计中显示足够的标识信息，帮助人们迅速分辨事物的功能。在按键的设计上采用大型的、高对比度的、带有凹凸纹案等人们熟悉的并有着一定联想的设计形式，让使用者通过触摸能够分辨出控制按钮的不同功能。另外，激活这些按钮的力不应超过一定的限度。

炉灶应放在案台的上面，控制开关正好在案台前面。应选用带有形态触觉标志的控制开关和带有几种不同燃烧程度声响的控制开关以及在炉具点燃后也发出声响的厨具，这样可以向视障者提示烧煮的程度和炉子的位置，通过听觉和触觉的共同作用提高视障者使用的安全性。同时，在炉灶部位还要有安全的防火措施。

为视障者设计人性化用碗：为了防止视障者吃饭时看不见碗而碰翻，碗的材料宜采用硬质无毒塑料，抗摔、抗碰且较安全；同时在普通碗的基础上加一个有吸附性的底座，减少碗被碰翻的概率，这种吸附性的底座也可以用于其他类厨具。

借此喻彼，其实所有的产品在设计时只要多做一些人性化的考虑，就会给人们的生活带来更大的便利。

3.6.2 头部的测量以及头盔设计

1. 头部测量与数据分析

（1）确定头部的测量参数

1）测量项目选择。确定人体头部尺寸的测量项目，包括：头全高、头矢状弧、头冠状弧、头最大宽、头最大长、头围以及形态面长。

2）测量对象选择。根据有关资料表明，人到15～16岁头骨将停止发育，20岁以后头骨将不再长大，所以，选择了20岁左右的大学生作为测量对象。

3）测量对象地域分布。由于我国地域辽阔，不同地区间人体尺寸差异较大，GB 10000—1988《中国成年人人体尺寸》将我国成年人人体尺寸划分为六个区域：①东北、华北区；②西北区；③东南区；④华中区；⑤华南区；⑥西南区。

本案例一共选择了53名大学生进行测量，所取对象数量均匀分布在每个地区，保证每个地区人数为4个及以上。

4）测量对象性别的考虑。考虑性别可能对人头部形状大小产生影响，所以测量的53名同学中，包括30名男生和23名女生。

（2）测量方法说明

头部各测量项目如图3-12所示。

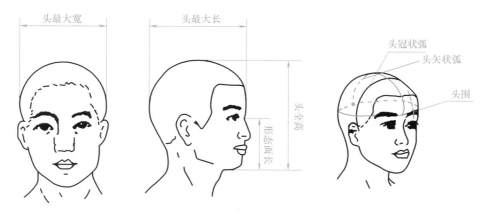

图 3-12　头部各测量项目

（3）基本测量数据

通过调查 53 名大学生，其中包括 30 名男生和 23 名女生，进行包括头全高、头矢状弧、头冠状弧、头最大宽、头最大长、头围和形态面长这七个头部特征值的测量，得到基本的测量数据见表 3-16。

表 3-16　53 名大学生的人体头部尺寸表

编号	基 本 信 息					测量项目/cm						
	性别	年龄	身高/cm	体重/kg	所属地区	头全高	头矢状弧	头冠状弧	头最大宽	头最大长	头围	形态面长
1	女	20	157	49	四川	20.4	33.0	34.0	14.9	17.2	56.5	10.1
2	女	20	160	49	贵州	20.7	32.0	32.0	14.5	17.4	55.0	8.8
3	女	21	163	49	上海	22.2	30.0	34.0	15.4	17.3	56.0	12.0
4	女	21	164	59	山东	22.0	35.0	33.0	14.9	18.6	59.2	11.5
5	女	21	169	58	陕西	21.9	31.0	34.5	16.4	17.3	57.6	10.1
6	女	20	162	50	山西	21.0	32.5	29.0	14.5	17.8	55.0	10.1
7	女	20	160	50	湖北	21.8	34.0	33.0	14.9	17.6	58.0	9.3
8	女	20	165	50	湖北	21.4	34.0	32.0	15.1	17.7	58.6	10.4
9	女	21	165	42	黑龙江	21.8	32.0	32.0	15.9	16.1	56.5	10.0
10	女	21	164	56	湖北	21.8	35.0	30.0	14.7	17.2	56.6	9.9
11	女	21	176	57	新疆	21.6	35.0	37.0	16.4	17.7	59.0	10.6
12	女	21	157	46	浙江	20.2	33.0	32.0	15.0	17.1	56.0	10.2
13	女	21	164	58	广东	21.2	34.0	30.0	14.9	18.0	56.0	10.4
14	女	20	164	58	上海	20.9	34.0	33.0	15.7	18.1	59.3	10.3
15	女	20	155	55	陕西	19.8	32.5	32.5	15.4	17.0	59.0	9.3
16	女	19	168	59	山东	21.6	33.0	33.0	16.7	16.6	59.3	9.8
17	女	21	172	53	江苏	23.6	30.0	31.0	14.4	17.5	57.0	11.5
18	女	19	160	43	甘肃	21.6	31.0	31.0	15.1	16.2	55.7	9.9
19	女	21	165	50	宁夏	21.1	32.0	31.0	14.6	17.4	56.7	9.9
20	女	20	160	50	湖南	21.5	30.0	32.0	14.7	16.6	57.7	10.4
21	女	21	160	42	广西	21.2	34.5	33.5	15.5	17.8	57.0	10.9
22	女	22	148	40	广西	20.3	34.5	33.5	15.0	17.5	55.5	10.5
23	女	19	150	55	贵州	19.3	34.5	33.0	15.0	17.0	59.6	10.6
24	男	20	170	62	江苏	23.1	34.5	33.0	15.6	18.1	58.0	11.5
25	男	20	173	55	上海	22.5	33.0	30.5	15.1	17.6	56.5	12.4
26	男	21	174	65	吉林	24.5	34.0	33.0	16.3	18.2	57.4	11.7
27	男	20	180	65	辽宁	23.6	34.0	30.5	15.2	17.6	56.0	12.2
28	男	20	176	67.5	江苏	22.3	33.0	29.5	14.8	19.0	57.4	11.6
29	男	20	163	50.5	天津	21.4	32.0	30.0	14.9	18.9	56.8	11.2
30	男	21	170	62	内蒙古	23.9	33.0	32.0	15.2	17.1	56.0	12.2
31	男	20	183	72.5	山东	25.0	33.0	32.5	15.5	19.7	58.0	13.0
32	男	20	175	65	安徽	24.5	36.0	32.0	16.4	18.5	61.3	12.1

（续）

编号	基本信息					测量项目/cm						
	性别	年龄	身高/cm	体重/kg	所属地区	头全高	头矢状弧	头冠状弧	头最大宽	头最大长	头围	形态面长
33	男	22	175	58	四川	23.6	35.0	33.5	15.6	18.8	59.0	11.6
34	男	21	184	68	黑龙江	23.8	36.0	33.0	15.4	19.5	61.4	13.2
35	男	20	168	51	浙江	22.6	34.0	30.0	14.2	18.9	58.5	10.7
36	男	21	174	67	吉林	22.8	32.5	32.0	17.1	17.0	57.4	11.0
37	男	20	178	82	天津	23.4	34.5	33.0	15.5	18.9	62.0	12.2
38	男	20	186	75	江苏	24.0	37.5	32.0	15.7	19.3	61.0	12.4
39	男	22	180	65	甘肃	23.7	33.0	32.0	15.3	17.0	59.0	11.7
40	男	20	165	51	四川	22.0	32.0	31.0	15.4	18.4	58.2	12.0
41	男	20	165	51	新疆	22.2	34.0	31.0	14.6	18.8	57.0	11.6
42	男	22	177	90	甘肃	24.5	37.0	32.0	16.5	19.8	62.8	11.8
43	男	20	174	65	上海	24.2	36.0	29.0	14.8	19.5	61.0	12.1
44	男	21	168	54	福建	21.7	33.5	33.5	16.0	18.5	59.5	11.4
45	男	18	172	60	福建	24.0	32.5	33.5	16.1	16.7	57.5	11.6
46	男	20	184	88	河南	23.2	33.5	31.5	16.0	18.9	57.7	12.8
47	男	19	173	65	江西	22.9	35.0	30.0	15.0	18.6	57.7	11.9
48	男	19	170	52	湖南	21.0	35.0	32.5	15.2	18.9	59.5	10.9
49	男	19	172	58	湖北	24.0	36.0	31.3	15.4	18.5	56.5	10.4
50	男	20	175	56	四川	23.9	32.5	32.5	15.8	18.3	56.5	11.2
51	男	20	168	55	四川	22.5	33.0	32.5	15.3	18.8	57.2	11.5
52	男	21	181	75	广东	23.9	35.5	35.5	16.7	17.7	58.0	12.0
53	男	21	166	57	广东	21.5	33.5	31.5	15.3	19.0	57.6	11.1

（4）数据处理

1）地区差异。我国六个地区的人体头部尺寸均值和标准差数据见表3-17。

表3-17　各区域人体头部尺寸均值和标准差

（单位：cm）

项目		东北、华北		西北		东南		华中		华南		西南	
		均值	标准差	均值	标准差	均值	标准差	均值	标准差	均值	标准差	均值	标准差
男	头全高	23.550	1.095	23.467	1.168	23.314	0.904	22.825	1.338	22.775	1.360	23.000	0.898
	头矢状弧	33.625	1.275	34.670	2.080	34.875	1.701	34.875	1.031	33.750	1.258	33.125	1.315
	头冠状弧	32.000	1.165	31.667	0.577	30.857	1.492	31.325	1.028	33.500	1.633	32.375	1.031
	头最大宽	15.675	0.717	15.467	0.961	15.229	0.727	15.400	0.432	16.025	0.574	15.525	0.222
	头最大长	18.400	1.024	18.533	1.419	18.700	0.676	18.725	0.206	17.975	1.005	18.575	0.263
	头围	58.125	2.317	59.600	2.950	59.100	1.970	57.850	1.237	58.150	0.926	57.725	1.100
	形态面长	12.088	0.777	11.700	0.100	11.829	0.610	11.500	1.068	11.525	0.377	11.575	0.330

（续）

项　目		东北、华北		西北		东南		华中		华南		西南	
		均值	标准差	均值	标准差	均值	标准差	均值	标准差	均值	标准差	均值	标准差
女	头全高	21.800	0.200	20.900	0.894	21.880	1.085	21.625	0.206	20.567	0.551	20.133	0.737
	头矢状弧	33.333	1.528	32.800	1.440	31.400	1.673	33.250	2.220	34.000	0.866	33.167	1.258
	头冠状弧	32.667	0.577	32.900	3.010	32.000	1.414	31.750	1.258	33.000	0.866	33.000	1.000
	头最大宽	15.833	0.902	15.540	0.847	15.040	0.541	14.850	0.191	15.167	0.289	15.000	0.557
	头最大长	17.100	1.323	17.380	0.356	17.300	0.689	17.275	0.499	17.500	0.361	17.333	0.115
	头围	58.333	1.589	57.320	1.792	59.940	1.419	57.725	0.838	56.167	0.764	57.033	2.346
	形态面长	10.433	0.929	10.060	0.472	10.720	0.971	10.000	0.523	10.533	0.351	9.833	0.929

在此基础上，利用统计学软件 Minitab 对每个地区的基本测量数据进行统计，得到各区域人体头部尺寸。为了能够直观表示地区之间的差异，绘制了各地区的头部特征量的均值柱状图，以头全高为例进行说明，如图 3-13 所示。

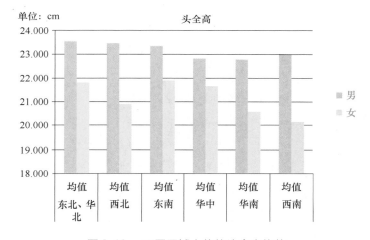

图 3-13　不同区域人体的头全高均值

通过分析头部特征值的地区差异，发现头部特征与地区存在某种程度的关系，但是因为考虑地区差异时，每个地区样本数量有限，很难证明分析的信度和效度，在样本数量足够多的情况下，分析结果才更为可靠。得到的初步结论如下：

① 在设计头盔时，面向不同的销售区域，应该谨慎考虑头盔的型号和数量。

② 如果头盔是面向全国统一设计的，那么所采用的数据必须包括全国范围。

2）性别差异。相对于地区差异的研究，性别差异的研究信度、效度更高，因为拥有更多数量的样本。通过计算男女不同头部特征量的均值与标准差，男性的头部数据绝大部分大于女性，详细数据见表 3-18。

通过方差分析，发现七个头部特征量与性别有显著关系。以头全高为例进行说明，如图 3-14 所示。

表3-18　53名大学生的（男女比较）人体头部尺寸

（单位：cm）

项　目	男		女	
	均值	标准差	均值	标准差
头全高	23.213	1.052	21.257	0.902
头矢状弧	34.133	1.485	32.891	1.665
头冠状弧	31.860	1.416	32.413	1.717
头最大宽	15.540	0.648	15.226	0.644
头最大长	18.493	0.813	17.357	0.588
头围	58.413	1.863	57.252	1.490
形态面长	11.767	0.648	10.283	0.725

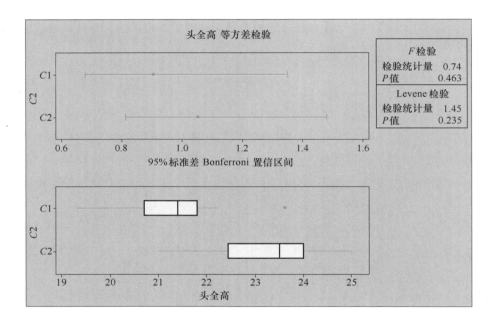

图3-14　头全高分析示意图

通过等方差检验可知，对头全高这一特征量可以使用方差分析，通过Minitab单因子方差分析可得表3-19。

表3-19　结果一

来　源	自　由　度	SS	MS	F	P
$C2$	1	49.851	49.851	50.84	0.000
误差	51	50.011	0.981		
合计	52	99.862			

注：$S = 0.9903$，$R^2 = 49.92\%$，R^2（调整）$= 48.94\%$。

均值（基于合并标准差）的单组95%置信区间见表3-20。

表3-20　结果二

水　平	N	均　值	标　准　差
C1	23	21.257	0.902
C2	30	23.213	1.052

注：合并标准差 = 0.990。

由以上得到 P 值为 0.000，远远小于 0.05，从而发现头全高与性别有显著的关系。用相同的分析方法，可以得出结论：头全高、头矢状弧、头最大长、形态面长与性别有显著关系，而头冠状弧、头最大宽、头围与性别无显著关系。

2. 头盔现状调研

（1）头盔及其分类

头盔是保护头部的装备，是军人训练、作战时戴的帽子，也是人们交通中不可或缺的工具。它多呈半圆形，主要由外壳、衬里和悬挂装置三部分组成。外壳分别用特种钢、玻璃钢、增强塑料、皮革、尼龙等材料制作，以抵御弹头、弹片和其他打击物对头部的伤害。

随着军事的发展和现代工作生活的日益多样化，人们对生命安全日益重视，头盔的使用范围也越来越广泛，大致可分为军事、运动、工作三类。

1）军事：包括步兵头盔、飞行员头盔、空降兵头盔、坦克员头盔等。

2）运动：包括摩托车头盔、赛车头盔、沙滩车头盔、骑马用头盔、滑板头盔、登山攀岩头盔、冰球头盔、棒球头盔、滑冰头盔、滑雪头盔、曲棍球头盔、橄榄球头盔、街舞头盔、极限运动头盔等。

3）工作：包括焊接用头盔、喷砂头盔、防热辐射头盔、防紫外线头盔、消防头盔、防弹头盔、防暴头盔、警用头盔、普通飞行头盔、建筑用头盔、矿山用头盔等。

（2）摩托车头盔

摩托车头盔是一种用于摩托车乘员（包括驾驶人及乘坐人员）的头部保护装置。头盔的主要目的是在受到冲击时保护乘员头部，阻止或减轻伤害乃至挽救乘员的生命。随着社会进步和生产技术的发展，摩托车头盔的重要性不断显现。

1）摩托车头盔的结构及功能。摩托车头盔根据结构不同，一般分为如图3-15所示的三类。

摩托车头盔的构件及其功能如下：

① 壳体：具有抵挡穿刺的能力，表面光滑，可分散冲击能力。

② 缓冲层：吸收并缓和分散冲击力。

③ 舒适衬垫：保证头部佩戴的舒适性。

④ 佩戴装置：保证头盔牢固地佩戴于头部。

⑤ 护目镜：遮挡眼、面部而不影响观察。

2）摩托车头盔的认证标准有以下三种：

① GB 811—2010《摩托车乘员头盔》是国家承认的质量体系认证标准。

② DOT 是美国公路局的认证标准。国内最早通过 DOT 认证的头盔有北京的飞翔头盔、罗地亚头盔等。

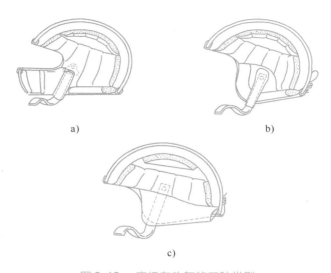

图 3-15 摩托车头盔的三种类型

a) A类（全盔） b) A类（半盔） c) B类（半盔）

③ SNELL M2000 是国际赛事的认证标准。目前通过 SNELL M2000 认证的有罗地亚头盔和 MHR 生产的头盔等。

（3）赛车头盔

赛车头盔是目前市场上已经比较成熟的一种类型，主要用于保护赛车手的身体安全。其结构更加专业，在总体功能上与其他头盔并没有很大的区别。赛车头盔的结构及功能特点分别介绍如下：

1）护目镜。它是头盔前部能够向上旋转的透明镜片，尽管是一块薄薄的镜片，却可以抵挡住来自赛道上速度高达 500km/h 的微小杂物颗粒的冲击。这种护目镜一般都是由特制的纯聚碳酸酯制成，具有极其出色的防火、抗冲击能力，并拥有卓越的可见度，减少了由于赛道强光的变化而导致赛车手产生视觉误差。

2）加固螺钉。其作用是将护目镜固定在头盔上，同时也是护目镜的旋转轴，国际汽联规定加固螺钉超出头盔外层的高度不得超过 2mm。

3）外壳。外壳是头盔体积最大的部件，同时也是头盔最为坚固的一部分。它的强度指标将直接关系到赛车手的安全。为此头盔外壳必须要通过两项考验：一是强度，即它必须能够承受一个 3kg 重的金属锥体从 3m 高度落下时所产生的巨大刺透力；二是防火测试，头盔的外壳必须能够保证在 800℃ 高温的火焰中炙烤 45s 而不使内部发生变化。

（4）自行车头盔

自行车头盔最大的作用就是保护头部。骑行过程中的摔倒会对头部造成很大损害，即使骑行者是以较低车速沿着坡度平稳的自行车道骑行，同样不可忽视安全问题。相关数据表明，在每年超过 500 例的骑车死亡事故中，75% 的死亡原因是头部受到致命伤害造成的。医学研究发现，骑车佩戴头盔可防止 85% 的头部受伤，并减小损伤程度和降低事故死亡率。

3. 头盔的改进设计

通过人体头部尺寸测量，数据收集和处理分析，以及综合实际调查结果，对市场上头盔尺寸设计分类方面提出了合理的改进意见。

（1）关键设计因素提取及分析

根据头部测量数据的相关性分析（见表 3-21），头全高、头冠状弧、头围三者之间均不相关，所以选为初步的设计变量。

表 3-21　头部测量数据的相关性分析

控 制 变 量			头　全　高	头 冠 状 弧	头　　围
头矢状弧 & 头最大长 & 形态面长 & 头最大宽	头全高	相关性	1.000	-0.229	-0.072
		显著性（双侧）		0.113	0.621
		df	0	47	47
	头冠状弧	相关性	-0.229	1.000	0.077
		显著性（双侧）	0.113		0.600
		df	47	0	47
	头围	相关性	-0.072	0.077	1.000
		显著性（双侧）	0.621	0.600	
		df	47	47	0

1）头全高。经过资料查询，发现不同种类的头盔主要是通过松紧带或者软皮带等方式来固定头盔。对于不同头全高的人而言，可以通过这种简便的方式进行灵活的调节控制，所以不再单独根据头全高进行分类。

2）性别因素。根据之前方差分析的结果，头全高、头矢状弧、头最大长、形态面长与性别有显著关系，而头冠状弧、头最大宽、头围与性别关系不显著，所以在选出来的三个参考变量中，只有头全高与性别显著相关。如前所述，经过头盔实际调查的分析，头全高的因素可以不用考虑，在型号分类时，也不再单独考虑性别因素。

3）头围。现在市场上的头盔都是按照头围进行型号分类的。根据统计数据，头围一般分布在 53~63cm，头围在 55cm 以下的仅占 0.06，在 60cm 以上的仅占 0.05，因此市场上的分类比较合理。此外，商家可以根据百分比分布来调整生产量。

4）头冠状弧。根据头冠状弧的统计数据，头盔按照头冠状弧分成三个型号，A：30.5cm（29.5cm~31.5cm），B：32.5cm（31.5cm~33.5cm），C：34.5cm（33.5cm~35.5cm）。

（2）摩托车头盔综合型号分类

综合头围与头冠状弧的尺寸分布，将头盔分为 10 种型号，见表 3-22。

表 3-22　头围与头冠状弧的尺寸分布表（摩托车头盔）

头冠状弧/cm	头围/cm				
	S：54~55	M：56~57	L：58~59	XL：60~61	XXL：62~63
A：30.5	AS	AM			
B：32.5	BS	BM	BL	BXL	BXXL
C：34.5			CL	CXL	CXXL

（3）赛车头盔综合型号分类

赛车头盔与摩托车头盔在形状和功能上基本相似，但是更加专业，分类情况见表3-23。

表3-23　头围与头冠状弧的尺寸分布表（赛车头盔）

头冠状弧/cm	头围/cm					
	XS: 53-54	S: 55~56	M: 57~58	L: 59~60	XL: 61~62	XXL: 63~64
A：30.5	AS	AS	AM			
B：32.5		BS	BM	BL	BXL	BXXL
C：34.5				CL	CXL	CXXL

（4）自行车头盔综合型号分类

根据市场调查及自行车队员的亲身体验，对头盔进行改进，与摩托车头盔以及赛车头盔相比，自行车头盔分类比较简洁。其原因是自行车头盔便捷系数较高，且自行车运动体力消耗更大，所以对头盔的轻便功能更加需要，导致自行车头盔较为简易。

综合考虑自行车头盔自身设计需求，提出以下改进意见：

1）型号分类。在原有基础上根据头冠状弧再进行分类，A：31.5cm（30~32.5cm），B：33.5cm（32.5~35cm），总体可分为四种，见表3-24。

表3-24　自行车头盔型号分类表

头冠状弧/cm	头围/cm	
	M（54~58）	L（58~62）
A：31.5	AM	AL
B：33.5	BM	BL

2）由于自行车头盔在设计上不是全封闭的，所以绳子调节范围较大。根据自行车运动员的实际情况及头盔绳子的测量，得出绳子（用来调节大小）的长度范围应该适当增加2~3cm，这样可避免由于头全高太长导致头盔戴不上的情况。

 思考与练习题

1. 简述人因工程学的定义。

2. 人因工程学的研究内容是什么？

3. 在使用人体测量数据时，应注意哪些方面的问题？

4. 为什么说人体测量参数是一切设计的基础？

5. 试述在工作中，如何利用照明和色彩来提高效率，减少或避免事故。

6. 简述坐姿、立姿作业空间的设计要求。

7. 人优于机器的功能和机器优于人的功能分别表现在哪些方面？

第4章
生产计划与控制

引导案例

某重型汽车有限责任公司是由三方出资组建的国有股份制企业，是我国三大重车生产基地之一。公司技术力量雄厚，设备先进，具有世界先进的汽车总装、车桥加工、分动箱加工、联动大型驾驶室覆盖件和车架成型冲压、艾森曼喷漆等大型生产线。生产20种基本车型92个品种的载重车、自卸车、半挂牵引车、全驱动车，具有年产6000辆整车的能力。

由于国家出台的相关政策和物流行业发展需要，国内重车市场发展非常迅速，企业产品和产量进一步扩大，产量由1000辆增加至5000辆，品种更是增加到300余种。因为重车制造本身的个性化特点，尽管设计能力有6000辆，实际生产却出现了诸多问题，一线人员疲于奔命，穷于应付，质量问题时有发生。分析发现，主要原因是目前的生产计划与控制不合理，具体如下：①整车规格型号太多而导致需求预测难度较大，导致计划调整频繁；②制造部主要是依据销售公司的预测编制月度生产计划等，而各级物料计划由各分厂自行编制，缺乏一致性，导致经常出现停工待料和紧急采购现象；③生产与技术部门信息沟通滞缓，投产控制所需的基础数据资料不可靠，导致计划不准；④生产加工过程中缺乏有效排序方法，仅靠经验与估计来判断生产进度及安排后续计划等。这使得企业的产品成本居高不下、拖期严重，从而导致客户满意度低，影响公司发展。

从上边这个案例可以看出，如何借鉴科学的生产计划体系，采取有效的生产计划与控制方法，保证企业产品的交期、成本和品质指标，是该重型汽车公司成长发展的关键。

本章将对生产计划体系的方法进行详细阐述，包括综合生产计划、主生产计划、物料需求计划、车间作业计划以及生产能力计划等。同时，对目前企业实施和应用的与生产计划与控制相关的数字化系统进行了综述。

对于一个制造型企业而言，生产计划与控制功能包括产品的市场需求预测，制订采购与制造计划（包括何时采购与制造物料、采购多少、制造多少），以及决定何时增加设备与人员，何时开工与换产等。由此可看出，生产计划与控制主要涉及生产计划的制订、执行与控制三个方面。

生产计划的制订主要包括预测客户对本企业产品和服务的需求，确定产品品种与产量，设置产品交货期，编制产品出产计划、厂级生产作业计划和车间生产作业计划，统计生产进展情况。

生产计划的执行主要包括合理组织生产要素，使有限的资源得到充分而合理的利用。生产要素包括劳动者（工人、技术人员、管理人员和服务人员）、劳动资料（厂房、机器、工艺装备、工具、能源）、劳动对象（原材料、毛坯、在制品、零部件和产品）和信息（技术资料、图样、市场信息、计划、统计资料、工作指令）、生产进度、产品质量情况等。

生产计划的控制方面主要包括接受订货控制、投料控制、生产进度控制、库存控制等。对于订货生产型企业，接受订货控制是很重要的。接不接，接什么，接多少，是一项重要决策，它决定了企业生产经营活动的效果。投料控制主要是决定投不投，投什么，投多少，它关系到产品的出产期和在制品数量。生产进度控制是为了保证零件按期完工，产品按期装配和出产。库存控制包括对原材料库存、在制品库存和成品库存的控制，如何以最低的库存保证供货是库存控制的主要目标。

制订计划、执行计划及控制计划是一个不断持续改善的过程，其终极目标是获取利润和实现社会价值。而要实现这些目标必须首先激发顾客的热情，获得顾客的认同。细化的目标有质量、成本、交货期和服务等。为了实现这些细化目标，就生产计划与控制功能而言，必须准确做到"在正确的时间，提供正确数量的所需产品"。而市场的需求是动态变化的，要想能快速地响应市场需求，使顾客满意，就必须有足够的库存来保证这种变幻不定的需求，这样库存成本必然会很高。这与企业低成本运行的目标是相互矛盾的。因此，生产计划与控制的每一个层次都应系统地去考虑和分析，以保证在库存尽可能低的情况下，快速响应顾客，为顾客提供高质量的产品和服务。

制造业的生产计划体系如图4-1所示，主要包括综合生产计划、主生产计划、物料需求计划和生产作业计划等四个不同层次的计划。在该体系中，根据企业生产经营的目标、已有的市场需求订单（合同需求汇总）、需求预测和企业生产资源条件（包括项目定义文件、产品数据结构、车间能力文件和车间工种人员及设备文件等），在生产能力综合平衡的基础上，确定综合生产计划，即确定产品组合表和能力核算表，从而形成年度生产大纲和能力核算清单、年度投入计划文件、年度负荷分析报告、季度工时及年度投入产品计划；将综合生产计划细化到具体产品，并估计设备、人力能否满足生产，主要货物供应商能否及时提供货物，在生产能力粗平衡的基础上确定主生产计划，即确定每批订货所需产品的数量与交货期。生产能力粗平衡是检查核定当前所具备的生产、仓库设施和设备、劳动力的能力是否满足要求，并且核定供应商是否已经安排了足够的生产能力，以确保在需要时能按时提供所需的物料。主生产计划、产品物料清单（Bill of Material，BOM）和库存状态文件经过物料需求计划程序的处理，转化为自制件投入生产计划、外购件需求计划及材料采购计划等；物料需求计划将主生产计划得到的最终产品的需求量分解为零件与部装件的需求量，确定了何时安排何种零件与部装件的生产与订货，以保证按计划完成产品生产。自制件生产计划就是一种车间生产作业计划，由自制件投入生产计划可形成生产车间的生产派工单，把每项具体的制造任务分配给每台机器、每条生产线或加工中心，并可计算出对每一工作地的能力需求，从而确定能力需求计划和外协计划。

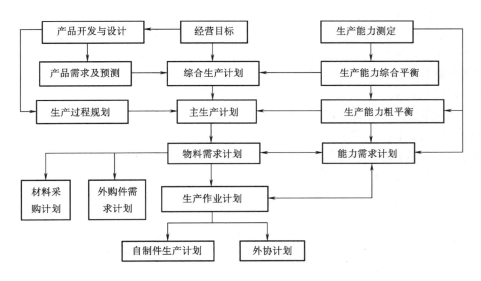

图 4-1   制造业的生产计划体系

4.2.1 综合生产计划

1. 综合生产计划的基本概念

综合生产计划又称为生产大纲，是企业根据市场需求预测和企业所拥有的生产资源，对企业计划期内出产内容、出产数量以及为保证产品的出产所需的劳动力水平、库存等措施所做的决策性描述。

综合生产计划的主要目的是明确生产率、劳动力人数、当前库存和设备的最优组合，确保在需要时可以得到有计划的产品或服务。综合生产计划是针对产品群（或产品品种和系列）的计划，它规定企业在计划期内各项生产指标（品种、数量、质量、产值、出产期等）应达到的水平，以及为保证达到这些指标的措施。

综合生产计划的计划期通常是年（生产周期较长的产品，可能是两年、三年或五年），因此有些企业也把综合生产计划称为年度生产计划或年度生产大纲。在计划期内，使用的计划时间单位通常是月、双月或季等。

企业综合生产计划工作的内容包括：制定策略、确定各项生产指标；粗能力平衡；制定综合生产计划方案；组织实施综合生产计划；检查考核综合生产计划的完成情况。

综合生产计划问题可以描述为：在已知计划期内，每一时段 t 的需求预测量为 F_t，以最小化成本为目标，确定时段 $t = 1, 2, \cdots, T$ 的产量 P_t、库存量 I_t 及劳动力水平 W_t。

制订综合生产计划有以下两种方法：①从公司的销售订单及预测中获得信息，通过市场需求及预测得到未来一段时期内市场的需求量，计划人员利用此信息可以决定如何利用公司现有的资源组织生产以满足市场需求。②通过模拟不同主生产计划和计算相应的生产能力需求，了解每个工作中心是否都有足够的工人与设备，并以此制订综合生产计划。如果生产能力不足，就要确定是否需要加班，是否需要增加工人等，以便采取相应的措施，并通过试算和不断修正，最后得到一个比较满意的结果。

2. 综合生产计划编制策略

对于需求相对平稳的制造型企业，如一些流程型工业，其计划的制订相对简单，根据市场需求即可制订相应的综合生产计划。在这种情况下，可将合同订单和市场需求预测作为给定条件，通过改变人员水平、加班加点、安排休假、改变库存水平、外协等方式来满足市场需求。这种决策方式称为稳妥应变型思路。如果在计划期内出现季节性需求或周期性需求等波动较大的情况，上述几种方式往往会带来较高的成本，因此可以采取其他相应的措施来应对这种需求，实际上也就是在需求和供应之间寻求一个平衡点。例如，生产互补性产品、利用广告和降价等手段进行促销，刺激淡季需求，等等。这种决策方式称为积极进取型思路。

上述两种综合生产计划决策思路下的具体决策措施可结合使用。通常有以下几种决策策略：追赶策略、平衡策略和混合策略。

1）追赶策略。追赶策略是在计划期内适时改变劳动力水平或调节生产速率以适应需求变化的一种策略。当订货变动时，雇佣或解雇工人、加班加点或者使用外协，使产量与订货相一致。这种策略的关键之处是不需要调节库存（需求淡季存储一些库存）或变化的工作时间（部分开工），库存成本低，无积压订单。采用这种策略，要求工人所从事的工作易于培训，以降低培训新员工的成本。

2）平衡策略。平衡策略是在计划期内保持生产速率和劳动力水平不变，使用调节库存或变化的工作时间来适应需求。在制造型企业，稳定的生产速率主要靠保持人员稳定而通过调节库存来实现。当允许人员水平变动但生产速率仍要求保持不变时，可使用加班、临时聘用或外包等方式来实现。这种方法的优点是产出均衡，人员水平稳定，不须另招聘或解聘员工，节省了招聘或解聘费用；缺点是容易增加库存投资，加班或柔性工作计划也会引起额外费用，其费用往往超出正常的工作费用。

3）混合策略。上述两个策略都是极端的策略，对于一个企业来说，最好的策略应该是将需求淡季时建立调节库存、人员水平幅度变动、加班等几种方式结合使用，即采取一种混合策略。

综合生产计划的编制策略还与生产类型有关。对于制造装配型企业来说，通常采用订货生产，在制订年度计划时，由于市场的波动等不确定性因素的影响，根本不可能得到准确的订货合同信息，所以对这种生产类型的企业而言，综合生产计划只起到一个指导的作用。而对于流程型生产企业来说，其生产是连续的，生产能力可以明确计算，加之其年需求量往往起伏不大，综合生产计划的制订就非常关键。

编制综合生产计划通常是多种策略的组合，其基本思路为：在一定的生产资源条件和市场约束下，制订计划使利润最大。同时，在保证总成本最小情况下安排进度计划。

3. 综合生产计划指标体系

生产计划的主要指标有品种、产量、质量、产值和出产期。

1) 品种指标。品种指标是指企业在计划期内出产的产品品名、型号、规格和种类数, 它涉及"生产什么"的决策。确定品种指标是编制生产计划的首要问题, 关系到企业的生存和发展。

2) 产量指标。产量指标是指企业在计划期内出产的合格产品的数量, 它涉及"生产多少"的决策, 关系到企业能获得多少利润。产量可以用台、件、吨表示。对于品种、规格很多的系列产品, 也可用主要技术参数计量。

3) 质量指标。质量指标是指企业在计划期内产品质量应达到的水平, 常采用统计指标来衡量, 如一等品率、合格品率、废品率、返修率等。

4) 产值指标。产值指标是指用货币表示的产量指标, 能综合反映企业生产经营活动的成果, 便于不同行业比较。根据具体内容与作用不同, 分为商品产值、总产值与净产值三种。

商品产值是企业在计划期内出产的可供销售的产品价值。

总产值是企业在计划期内完成的以货币计算的生产活动总成果的数量。

净产值是企业在计划期内通过生产活动新创造的价值。

5) 出产期。出产期是指为了保证按期交货确定的产品出产期限。正确地决定出产期非常重要。因为出产期太紧, 保证不了按期交货, 会给用户带来损失, 也会给企业的信誉带来损害; 出产期太松, 不利于争取顾客, 还会造成生产能力浪费。

4. 综合生产计划相关成本

综合生产计划的制订过程实际上是一个优化的过程, 其目标是确定劳动力水平和库存量的最优组合, 从而使计划期内与生产相关的总成本最低。所以说, 综合生产计划也可以为企业的年度预算提供依据, 保证预算的准确性。一般而言, 综合生产计划有四种与生产相关的成本, 具体有:

1) 基本生产成本。它是指计划期内生产某一产品的固定成本与变动成本。固定成本包括厂房和设备投入等, 变动成本包括原材料成本、直接与间接劳动力成本等。

2) 库存成本。其主要组成部分是库存占用资金的成本。另外, 还有储存费用、保险费、税费、物料损坏和变质费用、折旧费用等。在精益生产方式中, 制造过剩被认为是最大的浪费, 而制造过剩意味着一定会产生大量额外的库存成本。

3) 延期交货成本。它包括由延期交货引起的赶工生产成本、失去企业信誉和销售收入的损失成本, 这类成本比较难以估算。

4) 与生产率相关的变动成本。它包括雇佣、培训与解雇人员的成本, 设施与设备占用的成本, 人员闲置成本, 兼职与临时员工成本, 外协成本, 等等。

5. 综合生产计划的编制步骤

1) 确定计划期生产产品的市场需求。确定计划期内生产产品市场需求的主要途径和方法有: ①对产品的未来需求的预测。根据过去产品销售的统计资料与影响产品销售量因素的发展变化资料, 进行销售预测分析。在利用统计资料分析预测未来的销售情况时, 还要同时考虑产品处于产品生命周期的哪个阶段。②利用现有订单、未来的库存计划、来自流通环节(批发商)或零售环节的信息等来确定计划期生产产品的市场需求。

2) 分析外部约束条件和企业内部的生产条件。外部约束条件主要是指原材料、燃料等的供应情况以及外协件、配套件、外购件等供应和协作的保证程度。企业所需的原材料等物品是多种多样的，企业可以按照物资采购的各种渠道分别调查了解。

企业内部的生产条件包括以下资料与信息：报告期生产计划及其他计划的完成情况；机器设备的数量、比例构成及完好情况，机器设备计划期保修计划；生产车间与辅助生产车间的能力协调情况；各车间、工段及关键设备组的生产能力；产品图样、工艺文件、工夹量具等技术准备工作情况；企业技术革新、改造情况；各种物资的库存情况与在制品数量；职工劳动情况；各工种各等级工人人数及比例构成；等等。企业内部的生产条件可通过各部门提供的统计分析资料及深入到基层进行调查研究，掌握情况。

3）拟订生产指标方案，进行方案优化工作。企业在经过调查研究，掌握了制订生产计划必要的资料后，可以拟订生产指标方案。首先，要确定生产的产品品种。用户的订货合同以及对产品的销售预测分析，是确定产品品种的依据。运用产品系列平衡、销售收入与利润分析法、产品生命周期分析等方法进行分析并做出生产哪些产品的决策。其次，要确定产品的产量指标，该指标既要满足用户的需要，又要在设备、原材料、能源、劳动力等约束条件下使企业的生产经营活动取得良好的经济效益。

确定各种产品产量的优化方案和产品出产进度的合理安排，目前方法较多。通常有直观试算法、定量的数学方法和仿真方法。定量的数学方法有：线性规划方法、搜索决策规则、目标规划方法和动态规划法。另外，专家系统方法和计算机仿真分析的方法近些年也被广泛应用。本章仅以一简单的案例介绍利用线性规划法来进行产品产量的制定和优化。

例 4-1　某厂用 A、B、C、D 四种材料生产 x_1、x_2、x_3 三种产品，x_1 产品每万件利润为 6 万元，x_2 产品每万件利润为 10 万元，x_3 产品每万件利润为 6 万元，四种材料的消耗定额与供应量见表 4-1。求获利最大时各产品的生产量。

根据上述物料消耗定额和供应量，可得到生产量计算的决策模型如下：

$$\max Z = 6x_1 + 10x_2 + 6x_3$$

$$\text{s. t.} \begin{cases} x_1 \geq 0, x_2 \geq 0, x_3 \geq 0 \\ 18x_1 + 8x_2 + 7x_3 \leq 680 \\ 8x_1 + 10x_2 + 6x_3 \leq 500 \\ 6x_1 + 20x_2 + 10x_3 \leq 860 \\ 10x_1 + 6x_2 + 8x_3 \leq 440 \end{cases}$$

表 4-1　各种物料的消耗定额与供应量

材料种类	产品			材料供应量/t
	材料消耗定额/(t/万件)			
	x_1	x_2	x_3	
A	18	8	7	680
B	8	10	6	500
C	6	20	10	860
D	10	6	8	440
每万件产品利润（万元）	6	10	6	

上述模型可以通过单纯形法进行计算或者通过线性规划软件（如 LINGO、LINDO 和 ILOG）进行求取（见视频 4-1），可求得结果如下：$x_1 = 10$ 万件，$x_2 = 30$ 万件，$x_3 = 20$ 万件。以上的求解只是考虑了资源的约束，没有考虑能力的约束。生产计划决策时，考虑的目标不一定只有利润一个目标，可能存在多个目标函数。同时，当产品品种及约束条件较多时，数学模型比较复杂，需要借助计算机辅助计算来实现。

视频 4-1　例 4-1 ILOG 软件建模与求解过程

4.2.2　主生产计划

1. 主生产计划的基本概念

综合生产计划只代表企业在计划期内应生产的产出总量目标，要付诸实施则必须进一步将总量计划分解为具体的产品产出计划，即分别按照产品的品种、型号、规格等编制它们在各季各月的产量任务，这就是主生产计划。它是根据综合生产计划的要求，对综合生产计划进行细化和分解，做出产品出产的进度安排。在该进度安排的基础上，确定每一计划对象在每一具体时间段内的生产数量。这里的具体时间段通常是以周为单位，在有些情况下，也可能是以日、旬或月为单位。

例 4-2　某农用泵制造企业 1 ~ 6 月份综合生产计划见表 4-2，表 4-3 为该企业 1 ~ 2 月份自吸泵系列的主生产计划。从这两张表中可以看出，综合生产计划是企业对未来一段较长时间内企业的不同产品系列所做的概括性安排，它不是一种用来具体操作的实施计划；而主生产计划是把综合生产计划具体化为可操作的实施计划。在该企业的综合生产计划中，1、2 月份自吸泵系列的月产量分别为 6000 台和 5600 台；而自吸泵系列又分为 QB 清水泵、IQ 离心泵和 WZ 系列自吸泵三种型号组织生产。表 4-3 自吸泵系列的主生产计划就是根据表 4-2 的综合生产计划而制订的。实际上，在本例中各个型号自吸泵的主生产计划还可以按照功率不同进行继续分解，从而做出更详细的主生产计划。

表 4-2　某农用泵制造企业 1 ~ 6 月份综合生产计划

农 用 泵	1月	2月	3月	4月	5月	6月
自吸泵系列（台）	6000	5600	6500	5650	5800	6200
管道泵系列（台）	3000	2900	3200	2900	2850	3100

表 4-3　自吸泵系列 1 ~ 2 月份主生产计划

月　份	1月				2月			
周　次	1	2	3	4	5	6	7	8
QB 清水泵（台）	400	500		400		500	400	500
IQ 离心泵（台）		1200	1100	1200	1000	1000	1000	
WZ 系列自吸泵（台）	400	400	400		420	400	380	
月产量（台）	6000				5600			

主生产计划制订时还需要考虑以下几个约束条件：①主生产计划所确定的生产总量必须等于综合生产计划确定的生产总量。从例 4-2 中可以看出，如自吸泵在 1 月份的主生产计划

生产总量与综合生产计划都是一致的，均为6000台。②综合计划所确定的某种产品在某时间段内的生产总量应该以一种有效的方式分配在该时间段内的不同时间生产。这种分配应该是基于多方面考虑的，如市场需求的历史数据、对未来市场的预测、订单以及企业资源条件等。此外，在该例中，主生产计划是以周为单位的，但也可以以日、旬或月为单位。当选定以周为单位以后，必须根据周来考虑生产批量的大小，其中重要的考虑因素是作业交换时设备的调整费用、机会损失和库存成本等。③在决定产品批量和生产时间时必须考虑资源的约束。与生产量有关的资源约束有若干种，如设备能力、人员能力、库存能力、流动资金总量等。

因此，主生产计划制订的总体流程是：在整个计划期内，对综合生产计划进行细化和分解。当一个主生产计划制订出来以后，需要与所拥有的资源（设备能力、人员、加班能力、外协能力等）进行平衡，即用粗能力计划技术核算生产能力是否满足需求，如果能力小于负荷，则要修改主生产计划，直到得到符合资源约束条件的方案，或得出不能满足资源条件的结论。在后者的情况下，则需要对综合生产计划做出调整或者增加资源。因此，主生产计划是一个不断修改的滚动计划。当有了新的合同订单，就需要修改主生产计划；当某工作中心成为瓶颈时，有可能需要修改计划；当原材料短缺时，产品的生产计划也有可能修改。总之，主生产计划是不断改进的面向实际的计划，要不断地进行实时控制。如果能及时维护，将会减少库存，准时交货，提高生产率。

综上所述，主生产计划在生产计划与控制系统乃至整个生产管理中都起着很重要的作用，它直接与综合生产计划、物料需求计划以及能力需求计划相联系，是物料需求计划和能力需求计划运算的主要依据。主生产计划的制订是否合理，将直接影响到随后的物料需求计划的计算执行效果和准确度。

2. 主生产计划编制步骤

主生产计划的确定过程是一个反复试行的过程，主要包括计算现有库存量、确定主生产计划产品的生产量与生产时间、计算待分配库存等，然后经过粗能力计划分析，最后批准下达。

1）计算预计可用库存量（Projected On-hand Inventory，POHI）。预计可用库存量是指每周的需求被满足之后剩余的可利用的库存量，计算公式为

$$I_t = I_{t-1} + P_t - \max\{D_t, \mathrm{MO}_t\} \tag{4-1}$$

式中，I_t 为 t 周末的现有库存量；I_{t-1} 为 $t-1$ 周末的现有库存量；P_t 为 t 周的主生产计划生产量；D_t 为 t 周的需求预测；MO_t 为 t 周准备发货的顾客订货量。

式（4-1）中减去预测需求量和实际订货量的最大者是为了最大限度地满足市场需要。

仍以例4-2中的农用泵制造企业为例，为QB清水泵制订一个主生产计划。该产品1月份的市场需求为1300台，2月份的市场需求为1400台，期初库存量为300台，生产批量为500台，客户的实际订单订货量见表4-4。按式（4-1）计算预计可用库存量结果见表4-4。

2）确定主生产计划的生产量和生产时间。主生产计划的生产量和生产时间应保证预计可用库存量为非负值的，一旦预计可用库存量在某周有可能为负值，应立即通过当期的主生产计划量补上。这是确定主生产计划的生产量和生产时间的原则之一。具体的确定方法是：当本期期初库存量与本期需求量之差大于0，则本期主生产计划量为0；否则，本期主生产计划量为生产批量的整数倍，具体是1批还是若干批，要根据二者的差额来确定。根据上述方法确定QB清水泵的主生产计划的生产量和生产时间见表4-4。

表 4-4　QB 清水泵各期现有库存量、主生产计划量和生产时间

月　份	1 月				2 月			
周　次	1	2	3	4	5	6	7	8
需求预测（台）	400	500	0	400	0	500	400	500
订单订货量（台）	380	550	400	300	400	0	0	0
现有库存量（台）	400	350	450	50	150	150	250	250
主生产计划量（台）	500	500	500	0	500	500	500	500

3）计算待分配库存量（Available-to-promise Inventory，ATPI）。待分配库存量是指销售部门在确切时间内可供货的产品数量。待分配库存量的计算分两种情况：①第一期的待分配库存量等于期初现有库存量加上本期主生产计划量减去下次生产前各期的全部订货量；②以后各期只有主生产计划量时才存在待分配库存量，计算方法是该期的主生产计划量减去从该期至下次生产前各期的全部订货量。根据上述方法，计算主生产计划各期的待分配库存量见表 4-5。

表 4-5　QB 清水泵主生产计划各期的待分配库存量

月　份	1 月				2 月			
周　次	1	2	3	4	5	6	7	8
需求预测（台）	400	500	0	400	0	500	400	500
订单订货量（台）	380	550	400	300	400	0	0	0
现有库存量（台）	400	350	450	50	150	150	250	250
主生产计划量（台）	500	500	500	0	500	500	500	500
待分配库存量（台）	420	-50	-200	0	100	500	500	500

待分配库存量是销售部门接受订单的决策依据之一。仍以例 4-2 为例，假设该企业收到该清水泵 3 个订单，其订货量分别为 100 台、300 台和 200 台，交货期分别为第 2 周、第 4 周和第 6 周。根据主生产计划量及待分配库存量，3 个订单均可接受。当接收该 3 个订单后，主生产计划变为见表 4-6。

表 4-6　接受订单后 QB 清水泵的主生产计划

月　份	1 月				2 月			
周　次	1	2	3	4	5	6	7	8
需求预测（台）	400	500	0	400	0	500	400	500
订单订货量（台）	380	650	400	600	400	200	0	0
现有库存量（台）	400	250	350	250	350	350	450	450
主生产计划量（台）	500	500	500	500	500	500	500	500
待分配库存量（台）	420	-150	100	-100	100	300	500	500

4.2.3　粗能力计划

主生产计划的初步方案是否可行，需要根据资源约束条件来衡量。资源约束条件主要是

指生产能力的约束。任何生产计划的基本目标都是在能力允许的情况下将产品按照客户订单的要求及时生产出来并交货。超出企业的生产能力就意味着有些产品不能按时生产出来，就不能满足客户的需求。因此，任何一项计划的制订，必须有其相应的检验过程，即检查企业所具备的实际生产能力是否满足所制订的计划。而粗能力计划（Rough Cut Capacity Planning，RCCP）就是对应于主生产计划进行负荷平衡分析的能力计划，也称之为生产能力粗平衡，主要用于核定瓶颈工作中心、人力和原材料资源是否支持主生产计划，以检查主生产计划方案的可行性。它将为调整生产资源水平和物料计划提供信息，从而保证主生产计划的实施。

粗能力计划技术主要有三种，这三种技术对数据的要求和计算量不尽相同。第一种技术称为综合因子法，它是使用所有因素的能力计划。第二种技术称为能力清单法，它需要使用每一产品在关键资源上标准工时的详细信息。标准工时是以具有平均技术水平的操作工的操作速度来测定的，它是生产单位产品工人工作所花的平均时间，标准工时已考虑了疲劳技术修正系数、性别等个人因素，以及个人生理需求和休息等宽放时间。标准工时若是固定不变的，则能力清单也不需变动。若在一个实施精益生产的公司，因为强调持续改进，不断完善，标准工时就是一个动态的概念，此时，能力清单也应做适时的调整。第三种技术称为能力资源负载法，它的计算较复杂，除了需要标准工时资料，还需要物料清单、提前期等数据。这三种方法是粗略的能力计划方法，因为只对其中关键工作中心进行能力计划。更细的下一步的计划是能力需求计划，即细能力计划。它通过分时段的物料需求计划记录和车间作业系统记录来计算所有工作中心的能力，然后利用这些能力来制订计划。

1. 综合因子法

1) 确定直接劳动因子和全部关键工序的总劳动时间。关键工序是指该工序的能力需求经常超出其实际能力的那些工序，整个产出将受这些工序制约。这些工序的工作时间被称为关键时间，因为它们制约着主生产计划的可行性。应最有效地利用关键时间，以得到最大产出。

直接劳动因子一般用每件产品的直接劳动时间来表示。在综合因子法中，使用标准工时来计算每一产品在各工序所需直接劳动时间，然后将各关键工序的直接劳动时间汇总，即可得出一个直接劳动因子。将全部非关键工序的直接劳动时间汇总，得出第二个直接劳动因子。表4-7是例4-2中自吸泵系列的两个直接劳动因子。

2) 确定每一关键工序的负荷因子。负荷因子为该关键工序的劳动时间占全部关键工序总劳动时间的百分比。要确定每一关键工序的负荷因子，需要参考历史数据，首先确定在某一特定时间段内对每一关键工序所需的劳动时间；然后确定其分别在总关键劳动时间中所占百分比，即可得到每一关键工序的负荷因子。

表 4-7　自吸泵系列的直接劳动因子

（单位：h/台）

产　　品	关 键 工 序	非关键工序	总　　计
QB 清水泵	0.575	4.250	4.825
IQ 离心泵	1.067	3.750	4.817
WZ 系列自吸泵	0.600	3.175	3.775

例4-2中，已知自吸泵系列的关键工序为定子绕组和成品装配，即可确定出两关键工序

的负荷因子。历年的历史数据中定子绕组的劳动时间总计为 225 000h，负荷因子为 40%（见表 4-8）。则可相应推导出成品装配的负荷因子为 60%，劳动时间总计为 337 500h。一般认为，历年的数据在当年能力计划时保持不变。

表 4-8　自吸泵系列关键工序的负荷因子

关 键 工 序	劳动时间总计/h	负荷因子（%）
定子绕组	225 000	40
成品装配	337 500	60
全部关键时间	562 500	100
全部非关键时间	675 000	

3）计算主生产计划的负荷估计量。主生产计划中某工序的能力需求计划就是计划期全部关键工序的总劳动时间与该关键工序负荷因子的乘积。直接劳动因子和负荷因子都确定之后，就可计算负荷估计量。针对主生产计划而言，负荷估计量是对每一关键工序所需劳动时间的大致估计，也可以是对全部关键工序或全厂所需劳动时间的估计。首先，对于每一单位计划期，用每种产品的主生产计划量乘以其相应的关键工序的直接劳动因子，得出每期的全部关键时间，同样，还可计算每期的全部劳动时间；其次，对于每一单位计划期，用每一关键工序的负荷因子乘以全部关键时间即可得到计划期各关键工序的负荷估计量。

根据表 4-7 和表 4-8 所提供的直接劳动因子和负荷因子，可计算出例 4-2 中的主生产计划的能力需求计划量。例如，表 4-3 中自吸泵系列的 QB 清水泵和 WZ 系列自吸泵第一周的主生产计划量均为 400 台，则可计算出全部关键时间为 400×0.575h+400×0.600h=470h，全部劳动时间为 400×3.825h+400×3.775h=3040h。然后用负荷因子计算每一关键工序的时间。该例中第 1 周的关键工序定子绕组时间为 470h×40%=188h，关键工序成品装配时间为 470h×60%=282h。全部计算结果见表 4-9。

4）比较各关键工序的实际能力和上述计算出的负荷估计量。分析该主生产计划方案的可行性，以便采取相应的措施。如果该主生产计划所需的全部直接劳动时间在企业所拥有的总劳动时间内，同时也符合企业生产经营中其他约束条件，则认为该主生产计划是可行的，否则就要采取相应的对策或修改主生产计划。

表 4-9　综合因子法得到的自吸泵系列主生产计划方案的负荷估计量

（单位：h）

周　　　次	1	2	3	4	5	6	7	8	总　　　计
定子绕组关键工序	188	723.16	565.48	604.16	527.6	637.8	610	115	3971.2
成品装配关键工序	282	1084.74	848.22	906.24	791.4	956.7	915	172.5	5956.8
全部关键时间	470	1807.9	1413.7	1510.4	1319	1594.5	1525	287.5	9928
全部非关键时间	2970	7895	5395	6200	5083.5	7145	6656.5	2125	43470
全部劳动时间	3440	9702.9	6808.7	7710.4	6402.5	8739.5	8181.5	2412.5	53398

综合因子法是制订粗能力计划的一种简便易行的方法，计算相对简单。当主生产计划的产品组合基本稳定时，综合因子法可取得满意的结果。但作为负荷估计量的负荷因子通常是根据历史数据来推断的，其前提条件是假设未来需求与过去的需求相同，而这一假设意味着

产品组合不变或工作分配不变。而实际上产品组合或工作分配不可能一直保持不变，如果产品组合或工作分配改变了，显然综合因子法就不适应了，此时宜采用能力清单法。

2. 能力清单法

能力清单是针对物料或零件，根据主要资源和物料所需能力列出的清单，它不是为了计划之用，而只是估计特定物料所需生产能力的方法。可为每一独立需求物料或相关需求物料建立资源清单，并根据排定的数量来延伸，以决定生产能力需求。

能力清单法是为在产品主生产计划和各关键工序的能力需求之间提供更多的相关关系的粗略计算方法，这种程序需要的数据比综合因子法多。和综合因子法相比，能力清单法是根据产品物料清单展开得到的，它是最终产品在各个关键工序上细的能力清单，而不是总的能力需求，各个关键工序所需总时间的百分比不是根据历史数据得到，而是根据产品的工艺路线及标准工时数据得到的。现以例 4-2 的计算来说明能力清单法的应用。

1）使用标准工时计算每一产品在各关键工序所需的直接劳动时间。在例 4-2 中，自吸泵系列三种产品的关键工序的直接劳动时间见表 4-10。

表 4-10　自吸泵系列关键工序的直接劳动时间

（单位：h/台）

产　　品	定 子 绕 组	成 品 装 配
QB 清水泵	0.275	0.300
IQ 离心泵	0.367	0.700
WZ 系列自吸泵	0.250	0.350

2）用主生产计划中每一项目的每周生产量乘以关键工序的能力需求。例如，根据表 4-3 的自吸泵系列 3 种产品 1～2 月份的主生产计划量，第 2 周定子绕组工序的负荷为 $500 \times 0.275\text{h} + 1200 \times 0.367\text{h} + 400 \times 0.250\text{h} = 677.9\text{h}$，第 2 周成品装配工序的负荷结果为 $500 \times 0.300\text{h} + 1200 \times 0.700\text{h} + 400 \times 0.350\text{h} = 1130\text{h}$。

3）汇总标准工时得到关键工序的需求计划。将上述得到的关键工序各周次的负荷结果汇总得到关键工序的需求计划，见表 4-11。需求计划与现有生产能力的比较可从两方面进行，即可用的人工工时和可用的机器工时。如果在工时和机时每一方面能力都超出了需求，则主生产计划就可通过所有的关键和非关键工序；如果至少在某一方面需求超出了能力，就需要调整主生产计划，如工时方面是否可以选择加班，机时方面是否可以将某些项目转包等。如果需求超出某些关键资源，同时又不能调整资源以适应需求，就必须返回修改主生产计划；如果能够将能力与需求平衡，就可以批准主生产计划，将其下达到下一层次的物料需求计划。

3. 能力资源负载法

无论是综合因子法还是能力清单法，均未能考虑到不同工序、不同工作中心工作的开工时间。能力资源负载法则考虑了生产的提前期，以便为各生产设备的能力需求提供分时段的计划。这种方法为粗能力计划提供了更精确的方法，但不如细能力计划详细。由于应用能力资源负载法必须使用物料清单、工序流程和标准作业时间，还需要各产品和零件的生产提前期等信息，因此，能力资源负载法计算比较复杂，通常需借助计算机来完成。本书由于篇幅有限，该种方法的计算逻辑不再赘述。

表 4-11　能力清单法得到的关键工序能力需求计划

（单位：h）

关键工序	周　次							
	1	2	3	4	5	6	7	8
定子绕组关键工序	210	677.9	503.7	550.4	472	604.5	572	137.5
成品装配关键工序	260	1130	910	960	847	990	953	150

　　制订和执行粗能力计划时，要计算实际可用的生产能力。当生产能力不能满足需求时，可采用下面几种方法来增加生产能力：加班、外包、改变加工路线和增加人员。如果这些方法都不能增加生产能力，则应改变主生产计划。修改主生产计划时，要考虑延缓哪些订单对企业总体生产计划的冲击最小，使得企业的总耗费成本最少。如果负荷超过能力的情况实在无法避免，则生产管理人员必须负责修改作业到期日，以提供可行的主生产计划。

4.2.4　物料需求计划

1. 物料需求计划的基本概念

　　物料需求计划（Material Requirements Planning，MRP）是指根据主生产计划、物料清单、库存记录和已订未交的订单等资料，经过计算而得到各种相关需求物料的需求状况，同时补充提出各种新订单的建议，以及修正各种已开出订单的一种实用技术。物料需求计划的体系框架如图 4-2 所示。其中，物料需求计划的主要输入文件是主生产计划结果、物料清单、库存信息、市场需求等，输出的是生产和采购各种物料的时间和数量。其运行的逻辑是将主生产计划所确定的独立需求的时间和数量，按物料清单所规定的产品结构展开，并根据库存记录中的物料提前期以及库存量计算出各种相关需求物料的需求数量和时间，从而生成各种物料的车间作业计划和采购计划。这里的物料是一个广义的概念，除了原材料，还包含自制品、半成品、外购件、备件等。

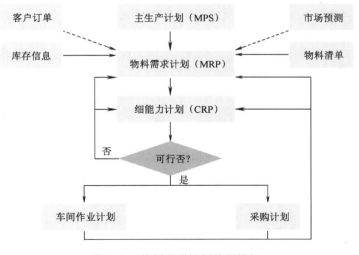

图 4-2　物料需求计划体系框架

物料需求计划将物料按照需求特性分成独立需求物料和相关需求物料，并按照主生产计划和产品的物料结构，采用倒排计划的方法，确定每种物料在每个时间分段上的需求量，以保证在正确的时间内提供数量正确的所需物料。这里的独立需求（Independent Demand）物料是指某种物料的需求不取决于工厂其他物料需求的自主需求。例如，工厂的最终产品就是独立需求，因为它并非工厂其他产品的零部件，此需求是由工厂之外的客户决定的。而相关需求（Dependent Demand）是指某种物料的需求取决于其他物料的需求，具有内在的相关性。例如，构成最终产品的零部件和原材料是相关需求。如果确定了产品出产数量和出产时间，可根据产品的结构确定产品的所有零件和部件的数量，并可按各种零件和部件的生产周期反推出它们的出产时间和投入时间。有了各种物料的投入产出时间和数量，就可以确定不同制造资源（机器设备、场地、工具、工艺装备、人力和资金等）的需要数量和需要时间，就可围绕物料转化过程来组织制造资源，实现按需要准时生产。

物料需求计划的发展经历了开环物料需求计划和闭环物料需求计划两个阶段。开环物料需求计划没有对能力和负荷进行平衡分析；闭环物料需求计划则增加了能力计划，并考虑了系统的反馈作用。无论是开环还是闭环，均只考虑到物料的流动。在闭环物料需求计划基础上，增加财务分析和成本控制，即将物料流动和资金流动相结合，这就进一步发展成制造资源计划（Manufacturing Resource Planning，MRP Ⅱ）。制造资源计划是在物料需求计划的基础上，进一步拓展了财务的管理功能，真正实现了物料、信息流和资金流的统一。

在开环物料需求计划的运算过程中，会涉及若干称为计划因子的参数，这些参数在整个MRP 的运算过程中起着重要作用。

（1）物料清单

物料清单（Bill of Material，BOM）是指产品结构的技术性描述文件，表明了最终产品的组件、零件直到原材料之间的结构关系和数量关系。最终产品由哪些物料构成，每种物料的数量是多少，物料与物料之间的关系如何，这些都可以从产品的结构中得出。

物料清单是 MRP Ⅱ 运行的主导文件，企业各业务部门都应根据统一的物料清单来工作。例如，对于制造工程师而言，可以根据物料清单决定哪些零件须制造，哪些零件须购买；会计部门则利用物料清单来计算成本。因此，物料清单体现了数据共享和信息的集成。

物料清单在狭义上被认为是一种用来确定装配每种产品所需的部件或分装件的工程文件。物料清单（BOM）根据其用处的不同，可分为设计 BOM、制造 BOM、计划 BOM、成本 BOM、维修 BOM 等类型。

设计 BOM 是反映产品构成的技术文件，它站在产品构成的角度，表明了构成产品的各种零部件及其相互关系。制造 BOM 是根据主生产计划中最终项目的需要，列出最终项目的所有各级子项目，它既要反映产品的结构关系，更要反映制造过程中的逻辑关系，这种逻辑关系一方面与工艺流程有关，另一方面与生产组织方式有关。制造 BOM 是计算期量标准和进行MRP 计算的基本依据。表述物料清单的基本形式有两种：产品结构树和物料表。

1）产品结构树。产品结构树是以树状图方式描述产品结构的一种 BOM 表达形式。为了便于后面计算物料需求量，树状图应按照最低层级规则绘制，即将构成产品的各种物料按其隶属关系分为不同的层级，这样上下层级的物料为母子项关系。最终产品定为 0 级，与它相连的下一层物料定位 1 级，以此类推。要求同一种物料只能出现在同一级上，即将其集中在它们所处的各级中最低的层级上。产品结构树的形式如图 4-3 所示，产品 P 的零部件由 1 个单位的 A、2 个单位的 B 和 2 个单位的 C 组成，组装 P 的提前期（Lead Time，LT）为 2 周（提前期的概念将在本节后续内容中进行阐述）。零部件 A 分别由 D 和 C 组成，零件 C 则分别由 B 和 E 组成。由于各个零部件及原材料的提前期均已告之，则可推算出产品 P 的累计提前期为 8 周。图 4-4 和图 4-5 分别为设计 BOM 和制造 BOM。

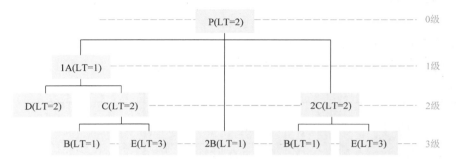

图 4-3　产品结构树

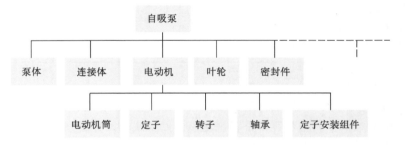

图 4-4　自吸泵设计 BOM

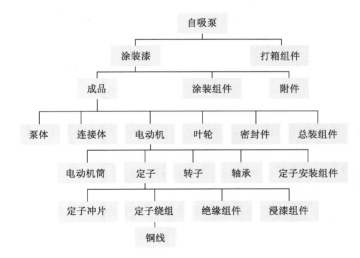

图 4-5　自吸泵制造 BOM

2）物料表。产品结构树能直观地描述产品内各种物料的结构关系，但其图形方式不便于计算机处理。物料表是用表格形式表示构成产品的各种物料的结构关系，便于用计算机存储和处理。在 MRP II 和 ERP 软件中，物料清单一般以表格的形式输出，包括单层物料清单、缩排式物料清单、汇总物料清单、反查用物料清单等。表 4-12 为某自吸清水泵缩排式物料清单。物料表又分为单级物料表和多级物料表。每一张单级物料表只表示一项物料与其直接相邻的子项物料的关系；

视频 4-2　电测仪表产品的物料清单案例

通过自上而下的逐层检索和汇总就能够得到产品多级物料表。某电测仪表产品的物料清单表见视频 4-2。

表 4-12　某自吸清水泵缩排式物料清单

物料号：		图号：		版次：		计量单位：		批量：		现有量：	
物料名称：		类型：		分类：		提前期：		累计提前期：			

层次	物料号	物料名称	计量单位	数量	来源	生效日期	失效日期	成品率	累计提前期/天	备注
0	QB6000	QB60 清水泵	台	1	自制			80%	3	
1	QB60010	QB60 泵体	套	1	外协			100%	1	
1	QB60020	QB60 连接体	套	1	外协			100%	1	
2	QB60031	QB60 电机筒	个	1	外协			100%	1	
2	QB60032	QB60 电机端盖	个	2	外协			100%	1	

（2）提前期

提前期（见视频 4-3）是以产品应完工日期为起点，根据物料清单结构进行倒排计划，倒推到各个零部件最晚应该开始加工的时间或采购订单的发出时间的这一段时间。物料需求计划中的提前期通常是指从订单发出至订单接收的这段时间。它是一种倒向排序的计划，主要回答何时生产或需要的问题。何时下达生产或采购计划主要取决于物料的提前期，其形式有以下六种：

视频 4-3　提前期

1）采购提前期，是指从采购订单下达到订单入库所需的时间。

2）生产准备提前期，是指从计划开始到完成生产准备所需的时间。

3）加工提前期，是指从开始加工到加工完成所需的时间。

4）装配提前期，是指从开始装配到装配结束所需的时间。

5）总提前期，是指产品的整个生产周期，包括产品设计提前期，生产准备提前期，采购提前期，加工、装配、检测、包装、发运提前期。

6）累计提前期，是指采购、加工、装配提前期的总和。

提前期在系统中是作为固定不变的参数进行设置的，一般在建立物料主文件时就有此字段信息。对于采购件而言，其设置的提前期即为采购提前期；对于自制件而言，其设置的提前期乃为加工提前期；对于累计提前期而言，则是根据产品的物料清单进行累加而得到。

（3）计划期或计划周期

计划期是指相临两次物料需求计划计算的时间间隔。计划期是由若干个称为计划周期的时间段组成。计划周期长度的大小反映了物料需求计划的细致程度，它与整个计算工作量成反比，一般取为一周。但随着计算机技术的提高，计划周期可缩短到以天为单位。当然，有关其他与时间有关的信息息也需精确到天，如主生产计划、提前期、库存记录以及反馈信息等。在一般情况下，计划期长度应大于或等于产品的最长生产周期（见视频 4-4）。（含采购周期或外协周期）。产品的狭义生产周期是指产品加工完成的时间，与加工批量、转运批量等相关（见视频 4-5）。

视频 4-4　生产周期及
确定方法

（4）批量规则

所谓批量，对于生产零部件而言，就是一次所要生产的数量；对于采购件而言，则是一次向供应商订货的数量。物料需求计划订单的投入量应为批量的整数倍，批量可以是固定的，也可以是动态变化的。一般来讲，一次订货的数量应能满足一个或多个时段的物料需求。常用的批量确定方法有以下几种：

视频 4-5　生产完工
时间确定方法

1）按需确定批量法。这种方法是根据净需求的计算结果直接确定批量，订购批量恰好和净需求相匹配，也可称之为直接批量法。此时，计划订单的产出量正好等于每周的净需求量，这样就不会产生剩余转移到未来时段使用，因而保管费用相对较少。但这种方法会受到实际环境的影响，特别是对于采购件而言，供应商的供货能力并不一定任何时候均与需求方相匹配。

2）经济订购批量法（见视频 4-6）。经济订购批量法是为平衡保管费用和采购费用，并寻求在一定时期内保管费用和采购费用总和最低的一种方法。这种方法基于下面几个假设条件：①需求已知而且不变，不会有缺货的情况；②发出订单时，及时受理，即订货和交货之间的时间为零；③订货的提前期是固定的，一批订货是瞬时到达的，即假设在一定时间，物料的补充以无限大的速率进行；④数量不打折扣；⑤订货成本是固定不变的，与订货量无关，保管成本与库存水平成正

视频 4-6　经济订购
批量法

比；⑥没有脱货现象，都能及时补充；⑦单位产品的价格是固定的；⑧不允许出现延期交货的情况。

如果年需求量一定，则订购成本是随着订购批数的减少而减少，以及随着每批订购数量的增加而减少，而储存成本则随订购批量的增加以及每批订购数量的减少而下降。前者要求采购批量大而批数少，以降低订购成本；后者则要求采购批量小而批数多，以降低储存成本。从上述假设条件中可知，采购成本 = 每次采购成本 × 该期的采购次数，而储存成本 = 平均库存量 × 该期单位储存成本。该种方法的定量模型可表述为如图 4-6 所示，图中 Q 为采购批量，N 为年需求量，A 为单位采购成本，C 为单位年库存平均成本，E_1、E_2 分别为储存成本曲线和采购成本曲线。其总成本曲线为 E，呈现一条"凹"形曲线。从经济的角度出发，"凹"形曲线的拐点即为最小总费用下的最佳订购批量。

由上述可知

$$E = E_1 + E_2 = (Q/2)C + (N/Q)A \tag{4-2}$$

为使总成本最小，可以用总成本对批量求偏导，并令偏导函数等于零，即可求得最佳订

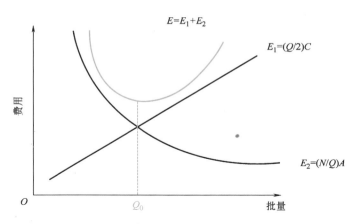

图 4-6　经济订购批量法定量模型

购批量。得函数如下：

$$\frac{\mathrm{d}E}{\mathrm{d}Q} = \frac{C}{2} - \frac{N}{Q_0^2}A = 0 \tag{4-3}$$

由式（4-3）即可求得最佳订购批量

$$Q^* = \sqrt{\frac{2NA}{C}} \tag{4-4}$$

例4-3　某厂年需某零件5000件，存储费每件每年2.5元，订购费用每次20元，订货提前期为7天。则根据式（4-4）即可得最佳订购批量为

$$Q^* = \sqrt{\frac{2NA}{C}} = \sqrt{\frac{2 \times 5000 \times 20}{2.5}}件 = 283 \ 件$$

3）固定批量法。固定批量法是指每次订购的数量固定不变，该数量可以根据某种设施或程序的生产能力以及包装量等相关信息来确定。

4）最小总费用法。最小总费用法是一个动态的确定订购批量的方法。其原理是比较不同订货量所对应的保管费用和订货费用，从中选择出使二者尽可能接近的订购批量。最小总费用法实质上是试算方法寻求保管费用和订货费用间的平衡点，是一种简化的经济订购批量法。计算的基本逻辑为：将未来若干期的需求量合并为一批，比较由于合并带来的订货费用的节省量与由此导致的保管费用的增加量。若前者大于或等于后者，则合并；否则，不合并。

5）最小单位费用法。最小单位费用法也是一个动态的确定订购批量的方法。这种方法将每个试验批量的订货费用和保管费用相加，再除以该订购批量的单位总量，选择单位费用最小的那个批量作为订购批量。

（5）工艺路线

工艺路线是制造某种产品过程的细化描述，包括要执行的工序名称、工序顺序、有关的工作中心、每个工作中心所需的设备、设备或工作中心的准备时间、运行时间的标准工时、工序作业所需的零部件、配置的人力，以及每次操作的产出量。在MRP Ⅱ和ERP等软件系统中，应有工艺路线中所需设备的详细信息，如设备描述、工序顺序、准备时间和加工时间，以及工作中心的配置等，用以说明零部件加工或装配的过程。在MRP系统中，企业通常用工艺过程卡来编制工艺路线。在工艺路线文件中，除了说明工序顺序、工序名称、工作中心代码及名称外，系统还把工艺过程和时间定额汇总到一起，除列出准备和加工时间外，还应列出运输时间（含等待时间），作为编制计划进度的依据。一般来说，工艺路线通常可用来实现以下六个目标：

1）计算加工件的累计提前期，提供运行 MRP 的计算数据。

2）计算占用工作中心的负荷时间，提供运行能力计划的数据。

3）计算派工单中每道工序的开始时间和完工时间。

4）提供计算加工成本的标准工时数据。

5）按工序跟踪在制品。

6）安全库存信息。

物料需求计划的计算逻辑是，根据总需求和现有库存量的大小来确定净需求量。因此，每一项物料的库存信息对于编制物料需求计划就显得相当重要。在实际中，企业通常会设置安全库存，这是为应付市场波动以及供应商的不可靠性而设置的库存量。因此，从产品结构树的角度出发，安全库存的位置主要是处于物料清单的顶层级和底层级的物料。安全库存的具体数量根据物料项目的历史资料、要求的服务水平（即缺货率）采用有关统计分析方法计算得到。在实际使用中，还需建立起期初的库存初始值编制物料需求计划。

2. 物料需求计划编制步骤

1）计算需求总量。需求总量表示对物料 j 在 t 周期的预计需要量。需求总量的计算用来自主生产计划的需求或根据该物料的直接母项计算汇总得到。需求总量的计算从最终产品开始，根据物料清单层层向下推算，直至采购材料或外购件为止。在计算时还要考虑计划投入时间，它可用主生产计划中的需求时间减去生产提前期得到。

例 4-4　假设某产品 A 和 B 的主生产计划见表 4-13，两个产品的物料清单中，1 个产品 A 需 2 个零部件 C，1 个产品 B 需 3 个零部件 C。因此，只要将产品的量乘以物料清单中的相应系数即可得到零部件的需求总量。本题中假设产品 A 和 B 的提前期均为 1 周，零部件 C 的提前期为 2 周。由产品 A 和 B 的提前期可得到两产品的计划投入时间和投入量，见表 4-14。根据 A 和 B 的 BOM 结构可推算出零部件 C 的需求总量，见表 4-15。

表 4-13　产品 A 和 B 的主生产计划

（单位：个）

周　次	1	2	3	4	5	6	7	8
产品 A		75					75	
产品 B					40			40

表 4-14　产品 A 和 B 的计划投入时间和投入量

（单位：个）

周　次	1	2	3	4	5	6	7	8
产品 A	75					75		
产品 B				40			40	

表4-15 零部件 C 的需求总量

（单位：个）

周　　次	1	2	3	4	5	6	7	8
需求总量	150			120		150	120	

2）计算净需求量。净需求量是根据零件需求总量、现有库存状况所确定的实际需求量，在某些情况下，还要考虑安全库存量。净需求量 = 需求总量 + 安全库存量 – 现有库存 – 预计入库量。例4-4中假定零部件 C 在第1周的期初库存为47个，预计入库量为230个，安全库存量为50个，生产或采购批量采用固定批量法，批量大小为230个。则可计算出零部件 C 的净需求量（见表4-16）。

表4-16 零部件 C 的净需求量

（单位：个）

周　　次	1	2	3	4	5	6	7	8
需求总量	150	0	0	120	0	150	120	0
期初库存量	47	127	127	127	50	50	50	50
预计入库量	230	0	0	0	0	0	0	0
是否缺货	否	否	否	是	否	是	是	否
净需求量	0	0	0	43	0	150	120	0

230+47−150=127

120+50−127=43

如果例4-4中的零部件 C 既是产品 A 和 B 的零部件，又是具有独立需求的产品，那么计算其需求总量时便要同时考虑其相关需求和独立需求。

3）批量编制，确定计划订单交货量。批量编制是根据零部件的生产或订货方针，确定各零部件按生产或订货方针组成批量，按完工顺序排列计划订单交货量。例4-4中零部件 C 的计划订单交货量见表4-17。

表4-17 零部件 C 的计划订单交货量

（单位：个）

周　　次	1	2	3	4	5	6	7	8
净需求量	0	0	0	43	0	150	120	0
库存新增量				187	187	37	147	147
计划订单交货量				230			230	

4）计算提前期，确定计划订单投入量。把按完工顺序排列的计划订单减去提前期，就可得到按开工顺序排列的计划订单。例4-4中零部件 C 的计划订单投入量见表4-18。

综上所述，物料需求计划的计算逻辑就是：根据主生产计划的需求量，按照物料清单确定所需零件的需求总量；用需求总量减去可用库存后得到净需求量；通过批量编制和计算提前期得到各种物料的需求量和需求时间；最后确定计划订单的交货量、投入量、完工时间和开工时间。

表 4-18　零部件 C 的计划订单投入量

（单位：个）

周　　次	1	2	3	4	5	6	7	8
计划订单交货量				230			230	
计划订单投入量		230			230			

下面以一个例子来进一步说明物料需求计划的编制方法。某产品 X 的产品结构树如图 4-7 所示，X 的提前期为 2 周，零部件 A 和 B 的提前期分别为 2 周和 1 周，A、B 采用按需批量法订货。A 现有库存 10 个，第 1 周计划到货 10 个。B 现有库存 5 个，第 2 周计划到货 10 个。A 除了满足 X 的装配需求外，目前还接到来自市场的两份订单：第 5 周要求供货 20 个，第 7 周要求供货 30 个。产品 X 的主生产计划见表 4-19。则可根据上述编制步骤推算出物料 A 和 B 的计划下达时间与数量，见表 4-20。

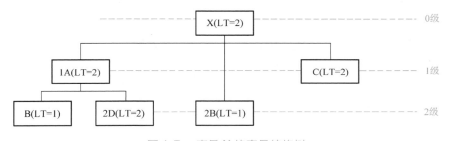

图 4-7　产品 X 的产品结构树

表 4-19　产品 X 的主生产计划

（单位：个）

周　　次	1	2	3	4	5	6	7	8	9	10
主生产计划量	0	0	0	0	20	0	25	0	0	15

表 4-20　物料 A、B 的物料需求计划

（单位：个）

项　　目	1	2	3	4	5	6	7	8	9	10
A 需求总量			20		25 + 20		+ 30	15		
可用库存量 10	20	20	0	0	0	0	0	0		
净需求量			0		45		30	15		
计划交货量			0		45		30	15		
计划发出订货	0		45		30	15				
B 需求总量			40 + 45		50 + 30	15		30		
可用库存量 5	5	15	0	0	0	0	0	0		
净需求量			70		80	15		30		
计划交货量			70		80	15		30		
计划发出订货		70		80	15		30			

编制物料需求计划对于简单的产品结构而言，手工计算物料需求计划尚可实现。但如果一个产品是由成千上万个物料所构成的，则用手工制订一个物料需求计划其工作量非常大。因此企业现在通常借助计算机工具，如使用物料需求计划软件系统，来制订计划。

4.2.5　细能力计划

细能力计划和粗能力计划一样，都是对能力和负荷的平衡做分析。粗能力计划是对主生产计划的结果进行检验，而细能力计划是对物料需求计划进行检验。粗能力计划是对关键工作中心进行能力负荷平衡分析，而细能力计划是对每个工作中心进行能力分析。

物料需求计划制订物料在各时段的需求计划并形成加工单（或称车间订单）和采购单，分别下发到生产车间和采购部门。加工单下达到各个加工中心后，根据物料的提前期数据，可以计算出各个工作中心在每一时段的负荷，把它和各工作中心的已知能力进行比较，从而形成能力需求计划。

在制订细能力计划时，加工路线必须已知，此外还须计算各个工作中心的负荷和可用能力。由于物料需求计划是一个分时段的计划，相应的细能力计划也是一个分时段的计划，故必须知道各个时间段的负荷和可用能力。

由于细能力计划的计算是基于所有零部件和成品，并且贯穿于物料需求计划的所有周期。因此，细能力计划的计算非常烦琐，工作量非常大。下面以一个简单的案例说明其计算逻辑。

例4-5　假设某厂某月的 A、B、C 三种物料的需求计划分别为 300 件、200 件和 400 件，需依次经过 L、M、N 三个工作中心加工，各物料在各工作中心加工的标准工时见表4-21。工作中心 L 和 M 各有两台设备，工作中心 N 有一台设备，各设备月工作 23 天，每天作业 8h，开动率为 90%。

根据物料的需求量及物料在各工作中心加工的标准工时，可分别计算出各种物料加工的负荷，以及汇总出各工作中心的总负荷，结果见表4-22。从表中可知，工作中心 L 的负荷为382h，工作中心 M 的负荷为 329h，工作中心 N 的负荷为 131h。

表4-21　物料在各工作中心的标准工时

物料名称	工作中心	标准工时/h
A	L	0.42
	M	0.55
	N	0.23
B	L	0.58
	M	0.34
	N	0.31
C	L	0.35
	M	0.24

表 4-22 各物料在各工作中心的负荷计算

按物料分类的负荷计算表				按工作中心分类的负荷计算表			
物料名称	工作中心	标准工时/h	负荷/h	工作中心	物料名称	工作中心代号	负荷/h
A（300 件）	L	0.42	126	L	A	1	126
	M	0.55	165		B	1	116
	N	0.23	69		C	1	140
	合计		360		合计		382
B（200 件）	L	0.58	116	M	A	2	165
	M	0.34	68		B	2	68
	N	0.31	62		C	2	96
	合计		246		合计		329
C（400 件）	L	0.35	140	N	A	3	69
	M	0.24	96		B	3	62
	合计		236		合计		131

然后，计算各个工作中心的可用能力。工作中心 L 的可用能力为 $2 \times 23 \times 8h \times 90\% = 331.2h$，工作中心 M 的可用能力为 $2 \times 23 \times 8h \times 90\% = 331.2h$，工作中心 N 的可用能力为 $1 \times 23 \times 8h \times 90\% = 165.6h$。从而得到负荷和可用能力的比较结果（见表 4-23）。由表中可分析得出：L 工作中心已经超负荷运转，不能满足需求；M 接近于满负荷运转；N 还有较多空余时间。

针对上述的分析结果，生产管理人员必须对能力或负荷进行调整，或者修改能力，或者修改负荷，最后形成详细的能力需求计划。最终的能力需求计划必须满足能力需求。

表 4-23 负荷和可用能力的比较结果

工 作 中 心	负荷/h	可用能力/h
L	382	331.2
M	329	331.2
N	131	165.6

4.3.1 车间作业计划与控制概述

当物料需求计划已执行，并且经能力需求计划核准后确认生产能力满足负荷的要求时，就应根据物料的属性，生成生产作业计划或采购计划。生产作业计划是生产计划的执行计划，是指挥企业内部生产活动的计划。对于大型加工装配式企业，生产作业计划一般分成厂级生产作业计划和车间级生产作业计划。厂级生产作业计划的对象为原材料、毛坯和零件，从产品结构的角度来看，也可称作零件级作业计划。车间级生产作业计划的对象为工序，故也可称为工序级生产作业计划，简称车间作业计划。

车间作业计划是安排零部件（作业、活动）的出产数量、设备，以及人工使用、投入时间及产出时间。生产控制是以生产计划和作业计划为依据，检查、落实计划执行的情况，发现偏差及时采取纠正措施，保证实现各项计划目标。通过制订车间作业计划和进行车间作业控制，可缩短平均流程时间，提高设备和人员的利用率，满足交货期的要求，同时可减少在制品库存量，降低生产和人员成本。

计划制订后，将生产订单以加工单形式下达到车间，加工单最后发到工作中心。生产订单下达车间的形式有两种，一种是推动式，即按照 MRP II 的计划逻辑计算得到的时间下达；另一种是拉动式，即按照 JIT 的计划逻辑拉动生产订单进入车间，这两种方法的计划绩效之间存在差异（见视频4-7）。对于物料或零组件来讲，有的经过单个工作中心，有的经过两个工作中心，有的甚至可能经过三个或三个以上的工作中心。经过的工作中心的复杂程度的不同，直接决定了作业计划和控制的难易程度的不同。这里的加工单指的就是车间订单，是一种面向加工作业说明物料需求计划的文件，可以跨车间甚至厂际协作使用。加工单上需要反映出物料需要经过哪些加工工序（工艺路线），需要什么工具、材料，加工能力和提前期等信息。

视频4-7　不同订单下达车间方式的仿真比较（FlexSim 软件）

在作业计划和控制过程中，通常要综合考虑下列因素的影响：生产作业到达的方式；车间内机器的数量；车间拥有的人力资源；生产作业移动方式；生产作业的工艺路线；生产作业的交货期；生产批量的大小；生产作业在各个工作中心上的加工时间和准备时间；不同的调度准则及评价目标。

4.3.2　生产作业排序

1. 生产作业排序的基本概念

生产作业计划的编制除了要确定每个作业的开始时间和完成时间外，还要确定作业的加工顺序，只有这样才能指导工人的生产活动。因此，当执行物料需求计划生成的生产订单下达至生产车间后，须将众多不同的工作，按一定顺序安排到机器设备上，以使生产效率最高。这种在某机器上或某工作中心决定哪个作业首先开始工作的过程，称为作业排序或优先调度排序。

作业计划（Scheduling）和作业排序（Sequencing）是两个不同的概念，但是，编制作业计划的主要工作之一就是要确定最佳的作业顺序，而且，在通常情况下都是按最早可能开（完）工的时间来编排作业计划。因此，当作业的加工顺序确定之后，作业计划也就确定了。所以，人们经常将这两个概念不加区别地使用。

（1）作业排序的分类

作业的排序问题可以有多种分类方法，按机器的种类和数量，可以分为单台机器排序问题和多台机器排序问题；按加工路线的特征，可以分为单件车间（Job-shop）排序问题和流水车间（Flow-shop）排序问题；按作业到达车间情况的不同，即所有作业任务一次到达还是陆续到达，可以分为静态排序问题和动态排序问题；按目标函数内容，可以分为平均流程时间最短或误期完工的作业数最少；按参数的性质，可以分为确定型排序问题与随机型排序问题；按实现目标的性质，又可以分为单目标排序和多目标排序。

（2）作业排序的表示方法

为便于分析研究，建立数学模型，有必要对排序问题做出下列假设：一个工件不能同时在几台不同机器上加工；每台机器同时只能加工一个工件；每道工序只在一台机器上完成；工件加工过程中采用平行移动方式，即当上一道工序完工后，立即送下道工序加工；加工过程不允许中断；工件数、机器数和加工时间均已知，加工时间与加工顺序无关。

现考虑 M 个任务 J_i（$i = 1, 2, \cdots, M$）在 N 台设备 M_j（$j = 1, 2, \cdots, N$）上的作业排序问题，各符号的含义如下：J_i 表示第 i 项加工任务；M_j 表示第 j 台加工设备；t_{ij} 表示 J_i 在 M_j 上的加工时间；r_i 表示 J_i 可以开始加工的最早时间；d_i 表示 J_i 要求的交货期限；W_{ij} 表示 J_i 在 M_j 上加工之前的等待时间；W_i 表示 J_i 在加工过程中总的等待时间；t_i 表示 J_i 在 N 台设备上的总加工时间。则：

J_i 的完工时间为

$$C_i = r_i + \sum (W_{ij} + t_{ij}) = r_i + W_i + t_i \tag{4-5}$$

任务 J_i 的总流程时间，即工件在加工过程中的实际停留时间为

$$F_i = C_i - r_i = W_i + T_i \tag{4-6}$$

任务 J_i 的延迟时间为

$$L_i = C_i - d_i = F_i + r_i - d_i \tag{4-7}$$

$L_i > 0$，正延迟，实际交货时间超过了交货期限；

$L_i < 0$，负延迟，说明任务提前完成；

$L_i = 0$，说明任务准时完成。

任务 J_i 的延期为

$$T_i = \max\{0, L_i\} \tag{4-8}$$

（3）作业排序的规则

作业排序的目标是在尽可能满足各种约束条件的情况下，给出一个令人满意的排序方案。在进行作业排序时，需要用到相应的优先调度规则来解决生产任务与生产资源需求发生冲突的问题。这些规则有些是以满足顾客或下一道作业的交货期为前提；有些则是为极小化流程时间，如总流程时间、平均流程时间和平均延迟时间等；还有一些则是为极小化在制品库存、极小化总调整时间，等等。不同的调度规则，得到的排序结果往往差别很大。常用的排序规则有以下几种：

1）先到先服务（First Come First Served，FCFS）。根据按订单到达工作中心的先后顺序来执行加工作业，先来的订单任务先进行加工。

2）最短作业时间（Shortest Operating Time，SOT；又称 Shortest Processing Time，SPT）。优先选择作业时间最短的任务，即按照作业时间的反向顺序来安排订单。该规则能有效地缩短任务的流程时间，同时有利于提高设备的利用率，减少在制品占用量。

3）交货期最早优先（Earliest Due Date，EDD）。根据订单交货期的先后顺序来安排订单，即交货期最早则应最早加工。这种方法在作业时间相同时往往效果非常好。

4）剩余松弛时间（Slack Time Remaining，STR）最少。剩余松弛时间是将在交货期

前所剩余的时间减去剩余的总加工时间所得的差值，剩余松弛时间值越小，越有可能拖期，故最短的任务应最先进行加工。该规则与 EDD 规则类似，但更能反映任务的紧迫程度。

5）紧迫系数（Critical Ratio，CR）。紧迫系数是用交货期减去当前日期的差值除以正常生产所剩余的工作日数，即

$$CR = \frac{交货期 - 当前日期}{正常生产所剩余的工作日数} \qquad (4\text{-}9)$$

CR 的值有如下几种情况：CR = 负值，说明已经拖期；CR = 1，说明剩余时间刚好够用；CR > 1，说明剩余时间有富裕；0 < CR < 1，说明剩余时间不够。这里需要说明的是，当一个作业完成后，其余作业的 CR 值会有变化，应随时调整。紧迫系数越小，其优先级越高，故紧迫系数最小的任务先进行加工。

6）最少作业数（Fewest Operations，FO）。这是指根据剩余作业数来优先安排订单，该规则的逻辑是：较少的作业意味着有较少的等待时间，该规则的平均在制品少，制造提前期和平均延迟时间均较少。

7）后到先服务（Last Come First Served，LCFS）。该规则与先到先服务规则刚好相反，即后到的工单放在先到的上面进行作业。

迄今为止，人们已提出多个优先排序规则，不同的规则有不同的特点。在具体排序时，应结合排序方案的评价目标进行选择。若仅采用单一规则还不能完全确定加工顺序，则需要采用优先规则的组合进行排序。

2. 作业排序的方法

（1）N 个作业单台工作中心的排序

单台工作中心排序问题是最简单的排序问题，在单件小批生产中，对于关键设备具有重要意义。它往往能够缩短工件等待时间，减少在制品占用量，提高设备利用率，满足用户的不同需求。下面以一案例说明上述排序规则。

例 4-6　现有五个订单需在一台设备上进行加工作业，五个订单的到达顺序分别为 A、B、C、D、E，订单的加工作业时间和交货期等信息见表 4-24。下面分别以不同的规则进行排序比较。

表 4-24　不同订单的原始数据

订单（按照到达的先后顺序）	加工时间/天	交货期/天	剩余制造提前期/天	作业数（个）
A	3	5	5	5
B	4	6	6	3
C	2	7	6	4
D	5	8	7	2
E	1	3	4	1

1）先到先服务规则。按照订单的先后到达顺序进行排序，见表 4-25。总流程时间为（3 + 7 + 9 + 14 + 15）天 = 48 天，平均流程时间 48/5 天 = 9.6 天。只有订单 A 能在交货日期前交货，

其他订单将延迟交货。总延迟时间为（1 + 2 + 6 + 12）天 = 21 天，平均延迟时间为 21/5 天 = 4.2 天。

表 4-25　先到先服务排序结果

订　　单	加工时间/天	交货期/天	作业数（个）	流程时间/天	延迟时间/天
A	3	5	5	0 + 3 = 3	-2
B	4	6	3	3 + 4 = 7	1
C	2	7	4	7 + 2 = 9	2
D	5	8	2	9 + 5 = 14	6
E	1	3	1	14 + 1 = 15	12

2）最短作业时间规则。订单的加工顺序为 E、C、A、B、D，排序结果见表 4-26。总流程时间为（1 + 3 + 6 + 10 + 15）天 = 35 天，平均流程时间 35/5 天 = 7 天，C、E 两个订单能在交货日期前完成。A、B、D 三个订单将延迟，总延迟时间为（1 + 4 + 7）天 = 12 天，订单平均延迟时间为 12/5 天 = 2.4 天。

表 4-26　最短作业时间排序结果

订　　单	加工时间/天	交货期/天	作业数（个）	流程时间/天	延迟时间/天
E	1	3	1	0 + 1 = 1	-2
C	2	7	4	1 + 2 = 3	-4
A	3	5	5	3 + 3 = 6	1
B	4	6	3	6 + 4 = 10	4
D	5	8	2	10 + 5 = 15	7

3）交货期最早优先规则。订单的加工顺序为 E、A、B、C、D，排序结果如表 4-27 所示。总流程时间为（1 + 4 + 8 + 10 + 15）天 = 38 天，平均流程时间为 38/5 天 = 7.6 天，订单 E、A 能在交货期前完成，B、C、D 三个订单将延迟，总延迟时间为 12 天，平均延迟时间为 2.4 天。

表 4-27　交货期最早优先排序结果

订　　单	加工时间/天	交货期/天	作业数（个）	流程时间/天	延迟时间/天
E	1	3	1	0 + 1 = 1	-2
A	3	5	5	1 + 3 = 4	-1
B	4	6	3	4 + 4 = 8	2
C	2	7	4	8 + 2 = 10	3
D	5	8	2	10 + 5 = 15	7

4）剩余松弛时间最少规则。根据松弛时间的计算结果，此时 A、B、E 订单的松弛时间均为 2 天，现以加工顺序为 E、A、B、D、C 排序为例，计算结果见表 4-28。总流程时间为

（1＋4＋8＋13＋15）天＝41天，平均流程时间为41/5天＝8.2天，订单E、A能在交货期前完成，B、C、D三个订单将延迟，总延迟时间为15天，平均延迟时间为3天。

表4-28 剩余松弛时间最少排序结果

（单位：天）

订 单	加工时间	交 货 期	松弛时间	流程时间	延迟时间
E	1	3	3－1＝2	0＋1＝1	－2
A	3	5	5－3＝2	1＋3＝4	－1
B	4	6	6－4＝2	4＋4＝8	2
D	5	8	8－5＝3	8＋5＝13	5
C	2	7	7－2＝5	13＋2＝15	8

5）紧迫系数规则。根据紧迫系数的计算结果，订单的加工顺序为E、A、B、D、C，排序结果见表4-29。总流程时间为41天，平均流程时间为8.2天，订单E、A能在交货期前完成，B、C、D三个订单将延迟，总延迟时间为15天，平均延迟时间为3天。

表4-29 紧迫系数排序结果

订 单	加工时间/天	交货期/天	剩余制造提前期/天	紧迫系数	流程时间/天	延迟时间/天
E	1	3	4	3/4＝0.75	0＋1＝1	－2
A	3	5	5	5/5＝1.00	1＋3＝4	－1
B	4	6	6	6/6＝1.00	4＋4＝8	2
D	5	8	7	8/7＝1.14	8＋5＝13	5
C	2	7	6	7/6＝1.17	13＋2＝15	8

6）最少作业数规则。按照最少作业数进行排序的作业顺序为E、D、B、C、A，排序结果见表4-30。总流程时间为（1＋6＋10＋12＋15）天＝44天，平均流程时间为44/5天＝8.8天，订单E、D能在交货期前完成，B、C、A订单延迟，总延迟时间为（4＋5＋10）天＝19天，平均延迟时间为19/5天＝3.8天。

表4-30 最少作业数排序结果

订 单	加工时间/天	交货期/天	作业数（个）	流程时间/天	延迟时间/天
E	1	3	1	0＋1＝1	－2
D	5	8	2	1＋5＝6	－2
B	4	6	3	6＋4＝10	4
C	2	7	4	10＋2＝12	5
A	3	5	5	12＋3＝15	10

7）后到先服务规则。订单的加工顺序为E、D、C、B、A，排序结果见表4-31。总流程

时间为（1 + 6 + 8 + 12 + 15）天 = 42 天，平均流程时间为 42/5 天 = 8.4 天，订单 E、D 能在交货期前完成，B、C、A 订单延迟，总延迟时间为（1 + 6 + 10）天 = 17 天，平均延迟时间为 17/5 天 = 3.4 天。

表 4-31　后到先服务排序结果

订　　单	加工时间/天	交货期/天	作业数（个）	流程时间/天	延迟时间/天
E	1	3	1	0 + 1 = 1	-2
D	5	8	2	1 + 5 = 6	-2
C	2	7	4	6 + 2 = 8	1
B	4	6	3	8 + 4 = 12	6
A	3	5	5	12 + 3 = 15	10

上述规则的排序结果对比见表 4-32。可以看出，最短作业时间规则排序结果最好，无论总的流程时间、平均流程时间还是平均延迟时间都是最短的。对于单台工作中心排序问题，SPT 规则总能使平均流程时间最短。当然，采取什么样的排序规则还要取决于决策部门的具体目标。

表 4-32　几种排序结果的对比

实 施 规 则	订 单 顺 序	平均流程时间/天	平均延迟时间/天
FCFS	A - B - C - D - E	9.6	4.2
SPT	E - C - A - B - D	7.0	2.4
EDD	E - A - B - C - D	7.6	2.4
STR	E - A - B - D - C	8.2	3.0
CR	E - A - B - D - C	8.2	3.0
FO	E - D - B - C - A	8.8	3.8
LCFS	E - D - C - B - A	8.4	3.4

随着数字技术的发展，现实生产中对于多个生产订单的排序，可以采用仿真的方法，如利用 FlexSim 对不同规则排序结果的绩效进行比较，从而选择最合适的一种或几种组合排序方法（见视频 4-8）。

（2）N 个作业多台工作中心的排序

1）N 个作业 2 台工作中心的排序。这类问题是指 N 个作业都是先从第 A 台工作中心上加工，然后转到第 B 台工作中心上继续加工，如图 4-8 所示。这类问题的排序可采用 Johnson-Bellman 算法（见视频 4-9）进行。

视频 4-8　不同排序规则（FCFS、EDD、SPT）　　　视频 4-9　Johnson-Bellman 算法
的仿真比较：FlexSim 模型

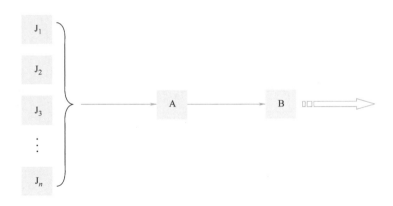

图4-8　N个作业2台工作中心排序模型

　　N个作业在2台工作中心上的排序目标是使总加工周期最短，这里的总加工周期是指从第1个作业在第1台工作中心上开始加工算起，直到最后一个作业在第2台工作中心上加工结束为止的这段时间。

　　采用Johnson-Bellman算法的计算逻辑如下：在所有作业任务中选择最短作业时间的作业任务，如果作业时间最短的作业任务来自第1台设备，则首先进行这个作业；如果来自第2台设备，则这个作业任务最后进行，并将该作业任务从任务表中删去。对其他作业重复前面两步，直到最后排序完成。

　　例4-7　现有农用自吸泵系列的五种叶轮零件，均需先在车床A上加工，再到钻床B上加工平衡孔，车床和钻床各有一台。各零件在机床上加工所需时间见表4-33。

表4-33　作业任务在机床上的作业时间

（单位：min）

机　　床	J_1	J_2	J_3	J_4	J_5
A	6	8	12	3	7
B	11	9	5	2	4

　　从表4-33中可知，在5个作业任务的10个作业时间中，作业时间最短的任务是J_4，而该作业时间为钻床B上的作业时间，因此，在排序过程中应将任务J_4放在最后进行，并将该任务在任务表中删去。在剩下的作业任务中，作业时间最小的钻床B上的作业任务是J_5，故应将其排在J_4的前面。同理，剩下的作业任务均按上述步骤进行。其排序过程和结果见表4-34，即加工顺序为J_1—J_2—J_3—J_5—J_4。可用甘特图或矩阵表法确定总流程时间，矩阵表法的计算结果见表4-35，表中作业时间均排在作业任务的左上侧，右下侧为该任务在设备上的流程时间。因此，由图上可得出5个作业任务的总流程时间为39min。

　　2）N个作业3台工作中心的排序。通常，当工作中心为3台以上时，就很难找到最优解了。但是，对于N个作业均按相同次序经过3个工作中心，即工艺路线相同时，在满足某些条件后可以采用Johnson-Bellman扩展算法规则来解决。如果3台工作中心的作业任务满足以下条件，可将该问题转化为2台工作中心的排序问题，即

表 4-34　排序过程和结果

步　骤	排序过程					备　注
1					J_4	将 J_4 排在第 5 位
2				J_5	J_4	将 J_5 排在第 4 位
3			J_3	J_5	J_4	将 J_3 排在第 3 位
4	J_1		J_3	J_5	J_4	将 J_1 排在第 1 位
5	J_1	J_2	J_3	J_5	J_4	将 J_2 排在第 2 位

表 4-35　矩阵表法计算总流程时间

（单位：min）

机　床	任　务				
	J_1	J_2	J_3	J_5	J_4
	流程时间				
A	6 / 6	8 / 14	12 / 26	7 / 33	3 / 36
B	11 / 17	9 / 26	5 / 31	4 / 37	2 / 39

$$\min\{t_{iA}\} \geqslant \max\{t_{iB}\} \text{ 或 } \min\{t_{iC}\} \geqslant \max\{t_{iB}\} \tag{4-10}$$

式（4-10）中 t_{iA}、t_{iB}、t_{iC} 表示第 i 项作业在 A、B、C 3 台工作中心上的加工时间，该算式表示 N 项作业在工作中心 B 上的最大加工时间比在工作中心 A 或 C 上的最小加工时间还小，或者两者相等，即可满足条件。如此，即可将 3 台工作中心变换为 2 台假想工作中心 G、H，且存在如下关系

$$t_{iG} = t_{iA} + t_{iB} \quad t_{iH} = t_{iC} + t_{iB} \tag{4-11}$$

将 t_{iG}、t_{iH} 作为 G、H 2 台工作中心上的作业时间，然后采用 Johnson-Bellman 算法进行排序。

例 4-8　现有四种零件，工艺顺序均为车床—铣床—磨床，加工时间见表 4-36。

表 4-36　作业任务在机床上的作业时间

（单位：min）

设　备	J_1	J_2	J_3	J_4
车　床	15	8	6	12
铣　床	3	1	5	6
磨　床	4	10	5	7

例中，$\min\{t_{i车} = 6\} \geqslant \max\{t_{i铣} = 6\}$，故满足 Johnson-Bellman 扩展算法的使用条件。将问题转化为 G、H 2 台工作中心上的排序问题，作业时间合并结果见表 4-37。根据 Johnson-Bellman 算法得到排序结果为 J_2—J_4—J_3—J_1，总流程时间为 48 min。

表 4-37　假想设备作业时间

（单位：min）

假想设备	J_1	J_2	J_3	J_4
G	18	9	11	18
H	7	11	10	13

如果 N 个作业需要在 M 台工作中心上加工，这就是"N/M"排序问题，这种车间作业相对比较复杂，此时，必须借助计算机，利用一定的数学算法编制程序进行排序（见视频 4-10）。

视频 4-10　开放车间调度问题的 ILOG 求解

4.3.3　作业调度

作业调度是指对到达某工作中心且处于等待状态的若干个作业进行管理。它的目的是控制提前期和在制品，同时能使瓶颈工作中心被充分利用。若干个作业到达某工作中心处于等待状态时，最理想的情况是作业到达工作中心时能够立即加工，从而可以降低在制品的数量和缩短制造提前期。但是按照约束理论，其作业排序的顺序是首先安排关键设备的任务，然后再安排其他设备的任务。为了缩短制造的提前期，作业调度可以采取的策略有分批作业和分割作业。

（1）分批作业

分批作业是指把一张加工单加工的数量分成几批，由几张加工单来完成，以缩短加工周期。分批作业只有在工作中心有几台设备能完成相同工艺时才能实现。每台设备都需要有准备时间，使整个准备时间增加了。此外，还可能需要几套工艺装备，成本也会增加。

某作业任务需要在两个工作中心上完成，其总提前期构成如图 4-9 所示。

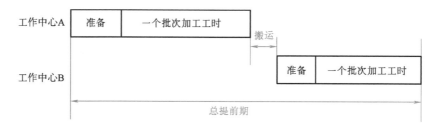

图 4-9　总提前期构成

若把这项作业分成两个批次，在工作中心 A 上完成第一批次后直接搬运至工作中心 B 上进行加工，当工作中心 A 执行第二个批次时，工作中心 B 也正在执行第一个批次。如此，在工作中心 A 加工完第二个批次后即转至工作中心 B 上加工。分成两个批次的结果如图 4-10 所示。由图中可看出，总提前期明显缩短。这里需要注意的是，如果在第二个工作中心上加工的时间比较短，则可能会造成第二个工作中心产生等待的时间。因此，为使第二个工作中心闲置时间为零，第一个批量的设定应尽可能大一些，这样可以有效缩短总提前期。

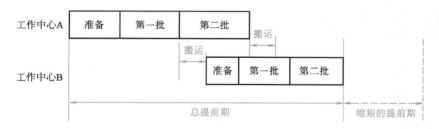

图 4-10　分批后的提前期构成

但是，由于作业的批次加大，必然会导致作业转换时间的加大，搬运的次数和路径也增多，这些都会产生成本，由此计划和控制的成本也将增加。因此，在将作业分批考虑时，一定要将成本的因素考虑进来，以追求总的成本最小。

（2）分割作业

分批作业时，由于多个批次同时作业，往往在每个工作中心上都会有作业准备时间。在通常情况下，在作业准备时间较短、一人多工位的操作、重复性设备有闲置等情况下，可将作业进行分割处理。

分割作业如图 4-11 所示，上述作业分割成两批作业后，由于是同时作业，故每个工位要配备一名员工操作设备。此时，可通过错时来减少工位的人力需求，即两台设备由一名员工操作。如图 4-12 所示，该员工在设备 1 上准备结束后，即第 1 台设备开始加工时，旋即走向第 2 台设备进行作业准备。此 2 台设备开工的时间差即为第 2 台设备的准备时间，这样虽然作业的总时间多了一个作业准备时间，但需要的操作人数可以减少一位。

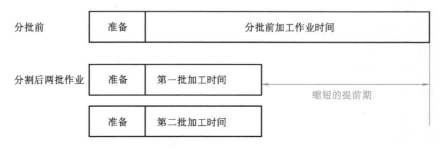

图 4-11　作业分割成两批作业的结果

图 4-12　错时的分割作业

实际上，借助分割作业的思想，可以将原来的作业分成多个批次，各个批次同时加工，并且将这种串行作业形式变更为并行作业，错时的分割作业就是这样一种设计逻辑。

4.4.1 企业资源计划系统 ERP

1. ERP 系统的产生与发展

近半个多世纪以来，伴随着计算机技术、信息技术以及网络技术的发展和应用，生产计划与控制系统物料需求计划（Material Requirement Planning，MRP）、制造资源计划（Manufacturing Resources Planning，MRP Ⅱ）以及企业资源计划（Enterprise Resource Planning，ERP）等先后被开发出来并广泛应用于各类企业。

MRP 是 20 世纪 60 年代在订货点法（Order Point System）基础上发展形成的，以控制库存为核心的一种生产计划与控制系统。MRP 系统根据客户需求、物料清单（BOM）、库存数据等生成原材料需求计划。20 世纪 70 年代末，以 IBM 公司为代表的大型计算机企业在 MRP 的基础上，推出了 MRP Ⅱ 系统。MRP Ⅱ 是将 MRP 的信息共享范围扩大，使生产、销售、财务、采购以及工程紧密结合在一起，共享有关数据，组成一个全面生产管理的集成优化模式。20 世纪 90 年代，美国 Gartner Group 公司提出了 ERP 的概念。ERP 系统是在新的信息技术环境和企业经营环境下对 MRP Ⅱ 的进一步发展，全面集成企业物流、信息流和资金流，为企业提供经营、计划、控制与业绩评估等的全面一体化管理系统。与 MRP Ⅱ 相比，ERP 除了管理功能从企业内部扩展到整个供应链，新增了业务流程管理，产品数据管理，存货、分销与运输等管理功能。同时，ERP 还采用了计算机技术的最新成就，如图形用户界面、人工智能、仿真技术等。

从宏观角度来看，ERP 是一种集先进的生产管理、物流管理等管理体系结构、管理流程和机制于一体的管理模式。从微观角度来看，ERP 是一个庞大的软件系统，是借助了信息化技术，将企业管理的思想和理念转化为可操作的软件，用来帮助企业建立起分工与协作、信息共享、富有效率的现代化企业管理体系。

2. ERP 系统的功能

ERP 不仅可用于生产企业的管理，而且在许多其他类型的企业如一些非生产，公益事业的企业也可导入 ERP 系统进行资源计划和管理。同时，ERP 系统支持离散型、流程型等混合制造环境，应用范围从制造业到零售业、服务业、银行业、电信业、政府机关和学校等事业部门。由于不存在标准的 ERP 系统，现实中的 ERP 系统都是不同厂商或企业根据企业需求或具体情况进行开发的，导致不同的 ERP 系统在功能上存在很大的差别。目前我国由中国机械工程学会建立了关于 ERP 的系列标准 GBT 25109.1—2010 ~ GBT 25109.4—2010，分别为 GB/T 25109.1—2010《企业资源计划 第 1 部分：ERP 术语》、GB/T 25109.2—2010《企业资源计划 第 2 部分：ERP 基础数据》、GB/T 25109.3—2010《企业资源计划 第 3 部分：ERP 功能构件规范》以及 GB/T 25109.4—2010《企业资源计划 第 4 部分：ERP 系统体系结构》。

由于一般企业主要包括四方面的内容：生产控制（计划、制造）、物流管理（分销、采购、库存管理）、财务管理（会计核算、财务管理）和人力资源管理，几乎所有 ERP 厂商的

ERP 系统均包括这四大管理功能模块。这四个模块通过信息共享与有效整合，使企业的资源在采购、生产、销售、运输、财务、人力资源等各个方面能够得到合理的配置与利用，从而实现企业经济效率的提高。企业实施 ERP 管理不仅方便了企业内部资源的调配，而且可使企业提高效率、节约成本。

财务管理模块是 ERP 系统中不可或缺的一部分。ERP 中的财务管理模块与一般的财务软件不同，作为 ERP 系统中的一部分，它和系统的其他模块有相应的接口，能够相互集成，例如：它可将由生产活动、采购活动输入的信息自动计入财务管理模块生成总账、会计报表，取消了输入凭证烦琐的过程，几乎完全替代以往传统的手工操作。ERP 软件的财务管理模块一般细分为会计核算与财务管理两个部分。

生产控制管理模块是 ERP 系统的核心所在，它将企业的整个生产过程有机地结合在一起，使企业能够有效地降低库存，提高效率。同时，原本分散的各个生产流程的自动连接，也使得生产流程能够前后连贯地进行，而不会出现生产脱节，耽误生产交货时间。生产控制管理是一个以计划为导向的先进的生产管理方法。首先，企业确定它的一个总生产计划，再经过系统层层细分后，下达到各部门去执行。生产部门以此生产，采购部门按此采购等。ERP 软件的生产控制管理模块一般按照计划的层次细分为主生产计划、物料需求计划、能力需求计划以及车间作业计划等部分。

物流管理模块包括分销、库存控制以及采购管理等子模块。通过控制物料采购计划、进行库存控制以及仓库管理等，有效降低物资库存，提高物料采购的计划性和准确性，提升规范化管理水平。

人力资源管理模块通过招聘管理、员工信息管理、出勤率与使用率管理、培训与绩效管理、员工请假管理、员工自助服务等子模块，简化招聘流程，降低人力资源工作者的工作强度，改善员工的工作效率和业绩，实现企业的持续高效运营。

3. 典型的 ERP 系统介绍

随着 ERP 被越来越多的企业使用，全球各地的 ERP 厂商也非常多。目前相对比较知名的国外的 ERP 软件供应商包括德国的 SAP 公司，美国的 Oracle 公司、Infor 公司、Microsoft 公司、Lawson 公司、Epicor 公司，英国的 Sage 公司，荷兰的 Unit 4（Agresso）公司，瑞典的 IFS 公司，波兰的 Comarch 公司等。SAP 是全世界管理软件领域的领军者。SAP 的 ERP 软件在世界上占有很大的市场份额。数据库领域的领先者 Oracle 也是 ERP 界的佼佼者。应该说 SAP 和 Oracle 是前两位的。

国内有代表性的 ERP 供应商有用友股份、金蝶软件、神州数码、浪潮软件、乾坤软件等。用友股份的 ERP 产品 U9 是主要面向大中型制造业集团企业的高端企业管理软件。金蝶软件的主流产品 K/3 对财务、物流、生产制造、人力资源等核心模块进行了一体化设计和规划，整体功能适应性较强。神州数码的易助定位在小型企业，针对中小企业业务模式简单、需求单一的特点，重点增强了财务模块和进销存模块。浪潮软件的 GS 是为集团型客户度身定制的一套数据集中、管理集中、决策集中的全面解决方案。乾坤软件的 ERP 系统定位于中小企业，重点增强了企业进销存与客户管理模块，同时整合企业办公管理功能，功能的行业针对性更强。

不同行业、不同类型的企业在选择 ERP 系统时，需要根据企业自身情况以及发展目标等，在尽可能多了解市场供应的基础上选择合适的系统，不能盲目照搬别人的系统。

4. ERP 的发展趋势

随着 ERP 的发展，ERP 的功能模块也在不断地扩展，例如，同供应链管理（Supply Chain Management，SCM）、客户关系管理（Customer Relationship Management，CRM），甚至同电子商务的集成。其发展趋势可分为以下四个部分：

1）在制造业中，ERP 将与制造执行系统 MES 集成，形成实时化的系统，对制造业的车间层进行实时控制。

2）在设计方面，ERP 将与产品数据管理（Product Data Management，PDM）、CAD 等集成以实现对数据、设计的综合管理。

3）在商业方面，ERP 将增强供应链管理功能、工作流管理功能来优化企业的能力。

4）在技术方面，广泛采用先进计算机技术，如客户/服务器分布式结构、面向对象方面、Internet 技术，以及先进的 XML 技术等。

4.4.2　高级计划与排产系统 APS

1. APS 系统的产生与发展

由于 ERP 的核心逻辑基于无限能力假设和固定提前期，缺乏优化功能。同时不具备协调多个企业资源的能力。随着市场竞争加剧，技术创新加快，消费者需求个性化日趋明显，越来越多的企业意识到，单靠企业自身生产过程的优化以及改进企业内部的管理所获得的收效变得越来越有限，于是开始将管理的焦点转移到相关独立企业之间的协同和企业内外物流以及信息流的集成与优化，以实现"共赢"。因此，为克服 ERP 的不足，20 世纪 90 年代中期，出现了高级计划与排产（Advanced Planning and Scheduling，APS）。APS 与 ERP 的主要区别之一是，ERP 基于无限产能理论，而 APS 基于资源约束理论（Theory of Constraints，TOC）。

到目前为止，国际上对 APS 还没有一种明确的定义。它是一种基于供应链管理和资源约束理论的先进计划与排产工具，包含了大量的数学模型、优化及模拟技术，其功能优势在于实时地基于约束的重排计划与报警功能。在计划与排产的过程中，APS 将企业内外的资源与能力约束都囊括在考虑范围之内，用复杂的智能化运算法则，作常驻内存的计算。即 APS 有三项核心技术特征：基于资源约束理论 TOC；采用多种优化算法；采用脱机主服务器常驻内存运行的计算机技术。

以色列物理学家艾利·高德拉特（Eli Goldratt）认为，企业的生产过程中必然有约束存在，即所谓的"瓶颈"，如原材料短缺、资金缺乏、人员不足等，而瓶颈资源决定了整个企业和供应链的产出或效率。运用 TOC 就是从资源约束的角度入手，采取一系列方法和手段来平衡和缓和资源的约束，来优化整个供应链系统，使计划更加精确并贴近实际情况。APS 采用了多种科学的优化方法，例如运筹学、决策论、仿真学和人工智能等学科的方法。近几年，遗传算法、禁忌搜索法、约束规划法、基因算法等更多的高级算法也运用到了最新的 APS 软件中，其求解的效率也更高。

2. APS 系统的功能

由于大多数企业都采用 ERP 作为基本的管理系统，单纯应用 APS 的企业很少。因此，

APS 在很多大企业是作为 ERP 的补充，主要功能是对计划与排产进行优化。APS 能代替 ERP 系统中的预测计划、主生产计划（MPS），物料需求计划（MRP），连续库存补充计划（CRP），配送资源计划（DRP）以及生产计划等功能，用于协调物流、开发瓶颈资源和保证交货日期。

APS 的功能主要表现在以下三方面：①APS 是整个供应链的综合计划，包括生产、采购、分销以及销售等一系列计划范围，涵盖了供应链管理的战略层、战术层以及操作层。APS 协调各种计划，保证供应链各有关企业、部门的低成本、高效率以及透明运行。②APS 定义了各种计划问题的选择、目标和约束，采用线性规划、启发式算法以及智能算法等模型和方法，保证计划的优化。APS 计划的优化思想和 ERP 不同，ERP 强调计划的可行性，只限于生产和采购领域，只考虑能力约束而不做优化。而 APS 试图直接考虑潜在瓶颈的同时，找到跨越整个供应链的可行最优计划。③APS 的供应链最优计划制订采取了层次计划的方式。由于供应链计划涉及不同的时间跨度（长期、中期、短期），不同的业务流程（采购、制造、分销等），甚至不同的供应链成员企业，由于需求的不确定性，不可能一次优化所有的计划，而层次计划折中考虑了实用性和计划任务之间的独立性，对于不同的计划采用分层次优化的方法。

APS 供应商将各行业的计划制订与 APS 的不同模块结合起来，为多种行业的企业改善计划和业务流程方面提供不同的解决方案。例如，针对食品、饮料和包装性行业，为他们提供运输优化和最佳库存控制等功能；对资本密集型的行业，如半导体和钢铁企业，产量、混合产品和产品结构优化就变得很重要；材料集中型的如服装和电子行业，需要优化技术帮助它们决定生产什么，在何处生产，从哪里找到原材料供应等。总的来说，APS 能为制造业的四类制造模型提供解决方案：①流程式模型，APS 主要是顺序优化问题；②离散式模型，APS 主要是解决多工序、多资源的优化调度问题；③流程和离散的混合模型，APS 同时解决顺序和调度的优化问题；④项目管理模型，APS 主要解决关键路径和成本时间最小化问题。

3. 典型 APS 系统介绍

在国外，主要是软件公司对 APS 进行研究。美国 i2 公司是世界领先的提供全局供应链管理中智能规划与调度的软件供应商，其 RHYTHM 系列产品能够为跨越企业间的供应链计划与调度提供综合智能支持，并且能够有效地优化和快速集成整个供应链上的各个系统。为了使供应链伙伴之间能互相协作，i2 还推出了 TradeMartix 和 Global Logistics Manager（全球物流管理）模块。美国 Thru-Put 科技公司的 Thru-Put APS 是一款基于产能约束的排产系统。美国 Oracle 公司的 APS 系统 ASCP（Advanced Supply Chain Planning）利用基于 Oracle 经过验证的第三代存储的规划引擎和基于 ILOG 的约束机制的优化组件提供了新一代的高级规划解决方案。德国 SAP 公司作为全球排名第一的 ERP 系统供应商，提供一个称为 APO（Advanced Planning and Optimizer）的供应链预测、计划和优化调度的模块。该模块与作为 SAP 核心的企业应用 R/3 系统集成，使得用户能够在整个供应链范围内优化性能和费用。日本 Asprova 公司的 APS 系统能够先进行中长期排产产生年度计划和生产准备，然后连动地进行短期排产，由此实现更接近于实际业务的操作。Asprova APS 还能够通过从销售、生产乃至采购的排产实现削减成品库存与原料库存，缩短整体提前期的目标。此外，西门子公司的 Preactor、GE 的 Proficy Scheduler 等均是著名的 APS 产品。不同公司的 APS 产品特点都各有不同，在此就不赘述。

我国的 APS 开发和实施应用相比较国外起步晚。目前国内比较知名的 APS 软件供应商有东方小吉星、安达发、易普优、施达优等公司。一般来说，APS 产品由若干软件模块组成，这些软件模块又分成若干组件，每个模块执行特定的计划任务（见视频 4-11）。在应用时，可以根据行业特性和企业的特点决定使用哪些模块组件。

4. APS 系统的应用展望

尽管 APS 还存在很多未决的问题，但它已经为很多实施 APS 的公司带来了巨大的效益。欧美国家已经有很多比较成熟的 APS 供应商活跃在市场上。作为一种先进的管理思想和工具，APS 的发展呈现以下趋势：

视频 4-11 典型 APS
软件介绍

1）与供应链管理更加紧密结合。随着物联网、云计算等现代技术的发展，APS 能够高效、快速、实时地运用各种先进模型进行跨企业优化，范围也不再局限于生产计划，基于电子商务（Electronic Commerce）的供应链管理更加需要 APS 系统的协调。

2）应用范围越来越广。虽然 APS 是在大型企业计划系统基础上发展起来的，但其计划原理同样适用于中小企业。目前由于价格等因素，中小企业还不能应用 APS 系统，但随着 APS 研究的深入、技术的发展，小巧灵活的 APS 系统将能够为中小企业的计划优化提供服务。

3）集成化与分散化。APS 实现了各种计划技术与方法的系统融合，体现了计划思想的高度集成。然而，由于现实问题的复杂性，如不同行业与产品特点、不同的企业规模等，因此结合行业与产品特点、各具特色的先进计划系统是 APS 的发展趋势。

4）与项目管理结合。由于消费者的个性化需求日益增长，产品大批量生产的时代已经结束，大规模定制是个性化产品生产的有益尝试。个性化产品就是一个个项目，APS 应该与项目管理结合，形成企业整体的计划管理系统。

4.4.3 制造执行系统 MES

1. MES 系统的产生与发展

自 20 世纪 80 年代开始，企业管理中普遍应用了 MRP Ⅱ 与 ERP，以及基于 TOC 的 APS 等软件系统，在控制领域也大量应用了基于可编程逻辑控制器（Programmable Logic Controller，PLC）与分布式控制系统（Distributed Control System，DCS）等的高效车间级流程管理的软件系统。但是，在工厂以及企业范围信息集成的实践过程中，仍然需要面对以下问题：①一方面，计划过程无法准确及时地把握生产实际状况；另一方面，生产过程无法得到切实可行的作业计划做指导。②工厂管理人员和操作人员难以在生产过程中跟踪产品的状态数据、不能有效地控制在制品库存，而用户在交货之前无法了解订单的执行情况。产生这些问题的主要原因仍然在于生产管理业务系统与生产过程控制系统的相互分离，计划系统和过程控制系统之间的界限模糊，缺乏紧密的联系。

针对这种状况，1990 年 11 月，美国先进制造研究机构（Advanced Manufacturing Research，AMR）首次提出 MES 概念，为解决企业信息集成问题提供了一个被广为接受的思想。AMR 将 MES 定位为"常驻工厂层的信息系统，是位于上层的计划管理系统与底层的工业控制系统之间的面向车间层的管理信息系统"，它为操作人员/管理人员提供计划的执行并跟踪所有资源（人、设备、物料、客户需求）的当前状态。成立于 1992 年的国际制造执行系统协会（Manufacturing Execution System Association，MESA）于 1997 年 9 月发表的白皮书指出："MES 能通过信息的传递，对从订单下达到产品完成的整个生产过程进行优化管理。"MES 运用及时、准确的数据，指导、启动、响应并记录车间生产活动，从而能够对生产条件的变化做出迅速的响应，从而减少非增值活动，提高效率以及工厂及时交货能力，改善物料的流通性能，提高生产回报率。

MES 是处于计划层和现场自动化系统之间的执行层，主要负责车间生产管理和调度执行。MES 在整个企业信息集成系统中承上启下，是生产活动与管理活动信息沟通的桥梁。MES 采用双向直接通信，在整个企业的产品供需链中，既向生产过程人员传达企业的期望（计划），又向有关的部门提供产品制造过程状态的信息反馈。MES 采集从接受订货到制成最终产品全过程的各种数据和状态信息，为优化管理活动提供精确的实时数据依据。

21 世纪初，为了适应协同制造的要求，集成的 MES 发展成为协同的 MES。2004 年 5 月 MESA 提出了协同的制造执行系统（Collaborative Manufacturing Execution Systems，c-MES）概念，指出 c-MES 的特征是将原来 MES 的运行与改善企业运作效率的功能，和增强 MES 与在价值链和企业中其他系统和人的集成能力结合起来，使制造业的各部分敏捷化和智能化。

2. MES 系统的功能

在企业信息化的层次划分中，MES 是 ERP 与过程控制系统（Process Control System，PCS）之间的桥梁，是企业信息集成的纽带。MES 为企业上层管理系统提供企业管理所需的各类生产运行信息，同时向下层过程控制系统发布生产指令，实时收集生产数据，使两者之间构成一个有机的整体。MES 实现生产过程的一体化管理，实现不同生产区域业务前后衔接，信息相互共享，最重要的是对全过程的质量、生产及物流进行优化处理，体现企业整体效益。我国由中国电子技术标准化研究所制定的 MES 系统的规范见标准 SJ/T 11362—2006《企业信息化技术规范制造执行系统（MES）规范》。

MES 不只是工厂的单一信息系统，而是横向之间、纵向之间、系统之间集成的系统，即所谓经营系统，对于 SCP、ERP、CRM、数据仓库等近年被关注的各种企业信息系统来说，只要包含工厂这个对象，就离不了 MES。归结起来，MES 可以概括为：一个宗旨——制造怎样执行；两个核心数据库——实时数据库、关系数据库；两个通信接口——与控制层接口和与业务计划层接口；四个重点功能——生产管理、工艺管理、过程管理和质量管理。

MES 的关键是强调通过控制和协调实现整个生产过程的优化，它需要收集生产过程中大量的实时数据，并对实时事件及时处理。同时又与计划层和控制层保持双向通信能力，从上下两层接收相应数据并反馈处理结果和生产指令。MES 把制造系统的计划和进度安排、追踪、监视和控制、物料流动、质量管理、设备的控制和计算机集成制造接口（CIM）等做一体化全面考虑，以最终实施制造自动化战略。

作为先进车间管理技术的载体，MES 在帮助制造企业实现生产的数字化、智能化和网络化等方面发挥着巨大作用：①通过条码技术跟踪产品从物料投产到成品入库的整个生产流程，实时采集生产过程中发生的所有事件，让整个工厂车间完全透明化；②改变原来手工录入过程，达到准确、及时、快速的数据反馈，避免人为输入差错，更重要的是，使现场生产人员精力集中在业务操作上，提高工作效率；③让产品在整个生产过程中变得清晰、透明，很快发现出现质量问题的原因，制定措施解决质量瓶颈问题，实现产品质量追溯，降低质量成本；④支持成品、在制品、刀具、工装库存管理，车间各工作中心接到加工任务，同时，工装/刀具库房可对所需的工具种类和数量进行快速准备，既准确又便捷；⑤实时记录并监控生产工序和加工任务完成情况，人员工作效率、劳动生产率情况，设备利用情况，产品合格率、废品率等情况，通过系统综合统计信息查询功能，及时发现执行过程中的问题并进行改善；⑥为企业实现一体化设计与制造提供先进技术储备，支撑企业实施精益生产和精细化管理。

一般 MES 系统的主要功能包括：资源配置和状态模块；生产单元（以任务、订单、批次和工作命令等形式表达）调度模块；数据采集/获取模块；质量管理模块；维护管理模块；性能分析、运行细节计划编制与调度模块；文件/文档控制模块；劳务管理模块；过程管理模块；产品跟踪模块等。

3. 典型 MES 系统介绍

MES 系统主要有专用 MES 系统和集成 MES 系统两类。专用 MES 系统是针对某个特定领域的问题而开发的系统，如车间维护、生产监控、有限能力调度或 SCADA 等。这种系统的重构性能弱，很难随业务过程的变化而进行功能配置和动态的改变。集成 MES 系统则具有良好的集成性，能实现客户化、可重构、可扩展和互操作等特性，能方便地实现不同厂商之间的集成和原有系统的保护以及即插即用（P&P）等功能。企业可以从一些成熟的、扩展性好的套装软件中选择适合自己企业需要的软件系统。

由于 MES 在国外发展较早，目前已广泛应用于汽车制造、化工、电力、医药、半导体等行业。瑞士 ABB 公司的 MES 系统的主要市场是纸浆和造纸、发电以及冶金。墨西哥 Apriso 公司的 MES 系统，旗舰产品为 FlexNet，重点关注物料供应和管理、制造执行和驱动销售自上而下的解决方法，而不是从车间底层向上的方法。美国 AspenTech 公司的 MES 系统专注流程化工行业的高级系统的研究与开发。美国 Camstar 公司的 MES 系统覆盖的行业主要有电子/电器、半导体、医疗设备、生物科技等，在半导体、电子和医疗设备领域拥有很强的优势。加拿大 Gemcom 公司的 MES 系统的旗舰产品为 Surpac，服务于 90 多个国家的露天和地下开采矿山及勘探项目。美国 Honeywell 公司是世界著名的自动化仪表、过程控制和工业软件公司，为不同的市场领域提供三个解决方案：纸浆和纸张行业的 OptiVision MES，生命科学行业的POMSnet 和连续过程工业的 Business Flex。德国 iTAC Software AG 公司主要针对离散型、流程型、精细化的生产制造环境，提供标准化的 MES 解决方案。美国 Oracle 公司提供了针对一系列离散型垂直行业的 Oracle MES 以及针对餐饮、化工、生物与制药、金属等流程行业的 Oracle MES。德国 SAP 公司的 MES 系列产品包括 SAP 制造执行系统（SAP ME）和 SAP制造集成与智能系统（SAP Manufacturing Integration and Intelligence，SAP MII）两大部分，底层则通过 SAP 车间连接器（SAP Plant Connector，SAP PCo）实现和各类自动化设备的连接。

相较之下，国内的 MES 系统在开发和应用落后西方发达国家。较早的 MES 产品主要集中在钢铁、石化等行业，主要的开发商有上海宝信、石化盈科等。目前市场上国内的 MES 厂商主要有：①在 SCADA、HMI 等自动控制软件的基础上发展起来的厂商，如浙江中控等公司；②由自动识别、质量管理、组态系统等某个 MES 专业领域发展起来的，并逐步向 MES 整个领域渗透的厂商，如艾普工华、易往信息等公司；③管理软件和咨询服务的提供商，如明基逐鹿、台湾资通、金航数码、武汉开目等公司。

4. MES 系统的发展趋势

经过近 30 年的发展，MES 逐步成为企业信息化的重要环节，特别是随着智能制造时代的到来，MES 被放到了前所未有的重要位置。近年来 MES 的发展呈现出以下六个趋势。

1）MES 具有开放式、客户化、可配置、可伸缩等特性，可针对企业业务流程的变更或重组进行系统重构和快速配置；MES 新型体系结构基于 Web 技术、支持网络化功能。

2）MES 的集成范围更为广泛，不仅包括制造车间现场，而且覆盖企业整个业务流程，建立能量流、物流、质量、设备状态的统一数据模型，制定系统设计、开发标准，使不同厂商的 MES 与其他异构的企业信息系统可以实现互联与互操作。

3）MES 具有更精确的过程状态跟踪和更完整的数据记录功能，可实时获取更多的数据来更精确、及时地进行生产过程管理与控制，并具有多源信息的融合及复杂信息的处理与快速决策能力。

4）新一代 MES 支持生产同步性和网络化协同制造，能对分布在不同地点甚至全球范围内的工厂进行实时化信息互联，建立过程化、敏捷化和级别化的管理。在智能制造时代，MES 不再是只连接 ERP 与车间现场设备的中间层级，而是智能工厂所有活动的交汇点，是现实工厂智能生产的核心环节。

5）MES 是贯彻精益生产理念的一个平台。从传统精益推进到数字化精益，必须要经历信息化深度应用。精益生产的思想需要融入数字化制造的各个环节，业务场景通过相关 IT 系统和业务的融合应用，将精益思想逐步固化在日常管理和 IT 系统中，并通过制度确保效果的持续化。

6）过程控制、MES 及 ERP 之间的完全集成对现代企业的商业运作来说是至关重要的。MES、ERP 与底层控制系统的有效集成依然是当前制造业信息化集成的一个关键方向。

4.5　多品种中小批量条件下的生产计划

按照生产批量的不同，生产模式可分为大批量生产、多品种中小批量生产以及单件生产。对于多品种中小批量生产，其产品是标准或选配的，需求可以通过预测或按订单生产。

生产计划是企业组织生产经营的依据和基础。针对多品种中小批量生产，其计划活动主要包括：①综合生产计划。根据产品组或更广泛的分类确定生产率，主要确定生产率、劳动力水平和当前存货的最佳组合。②主生产计划。确定每次订货所需的产品数量和交货日期。③能力计划。用来检查当前生产过程的能力，主要对关键设备和所有设备进行能力校核。④物料需求计划。根据主生产计划得到最终产品的需求量，并分解成零件和部件，制订每个零件和部件的生产作业计划。多品种中小批量生产计划是典型的 MRP。

根据需求特性的不同，物料需求可分为独立需求和相关需求。独立需求的需求量和需求时间完全由企业外部的需求决定，一般由预测或订单确定，如客户订购的产品、销售预测等。相关需求是根据物料之间的逻辑构成关系由独立需求的物料所产生的需求，如利用产品需求确定的零部件、原材料的需求。通过把物料需求分为独立需求和相关需求，打破了传统的产品品种台套的界限，使企业库存计划的编制对象直接面对物料，而产品成为一种独立需求的物料。

物料需求计划的基本任务是：①根据最终产品的生产计划（独立需求）导出相关物料（原材料、零部件）的需求量和需求时间；②根据相关需求的需求时间和生产（订货）周期确定开始生产（订货）时间。在物料需求计划中，独立需求物料的需求计划是根据销售合同或市场预测信息，由主生产计划确定，大量相关需求物料的计划则是通过主生产计划展开产品结构，根据产品的物料清单结构，以及库存信息，由 MRP 运算确定。

上述计划分别从不同层次制订相应的生产计划，分别面向不同的应用对象和计划时域，而且计划的结果也不同，不同层次计划的制定目标和运算逻辑也存在差异。本节主要针对生产计划体系中最重要的物料需求计划进行案例讲授。通过该案例，让学生了解生产计划的概念和方法，掌握物料需求计划的应用背景、处理逻辑以及用 Excel 求解方法。

4.5.1 案例背景

凯达制造是一家为汽车整机厂生产配套发动机零部件的公司。全公司现有 355 名全职员工，直接从事三种主要产品，为便于说明，以 A、B、C 指代三种产品。在过去的几个月中，该公司生产经营运作很不稳定，存在很多问题。例如，库存水平很高，导致库存费用高；由于市场预测不准确，公司需要经常加班生产以满足市场的需求；由于计划衔接的不准确，生产计划与销售计划脱节，不能使产销相配；采购计划不合理，导致很大的不必要费用。通过分析，发现该公司缺乏一个可行的生产计划，而且现有的计划间存在信息不畅、数据不一致等问题。请根据凯达制造的生产经营现状，为其制订一个可行的物料需求计划。

4.5.2 主要信息和相关数据

1. 产品 A、B、C 的物料清单（见图 4-13）

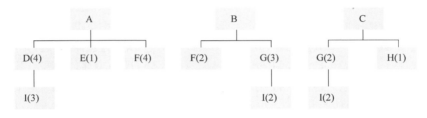

图 4-13 产品 A、B、C 的物料清单

2. 产品与组件的工作中心及工艺路线（见表4-38）

表4-38　产品与组件的工作中心及工艺路线

物　料	工作中心序号	标准时间（h/件）	物　料	工作中心序号	标准时间（h/件）
产品 A	1	0.20	组件 E	2	0.15
	4	0.10		4	0.05
产品 B	2	0.30	组件 F	2	0.15
	4	0.08		3	0.20
产品 C	3	0.10	组件 G	1	0.30
	4	0.05		2	0.10
组件 D	1	0.15	组件 H	1	0.05
	4	0.10		3	0.10

3. 物料清单中每种物料的库存水平及提前期（见表4-39）

表4-39　物料库存水平及提前期

产品/组件/原材料	现 有 库 存	提　前　期
产品 A	100	1
产品 B	200	1
产品 C	175	1
组件 D	200	1
组件 E	195	1
组件 F	120	1
组件 G	200	1
组件 H	200	1
原材料 I	300	1

4. 第4周到第24周的已预测需求（见表4-40）

表4-40　产品 A、B、C 的预测需求

周	产品 A	产品 B	产品 C	周	产品 A	产品 B	产品 C
1				13	1700	1700	1700
2				14	1800	1700	1700
3				15	1900	1900	1500
4	1500	2200	1200	16	2200	2300	2300
5	1700	2100	1400	17	2000	2300	2300
6	1150	1900	1000	18	1700	2100	2000
7	1100	1800	1500	19	1600	1900	1700
8	1000	1800	1400	20	1400	1800	1800
9	1100	1600	1100	21	1100	1800	2200
10	1400	1600	1800	22	1000	1900	1900
11	1400	1700	1700	23	1400	1700	2400
12	1700	1700	1300	24	1400	1700	2400

5. 工作中心的能力范围及费用（见表4-41）

表4-41 工作中心的能力范围及费用

工作中心	生产能力/h	费用（元/h）
工作中心1	6000	20
工作中心2	4500	25
工作中心3	2400	35
工作中心4	1200	65

6. 其他相关费用（见表4-42）

表4-42 其他相关费用表

物料/组件	单位库存费用（元）	单位订货费用（元）
最终产品A、B、C	2.0	
组件D、E、F、G、H	1.5	14
原材料I	1.0	8

4.5.3 模型

根据案例要求以及物料需求计划的原理，主要是制订每一种物料或者组件的生产计划，目的是满足顾客的需求，同时满足工作中心的能力约束，使所有费用总和最小。

为方便起见，假设：第1周到第3周的需求为0；物料及组件的初始库存从第1周就可用。由于案例中涉及的费用主要是生产费用、订货费用及库存费用，其中生产费用和订货费用都直接与物料或产品的总量相关，与具体的生产计划安排无关，于是，在考虑费用最小时，只需考虑库存费用。建立物料需求计划有很多方法。基于库存总费用最小策略，建立线性规划模型，如下：

设：P_{ijk} 为在 j 周生产的物料 i 在 k 周使用的量，D_{ik} 为物料 i 在 k 周的预测需求量。模型为

$$\min Z = \sum_{i=1}^{3} \sum_{j=0}^{23} \sum_{k=1}^{24} P_{ijk} \times 2.0 \times (k-j-1) + \sum_{i=4}^{8} \sum_{j=0}^{23} \sum_{k=1}^{24} P_{ijk} \times 1.5 \times (k-j-1) +$$

$$\sum_{j=0}^{23} \sum_{k=1}^{24} P_{9jk} \times (k-j-1)$$

$$\mathrm{s.t.} \sum_{k=1}^{24} (P_{1jk} \times 0.20 + P_{4jk} \times 0.15 + P_{7jk} \times 0.30 + P_{8jk} \times 0.05) \leqslant 6000$$

$$(4-12)$$

$$\sum_{k=1}^{24} (P_{2jk} \times 0.30 + P_{5jk} \times 0.15 + P_{6jk} \times 0.15 + P_{7jk} \times 0.10) \leqslant 4500 \qquad (4-13)$$

$$\sum_{k=1}^{24} \left(P_{3jk} \times 0.10 + P_{6jk} \times 0.20 + P_{8jk} \times 0.10 \right) \leqslant 2400 \tag{4-14}$$

$$\sum_{k=1}^{24} \left(P_{1jk} \times 0.10 + P_{2jk} \times 0.08 + P_{3jk} \times 0.05 + P_{4jk} \times 0.10 + P_{5jk} \times 0.05 \right) \leqslant 1200$$
$$\tag{4-15}$$

$$\sum_{i=1}^{3} \sum_{j=0}^{k-1} P_{ijk} \geqslant D_{ik} \tag{4-16}$$

$$\sum_{j=0}^{k-1} P_{4jk} \geqslant \sum_{k=1}^{24} P_{1jk} \times 4, \qquad \text{其中 } P_{1jk} \text{ 中的 } j \text{ 等于 } P_{4jk} \text{ 中的 } k \tag{4-17}$$

$$\sum_{j=0}^{k-1} P_{5jk} \geqslant \sum_{k=1}^{24} P_{1jk}, \qquad \text{其中 } P_{1jk} \text{ 中的 } j \text{ 等于 } P_{5jk} \text{ 中的 } k \tag{4-18}$$

$$\sum_{j=0}^{k-1} P_{6jk} \geqslant \sum_{k=1}^{24} \left(P_{1jk} \times 4 + P_{2jk} \times 2 \right), \quad \text{其中 } P_{1jk} \text{ 和 } P_{2jk} \text{ 中的 } j \text{ 等于 } P_{6jk} \text{ 中的 } k \tag{4-19}$$

$$\sum_{j=0}^{k-1} P_{7jk} \geqslant \sum_{k=1}^{24} \left(P_{2jk} \times 3 + P_{3jk} \times 2 \right), \quad \text{其中 } P_{2jk} \text{ 和 } P_{3jk} \text{ 中的 } j \text{ 等于 } P_{7jk} \text{ 中的 } k \tag{4-20}$$

$$\sum_{j=0}^{k-1} P_{8jk} \geqslant \sum_{k=1}^{24} P_{3jk}, \qquad \text{其中 } P_{3jk} \text{ 中的 } j \text{ 等于 } P_{8jk} \text{ 中的 } k \tag{4-21}$$

$$\sum_{j=0}^{k-1} P_{9jk} \geqslant \sum_{k=1}^{24} \left(P_{4jk} \times 3 + P_{7jk} \times 2 \right), \quad \text{其中 } P_{4jk} \text{ 和 } P_{7jk} \text{ 中的 } j \text{ 等于 } P_{9jk} \text{ 中的 } k \tag{4-22}$$

$$\sum_{k=1}^{24} P_{11k} \leqslant 30 \tag{4-23}$$

$$\sum_{k=1}^{24} \left(P_{11k} \times 4 + P_{21k} \times 2 \right) \leqslant 120 \tag{4-24}$$

$$\sum_{k=1}^{24} \left(P_{21k} \times 3 + P_{31k} \times 2 \right) \leqslant 200 \tag{4-25}$$

$$\sum_{k=1}^{24} P_{31k} \leqslant 200 \tag{4-26}$$

$$\sum_{k=1}^{24} \left(P_{41k} \times 3 + P_{71k} \times 2 \right) \leqslant 300 \tag{4-27}$$

其中，约束式（4-12）到式（4-15）是对四个工作中心能力的限制；约束式（4-16）是最终物料 A、B、C 在每一周都满足顾客需求，即上文中列出的需求预测；约束式（4-17）到式（4-22）是组件 D、E、F、G、H 和原材料 I 在每一周都满足其上层物料生产的需求，与上层物料的生产有关；约束式（4-23）到式（4-27）是第 1 周生产要根据现有库存安排，不得超过有关下层组件库存的数量。

上述规划模型是根据案例内容，在库存策略不确定的前提下建立的。针对这个情况，提出库存模型假设：采用先进先出的库存模型，来减少库存费用，即满足需求时，首先使用先生产完成的货物。

4.5.4　利用 Excel 模型求解

根据以上假设和物料需求计划的基本规划模型，重新建立规划模型，采用 Excel 数据表格的形式，表示为表 4-43（部分），工作中心能力参数见表 4-44。

表 4-43 Excel 模型关系表（部分）

单元号	物料	单元格	B	C	D	E	F
1		周期	1	2	3	4	5
2	A	原库存	100	C6	D6	E6	F6
3		产量					
4		库存量	C2 + C3	D2 + D3	E2 + E3	F2 + F3	G2 + G3
5		需求量	0	0	0	1500	1700
6		剩余库存	C4 − C5	D4 − D5	E4 − E5	F4 − F5	G4 − G5
7		库存费用	C6 × 2.0	D6 × 2.0	E6 × 2.0	F6 × 2.0	G6 × 2.0
8							
9	B	原库存	200	C13	D13	E13	F13
10		产量					
11		库存量	C9 + C10	D9 + D10	E9 + E10	F9 + F10	G9 + G10
12		需求量	0	0	0	2200	2100
13		剩余库存	C11 − C12	D11 − D12	E11 − E12	F11 − F12	G11 − G12
14		库存费用	C13 × 2.0	D13 × 2.0	E13 × 2.0	F13 × 2.0	G13 × 2.0
15							
16	C	原库存	175	C20	D20	E20	F20
17		产量					
18		库存量	C16 + C17	D16 + D17	E16 + E17	F16 + F17	G16 + G17
19		需求量	0	0	0	1200	1400
20		剩余库存	C18 − C19	D18 − D19	E18 − E19	F18 − F19	G18 − G19
21		库存费用	C20 × 2.0	D20 × 2.0	E20 × 2.0	F20 × 2.0	G20 × 2.0
22							
23	D	原库存	200	C27	D27	E27	F27
24		产量					
25		库存量	C23 + C24	D23 + D24	E23 + E24	F23 + F24	G23 + G24
26		需求量	D3 × 4	E3 × 4	F3 × 4	G3 × 4	H3 × 4
27		剩余库存	C25 − C26	D25 − D26	E25 − E26	F25 − F26	G25 − G26
28		库存费用	C27 × 1.5	D27 × 1.5	E27 × 1.5	F27 × 1.5	G27 × 1.5
29							
30	E	原库存	195	C34	D34	E34	F34
31		产量					
32	E	库存量	C30 + C31	D30 + D31	E30 + E31	F30 + F31	G30 + G31
33		需求量	D3	E3	F3	G3	H3
34		剩余库存	C32 − C33	D32 − D33	E32 − E33	F32 − F33	G32 − G33
35		库存费用	C34 × 1.5	D34 × 1.5	E34 × 1.5	F34 × 1.5	G34 × 1.5

（续）

单元号	物料	单元格	B	C	D	E	F
36							
37	F	原库存	120	C41	D41	E41	F41
38		产量					
39		库存量	C37 + C38	D37 + D38	E37 + E38	F37 + F38	G37 + G38
40		需求量	D3 ×4 + D10 ×2	E3 ×4 + E10 ×2	F3 ×4 + F10 ×2	G3 ×4 + G10 ×2	H3 ×4 + H10 ×2
41		剩余库存	C39 − C41	D39 − D41	E39 − E41	F39 − F41	G39 − G41
42		库存费用	C41 ×1.5	D41 ×1.5	E41 ×1.5	F41 ×1.5	G41 ×1.5
43							
44	G	原库存	200	C48	D48	E48	F48
45		产量					
46		库存量	C44 + C45	D44 + D45	E44 + E45	F44 + F45	G44 + G45
47		需求量	D10 ×3 + D17 ×2	E10 ×3 + E17 ×2	F10 ×3 + F17 ×2	G10 ×3 + G17 ×2	H10 ×3 + H17 ×2
48		剩余库存	C39 − C41	D39 − D41	E39 − E41	F39 − F41	G39 − G41
49		库存费用	C41 ×1.5	D41 ×1.5	E41 ×1.5	F41 ×1.5	G41 ×1.5
50							
51	H	原库存	200	C55	D55	E55	F55
52		产量					
53		库存量	C51 + C52	D51 + D52	E51 + E52	F51 + F52	G51 + G52
54		需求量	D17	E17	F17	G17	H17
55		剩余库存	C53 − C54	D53 − D54	E53 − E54	F53 − F54	G53 − G54
56		库存费用	C55 ×1.5	D55 ×1.5	E55 ×1.5	F55 ×1.5	G55 ×1.5
57							
58	I	原库存	300	C62	D62	E62	F62
59		产量					
60		库存量	C58 + C59	D58 + D59	E58 + E59	F58 + F59	G58 + G59
61	I	需求量	D24 ×3 + D45 ×2	E24 ×3 + E45 ×2	F24 ×3 + F45 ×2	G24 ×3 + G45 ×2	H24 ×3 + H45 ×2
62		剩余库存	C60 − C61	D60 − D61	E60 − E61	F60 − F61	G60 − G61
63		库存费用	C62	D62	E62	F62	G62

表 4-44 工作中心能力参数表

工作中心	能力限制/h	周期 1
工作中心 1	6000	C3 ×0.20 + C24 ×0.15 + C45 ×0.30 + C52 ×0.05
工作中心 2	4500	C10 ×0.30 + C31 ×0.15 + C38 ×0.15 + C45 ×0.10
工作中心 3	2400	C17 ×0.10 + C38 ×0.20 + C52 ×0.10
工作中心 4	1200	C3 ×0.10 + C10 ×0.08 + C17 ×0.05 + C24 ×0.10 + C31 ×0.05

其中，C3～H3、C24～H24 等为可变单元格，为模型变量，即每种物料每一周期的产量。
目标函数为工作中心费用、订货费用和库存费用三者的总费用最小。根据规划模型，考虑工
作中心能力限制、物料与组件需求的相关性以及满足顾客需求的要求、现有库存的需求关系
等建立基于 Excel 的规划模型，如图 4-14、图 4-15 所示。

图 4-14　规划求解参数

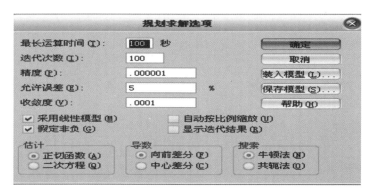

图 4-15　规划求解选项

设置所有变量为非负值，且采用线性模型，则得到物料需求计划，见表 4-45。此时总费
用最小，为 22 791 451 元。

表 4-45　物料需求计划结果

周次	物料								
	A	B	C	D	E	F	G	H	I
1	30	0	100	100	0	180	0	0	0
2	75	0	100	100	0	100	0	0	30 877
3	25	0	0	5193	1203	9193	7650	725	38 263
4	1298	2000	825	6687	1672	10 888	9100	1400	30 658
5	1672	2100	1400	5086	1271	8886	7700	1000	38 250
6	1271	1900	1000	7150	1787	10 750	8400	1500	37 250
7	1788	1800	1500	6950	1738	10 550	8200	1400	36 392
8	1737	1800	1400	7220	1805	10 664	7366	1100	38 850

（续）

周次	物料								
	A	B	C	D	E	F	G	H	I
9	1805	1722	1100	7349	1837	10 550	8402	1800	37 550
10	1837	1601	1800	7095	1774	10 250	8132	1700	36 700
11	1774	1577	1700	7100	1775	10 500	7700	1300	38 300
12	1775	1700	1300	7100	1775	10 500	8500	1700	37 700
13	1775	1700	1700	6900	1725	10 300	8500	1700	37 200
14	1725	1700	1700	6600	1650	10 400	8700	1500	39 500
15	1650	1900	1500	5500	1375	10 100	11 500	2300	38 300
16	1375	2300	2300	5100	1275	9700	11 500	2300	37 550
17	1275	2300	2300	5650	1413	9850	10 300	2000	37 250
18	1413	2100	2000	6350	1587	10 150	9100	1700	37 950
19	1588	1900	1700	6650	1662	10 250	9000	1800	38 800
20	1662	1800	1800	6400	1600	10 000	9800	2200	37 450
21	1600	1800	2200	3964	991	9950	12 779	1900	45 150
22	991	2993	1900	4036	1009	8650	16 521	4800	
23	1009	2307	4800						
24									

4.5.5　结论

　　本案例以多品种中小批量产品的生产计划为例，利用 Excel 求解线性规划模型，获得各物料在各生产周期的物料需求计划。由于模型考虑了库存信息、资源的能力约束以及需求预测量，因此，通过模型求解可为公司提供可行的生产计划方案。而且，利用 Excel 软件可以方便快速地得到结果。

　　但是，由于该模型只考虑了库存费用，该方案还存在一定的不足。根据上述模型，读者可建立综合考虑生产费用、订货费用和库存费用的生产计划线性规划模型，并利用 Excel 进行求解。

思考与练习题

　　1. 综合生产计划与主生产计划的联系与区别是什么？

　　2. 在实际应用中，设计物料清单和制造物料清单两者的区别在哪里？分别起哪些作用？

　　3. 某工业阀门企业，其产品包括一系列不同的型号和规格。现企业想要为其 3 型产品制定一个 MPS。市场营销部门已经预测到该产品 4 月份的需求为 80 个，5 月份的需求为 160 个。已知期初库存为 45 个，生产批量为 80 个，近期的实际订货量见表 4-46，请为其制定一个 MPS。

表4-46　主生产计划表

（单位：个）

月　份	4月份				5月份			
周　次	1	2	3	4	5	6	7	8
需求预计	20	20	20	20	40	40	40	40
订货量	23	15	8	4	0	0	0	0
现有库存								
MPS量								
ATP量								

4. 某产品 A 有两种类型 A_1 和 A_2，在第三季度和第四季度的总需求量分别为2400件和3000件。其中 A_1 需求比为30%，A_2 需求比为70%。假设在每个季度的每个月的需求呈平均分布。A_1 由一个 B 和一个 C 构成，A_2 由一个 B 和一个 D 构成。A_1 和 A_2 的提前期均为1个月，B 的提前期为3个月，C 和 D 的提前期为1个月。MRP系统按月运行，目前，A_1 的库存量是200件，A_2 的库存量是100件。同时，B 的库存是250件，C 的库存是50件，D 的库存是125件。批量利用按需确定批量法来确定。试编制详细的物料需求计划。

5. 某工厂生产两种零件 P_1 和 P_2，两种零件的6个月的主生产计划见表4-47，这两个零件需要利用3个关键工作中心 A、B、C，其能力清单见表4-48，试制订粗能力计划。

表4-47　两种零件主生产计划

（单位：件）

月　份	零件 P_1	零件 P_2
1	1500	1700
2	1200	1300
3	1800	1400
4	1400	1500
5	1450	1500
6	1600	1600

表4-48　能力清单

（单位：件）

工作中心	零件 P_1	零件 P_2
A	4.0	5.5
B	5.0	4.4
C	6.0	5.0

6. 某维修车间负责修理损坏的5台设备，每台设备的修理需要经过如下两道工序：

（1）将损坏的设备运至修理车间，拆卸开。

（2）清洗零部件，更换报废部分，装配，测试，送回原车间。

每台设备在两道工序的各自所需时间见表4-49，两道工序由不同的修理工人负责。请你确定一个修理顺序，使得全部修理时间尽可能短。

表 4-49　设备修理作业时间

（单位：min）

设备	A	B	C	D	E
工序 1 作业时间	12	6	8	18	10
工序 2 作业时间	21	8	3	19	9

第 5 章
设施规划与物流分析

据不完全统计，国内外正在运行的制造系统约有 80% 未达到设计要求，其中存在的问题中 60% 可归结为规划不合理。设施布置的不合理，会导致企业的面积利用率低、物流路径混乱、物流强度大、在制品库存增加等严重问题，降低企业生产效率，提高作业成本和生产周期。G 公司是从事汽车电子的制造型企业，近年来企业生产规模不断扩大，原有厂房已不能满足生产需要。因 G 公司原有厂房建造时未经过系统的设施规划，厂区内生产物流路径混乱，物流强度大，降低了企业生产效率和管理便利性。在新厂房建设前，G 公司管理层吸取教训，专门成立项目组负责新厂房的规划工作。基于设施规划的相关方法和仿真软件工具，对新厂房进行了系统规划和仿真分析，完成了新厂房的设施布置方案。新厂投入运营后，经同比分析，物料搬运的工作量仅为老厂房的 67%，生产区面积利用率提高了近 30%，在制品库存降低了 15%，管理更加便利，企业获得了更高的生产效率，降低了生产成本。

本章主要讲述设施规划中的生产物流分析的基本方法、设施选址及评价、系统布置设计方法以及仓库规划等内容。

 5.1　设施规划概述

5.1.1　设施规划的发展历程和含义

1. 设施规划的发展历程

设施规划起源于早期制造业的工厂设计，是工业工程的重要分支。18 世纪 80 年代，英国工业革命后，工厂逐步取代了小手工作坊，管理工程师开始关心制造厂的设计工作。在早期，工厂设计的活动主要是三项：操作法工程（Methods Engineering），研究的重点是工作测定、动作研究等工人的活动；工厂布置（Plant Layout），就是机器设备、运输通道和场地的合理配置；物料搬运（Material Handling），就是对从原料到制成产品的物流控制。操作法工程涉及的是人，而工厂布置、物料搬运涉及的是人、机、物的结合。19 世纪 50 年代以后，随着工厂的规模和复杂程度增大，工厂设计从较小的系统发展到大而复杂的系统，而且涉及市场、环境、资金、法律、政策等诸多因素。因此，工厂设计除了注重人、机、物的结合外，发展到了与资源、能源、环境、信息、资本等要素相结合。同时，工厂设计的原则和方法，逐渐扩大到了非工业设施，包括各类服务设施，如机场、医院、超级市场等。"工厂设计"一词逐步被"设施规划""设施设计"所代替。

2. 设施与设施规划的含义

所谓设施，通常被认为是一种有形的固定资产，在"设施"内，人、物料、机器为了实现一个规定的目标被集合在一起。例如，对于制造工厂来说，设施就是指所占用的土地、建筑物、生产和辅助设备、公用设施等，投入各种原材料、零配件和辅助材料等，产出各种产品投放市场；对于餐饮业，设施包括土地、店铺、餐饮炊事设施等，投入食品和服务人员，使顾客得到满意的餐饮服务。由于各种内部或外部的原因，当为了实现几个目标时，这些目标包括以最低的成本、使顾客满意的质量或用最少的资源等来制造产品或提供服务，那么"设施"必须进行恰当的规划、设计和管理才能实现期望的目标，这正是"设施规划"的主要工作。

尽管"设施规划"（也称为"设施规划设计"）在不同书籍和不同文献中都有不同的表述，但共同之处是：①设施规划（和设计）的对象是整个制造系统或服务系统而非其中一个环节；②设施规划的目的是使设施得到优化布置，支持系统实现有效的运营，以便在经济合理投入时获得期望的产出。所以"设施规划"可解释为：是新建或改建的制造或服务系统，综合考虑各种因素，做出分析、规划和设计，使资源合理配置、系统建成后能有效运营实现各种预期的目标。

概括起来讲，设施规划的主要目标为：

1）简化加工过程。

2）缩短生产周期。

3）力求投资最低。

4）有效地利用人员、设备、空间和能源。

5）使原材料、零件、工具、在制品及最终成品的运输成本最低。

6）为职工提供方便、舒适、安全和职业卫生的条件。

5.1.2　设施规划的研究范围

设施规划的研究范围不仅仅是指实体建筑完成之后的厂房布置。因设厂、建厂后的布局会受既定空间的限制，往往不能配合实际需要，为求勉强适应，其布局难免有削足适履之嫌，且大大减低了工厂的功能。所以，良好的设施规划，除了既定的建厂目标和生产项目外，对所使用的机器设备、动力系统、人力资源、法规限制等都需做通盘考虑，然后才设厂、建厂，进行厂内布局。因此，可将设施规划范围划为两部分，如图 5-1 所示。第一部分涵盖工厂内所有布局方面的工作，包括结构系统设计、平面布局设计、物料搬运系统设计等。第二部分则涵盖了基本的设施位置选择，这将决定企业在一个特定区域内设立一个工厂或数个工厂的最经济位置，或者在超过一座设施时，决定哪个客户由哪一个设施提供服务等事项。

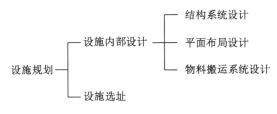

图 5-1 设施规划的范围

5.1.3 设施布置问题的类型

设施设计人员面临的设施布置问题不仅是新建制造或服务系统，而且还有现在系统的扩建、联合和修改等问题。根据统计资料，即使是建成的制造工厂，每 2～3 年就需要改变设施布置一次。而且近年来随着产品更新速度的加快，布置变化的频率也在增加。下面是一些需要更改设施布置的例子：

1）某汽车配件厂要导入精益生产方式，需要通过改变生产现场的设施布置来实现"一个流生产作业"等精益技术。

2）一家眼镜制造企业订单不断增加，但是没有多余的面积扩大生产，一位工业工程师建议淘汰陈旧的生产设备，购入高效设备重新布置车间，提高单位厂房面积的生产率。

3）企业因生产新产品，要建立一条新的生产装配线，需要设计、建造和安装。

4）一家保险公司租得一幢多层办公楼，准备将其总部迁入，要将其内部空间划分为前台、办公室、会议室等，并安排合理的位置。

5）一家中型超市因要增设农产品销售区，需要重新布置货架。

通常，设施布置问题可分为服务系统布置问题、制造系统布置问题、仓库布置问题和非传统布置问题四类。

1. 服务系统布置问题（见视频 5-1）

对于服务系统同样需要合理的设施规划，如餐厅中桌、椅、厨具的布置，飞机场的人行通道、政府办公室和公共图书馆的布置等。为了进行一个服务系统的设施布置设计，必须要获取设施的位置或实体的数量，以及每一种设施大体上占有的面积、设施之间的交互作用、设施之间的特殊限制等信息。

视频 5-1 服务系统布置仿真示例

对于新服务系统的开发，需要通过提出以下问题来判断布置的依据是否正确：

1）现有的系统其空间是否过大？

2）现有的空间是否过于昂贵？

3）建筑物是否在合适的位置？

4）一个新的布置如何影响组织和服务？

5）办公室的工作过于集中还是过于分散？

6）办公室的结构能否支持工作规划？

7）布置和公司的形象协调吗？

服务设施的布置必须实现以下目标：

1）在建筑物或楼层内将不必要的人员流动降到最低限度。

2）设施内应提供必要的私人联系的场所。

3）为建筑物内的人员提供安全与保密。

4）和建筑法规相适应。

此外，在开发服务系统布置时，要比制造系统更多地考虑美学问题。服务系统的顾客必须参与服务过程，所以一个愉快、舒适、宜人的环境十分重要。例如，在牙医诊所的候诊区域中可以准备电视机、养鱼缸，也可以准备大的玻璃窗和镜子，并配合宜人的色调。这些布置不仅改进了牙医诊所的外观，同时也使候诊区的顾客更具耐心。

2. 制造系统布置问题（见视频 5-2）

制造系统布置和服务系统的布置有所不同。例如，办公室的布置要强调便于联系和减少人员来往的拥挤，以及有私人会晤的场所。而在制造系统布置中，将物料搬运成本降至最低，为职工提供安全的工作场所以及便于管理人员的监管则是主要考虑的方面。制造系统的布置问题包括确定机器设备的位置、设置工作地及其他，并要达到以下目的：

视频 5-2　制造系统布置仿真示例

1）使原材料、零件、工具、在制品及最终成品的运输成本最低。

2）人员往来、流动方便轻松。

3）提升职工士气。

4）将个人工伤、事故和损失降至最低。

5）方便监控和管理。

3. 仓库布置问题（见视频 5-3）

随着物流量的日益增加，仓库布置问题越来越重要。一个良好的仓库布置应在有效利用现有存储空间的同时，将存储和物料搬运的成本降至最低。仓库设计中应当考虑的因素是：仓库的空间大小，过道形状和大小，装卸区位置和布置，存储方式和设备选择，物品仓储位置规划等。

视频 5-3　仓库布置仿真示例

4. 非传统布置问题

除以上问题外，还有很多情况涉及布置问题。例如，计算机主板的布置问题，包括如何安排主板上的元件，如何使连线的导线长度最短；如何合理安排键盘上的键，提高键盘的输入效率等。

本章将主要讨论制造系统的设施布置问题。

5.1.4　设施规划的原始信息和数据准备

设施规划设计的结果取决于设计者获得的基本信息。只有取得大量数据和各种实际情况的第一手资料，才能使设施规划顺利进行，并取得良好的效果。在设施规划设计前必须要获得以下几个问题的答案：

　　1）生产什么？

　　2）产品如何生产？

　　3）什么时候生产？

　　4）每种产品生产多少？

　　5）生产该产品的周期是多长？

　　6）产品在哪里加工、装配？

　　这些信息主要来自生产、市场销售、产品设计以及政策管理等相关部门。

　1. 市场部门的信息

　　对工业设计来说，市场信息是最重要的。市场部门分析国内外市场的需求以及研究满足顾客需要的方法和手段，这是设施规划设计人员必须了解的。市场部门应提供的基本信息是：产品的销售价格、产品的市场容量、季节性以及配件或备件的市场供应情况。

　　1）产品的销售价格。产品价格并非由销售部门单独决定，而是要由销售、生产和财务部门共同来决策，同时工业工程部门应该协同研究成本数据。

　　2）产品的市场容量。生产数量和日产量对于设施设计是一个非常重要的数据，因为它决定了需要提供空间的机器和人员的数量。为了实现这个目标，必须考虑工厂速率（即每台机器和每个工作地需要以何等速度的工作来满足目标），以下是关于使用市场营销部门信息去确定工厂速率的例子。

　　例如，某工厂每班次需要生产1000件产品，一天工作8h（480min），假设类似产品的宽放时间为10%，工厂以90%的效率工作，因此有效工作时间为480min×90%×90% = 389min。这就意味着工厂里每个工作地和每台机器需要每分钟生产2.57个部件或产品：

$$每分钟的产量 = \frac{1000 \, 件}{389min} = 2.57 \, 件/min$$

　　3）季节性。季节性对于设施规划也很重要的。因为某些产品可能只在一段时间内销售，如圣诞节用品。若生产安排至季节前才开始，或需要大量临时的机器，或错过市场销售时机；若一年都在为圣诞节生产，则需要10~12个月的仓储。因此，要在在制品成本和生产能力成本之间做出平衡，以决定何时开始生产以及每天生产多少商品，其目的是使总成本最低。生产与库存控制政策对设施规划有很大的影响。

　　4）配件或备件的市场供应情况。在产品的生命周期内，总要向客户供应各种易磨损的备件。这样企业不仅需要额外的库存，还需要储存和销售的服务面积，这在设施规划时一定要考虑在内的。

　2. 产品设计和工艺过程的数据

　　1）产品设计。产品设计包含生产什么产品和每种产品的详细设计及文件。由产品设计部门提供的装配图、零部件明细表和零件图是进行工业设施规划设计最重要的根据。产品设计部门必须向设施设计人员提供详细的产品零部件明细表（或材料清单，BOM），表中应包括零件编号、零件名称、每种零件的数量等，也可以包括零件材料的规格和原材料价格等，以便管理层做出外购或自制的决策。图5-2所示为某泵阀企业准备生产的产品——自吸泵的外观图，表5-1为自吸泵的零部件明细表。

图 5-2　自吸泵外观图

表 5-1　自吸泵的零部件明细表

产品名称		自吸泵	产品代号		80ZX125	年产量	2100 件	共1页/第1页
序号	零件名称	零件代号	自制	外购	材料	总计划需求量	单件重量/kg	说明
1	泵体		√		HT250	2100	70.00	
2	泵轴		√		45	2100	1.50	
3	叶轮		√		45	2100	10.00	
4	脚盘		√		HT250	2100	38.00	
5	泵体联轴器		√		HT250	2100	2.00	
6	电动机联轴器		√		HT250	2100	2.00	
7	轴承盖		√		HT250	2100	6.00	
8	后盖		√		HT250	2100	9.00	
9	进口法兰		√		45	2100	14.00	
10	出口法兰		√		45	2100	14.00	
11	机械密封			√	F4	2100	0.30	
12	六角弹性块			√	橡胶	2100	0.40	
13	O形密封圈			√	橡胶	2100	0.01	
14	油堵			√	塑料	2100	0.02	
15	标牌			√	铝	2100	0.02	
16	螺栓			√	45	54600	0.04	
17	弹簧片			√	65Mn	8400	0.02	
18	垫圈			√	20	8400	0.01	
19	轴承体		√		HT250	2100	20.00	
20	轴承			√	铝基轴承合金	4200	1.50	
21	挡水圈			√	塑料	2100	0.50	
22	电动机			√		2100	15.00	

除装配图外，零件图也是十分重要的。零件图上要有完整的视图、尺寸、材料、公差和

表面粗糙度等各项制造技术条件。此外，设计部门最好还要提供产品的实物模型或样品，以便设施设计人员详细观察和研究产品。

2）生产纲领与工艺过程。设施规划首先应明确生产什么产品，其次就是这种产品的生产规模，它将决定工业设施规模的大小。产品的生产规模（生产纲领）一般以年产量来计算，年产量主要取决于市场的需求和预测，也可考虑投资的可能性。产品的生产规模，对于少品种的大批量生产来说很容易决定，对于多品种成批生产的企业，为了简化设计，一般可从众多的产品中选定设计的代表产品。选定代表产品主要考虑三个因素：代表产品和被代表产品应为同类产品，基本结构应尽可能相似；选定的代表产品应是该工业设施建成后数量最多的产品；同类产品中如果年产量差不多，应选中等尺寸者为代表产品。

选定代表产品后需将被代表产品的数量折合成代表产品的当量数，以便于作为设计的依据。

$$Q = aQ_x \tag{5-1}$$

式中，Q 为折合为代表产品的年产量；Q_x 为被代表产品的产量；a 为折合系数。

$$a = a_1 a_2 a_3$$

其中，a_1 为重量折合系数，可用下式计算

$$a_1 = \sqrt[3]{\left(\frac{W_x}{W}\right)^2}$$

式中，W_x 为被代表产品的单台质量；W 为代表产品的单台质量。

a_2 为成批性折合系数。批量大每台所需劳动力小，$a_2 < 1$；批量小则 $a_2 > 1$，如表 5-2 所示。

表 5-2　成批性折合系数

n/n_x	0.5	1.0	2.0	4.0	7.0	10.0
a_2	0.97	1.00	1.12	1.22	1.31	1.37

注：1. n 和 n_x 分别为代表产品与被代表产品的年产量。

2. n/n_x 一般不小于 0.5，不大于 10；其他的值可用插值法求得。

a_3 为复杂性系数。复杂性包括两方面内容，分别为制造精度的差别和产品结构复杂程度的差别。此系数一般根据产品设计师的经验来决定。某种情况下可能还要考虑其他因素，可根据具体情况再计入总系数中。

所以，总生产纲领即代表产品年产量加上被代表产品的折合年产量之和。

在决定了产品及其生产纲领后，尤其是对产品零件外购或自制决策后，最重要的数据就来源于自制零件的工艺和产品的装配。零件制造工艺的数据来自工艺路线卡，在大批量生产时还有更为详细的工序卡。通常，工艺路线卡中包含零件编号、名称、材料、加工批量、各工序编号、各工序加工内容、采用设备、工艺装备、工时定额、技术工人要求以及搬运方法等。图 5-3 为后盖的工艺流程图，更直观地反映出生产流程的详细情况。

一旦自制零件生产完毕，外购件均由供应商提供，就进入了装配阶段。装配过程卡上表示出产品的装配顺序，利用装配展开图和零部件明细表，设施设计人员就能很方便地画出装

配卡。装配的顺序可能有不同的方案，通常选择装配时间最短者为最佳方案，同时还要对装配线进行平衡。来自装配卡的各种数据正是设施设计人员工作的基本依据。

3. 管理层的策略

企业最高管理层是从企业总体战略的高度来看待设施规划设计的，因此，任何一项新的设施都必须服从公司的经营战略。在设施项目实施前要做前期工作，其目的是对设施项目的目标和必要性做研究论证，然后做出决策。对于研究论证，国内外普遍以"可行性研究报告"形式体现，在项目决策前对项目做技术、经济论证和评估，作为项目决策的主要依据。以下就影响设施设计的主要政策因素进行讨论。

1）可行性研究。可行性研究是设施规划的前提，是企业最高管理层对该项设施规划战略意图的体现。

联合国工业发展组织（UNIDO）和世界银行出版的《工业可行性研究手册》是比较常用的规范化格式，我国各部门也按此手册实施。可行性研究主要解决以下五个方面主

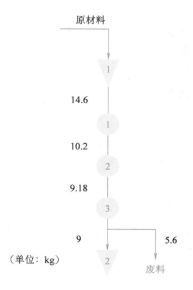

图 5-3 后盖的工艺流程图

要的问题：技术上是否可行；经济上是否盈利；需要多少人力物力资源；需要多长时间建设；资金多少及如何筹集。具体来说可行性研究报告应有以下十方面内容：①背景、意义、依据及投资必要性；②市场销售预测及生产规模；③资源、原材料及公用设施支持的可能性；④建厂条件和厂址方案；⑤生产流程及实现方案；⑥环境保护及污水处理；⑦企业组织、人员需求和培训；⑧实施进度；⑨投资、资金筹集及回收期；⑩社会效益及经济效益的评价。

2）库存管理策略。企业的库存应为在制品的原材料和产成品提供一定周期（如 1 个月）的存储空间（包括设施），库存量一旦确定下来，计算所需的空间就容易了。但如果企业采用准时制（JIT）等管理方式，就要减少库存即减少仓库空间，这将影响到设施布置。

3）投资策略。企业投资方针主要体现在投资回收期上。投资是成本，回收是收益。通常制造业的工厂其回收期为 3～5 年；而服务业的项目回收期较短，一般为 1～3 年。不同行业的项目回收期有较大的差别。

当提出一个设施设计计划给管理部门以期得到批准时，真正请求的是批准预算，所以预算应在企业的投资计划之内。所以，设计工程师必须收集来自供应商、零售商、维修工以及相关人员等方面的成本，做出合理准确的预算，应记住在预算持续下工作的重要性。

4）"自制或外购"的决策。是制造还是购买一个零件？一个完整的制造型企业设施布置，可以包括从原材料的购进并经过一系列加工、装配，到完成最终产品，也可以从购进零部件经过装配到完成最终产品的一个纵向的集成过程所需要的一切设备。一个产品的设计，可以包括几个、几十个甚至成百上千个的零部件。对所有这些零部件都要做出是自制还是外购的决策。因此，一个制造企业设施范围的大小和企业纵向的集成水平密切相关。这些决策称为"自制或外购"决策。

自制或外购的决策是典型的管理决策，它以一般企业运营的成本为主要衡量标准，同时还考虑了市场、工艺，甚至包括人力资源等其他因素。在进行自制或外购决策中要考虑的一

系列问题如图5-4所示，图中还表明了一个零件是自制还是外购决策的一般流程。但是在决策过程中，不能完全生搬硬套这个决策流程图，而是要根据具体的项目和工程实践灵活地安排和考虑。例如，对于一些笨重部件，考虑到搬运困难，即使有现成的外购，也可能会放弃外购的考虑。同时，随着供应链管理的发展，企业需要不断增强自己的核心竞争力，可能会逐渐地放弃一些利润很小的环节，转向自己占有优势的方面。

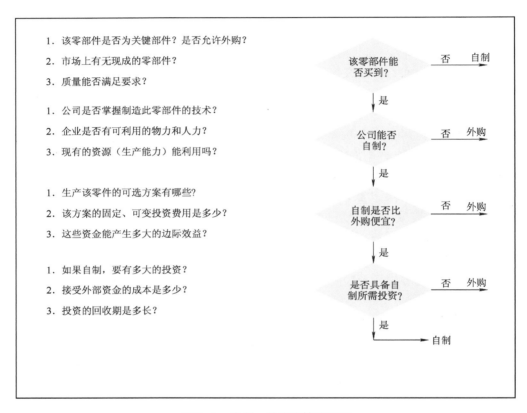

图 5-4　自制—外购决策流程图

　　5）开工日期。开工日期要根据市场和竞争的形势来决定，也是最高管理层的重要决策。

　　6）公司的组织和规模以及未来的发展。公司的组织和规模决定了职工的人数，这对设施设计人员来说是非常重要的，职工人数决定了公共设施，如食堂、办公室、厕所、医务室、宿舍等处面积的大小，各处的功能还决定了各部门之间的合理布置。

5.2　设施选址及其评价

5.2.1　设施选址的意义和一般程序

1. 概述

设施选址（Facility Location）是指运用科学的方法决定待建厂或服务设施的地理位置，

使之与企业的整体经营运作系统有机结合，以便有效、经济地达到企业的经营目的。

设施选址恰当与否，对生产力布局、城镇建设、企业投资、建设速度及建成后的生产经营状况都具有重大影响。对一个新建企业来说，设施选址是建立和管理企业的第一步，也是事业扩大的第一步。设施选址对设施建成后的设施布置以及投产后的生产经营费用、产品和服务质量以及成本都有重要的意义，一旦确定，设施建设完工，很难再改动。因此，在进行设施选址时，必须充分考虑多方面因素的影响，慎重决策。除新建企业的设施选址问题以外，随着经济的发展，城市规模的扩大，以及地区之间的发展差异，很多企业面临着迁址的问题。因此，设施选址需要进行充分的调查研究与勘察，应科学分析，不能凭主观意愿决定，不能过于仓促；要考虑自身设施、产品特点，注意自然条件、市场条件、运输条件；应有长远观点。如果选址不当，会给企业带来意想不到的损失。

设施选址包括以下两个层次的问题：

（1）选位

即选择什么地区（区域）设置设施，如沿海还是内陆、南方还是北方等。在当前经济全球化的大趋势之下，或许还要考虑是在国内还是在国外选址。

（2）定址

在已选定的地区内选定一片土地作为设施的具体位置。

设施选址还包括这样两类问题：

1）单一设施的场址选择。根据确定的产品（或服务）、规模等目标为一个独立的设施选择最佳位置。单一设施选址无须考虑竞争力、设施之间需求的分配，设施成本与数量之间的关系，主要考虑运输成本。

2）复合设施的场址选择。这是指为一个企业（或服务业）的若干个下属工厂、仓库、销售点、服务中心等选择各自的位置，并使设施的数目、规模和位置达到最佳化。

设施选址常常需要其他有关人员（如环保部门）的参与，而不能由设计人员单独完成。

2. 设施选址的阶段和主要内容

工业设施选址一般分四个阶段：准备阶段、地区选择阶段、地点选择阶段、编写报告阶段。设施选址流程如图 5-5 所示。

准备阶段的主要工作是对选址目标提出要求，并提出选址所需的技术经济指标。这些要求主要包括产品、生产规模、运输条件、需要的物料和人力资源等，以及相应于各种要求的各类技术经济指标，如每年需要的供电量、运输量、

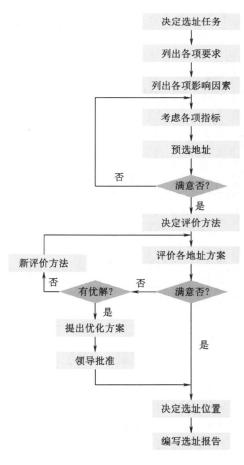

图 5-5　设施选址流程

用水量等。

地区选择阶段主要为调查研究收集资料，如走访主管部门和地区规划部门征询选址意见，在可供选择的地区内调查社会、经济、资源、气象、运输、环境等条件，对候选地区进行分析比较，提出对地区选择的初步意见。

在具体地点选择阶段，要对地区内若干候选地址进行深入调查和勘测，查阅当地有关气象、地质、地震、水文等部门的历史统计资料，收集供电、通信、给水排水、交通运输等资料，研究运输线路以及公用管线的连接问题，收集当地有关建筑施工费用、地方税制、运输费用等各种经济资料。对各种资料和实际情况进行核对、分析和各种数据的测算，经过评价比较后，选定一个合适的场址方案。

在编写报告阶段，对各阶段调查研究和收集的资料进行整理，并根据技术经济比较和统计分析的成果编制综合材料，编写设施选址报告，对所选场址进行评价，供决策部门审批。

5.2.2 设施选址的主要影响因素

1. 影响设施选址的成本和非成本因素

影响设施选址的因素很多，从宏观的地区（或国家）到微观的设施具体地点的选择。为了以后对设施选址进行评价，可将这些因素分为与产品成本有直接关系的成本因素，以及与成本因素无关的非成本因素两大类。成本因素可量化也可用货币直接表示；非成本因素与成本无直接关系，但能间接影响产品成本和企业未来的发展。设施选址时的成本因素和非成本因素见表5-3，可作为选址的评价指标。

表5-3 设施选址时的成本因素和非成本因素

成 本 因 素	非 成 本 因 素
1. 原料供应及成本	1. 地区政府政策
2. 动力、能源的供应及成本	2. 政治环境
3. 水资源及其供应	3. 环境保护要求
4. 劳工成本	4. 气候和地理环境
5. 产品运至分销点成本	5. 文化习俗
6. 零配件从供应点运来成本	6. 城市规划和社会情况
7. 建筑和土地成本	7. 发展机会
8. 税率、利率和保险	8. 同一地区的竞争对手
9. 资本市场和流动资金	9. 地区的教育服务
10. 各类服务及维修费用	10. 供应和合作环境
⋮	⋮

2. 地区选择考虑的因素

场址地区选择主要从宏观的角度考虑地理位置与设施特点的关系。在一般情况下，地区选择主要考虑以下因素：

1）市场条件。设施的地理位置一定要与客户接近，越近越有优势。要充分考虑该地区对企业的产品和服务的需求情况、消费水平及与同类企业的竞争能力。要分析在相当长的时期内，企业是否有稳定的市场需求及未来市场的变化情况。

2）社会条件。主要考虑当地政府政策法规、金融、税收等情况和制度。当前国内外有各种工业园区和经济开发区，对金融税收等都有优惠的政策。在国外建厂时更应注意当地的政治环境是否稳定、是否邻近自由贸易区，以及环保规章和各种壁垒等。

3）资源条件。地区选择中应该考虑主要原材料、燃料、动力、水资源等资源条件。在工业设施中，不同的制造行业对资源有不同的要求：纺织厂应建在棉花产区；金属冶炼厂应接近矿区；发电厂、化工厂、酿酒厂等需要大量用水，必须建在水资源有保障的地区。

除物料资源外还要充分考虑人力资源条件，应考虑：地区的人口状况，重点考虑专业技术人员、熟练工人和其他劳动力的来源及其数量、质量要求能否满足本企业的需要；当地条件能否就近解决这些人员的生活供应和居住问题；当地的人事政策能否吸引数量和质量符合要求的劳动力。

4）基础设施。交通道路、能源、动力等基础设施对建厂投资的影响很大。对于土地征用、拆迁、平整等费用，不同的选址所花的费用也不相同。此外，对我国来说应尽量选用不适合耕作的土地作为工业设施的地址，而不去占用农业生产用地。

5）配套供应。现代制造型企业越来越依赖供应商为企业制品提供的配件，因此，地区内是否有本企业所需要的各种配套件供应商，对及时供应各种零部件、支持精益生产、降低总成本都有重要的意义。

3. 对具体建厂地点的要求

在完成地区选定后，需要在选定的地区内确定具体的建厂地址。建厂地址选择时应该考虑的条件包括：

1）地形地貌条件。地形和面积应能满足工艺过程并容纳全部建筑物和露天作业面积的需要。各类设施对场地外形和面积大小的要求，不仅因设施的性质和类别而不同，而且与工艺流程、机械化（自动化）程度、运输方式、建筑形式和建筑密度有关。因此，厂区内地形应有利于车间布置、运输联系及场地排水。厂区地势应平整，最好能自一面或中心向四周呈0.004的斜率倾斜，在一般情况下，自然地形坡度不大于5%。场地应留有必要的发展余地，扩建用地应尽可能预留在场外，避免早征迟用。

2）水文地质、工程地质条件。因地下水对地下建筑物和基础有破坏作用，所以厂址所在地地下水位最好低于地下室和地下构筑物的深度。

厂址应避开发震断层和基本烈度高于9°的地震区和泥石流、滑坡、流沙、溶洞等危险地段；也应避开较厚的三级自重湿陷性黄土、新近堆积黄土、一级膨胀土等地质恶劣区。厂址不应设在有开采价值的矿藏区、采空区以及古井、古墓、坑穴密集的地区。

厂区场地地基承载力一般应高于0.1MPa。

3）物流条件。应考虑物流成本和便利性，尽量靠近码头、公路、铁路等交通设施，且尽可能选择和利用具有现成或拟建的交通设施。

4）给水排水及污染物的排放条件。厂址最好靠近水源，保证供水的可取性，水质、水温、水量应符合生产要求。同时，生产污水应便于经处理后排入附近的江河或城市排污系统。场址应位于住宅区下风方向，以免厂内排出的废气烟尘及噪声影响住宅区居民。同时厂址又不应设在现有的或拟建的工厂的下风方向，以免受其吹来烟尘影响。窝风的盆地会使烟尘不易消散，从而影响本厂卫生和使设备容易磨损，故不宜选作厂址。

5.2.3 设施选址的评价方法

从数个候选场址中决定最终的厂址需要科学的决策，其关键就是评价指标确定和评价方法的选择。目前常用的评价方法可以分成成本因素评价和综合因素评价。

1. 成本因素评价方法

1）盈亏点平衡法。这是工程经济和财务管理中的基本方法，在选址评价中可以用来确定特定产量规模下，成本为最低的设施选址方案。它建立在产量、成本、预测销售收入的基础之上。

2）重心法。当产品成本中运输费用所占比重较大，企业原材料由多个供应地提供或其产品运往多个销售点时，可以考虑用重心法选择运输费用最少的厂址。

3）线性规划法。对于多个工厂供应多个需求点和供应点（仓库、配送中心和销售点等）的问题，通常用线性规划法求解更为方便。可以同时确定多个设施的位置，其目的也是使所有设施的生产运输费用最小，在相应约束条件下令所求目标函数为最小。

2. 综合因素评价方法

设施选址时经常要考虑诸多成本因素，还有许多非成本因素。对于成本因素可以用货币或成本来衡量，而非成本因素要通过一定的方法进行量化，并按一定规则和成本因素进行整合。

1）加权评分法。此方法适用于比较各种非经济性因素，由于各种因素的重要程度不同，需要采取加权方法，该方法的关键是确定合理的权重和等级评定，可以由专家或决策者打分获取。

2）因次分析法。因次分析法是一种将各候选方案的成本因素和非成本因素同时加权并加以比较的方法。

3）其他方法。对于设施选址还有很多评价方法，如优缺点比较法、启发式方法、模糊综合评判法、网络布点模型、蒙特卡洛法等。

5.2.4 设施选址案例

A公司是提供全球化阀门专业制造的无区域集团公司，自1980年创建以来，一直保持稳健、向上的发展势头。公司现已拥有20多个品种的主导产品，包括管线球阀、闸阀、截止阀、蝶阀、安全阀和燃气控制阀等工业阀门及其配套设备，广泛应用于石油、化工、天然气等领域。

闸阀是A公司生产的主要产品之一，现市场上闸阀的需求量快速增长，企业产能已经达到饱和，现有厂区无法扩建，为满足增长的市场需求，经企业高层研究讨论决定在华东某地建设新的生产厂，以扩充其闸阀的产能。图5-6为该企业生产的某型号闸阀的外观图。

新厂区的设施选址对企业今后发展有重大影响，为合理选择新厂址，企业特成立项目组来处理选址相关事项，项目组的选址基本流程如下：

1. 前期准备

前期准备阶段的主要工作是明确选址的目标，并提炼关键的需求指标，主要依据为企业的产品方案、生产规模和目标客户分布等因素。

1）年产量、产值及主要零配件量。未来五年，新厂区预计每年生产 6.15 万件该类闸阀（以产品型号为 Z40H-150LB、公称直径 DN = 150mm 的闸阀为代表产品来估算，详见"5.3.3"），年产值将达到 1.5 亿元。产品的零配件自制和外购相结合，除关键部件自制外其他部件均采用外购方式。

图 5-6　某型号闸阀的外观图

2）运输量以及运输方式。企业产品以外销为主，产品先通过公路或铁路运输到港口，再通过海运销往世界各地；外购件和原材料基本来自国内的各配套厂家，预计新厂区未来五年的年均运输量（包括运入运出量）为 1.5 万 t。

3）用电需求。企业年用电量估算约为 200 万 kW·h。

4）新厂职工需求。预计新厂区建成后，将有 200 名员工在此工作，主要为从事机加工和装配的员工。

5）新厂区主要设备的相关数据（略）。

6）厂区的占地面积需求。根据工厂未来 10 年的规划，包括生产区、生活区等用地面积，预计厂区的占地面积是 21 000m²。

通过对上述新厂需求分析，可初步确定拟建厂区的组成及对用地面积的要求，为下一步的现场勘探做好准备。

2. 现场勘探

通过现场勘探，详细了解各拟选厂址的相关情况。新厂选址考察的关键指标包括：

1）企业协作条件。生产配套协作的条件是选址时应该重点考虑的问题。产品的零配件主要由相关的铸造厂和标准件生产厂供应，新厂址应尽量靠近配套企业，以降低运营成本，为企业的长远发展创造良好的外部条件。

2）交通运输条件。企业的阀门以出口外销为主，主要采用公路和海路运输，采购的零部件主要以公路运输为主，因此，厂址应临近主要公路干线，并接近大型港口。

3）供电条件。产品生产耗电量较大，断电或者限电对企业的生产有较大的影响，应确保电力供应。

4）人力资源条件。需要重点考虑当地专业技术人员、熟练工人的技术水平、数量及工资待遇。

5）场地条件。新厂址占地面积较大，土地的征用、拆迁、平整费用，以及建筑成本等，对建厂投资影响很大。拟建场地不能占用耕地，并且有适当的发展余地。

6）环境影响。厂址不能位于大型住宅区、学校、医院等对噪声污染要求严格的建筑周围。

7）社会条件。主要考虑当地政府的政策法规、金融、税收等情况。

3. 方案比较

项目组根据现场勘探对拟选厂址形成初步的认识，在主管部门和规划部门的协助下，提取相关数据，对可选的地址不断地进行对比择优，最终形成了三个备选方案。三个方案的基本情况见表5-4。

表5-4　三个方案的基本情况

项　目		方　案		
		A 方案	B 方案	C 方案
1	企业协作条件	位于 A 市的某工业园区，周围有多家能提供零部件的铸件厂和标准件厂，且距离较近	位于 B 市，距离配套的铸件厂和标准件厂较集中的工业园区约 40km，但是有公路干线直通	位于 C 市的工业园区，周围有少数几家可提供零配件的生产企业
2	交通运输条件	所在城市有港口，中间有省道相连，交通运输条件较好	距离最近的港口 50km，但临近国道，且国道可直通港口，交通运输条件较好	距省道 5km，省道可直通港口，距离港口 20km，交通运输条件好
3	供电条件	工业园区附建有大型电站，可不间断供电	电力供应充足	利用工业园区已有的供电系统
4	人力资源条件	A 市是以阀门生产为特色的工业城市，人力资源条件好	B 市是工业城市，有一定的人力资源，但是需对新员工进行培训	C 市是工业城市，有一定的人力资源，但是需对新员工进行培训
5	场地条件	场地面积满足要求，且场地为某大型企业原厂址的一部分，部分建筑还可修建后使用	场地面积较大，地势平坦	场地面积较小
6	环境影响	位于工业园区，周围是大型的工厂	位于城市的上风侧，但是所在地址有数家民房，需要拆迁	位于工业园区，周围是多家生产企业
7	社会条件	位于工业城市，融资便利	当地政府提供三年免税的优惠政策	当地政府提供两年免税、贷款贴息的优惠政策

通过比较分析，在本案例中采用优缺点比较法评价各方案，通过逐一比较上述三个方案可以看出：①A 方案虽然在政府的优惠政策上不如 B、C 方案，但是由于其靠近原材料生产企业，且交通十分便利，人力资源丰富，尤为突出的是场地条件好，减少了新厂区建设的施工费用；②B 方案虽然交通运输条件、社会条件、场地条件等方面具有优势，但是它距离零配件生产企业较远，原材料的运输费用较大，而且新建厂房之前需要拆迁，企业的投资成本较大。另外无法保证有稳定的熟悉阀门加工生产的技术人员和熟练工等人力资源，新进员工需进行培训，增加了企业投入；③C 方案虽然在企业协作条件、环境影响、社会条件等方面具有优势，但是其场地条件相对较小，限制了企业的发展。此外，新进员工需要培训，也增加了企业投入。

综合考虑，选择 A 方案为厂址，B 方案为备选厂址。

 5.3 设施布置设计与物流分析

5.3.1 设施布置的研究内容

设施布置是指根据企业的经营目标和生产纲领，在给定的空间场所内，按照企业的运作需求，对系统物流、人流、信息流进行分析，将人员、设备、物料等所需的空间做最适当的分配和最有效的组合，以达到期望目标。所谓给定的空间场所，可以是一个工厂，一个车间，一座百货大楼，一个写字楼，或一个餐馆等。

设施布置在设施规划中占有重要地位，历来备受重视。以工厂布置为例，它的好坏直接影响整个系统的物流、信息流、生产能力、生产率、生产成本以及生产安全。优劣不同的工厂布置，在施工费用上可能相差无几，但对生产运营的影响会有很大不同，正由于优良的平面布置可以使物流搬运费用减少 10%～30%，因此在美国，设施布置被认为是提高生产率的决定因素之一。

设施布置主要考虑以下四个问题：

1. 应包括哪些活动单元

这个问题取决于企业的产品、工艺设计要求、企业规模、企业的生产专业化水平与协作化水平等多种因素。反过来，活动单元的构成又在很大程度上影响生产率。例如，在有些情况下，一个工厂有一个集中工具库就可以，但在另一些情况下，也许每个车间或每个工段都应有一个工具库。

2. 每个单元需要多大空间

每个单元应规划合适的空间，空间太小，可能会影响到生产率，影响到工作人员的活动，有时甚至会引起人身事故；空间太大，也是一种浪费，如增加物流距离、空间利用率低等，同样会影响生产率。

3. 每个单元空间的形状如何

每个单元的空间大小、形状如何以及应包含哪些单元，这几个问题实际上相互关联。例如，一个加工单元应包含几台机器，这几台机器应如何排列、占用多大空间，需要综合考虑。

4. 每个单元在设施范围内的位置

这个问题应包括两个含义：单元的绝对位置与相对位置。有时，几个单元的绝对位置变了，但相对位置没变。相对位置的重要意义在于它关系到物料搬运路线是否合理，是否减少物流强度与时间，以及管理和通信是否便利。此外，如内部相对位置影响不大时，还应考虑与外部的联系，例如，将有出入口的单元设置于靠近通道。

5.3.2 设施布置设计过程和几种代表方法

设施布置设计的方法和技术一直是工业工程领域不断探索的问题，专家学者提出了多种设施布置的程序和方法，有代表性的如 Reed 的工厂布置方法、Apple 的工厂布置方法、Muther 的系统布置设计方法等。

1. 一般设施布置设计过程

尽管设施规划并不是一门精确的科学，但它也可以通过组织、系统的方式来寻求解决方法。其中，制造设施布置的质量取决于如何收集和分析基本数据，而蓝图的绘制是制造设施布置的最后步骤。制造设施布置系统规划的基本过程如下：

1）定义设施的目标。

2）明确与制造相关的信息。

① 生产什么产品。

② 单位时间内要生产多少产品。

③ 产品的设计信息。

④ 确定部件自制还是外购。

⑤ 了解产品工艺规划。

⑥ 确定生产设备及其数量。

3）确定作业单位的划分。

① 采用什么生产布置方式。

② 企业的组织关系。

③ 需要哪些生产辅助部门、服务部门等。

④ 确定各作业单位。

4）确定各作业单位之间的相互关系。

5）确定物料搬运方案。

6）确定各作业单位的空间需求。

7）产生不同的设施布置方案。

8）评价不同的设施布置方案。

9）选择最优的设施布置方案。

10）实施选取的设施布置方案。

11）维护和改造设施。

12）产品更新，重新定义设施的目标。

2. Reed 的工厂布置方法

小鲁德尔·里德（Ruddell Reed Jr）提出了如图 5-7 所示的规划方法。

Reed 认为布置规划图表是整个布置程序中最重要的一个内容，布置规划图表包括：

1）工艺流程图，包括操作、运送、储存及检验。

2）每项操作的具体时间。

3）机器的选择和平衡。

4）人员的选择和平衡。

5）物料搬运需求。

3. Apple 的工厂布置方法

詹姆斯·阿普尔（James M. Apple）的工厂布置方法如图 5-8 所示。

Apple 的方法中考虑了各部门间的联系问题，以物料搬运系统作为评估各协调部门面积配置的手段，并提高了物料搬运在设施规划中的地位，但是它对于设施设计方案如何建立与

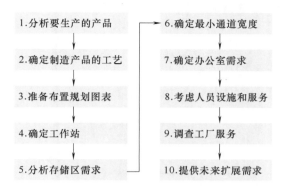

图 5-7　Reed 的工厂布置方法流程

图 5-8　Apple 的工厂布置方法流程

注：本章提到的作业单位是指布置图中各个不同的工作区或存在物，是设施的基本区划。该术语可以是某
　　个厂区的一个建筑物、一个车间、一个重要出入口，也可以是一个车间的一台机器、一个办公室、一
　　个部门。作业单位可大可小、可分可合，其划分要看规划设计工作所处的阶段或层次。

改善未做完整的交代。

4. Muther 的系统布置设计方法

1961 年，理查德·缪瑟（Richard Muther）提出了系统布置设计（System Layout Planning,
SLP），这是一种条理性很强，将物流分析与作业单位相互关系密切程度分析相结合，求得合
理布置的技术。

自 SLP 方法诞生以来，设施规划设计人员不但把它应用于各种机械制造厂的设计中，而
且不断发展应用到一些新领域，如办公室的布置规划、连锁餐厅的布置规划等服务领域。

1）SLP 的输入数据。在 SLP 方法中，Muther 将研究工厂布置问题的依据和切入点归纳为
五个基本要素，抓住这些就是解决布置问题的"钥匙"。五个基本要素是：①P——产品（材
料）；②Q——数量（产量）；③R——生产路线（工艺过程）；④S——辅助部门（包括服务
部门）；⑤T——时间（时间安排）。

2）SLP 的四个阶段。整个系统布置设计分四个阶段进行，称为"布置设计四阶段"，如图 5-9 所示。

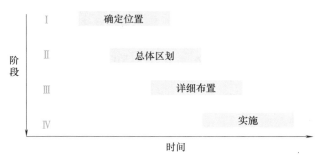

图 5-9　SLP 的设计阶段

阶段 Ⅰ——确定位置：不论是工厂的总体布置，还是车间的布置，都必须先确定所要布置的相应位置。

阶段 Ⅱ——总体区划：在布置的区域内确定一个总体布局。要决定布置范围内的基本物流模式，要标明每个主要作业区、作业单位或车间的大小和相互位置。

阶段 Ⅲ——详细布置：把厂区的各个作业单位或车间的各个设备进行详细布置，确定其总体位置。

阶段 Ⅳ——实施：编制施工计划，进行施工和安装。

其中，总体区划和详细布置并非相互独立，在前者工作时经常会遇到要考虑下一阶段的某些细节。这种前后的关联，常使得这两个阶段要反复进行，才能得出较好的方案。这两个阶段的工作内容可参考图 5-10。

5. 整合的设施布置规划步骤

对比 Reed、Muther 和 Apple 三者的设施布置方法，各有特点，分别如下：

Reed 的程序与其他两者有三方面的不同：

1）开始程序并无首先取得基本资料的步骤。

2）并未考虑到作业单位之间的关联性，以及如何确定邻近程度。

3）对于设施布置方案如何发展、评估及实施未做完整的交代。

Muther 的 SLP 方法相比较于其他两者有以下特点：

1）利用许多图表作为分析工具，以作为布置方案的依据。

2）其方法较有条理，有系统且易于执行追踪。

3）最先提出运用 A、E、I、O、U、X 六个定性指标来表示作业单位的关系程度。

Apple 所提出的方法相较于其他两者有以下特点：

1）较重视物料搬运在设施布置中的地位。

2）在其程序中，提及较多关于物料搬运系统方面的执行步骤。

三者所提出方法的共同点如下：

1）皆缺乏明确的设施定位说明。

2）皆忽略了顾客特性的需求。

3）施行方案后皆未设定持续改善的循环，也未设施布置规划再重新定义的执行步骤。

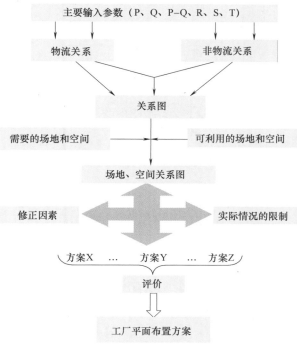

图 5-10 SLP 程序图

因此，将一般设施布置设计步骤和 SLP 方法结合，就能得到较佳的设施布置设计步骤，如图 5-11 所示。图 5-12 为整合后的设施布置设计步骤。

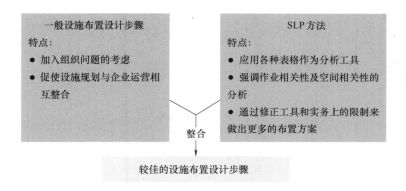

图 5-11 一般设施布置设计和 SLP 整合示意图

5.3.3 基于 SLP 的设施布置案例

"5.2.4"中的 A 公司在确定新厂址后，需要进行设施布置规划。新厂址主要包括生产区、职工生活区、行政办公区、绿化区等部分。采用 SLP 方法对厂区进行布置方案设计，因篇幅关系本节只叙述了"生产区"的总体布置设计。

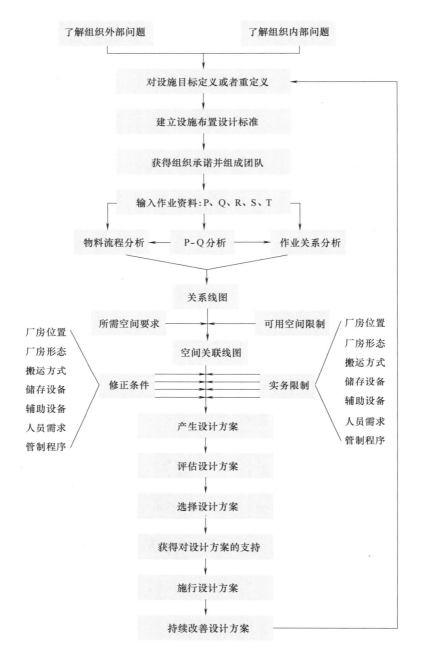

图5-12 整合后的设施布置设计步骤

1. 基本数据分析

在系统布置设计开始时，首先应收集 P、Q、R、S 和 T 等这些原始资料，同时也需要对作业单位的划分情况进行分析，通过分解与合并，得到最佳的作业单位划分状况，并计算出相应的作业单位面积。

（1）产品和产量分析

该公司生产的闸阀品种较多，有楔式闸阀、升降式闸阀、旋转杆式闸阀、快速启闭闸阀等。此外，各种闸阀根据其公称压力大小有多种分类，根据其公称直径又有多种分类。根据多年生产销售统计，公司为多品种中小批量的生产方式，此外还有一定数量的定制产品。因此，生产区主要采用按工艺的布置方式。

因各类产品的生产有一定的相似性，为简化计算过程，可选取适合的代表产品，将其他产品的产量折算为代表产品的产量。以楔式闸阀为例，经对比分析，以型号为 Z40H-150LB（公称直径 DN = 150mm）的楔式闸阀作为代表产品。预测未来五年不同公称直径楔式闸阀的年均需求量，将它们按照公式 $Q = aQ_x$ 折合成代表产品的当量数，折算结果见表 5-5。

表 5-5　产量分析表

公称直径 /mm	预测年均需求量		重量/kg	重量折合系数	成批性折合系数	复杂性系数	折合系数	折合产量/件
	产量/件	产量比率						
50	1000	0.30	23	0.36	1.25	1.00	0.45	450
100	500	0.15	63	0.70	1.15	1.00	0.81	403
150	1200	0.36	108	1.00	1	1.00	1.00	1200
200	150	0.05	171	1.36	0.99	1.00	1.35	202
250	180	0.05	263	1.81	0.99	1.00	1.79	323
300	80	0.02	346	2.17	0.96	1.00	2.08	167
350	90	0.03	488	2.73	0.97	1.00	2.65	238
400	90	0.03	621	3.21	0.97	1.00	3.11	280
合计	3290	1.00	—	—	—	—	—	3263

其他产品也同此折算成产品 Z40H-150LB 的数量，得到总折算产量为 6.15 万件。

根据产品装配图，对产品零件进行自制和外购分析。闸阀的主要零部件如阀体、闸板、阀盖、阀杆螺母和阀杆等，为保证质量需要自制；填料、轴承、铆钉等标准件，可直接购买；另外一些非标件如铭牌等为非关键部件，并有众多专业供应商，外购比自制更经济。产品零件明细见表 5-6。

表 5-6　产品零件明细

产品名称：楔式闸阀		产品型号 Z40H-150LB			
序号	零件名称	零件代号	外购	自制	单位数量
1	阀体	Z40H-150LB-01		√	1
2	阀座	Z40H-150LB-02	√		1
3	闸板	Z40H-150LB-03		√	1
4	阀杆	Z40H-150LB-04		√	1
5	螺柱	GB/T 901—1988	√		16
6	螺母	GB/T 6170—2000	√		32

（续）

产品名称：楔式闸阀				产品型号 Z40H-150LB	
序号	零件名称	零件代号	外购	自制	单位数量
7	垫片	Z40H-150LB-05	√		1
8	阀盖	Z40H-150LB-06		√	1
9	上密封座	JB/T 5210—2010	√		1
10	填料	JB/T 1712—2008	√		5
11	销	GB/T 119.1—2000	√		2
12	螺栓	JB/T 1700—2008	√		2
13	填料压套	JB/T 1708—2010	√		1
14	填料压板	JB/T 1708—2010	√		1
15	螺母	GB/T 6170—2000	√		2
16	直通式油杯	JB/T 7940.1—1995	√		1
17	轴承	GB/T 28697—2012	√		2
18	阀杆螺母	JB/T 1701—2010		√	1
19	支架	Z40H-150LB-07	√		1
20	轴承端盖	JB/T 1702—2008	√		1
21	圆螺母	GB/T 812—1988	√		1
22	手轮	JB/T 93—2008	√		1
23	螺柱	GB/T 901—1988	√		4
24	螺母	GB/T 6170—2000	√		8
25	铭牌	Z40H-150LB—08	√		1
26	铆钉	GB/T 827—1986	√		2

（2）工艺过程分析

不同型号的闸阀，生产工艺基本一致。产品 Z40H-150LB 的工艺流程如图 5-13 所示。

（3）作业单位分析

1）作业单位划分。整个生产区根据各单位的作业性质和内容，划分为生产车间、存储部门、管理辅助部门。其中，生产车间可根据工艺划分为车床组、钻床组、镗床组、铣床组、堆焊组、打磨组、研磨组、装配组、油漆组和检测组；存储部门划分为原材料库、周转区以及成品仓库；管理辅助部门为办公室和工具库，作业单位及其代号见表 5-7。

典型的作业单位布置方式见视频 5-4 ~ 视频 5-6 的仿真示例。

视频 5-4 按工艺方式布置仿真示例　　视频 5-5 按产品方式布置仿真示例　　视频 5-6 按固定工位方式布置仿真示例

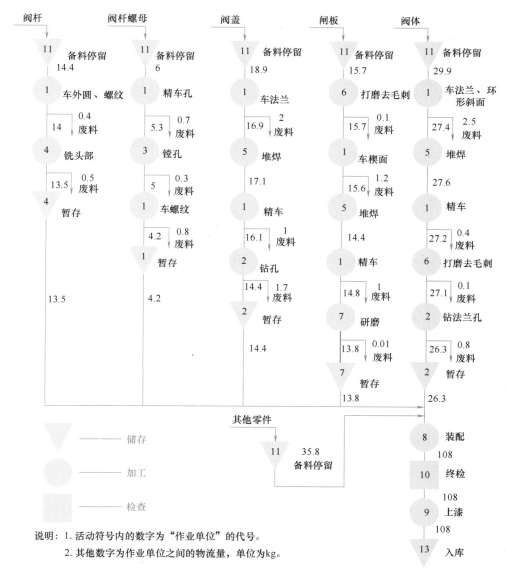

图 5-13　闸阀的工艺流程

说明：1. 活动符号内的数字为"作业单位"的代号。

　　　2. 其他数字为作业单位之间的物流量，单位为kg。

表 5-7　作业单位及其代号

代号	作业单位	代号	作业单位	代号	作业单位
1	车床组	6	打磨组	11	原材料库
2	钻床组	7	研磨组	12	周转区
3	镗床组	8	装配组	13	成品仓库
4	铣床组	9	油漆组	14	办公室
5	堆焊组	10	检测组	15	工具库

2）作业单位面积估算。在制造设施和办公环境中，空间需求的确定一般先从单个工作站开始，然后才是由工作站集合而成的部门需求。

视频5-7 工作站布置
示例模型

工作站的空间需求主要包括设备、物料和人员的空间（见视频5-7）。

部门的面积需求并不是各个工作站面积的简单相加，因为像模具、设备维护、保洁用品、存储区、操作者、零配件、看板、信息识别交流板等可能是共享的。此外，每个部门内需要内部物料搬运的空间。因此，部门空间包括部门内所有工作站的空间和服务需求空间，如模具、设备维护大修、存储区、零配件、看板、信息交流板、部门内的通道等。

① 生产车间面积估算。

a. 计算设备折算台数

如前所示，新厂年产量预计为6.15万件，以一年工作250天、一天工作8h为标准计算，每小时需生产30.75件合格的产品。系统的正常开工率平均统计值为85%，统计各生产设备每小时的产量以及一次合格率，计算所需的设备数，计算结果如表5-8所示。

决定设备所需数量的计算方法说明如下：

设：a——某设备的单位时间产量；

b——100%生产效率的单位时间生产总数；

c——废品率；

d——单位时间需生产的合格品数量；

e——单位时间需生产的某零部件数量；

f——某设备的需求量。

注：单位时间为每小时。

则 $f = e/a$，其中：

$$e = \frac{d}{0.85}$$

$$d = b(1-c)$$

表5-8 设备台数折算相关数据

零部件	设备名称	生产对象	a（件）	b（件）	c（%）	d（件）	e（件）	f（台）
阀体	车床	车法兰	4.00	35.45	3.00	34.39	41.71	10.43
	电焊机	堆焊	12.00	34.39	4.00	33.01	40.46	3.37
	车床	精车	10.00	33.01	2.00	32.35	38.84	3.88
	砂轮机	打磨去毛刺	12.00	32.35	0.00	32.35	38.06	3.17
	钻床	钻法兰孔	12.00	32.35	1.00	32.03	38.06	3.17
闸板	砂轮机	打磨去毛刺	12.00	36.94	0.00	36.94	43.46	3.62
	车床	车楔面	5.00	36.94	4.00	35.46	43.46	8.69
	电焊机	堆焊	12.00	35.46	4.00	34.05	41.72	3.48
	车床	精车	9.00	34.05	2.00	33.36	40.06	4.45
	阀门研磨机	研磨	12.00	33.36	4.00	32.03	39.25	3.27

（续）

零部件	设备名称	生产对象	a（件）	b（件）	c（%）	d（件）	e（件）	f（台）
阀盖	车床	车法兰	10.00	35.45	3.00	34.39	41.71	4.17
	电焊机	堆焊	16.00	34.39	4.00	33.01	40.46	2.53
	车床	精车	10.00	33.01	2.00	32.35	38.84	3.88
	钻床	钻孔	12.00	32.35	1.00	32.03	38.06	3.17
阀杆螺母	车床	精车孔	10.00	35.10	2.00	34.39	41.29	4.13
	镗床	镗孔	10.00	34.39	3.00	33.36	40.46	4.05
	车床	车螺纹	6.00	33.36	4.00	32.03	39.25	6.54
阀杆	车床	车外圆、螺纹	4.00	34.05	4.00	32.68	40.06	10.02
	铣床	铣头部	10.00	32.68	2.00	32.03	38.45	3.85
闸阀	工作台	装配	6.00	32.03	4.00	30.75	37.68	6.28
	液压阀门测试机	终检	4.00	30.75	0.00	30.75	36.18	9.05

b. 面积估算。生产车间各工作站的面积估算见表 5-9 和表 5-10。

表 5-9 各工作站面积估算表

代号	作业单位	主要设备	计算台数（台）	台数取整（台）	工作活动面积/m²	物料存放面积/m²	员工活动面积/m²	单台占地面积/m²	总面积/m²
1	车床组	车床	56.20	57	6	6	3	15	855
2	钻床组	钻床	6.34	7	6	10	4	20	140
3	镗床组	镗床	4.05	5	6	26	10	42	210
4	铣床组	铣床	3.85	4	8	12	5	25	100
5	堆焊组	电焊机	9.38	10	5	14	5	24	240
6	打磨组	砂轮机	6.79	7	4	12	4	20	140
7	研磨组	阀门研磨机	3.27	4	4	12	4	20	80
8	装配组	工作台	6.28	7	8	40	8	56	392
10	检测组	液压阀门测试机	9.05	10	5	30	5	40	400

净面积：2557m²

12% 通道裕度：307m²

总面积：2864m²

表 5-10 其他生产作业单位面积估算表

代 号	工 作 单 位	面积/m²
9	油漆组	400

根据以上的估算，可知要满足生产需求，各作业单位的需求面积总和为 3264m²，因作业单位之间搬运需要叉车，考虑通道面积占生产车间的 25%，则整个生产车间的估算面积为 4352m²。

② 存储部门面积估算。存储部门占地面积估算时，需考虑多重因素，如存储物品的尺

寸、数量、存储方式、搬运方式、通道的宽度等。

根据物品存储量和存储方式估算所需的存储面积为 587m²。因物品搬运主要为叉车和手推台车，通道面积占原材料库总面积的 30%，取整得 839m²。

估算包括成品仓库和周转区的所需面积，最后结果见表 5-11。

表 5-11　存储部门面积估算表

代　号	作业单位	面积/m²
11	原材料库	839
12	周转区	303
13	成品仓库	943

总面积：2085m²

③ 管理辅助部门面积估算。生产区的管理辅助部门包括办公室和工具库两个部门，其所需面积估算见表 5-12。

表 5-12　管理辅助部门面积估算表

代号	作业单位	使用设备情况				人员活动面积/m²	保留空间面积/m²	总面积/m²
		设备名称	单台面积/m²	数量（个）	设备总面积/m²			
14	办公室	办公用桌椅（办公位）	2.25	20	45	50	10	127
		会议室	18	1	18			
		文件柜	0.8	5	4			
15	工具库	办公用桌椅（办公位）	2.25	2	4.5	20	5	41.1
		工具柜	1	10	10			
		文件柜	0.8	2	1.6			

生产区各部门总面积为 6605.1m²，根据经验，各部门的目视管理等预留面积率为 3%，综合以上面积估算值，取整得到生产区的面积估算值为 6809m²。

（4）物料搬运分析

厂址 A 为某大型国企原址，部分建筑还可使用，如厂址有一 100m×80m 的单层厂房，经建筑结构检测单位鉴定，确认厂房适合阀门生产，同时也满足生产所需面积。因此，将其作为生产区，有利于节约成本，缩短新厂区建设周期。

因建筑物的出入口位置在同一面，同时鉴于建筑内长度的限制，生产区内作业单位间采用 U 形流动模式。

阀门生产流程中的搬运属于简单搬运，无特殊的物理化学性质要求。考虑到阀门质量大、外形复杂、尺寸大小变化频繁的特性，在搬运方式的设计中，选用最大载重量为 5t 的梁式起重机、叉车和地面手推车等为主要搬运设备。

车间内主干道设定为双车道，每个车道需满足叉车的宽度要求，宽度设计为 5m，次干道设定为单车道，宽度设计为 3.1m。

2. 作业单位相互关系分析

在设施布置中，各设施的相对位置由设施间的相互关系决定。当某些以生产流程为主的工厂，物料移动是工艺过程的主要部分时，如一般的机械制造厂，物流分析是布置设计中最重要的方面；对某些辅助服务部门或某些物流量较小的工厂，各作业单位之间的相互关系（非物流联系）对布置设计就显得更重要；介于上述两者之间的情况，需要综合考虑作业单位之间的物流与非物流的相互关系。在本案例中，经过专家组讨论分析，确定需同时考虑作业单位之间的物流和非物流关系。

（1）物流权重分析

因阀门零部件的搬运方式相似，且大部分零部件的密度相近，因此，选用重量作为物流的衡量单位。

各零件权重 N_i 的计算公式为

$$N_i = \frac{M_i}{\min\{M_1, M_2, \cdots, M_n\}}$$

式中，M_i 为各零件重量。

比较被加工零件的重量，如可选择阀杆螺母的初始重量为计算公式的分母，阀体、闸板、阀盖、阀杆和阀杆螺母的毛坯的物流权重见表 5-13，其他在制零件的权重以同样的方法计算。

表 5-13　物流权重

产品名称	零件名称	重量/kg	权重
闸阀	阀体	29.9	4.98
	闸板	15.7	2.62
	阀盖	18.9	3.15
	阀杆	14.4	2.40
	阀杆螺母	6.0	1.00

说明：本表中产品与其零件的数量比值为 1∶1

（2）做出从至表

从至表用方阵来表示各作业单位之间的物料移动方向和物流量，表中方阵的行表示物料移动的源，称为"从"；列表示物料移动的目的地，称为"至"；行列交叉点标明由源到目的地的物流量。

根据以上的物流量权重，以及每种零件的工艺过程，将作业单位之间的物流量统计在从至表中，见表 5-14。

（3）密切程度等级划分

相关表是由缪瑟首先提出的，它将系统中的物流和非物流部门绘制在一张表上，采用"密切程度"代码（Closeness Code）来反映各单位之间的关系。"密切程度"代码及其含义见表 5-15。此外，对于非物流关系还可用一种理由代码来说明达到此种密切程度的确定理由，见表 5-16。

表5-14 从至表

作业单位		作业单位										
		11	1	2	3	4	5	6	7	8	9	10	13
		原材料库	车床组	钻床组	镗床组	铣床组	堆焊组	打磨组	研磨组	装配组	油漆组	检测组	成品仓库
11	原材料库	—	355					80					
1	车床组		—	79	27	71	301	139	71	22			
2	钻床组			—						213			
3	镗床组		26		—								
4	铣床组					—				69			
5	堆焊组		305				—						
6	打磨组		80	139				—					
7	研磨组								—	71			
8	装配组									—		554	
9	油漆组										—		554
10	检测组									554		—	
13	成品仓库												—

注：由于篇幅的限制，与全部其他作业单位之间无物流的单位未列在表中。

表5-15 "密切程度"代码及其含义

代码	A	E	I	O	U	X
含义	绝对必要	特别重要	重要	一般	不重要	不希望靠近

表5-16 "密切程度"理由代码示例

理由代码	1	2	3	4	5	6
理由	设备由相同人员操作	物料移动	人员移动	监督管理	需要相同公用设施	噪声和污染

利用表5-14统计存在物料搬运的各作业单位对之间的物流量，将各作业单位对按物流强度大小排序，并划分出物流强度等级。汇总后的物流强度见表5-17。

表5-17 物流强度汇总表

序 号	作业单位对（路线）	物流强度	等 级
1	1—5	606	A
2	8—10	554	E
3	9—13	554	E
4	9—10	554	E
5	1—11	355	I
6	1—6	219	I

（续）

序　号	作业单位对（路线）	物流强度	等　级
7	2—8	213	I
8	2—6	139	I
9	6—11	80	O
10	1—2	79	O
11	1—4	71	O
12	1—7	71	O
13	7—8	71	O
14	4—8	69	O
15	1—3	53	O
16	1—8	22	O

（4）作业单位物流相关表

在表 5-17 的基础上，做出物流相关表，如图 5-14 所示。

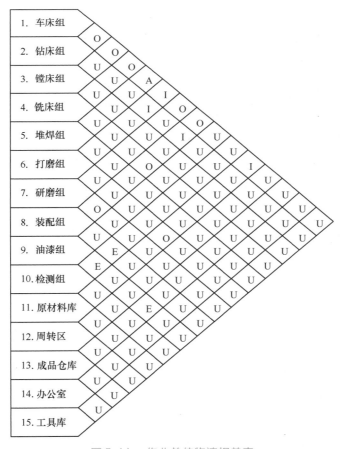

图 5-14　作业单位物流相关表

（5）作业单位非物流相关表

在设施布置中，各作业单位、设施之间除了通过物流联系外，还有人际、工作事务、行政事务等日常活动。在充分考虑加工设备、员工需求和作业环境等因素的基础上，深入分析作业单位之间的各项事务关系和程度，得到生产区各作业单位的非物流相关表，如图5-15所示。

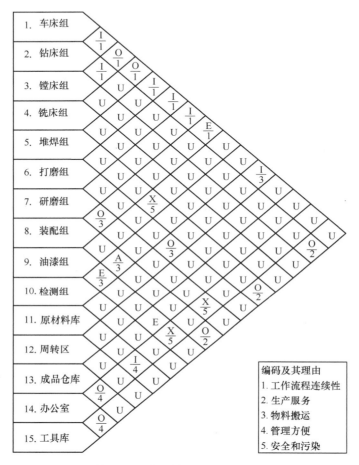

图 5-15　作业单位非物流相关表

（6）综合相互关系

确定作业单位之间的物流和非物流关系后，需给出综合相互关系。其步骤如下：

1）阀门生产车间中作业单位之间物流关系占主要地位，经专家组论证，确定物流与非物流关系的密切程度相对重要性为3:1。

2）量化物流和非物流密切程度等级，取 A = 4，E = 3，I = 2，O = 1，U = 0，X = -1。

3）计算作业单位综合相互关系，见表5-18。

设任意两个作业单位分别为 A_i 和 A_j，物流相互关系等级为 MR_{ij}，非物流的相互关系密切程度等级为 NR_{ij}，则作业单位 A_i 与 A_j 之间的综合相互关系密切程度 TR_{ij} 为

$$TR_{ij} = mMR_{ij} + nNR_{ij}$$

表 5-18　综合相互关系计算

作业单位对	物流关系加权值 3		非物流关系加权值 1		综 合 关 系	
	等级	分数	等级	分数	分数	等级
1—2	O	1	I	2	5	O
1—3	O	1	O	1	4	O
1—4	O	1	O	1	4	O
1—5	A	4	I	2	14	A
1—6	I	2	I	2	8	I
1—7	O	1	I	2	5	O
1—8	O	1	E	3	6	I
1—11	I	2	I	2	8	I
2—3	U	0	I	2	2	O
2—6	I	2	U	0	6	I
2—8	I	2	U	0	6	I
2—15	U	0	O	1	1	O
4—8	O	1	U	0	3	O
5—9	U	0	X	−1	−1	X
5—15	U	0	O	1	1	O
6—11	O	1	O	1	4	O
7—8	O	1	O	1	4	O
7—14	U	0	X	−1	−1	X
8—10	E	3	A	4	13	E
8—15	U	0	O	1	1	O
9—10	E	3	E	3	12	E
9—13	E	3	E	3	12	E
9—14	U	0	X	−1	−1	X
11—14	U	0	I	2	2	O
13—14	U	0	O	1	1	O
14—15	U	0	O	1	1	O

注：1. 物流与非物流关系都定级为 U 的作业单位对未在表中列出。

　　2. 将物流与非物流相互关系进行合并时，应该注意 X 级关系密级的处理，任何一级物流密级与 X 级非物流关系密级合并时，不应超过 O 级。对于某些极不希望靠近的作业单位之间的相互关系，可以定为 XX 级。

做出作业单位综合相互关系表，如图 5-16 所示。

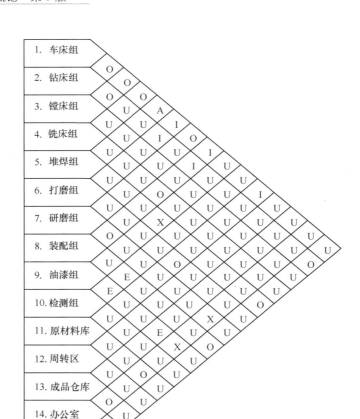

图 5-16　作业单位综合相互关系表

3. 确定平面布置方案

（1）绘制作业单位位置相关图（见视频 5-8）

在 SLP 方法中，工厂总平面布置并不直接去考虑各作业单位的占地面积和几何形状，而是从各作业单位间相互关系密切程度出发，安排各作业单位之间的相对位置，关系密级高的作业单位之间距离近，关系密级低的作业单位之间距离远，由此形成作业单位位置相关图。

当作业单位数量较多时，作业单位之间相互关系数目非常多，因此即使只考虑 A 级关系，也有可能同时出现很多个，故引入综合接近程度这一概念。某一作业单位综合接近程度等于该作业单位与其他所有作业单位之间量化后的关系密切程度的总和。这个值的高低，反映了该作业单位在布置图上所处的位置，综合接近程度分值越高，说明该作业单位越应该靠近布置图的中心位置，分值越低说明该作业单位越应该处于布置图的边缘位置。处于中央区域的作业单位应该优先布置，也就是说，依据 SLP 思想，首先根据综合相互关系级别高低按 A、E、I、O、U、X 级别顺序先后确定不同级别作业单位位置，而同一级别的

视频 5-8　绘制作业单位位置相关图

作业单位按综合接近程度分值高低顺序来进行布置。

根据作业单位综合相互关系，绘制作业单位位置相关图，如图 5-17 所示。

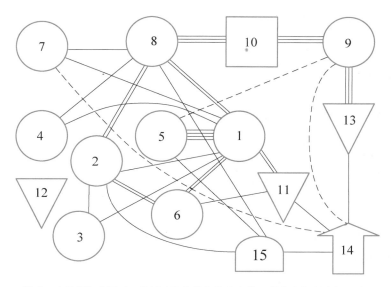

说明：在绘制相关图时，常用连接的线条数表达作业单位之间的密切程度，如：四根线表示作业单位之间的密切程度为"A"，如"作业单位1"与"作业单位5"之间；三根线表示"E"关系，以此类推；折线或者虚线表示"X"关系；"U"关系则不需要线条连接表示。

图 5-17 作业单位位置相关图

（2）绘制作业单位面积相关图

结合作业空间面积估算和作业单位的位置关系图，绘制作业单位面积相关图，如图 5-18 所示。

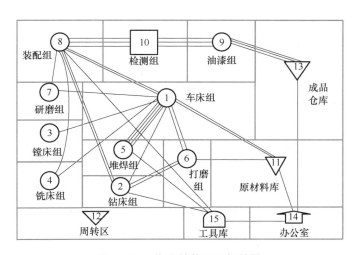

图 5-18 作业单位面积相关图

（3）修正

作业单位面积相关图只是一个原始布置图，还需要根据其他因素进行调整与修正。在本设计中，考虑的修正因素有以下四点：

1）车床组布置。综合考虑车床机台的占地、工作站布置和搬运方式等因素，将车床组划分为多个块。

2）物料流动。与生产区外物流进行最频繁的为原材料库和成品仓库，为了减少搬运量，在生产区的布局设计中，尽量将原材料库和成品仓库设置在出入口附近。

3）污染和噪声。油漆车间会释放刺激性气味的气体。为此，尽量将油漆车间排在厂区的角落，并做好空气交换等。因为机加工噪声较大，办公区应尽量远离机加工单元。

4）人流管理。因办公室是对外人流最多的区域，为了减少人流距离，同时减少人在车间内的流动，应尽量将办公室设置在靠近门口的位置。

（4）做出详细布置图

在总体区划已确定的方案下，详细规划每个作业单位的作业区、每台机器设备、每条通道、每个货架的位置等详细的布置。详细布置的工作过程和总体区划类似，具体设计过程在此不再赘述。实际上，在进行每个作业单位的详细布置时，经常要对总体区划做出一些调整。因此，总体区划和详细布置并非相互独立，在做其中一项工作时经常要考虑下一阶段的某些细节。这种前后的关联，常使得这两个阶段要反复进行，才能得出较好的方案。

经设计，得到两个总平面布置的可行方案，如图5-19和图5-20所示。

4. 布置方案的评价和择优

因设施布置是多目标问题，有多个评价指标，同时评价指标包括定量指标和定性指标两类，因此本设计中采用加权因素法进行方案评价，选取较优方案。

基于设施规划目标分析，通过专家组和管理层评价，确定以物料搬运效率、实施成本、空间利用率、管理便利、可扩展性等为方案评价的指标，并给出各指标的权重。采用5分制对方案1和方案2进行评分，获得评价结果，见表5-19。结果表明，方案1要优于方案2，因此，选择方案1作为实施方案。

表5-19 方案评价结果

方案	评价指标					分数和
	物料搬运效率	实施成本	空间利用率	管理便利	可扩展性	
	权重					
	0.3	0.2	0.1	0.3	0.1	
方案1	5	3	3	3	4	3.7
方案2	3	4	3	2	3	2.9

注：因篇幅原因，各指标的具体评分标准未给出。在评价时，可量化指标，应尽量给出数字化的评价依据，如本设计中的实施成本和空间利用率等指标。

各类设施的布置规范标准可参考如下国家标准：GB/T 20132—2019《船舶和海上技术 客船低位照明 布置》；GB/T 21485—2008《船舶和海上技术 船上消防、救生设备及逃生路线布置图》；GB 14881—2013《食品生产通用卫生规范》；GB 50073—2013《洁净厂房设计规范》。

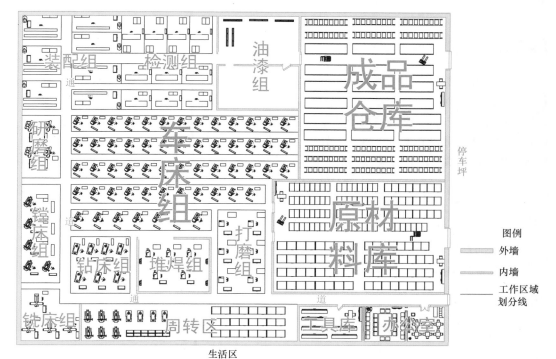

图 5-19　总平面布置方案 1

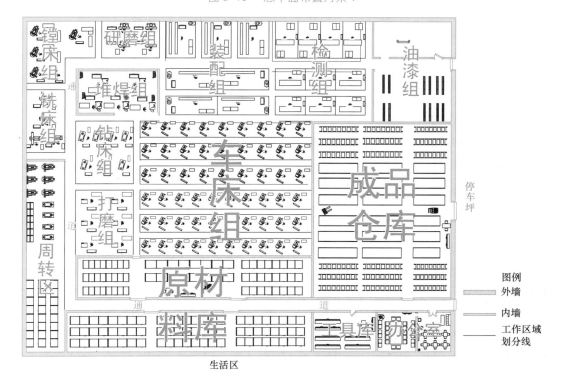

图 5-20　总平面布置方案 2

5.4 仓库规划

仓库系统规划是指从空间和时间上对仓库的新建、改建和扩建进行全面系统的规划，涉及仓库网点与地址、仓库布局规划、仓储设备选用、储存系统布局等要素的规划和设计。仓库系统规划设计的合理性对仓库作业的质量和安全，以及所处地区或企业的物流合理化产生直接和深远的影响。可观看视频5-9了解仓库系统规划。

视频5-9 立体仓库
仿真模型

5.4.1 仓库规划的目标和合理布置的要求

一般而言，设计仓库应实现以下目标：

1）空间利用最大化。
2）设备利用最大化。
3）劳动力利用最大化。
4）所有物料最容易接近。
5）所有物料得到最好的保护。

仓库内合理布置的要求如下：

1）应该按照仓库作业的顺序，如进库、储存、出库等，做出布置，便于提高作业效率。
2）缩短货物与人员移动距离，节约仓库空间，也便于提高生产效率。
3）应便于仓库各种设施、搬运和储存设备等都能充分发挥效率。
4）充分利用仓库的空间，提高仓库利用率。
5）保证仓库安全，要符合防火、防水、防盗和防爆的各种要求。

仓库的规划和设计需要解决以下四个问题：

1）储存系统的大小。
2）对个别物品的储存和拣货方法。
3）物品储存位置的分配。
4）达到一定程度的高效率和高水平所增加的成本。

5.4.2 仓库的规划与布置

上述各种因素以不同方式相互关联。例如，依靠作业活动的水平合理分配物品储存位置，会提高仓库中物流的顺畅性，这就意味着移动较快的物品能分配到优越的存放位置，而移动慢的物品将会送到不大有利的存放位置。对各种物品的储存拣取与控制，要求不同的物流搬运（MH）设备，如采用机械化程度高的设备，可提高效率，但会因此增加设备投入成本。

不仅是被储存的物品占有空间，储存设备本身如货架也要占有空间。地堆存储可能是最节约空间的方法，但也有其局限性，较适用于同类不怕压的物品。即便如此，空间损失也是不可避免的。当使用储存货架时，为了储存拣取设备的操作，必须在货架间预留通道。储存货架会产生空间损失，采用双深货架代替单深货架，或用窄通道用的叉车代替宽体叉车就可以改进存在的问题。而用双深货架就要采用深入式设备，也就增加了设备成本。

物品的特性也会影响储存的方法。特性中包括质量、尺寸、形状、价值、储藏寿命、有无毒性、阻燃性以及对环境的要求等。有时候常规的分配货位的方法并不适合例外的情况，所以，必须进行仔细的规划。

仓库的规划和设计人员必须决定仓库应储存多少货物，或仓库的储存能力。回答这一问题并不容易，特别是当仓库空间昂贵，或当高额投资于国外引进的物流搬运和存储高新技术的设备时更是如此。过度或严重不足的仓储能力，都会对公司造成不同程度的损失。

1. 储存空间大小的要求

通常仓库的首要任务就是为每一存储单元（SKU）分配足够的储存空间。为达到此目的，采用一种存储分析表用于表示对存储和仓储的空间大小要求，见表 5-20。此表表明各种不同种类的物品、单元载荷的类型、各项物品的储存数量以及需要的储存空间。仓库的储存空间大小有时也称为库容量。库容量是仓库设计和使用中的主要参数之一，库容量过小不能满足储存货物的需要，库容量过大则会增大投资。对表 5-20 中需要说明的是如何决定各种物品储存数量。

表 5-20 存储分析表

物料说明	单元载荷				储存单元载荷数量			储存空间		
	类型	容量	尺寸	重量	最大	平均	计划	方法	空间标准	需要的顶棚高度

例如，某制造厂生产的产品 X，仓库每天要从此厂进货，平均为每天 30 箱，安全库存 4 天，订单提前期 7 天，而且订单数量为 30 天。试问应该存储的最大和平均单元载荷量是多少？

这个问题的答案是库存订货点为安全库存加上订货提前期所需的箱数，故为 330 箱；仓库储存的最多数量为安全库存加上一次订货量，故为 1020 箱；仓库储存的平均数量为安全库存加上一半订货量，故为 570 箱。这个简单的例子可以说明如何初步粗略地决定仓库储存空间的大小。

2. 物品储存位置的分配

储存系统的规划和设计涉及各类物品 SKU 储存位置的分配问题。通常，解决这一问题的方法是在 SKU 的吞吐量和储存空间之间做出权衡。吞吐量是单位时间内所完成储存和拣取次数的一种度量，例如每班（8h 内）存取 256 次。另外，也能表示为完成一次存取操作所需要的时间，例如每次存或取为 1.3min。显然，吞吐量表示不同物品的物流搬运活动，并具有动态和随机的性质。另外，储存空间则被视为具有静态性质。储存位置分配常用有随机储存或指定储存两种模式。

（1）随机储存

将进货的物品储存到库内现有任何的空位上称为随机储存（Randomized Storage，RS），这也是最简单的存取策略。如现有空位超过一个以上，理论上说进货被分配到任何空位上的概率是相等的。实际上，进货总是被指派到离货物装卸点最近的空位上。所以不少设施规划和物流研究人员指出，随机策略下的存取并非"纯粹的随机"，操作人员总是趋向于就近位置的存取。为了避免产生某一 SKU 无限期地被锁定在一个位置的问题，所以采取先进先出（FIFO）的原则，保持与库存周转一致。

（2）指定储存

指定储存（Dedicated Storage，DS）就是将要求储存的物品根据其类型储存在预先指定的位置。应用此方法时，依据活动水平和库存水平将一类物品 SKU 分配一定数量的特定存储位置。活动水平被定义为吞吐量对分配的存储位置数的比值。无论是大的还是小的吞吐量需要的存储位置数，都有助于保持物品活动的高水平。快速周转货物有大的比值，反之，慢速周转货物有小的比值。值得注意的是，活动是和每分钟时间内存取的次数相关的，和搬运物品的数量无关。此外，在指定储存中，同一份订单所要的物品应该储存在一起以便搬运。

随机储存和指定储存两种模式的优缺点见表 5-21。

表 5-21   随机储存和指定储存两种模式的优缺点

类　型	空　间　需　要	优　缺　点
随机储存	最大总库存水平倾向于低于各种物品最大库存水平之和	能保持较高的库存空间利用率，但花费在寻找物品的储存位置的时间多，仓库常会变得杂乱无章，吞吐量和操作效率降低
指定储存	库存空间等于货物的最大库存水平	库存空间利用率较低，货物摆放整齐，各种存取机械设备能得到充分的利用，可以达到较高的吞吐量和操作效率

（3）基于级别储存和超市储存方法

根据经济学家帕累托（Pareto）所发现的 Pareto 法则，一个公司 80% 的收入来自其 20% 的产品，即所谓的 20/80 法则。将此法则应用在仓库中，则为大约 20% 的物品占用了 80% 的存取作业，15% 的存取作业用于 30% 的物品，而 50% 的物品只用了 5% 的存取作业。因此，可以根据该项物品所占总存取作业的比例，将进货分为三个等级。占 0～5% 总存取作业的物品为 C 级，占 5%～20% 者为 B 级，其余则为 A 级。为了将物品的存取效率最高，A 级物品必须储存于紧靠进出货的装卸点处，B 级物品则为其次靠近，C 级物品就可以远一些。虽然每一级物品有指定储存空间，但任一宗物品可以随机储存在指定储存此物品的任何空闲空间，这就是基于级别储存（Class-based storage）的方法。

由此可见，随机储存和指定储存是两个极端，而基于级别储存正好落入两者之间，是它们的折中。在基于级别储存中，假如所有物品都组成一个级别，则就变成了随机储存；相反，如果物品分成许多级别，就变成了指定储存。

如用图形来表示这些不同的物品储存的策略和方法，图 5-21 是随机储存策略下的物品在仓库内的分布。图 5-22 是 A、B、C 三级物品的储存策略下的分布。

总而言之，这种基于级别的专用存储应用了帕累托分析方法去区别快速、中速和慢速周转的货物（也就是熟知的库存 ABC 分类法），而随机储存用于同一级别内具有充分利用空间的好处，这样就和指定储存吞吐量大的好处结合起来。

另一种将两种储存方法结合起来的方案是，允许订单分拣按指定储存地点进行，而补充的货物按随机储存。这种方法和超市一样，将商品按专用储存或指定货位存放，补充货物随机存放在后面库房。

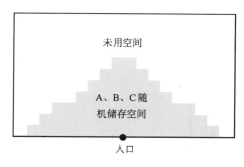

图 5-21　随机储存策略下物品在
仓库内的分布

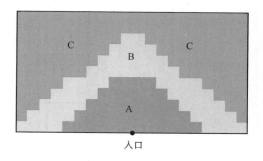

图 5-22　A、B、C 三级物品储存
策略下的分布

3. SKU 的性质对储存的影响

在前面已谈到物品可以分类成诸如快速、中速和慢速周转等类，从而给出有关需要的吞吐量和储存位置的信息。为了进一步深入研究，除前面考虑的活动水平外，还要研究物料储存的性质问题。这类性质包括常用性、相似性、尺寸、特性等，这些对储存都会产生影响。

（1）常用性

按照帕累托法则，对最常用的物料（约占 15% ~ 20%）为便于拣取应使存取距离最短（见视频 5-10）。物料的储存应如图 5-23 所示。现举例说明常用性和仓库布置的关系。

图 5-23　根据常用性决定的物品存储分配图

视频 5-10　帕累托法则
布置仓库的仿真示例

而对于出入口不在一点的情况，如设有 A、B、C、D、E、F 六种产品，各种产品收货往返运输次数和出货往返运输次数的比例见表 5-22，在其他各种条件相等时储存布置应如图 5-24 所示。

表 5-22　产品收货往返运输次数和出货往返运输次数的比例

产　品	收货往返运输次数（次）	出货往返运输次数（次）	收货次数/出货次数
A	18	9	2.00
B	4	15	0.27
C	9	10	0.90
D	8	11	0.73
E	13	6	2.17
F	2	16	0.13

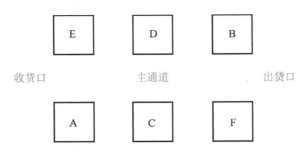

图 5-24　六种产品的存储分布图

（2）相似性

存储区域的布置和所存物品的相似性有关，也就是一起接收和运输的物品应存放在一起。即使不是一起收货的物品，如果它们一起出货，也应该将它们储存在一起。例如，在汽车备件仓库里，排气装置总是存在一起。将相似的物品存放在一个共同区域，可以使订单接收和分拣时间降至最低。

（3）尺寸

仓库中对不同尺寸的物品应提供不同的存储空间。如果存放物品的尺寸不确定，可以使用存货空间大小可调整的货架或搁板。通常，重的、体积大的、难以搬运的物品，应接近出货口。假如两件物品都是常用的，则体积最大的、最笨重的应放在接近出货口处。假如物品尺寸使地面载荷成为问题时，重量轻而易于搬运的物品，可存放在可堆放很高的区域；反之，较重的物品应存放在不能堆高的区域。假如一类物品比另一类更常用，但易于搬运，则应对常用性和搬运的方便性加以比较权衡，之后再决定其储存位置。

（4）特性

所存物料的特性经常会使储存的方法和常用性、相似性、尺寸等所考虑的储存原则大相径庭。这些重要的物料特性有：

1）易腐烂物料。考虑到此种物品在货架上的寿命，需要提供一个受控的环境。

2）奇形怪状、易碎的物品。奇形怪状的物品通常会造成搬运和储存的困难，通常将这样的物品储存在开放空间中；对于易碎的物品，需要适当调整储存单元载荷尺寸和存储方法。

3）危险物料。例如涂料、丙烷及其他可燃化学品需要和普通物料分开，应另设仓库储存。

4）要求保安的物品。价值昂贵的小件物品通常是偷盗者的目标，要求加强对材料的监视和跟踪，对储存此类物品的区域应采取专门的安全措施。

5）兼容性问题。某些物品或化学品单独储存并不成为问题，但与其他物品或化学品放在同一个区域就会产生不稳定，或污染或起化学反应。例如，黄油和鱼类都需要冷藏，但如果二者同时放在一间冷藏库内，黄油就会吸收鱼腥而产生异味。

4. 储存空间的利用

一旦确定了所存储的单元载荷的计划数量，就必须规定储存单元载荷的方法。仓储中无论采用何种设备，即使是最简单的情况下（即不用货架物品就地堆放时），也会产生空间损失。由于通道和蜂窝形空缺是不可避免的，就相应会造成空间的浪费。这种损失不能完全消除，只能将其减少到最低限度。

（1）蜂窝形空缺和立体空间损失

为了说明仓储中的蜂窝形空缺现象，先将同一种物品堆放在仓库地面上，形成一个或数个货堆。货堆之间留出人员和搬运设备出入的通道，如图 5-25 所示。因为没有用货架，堆放在一起的物品必须是同一种类的，所以在这一堆物品未被取完以前是不能存放其他种类物品的，否则就会造成混乱。

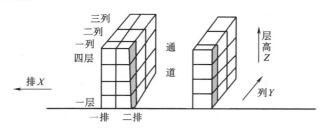

图 5-25　物品在地面上的简单堆放示意图

图 5-25 中一个通道两侧各有一排或两三排物品，每排物品有数列，每列有数层。假如在一列货堆上取走一层或几层物品，货堆上留下的空位就不能用其他种类物品补充，这样在仓库中留下的空位有如蜂窝，故名蜂窝形空缺，从而影响了仓库空间的充分利用，造成了储存空间的浪费。若在一列上取走一层或数层就称为垂直蜂窝化，若在一排上取走一层或数层就称为水平蜂窝化。

立体空间损失概念可参考图 5-26，图中为一仓库局部布置图。假设使用平衡叉车，从托盘货架上存储和取用物料，需要 3m 服务通道。托盘货架位于 14m 深、5.5m 净堆货高度的储存货物区域。所以占有的全部立体空间为：$[5.5 \times 14 \times (1.2 + 3 + 2.75 + 3 + 1.2)] m^3 = 858.55 m^3$，通道占有的立体空间为 $[5.5 \times 14 \times (3 + 3)] m^3 = 462 m^3$。由此可见，大约仓库空间的 50% 是通道。

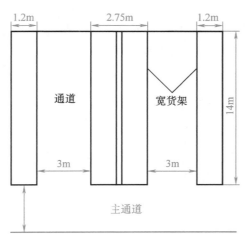

图 5-26　通道宽度对立体空间损失的影响

为了降低立体空间的损失，可以增加货位深度，即用双深货架代替原先使用的单深货架。

这样，会增加蜂窝形空缺损失，但总的损失能减少。但是货架加深后，出入库和装卸搬运等操作会产生诸多不便，所以需要全面考虑。通过计算，可得到在物品不同深度时的通道损失、蜂窝形空缺损失以及总空间损失，见表5-23。

表5-23 仓库空间损失参考表

货 物 深 度	通 道 损 失	蜂窝形空缺损失	总空间损失
1	0.600	0.150	0.750
2	0.429	0.249	0.678
3	0.333	0.305	0.638
4	0.273	0.340	0.613
5	0.230	0.366	0.596

（2）充分利用空间的因素

对仓库的布置必须最大限度地利用空间，就像最大限度提供高水平的服务一样，所以在做仓库布置时必须考虑以下几种因素：

1）空间的保持。空间的保持包括最大限度地将空间集中和利用立体空间，以及将蜂窝形损失降到最低。最大限度地将空间集中加强了利用空间的灵活性，提高了搬运大订单的能力。立体空间的利用可以将货物储存到较高的高度，对储存的一定数量的物料以适当高度和深度存放，则可将蜂窝形损失降到最低。但当从存货中不适当地取出物品时，又会发生蜂窝形损失。

2）空间的限制。空间的利用将受到结构钢架、喷水消防装置和顶棚高度、地面载荷强度（对多层建筑特别重要）、立柱以及物料安全堆放高度等的限制。通过围绕立柱紧凑地堆放物料，尽量将立柱对空间利用的负面影响降到最低。安全堆放高度涉及每种物料存放的易碎性和稳定性，也包括安全存取物料。特别是堆放需要人工拣取的物料，操作者应能安全拣取而不需要过分努力就能取到。

3）易接近性。过分强调空间的利用可能会导致不易接近物料。通道的设计必须足够宽，便于物料搬运；而且每一个储存孤岛的接触面都应有能进入的通道；所有主要通道都应是直的，可通向门；通道的方向应能使大多数物料沿存储区的最长轴线存放；通道不应沿着一面墙设置，除非这面墙有门。图5-27b中主要的储存物品未沿建筑物长轴存放，故布置不当；而图5-27a符合上述原则，故布置正确。

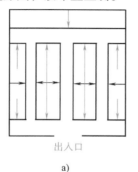
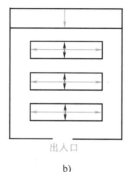

图 5-27 存储区的易接近性

各类仓库的规范标准可参考如下国家标准：GB 50475—2008《石油化工全厂性仓库及堆场设计规范》；GB 50154—2009《地下及覆土火药炸药仓库设计安全规范》；GB/T 35738—2017《物流仓储配送中心输送、分拣及辅助设备 分类和术语》；GB/T 22417—2018《叉车 货叉叉套和伸缩式货叉 技术性能和强度要求》；GB/T 191—2008《包装储运图示标志》。

 思考与练习题

1. 简述设施、设施规划的定义以及设施规划的主要目标。

2. 在进行设施规划（设计）以前需要哪些主要原始信息和数据？

3. 设施选址时应该和哪些部门合作？应该收集哪些重要数据？

4. 什么是"作业单位相互关系"？"作业单位相互关系"根据什么决定？

5. 在一个小型标准件制造厂厂房面积为 25m×20m，厂内有 7 个作业单位，其关系代码和面积如图 5-28 所示，试用 SLP 方法绘制一作业单位面积相关图。

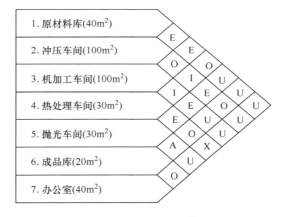

图 5-28　作业单位相关表

6. 在三种物品储存位置分配中，比较指定储存、随机储存和基于级别储存三种基本模式，具体说明三种方法的原理和区别。

7. 参见图 5-29 设计某仓库物品的存储位置。假设在仓库内是直线行程，仓库内 30% 的

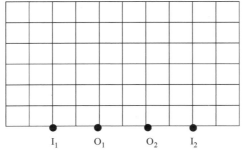

图 5-29　仓库简图

作业是储存，与其相平衡的作业是拣货。现设 A、B 和 C 为要储存的三种物品，需要的存储位置分别为 10 个、30 个、20 个。每天需要的吞吐量分别是来往 60 次、10 次和 30 次行程。存储位置分别为 2m×2m，采用指定存储。

（1）假设存储物品总是从接近的进货点（I_1 或 I_2）入库，从最接近的出货点（O_1 或 O_2）出货。要求对这些物品做出指定储存的布置。

（2）假设进货在 I_1 和 I_2 点之间均分，出货在 O_1 和 O_2 点之间均分，要求做出指定储存的布置。

（3）假设分成两级，应该如何进行基于级别的指定储存？

第6章
现代质量工程

据北仑海关统计，2014 年上半年北仑新区出口产品遭境外退运共计 1439.5 万元，同比增长了 37.4%，其中 6 月份遭退运 419.1 万元，是上年同期的 6.3 倍，创 2014 年以来单月增幅最高。经调查，质量问题为退运主要原因。由于产品质量原因被退运的批次约占调查批次的五成以上，其中产品质量不符合标准、规格尺寸不符合要求、外观有缺陷成为遭拒的症结所在。据了解，北仑一家电动工具企业和汽配企业生产出口的产品遭退运，原因就在于其产品不符合出口目的地国家的标准要求和企业要求的特殊尺寸，甚至个别产品在跌落试验后外壳发生破裂，致使国外买方拒绝收货。宁波海关相关负责人坦言，相对于标准规格的差距，外观缺陷同样占到了不小的比例，北仑一紧固件企业生产的两批螺母因表面有毛刺被美国退运，诸如此类问题大多归结于外观设计的粗糙。从海关统计调查可知，我国制造企业在产品质量可靠性、制造和检验等多个方面和欧美发达国家相比有很大差距，说明国内企业在现代质量工程知识应用方面还较薄弱。

本章将对现代质量工程（质量设计、质量制造、质量检验、质量管理）进行基本概念、主要方法和技术等内容的系统阐述，帮助相关人员学习和应用现代质量工程。

6.1 质量工程概述

6.1.1 基本概念

20 世纪 70 年代，美国、英国、日本等发达国家把原先单纯采用数理统计技术的质量控制演变成以工程技术为先导，以设计质量控制、满足客户需求为目标，综合采用技术、组织和管理等方法，按照系统工程的方式，实现产品的高质量、高可靠性和企业高效益的工程技术命名为质量工程（Quality Engineering，QE）。

质量工程是关于如何创新和提高全面质量的科学。它是一门管理与工程交叉以提高产品

质量为目标的综合性管理技术方法学科；是现代质量管理的理论及其实践与现代科学工程技术相结合，以控制、保证和改进产品和服务质量为目标的一个工程分支；是对传统的质量控制或管理深化、完善和发展的结果。

6.1.2 质量工程的内容和特点

1. 质量工程的内容

质量工程是一个系统工程，不仅包括质量管理（包含质量体系和法规等）活动，也包括技术方面的质量活动。质量工程的内容体系如图6-1所示。

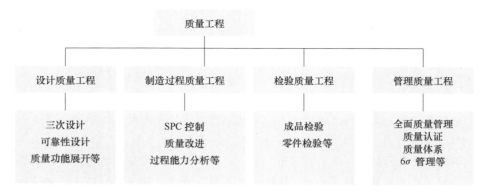

图6-1 质量工程的内容体系

2. 质量工程的特点

1）满足客户需求。不断满足客户需求是质量工程追求的唯一目标。

2）强调技术和管理并重。专业技术是开展现代质量管理的前提和基础，没有一流的技术，就不可能有一流的质量。质量工程反对脱离专业技术的质量管理。

3）产品的质量是设计出来的。质量工程认为，产品的质量首先是设计出来的，故质量工程特别重视设计质量控制，要求采用以质量功能展开和三次设计为主要内容的稳健设计技术。

4）质量工程是以质量为核心的系统管理工程。质量工程要求对质量进行全员、全方位和全过程的系统优化管理，包括生产经营过程和销售服务过程的质量控制，并要求采用各种科学的质量管理方法。

5）具有广泛的适应性和灵活的扩展性。质量工程可根据其对象的不同而灵活有效地应用。

 **6.2 设计质量工程**

质量管理专家普遍认为，一般产品的设计质量约占全部质量的50%～70%。因此，在产品质量管理中应重视设计和开发。质量设计主要有三次设计、可靠性设计、质量功能展开等方法。

6.2.1　三次设计

1977 年，田口玄一博士等在应用试验设计技术的基础上，提出质量管理的"三次设计法"，其核心思想是在产品设计阶段就进行质量控制，试图用最低的制造成本生产出满足客户要求的、对社会造成损失最小的产品。

1. 三次设计的基本概念

（1）田口质量观

通常认为产品的质量就是产品满足客户需要的程度，但是客户的满意度是一个无法量化测量的量。田口提出"所谓质量，是指产品上市后给社会带来的损失"，将产品质量与经济性密切地结合起来，认为社会损失的大小直接反映了产品质量的高低，用社会损失来度量质量，使质量变成可量化测量的量。

（2）质量损失函数

田口玄一认为，即使是合格品（输出质量特性在用户要求的公差范围内），其输出特性的波动仍可给用户和社会造成损失，输出特性越远离其目标值，造成的损失就越大。因此，输出特性应尽量接近其目标值，以使用户更满意。为了度量合格品输出特性偏离目标值给用户造成的损失，田口玄一提出应用质量损失函数如图 6-2 所示。

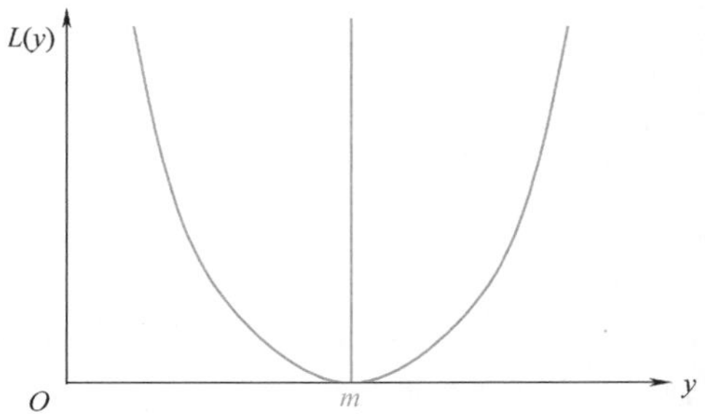

图 6-2　质量损失函数

设产品的质量特性值为 y，服从正态分布 N (μ, σ^2)，且存在固定目标值为 m，此时 y 值即为望目特性。显然，当 $y \neq m$ 时，则造成损失，且其差值 $|y - m|$ 越大，损失也越大；差值 $|y - m|$ 越小，损失越小；$y = m$ 时，损失最小。望目特性的质量损失函数为

$$L(y) = k(y - m)^2$$

式中，k 是与 y 无关的常数；$L(y)$ 表示质量特性为 y 时的损失。

如果用产品容差 Δ^2（产品技术规范要求，即合格品范围）和不合格品给企业带来的损失 A 来确定 k，则质量损失函数变为

$$L(y) = \frac{A}{\Delta^2}(y - m)^2$$

当 y 不取负值，若 y 越接近于零值，则产品的质量就越高，这种希望越小越好的质量特性，称为望小特性。若特性值 y 不取负值，并希望越大越好，则这样的质量特性称为望大特性。

2. 三次设计原理

三次设计又称三阶段设计，是指系统设计、参数设计及容差设计。

（1）系统设计

产品的系统设计，又称一次设计，是指根据产品规划所要求的功能，利用专业知识和技

术对该产品的整个系统结构和功能进行设计。其主要目的是确定产品的主要性能、技术指标及外观形状等重要参数。系统设计是三次设计的基础，它不仅决定了产品的价值，也决定了产品的稳定性，影响到用户是否接收该产品。系统设计是在调研的基础上，对比同类产品提出并确定技术参数，相当于传统的概念设计加结构设计。

（2）参数设计

参数设计又称二次设计，是在系统设计完成后，确定系统（产品）的各元器件、零部件参数的最佳值及最适宜的组合，以降低成本、提高质量。通过参数设计，使系统参数值合理搭配，而有可能用廉价的元器件、零部件制造出性能良好的整机。参数设计是三次设计的核心，国外称为健壮（稳健）设计或鲁棒设计（Robust Design）。

参数设计的本质是稳定性优化设计，基本思路是先改善系统的信噪比，使系统输出特性的波动减少到最低的程度，然后将特性值调整到给定的目标值。稳定性设计可以分两种情况：

1）当输出特性与零部件参数间无法建立适当的数学模型时，采用正交试验法（可参考相关文献）来完成这个任务。

2）当输出特性与零部件参数间可以建立数学模型时，可采用数学规划法求解最佳参数值。

（3）容差设计

三次设计的目的是使企业生产出"价廉、质优、物美"的产品。参数设计给出了各参数最佳中心值，为"质优物美"提供保证。容差设计则是在此基础上，从经济的角度，进一步考虑各参数的允许误差范围。对影响大的关键参数给以较小的误差范围，次要参数的误差范围则可适当放宽要求。

6.2.2　可靠性设计

可靠性设计是应用可靠性的理论和技术，通过预测、分配、分析和改进等一系列可靠性工程活动，将可靠性定量要求设计到产品的技术文件，形成产品的固有可靠性。

1. 可靠性设计概述

GB/T 2900.13—2008《电工术语 可信性与服务质量》中对可靠性下的定义为："产品在给定的条件下和在给定的时间区间内能完成要求的功能的能力。"可靠性与时间以及产品的质量密切相关，如果产品在规定的工作时间内发生故障，其可靠性就差。

衡量产品可靠性主要有三个指标：

1）可靠度。对于生产稳定的一批产品而言，发生故障的时间遵循一定的统计规律，即产品发生故障的时间（产品的寿命）X 是随机变量。假定产品规定的时间为 t，随机变量 X 的分布函数为

$$F(t) = P\{X \le t\}, t \ge 0$$

如果概率密度函数为 $f(t)$，则

$$F(t) = \int_0^t f(t)\,\mathrm{d}t$$

$F(t)$ 是产品失效的概率函数，称为故障分布函数，也称故障概率、失效函数或不可靠度，用来描述产品的寿命分布。由于产品正常运行与发生故障是对立事件，因此产品在规定

时间 t 内不发生故障的概率为

$$P\{X > t\} = 1 - F(t) = \overline{F}(t)$$

通常称其为无故障概率，或可靠度函数，简称可靠度，记为 $R(t)$，即

$$R(t) = 1 - F(t) = \overline{F}(t)$$

由此可见，可靠度和故障分布函数之和恒等于 1，即

$$R(t) + F(t) \equiv 1$$

只要知道可靠度和故障分布函数其中之一，即可算出另一个。

2）失效率。在实际工作中，常要关心产品工作到 t 时刻后，在单位时间失效的概率，这就是失效率（Failure Rate），又称故障率。失效率是产品可靠性特征的一个重要指标，它能决定每一时刻的可靠度。失效率常用失效函数 $\lambda(t)$ 来表示，即

$$\lambda(t) = \frac{f(t)}{R(t)} = \frac{\mathrm{d}F(t)}{R(t)\mathrm{d}t}$$

3）寿命。对于不可修复产品，产品的寿命是指产品失效前的工作（或储存）时间或工作次数，记为 MTTF（Mean Time to Failure）。对于可修复产品，产品的寿命是指两次相邻失效（故障）之间的工作时间或工作次数，而不是指整个产品报废前的工作时间或工作次数，记为 MTBF（Mean Time between Failure）。由于生产、材料、检验、运输、储存以及使用和维护中错综复杂的原因，致使产品的寿命成为随机变量。通常用期望寿命（平均寿命）表示寿命的特征，即产品从投入运行到发生失效的平均无故障工作时间。对于不可修复产品而言，期望寿命可用下式表示

$$E(t) = \int_0^{+\infty} tf(t) = \int_0^{+\infty} R(t)\mathrm{d}t$$

其他还有可靠寿命、中位寿命和更换寿命等，这些寿命可用可靠度函数和失效率函数求出。

2. 可靠性设计技术

（1）可靠性预测

系统可靠性预测（Reliability Prediction），也称可靠性预计，是在设计阶段，依据组成系统的元器件、零部件的可靠性指标，系统结构、功能、环境及相互关系，定量分析预计系统可靠性水平，以得到比较满意的系统设计的一种方法。

可靠性预测的常用方法如下：

1）元器件计数法。元器件计数法以元器件的可靠性数据为基础预计系统的可靠性，适用于电子类产品的方案论证及初步设计阶段。

2）应力分析法。在可靠性工程中，应力是指对产品功能有影响的各种外界因素，包括通常的机械应力、载荷（力、力矩、转矩）、变形、温度、磨损、油膜、电流、电压等。强度则是指产品承受应力的能力。应力—强度模型认为产品所受的应力大于其允许的强度就会失效。因此，采用应力分析法需要知道元器件所受的应力，如温度、电压、振动等，这决定了应力分析法只能用于详细设计阶段。

3）相似产品法。相似产品法是根据以前研制和生产功能相似的产品时，所获得的失效率数据和特定的经验，估计新设计产品的可靠性参数。在机械、电子、机电类具有相似可靠性

数据的新产品方案论证、初步设计阶段，可用相似产品法进行可靠性预计。

此外，还有故障率预计法、上下限法和数学模型法等，可参考相关文献，本书不再赘述。

（2）可靠性分配

可靠性分配是按产品可靠性结构模式，应用数学方法分配给每个分系统和零部件，并在多种设计方案中比较、选优的一种方法。可靠性分配与可靠性预测不同，是从系统直至最低单元的自上而下逐级分配的过程，而预测是从最低单元到系统的由下而上的综合过程。可靠性分配的方法如下所述：

1）等同分配法。为了使系统获得规定的可靠度水平 R^*，对全部子系统给予相等可靠度的方法称为"等同分配法"。等同分配法较简单，其缺点是没有考虑和根据各单元现有可靠度水平、重要度及工艺水平等的不同而分配不同的可靠度值。

2）代数分配法。代数分配法是美国国防部电子设备可靠性咨询组（AGREE）于1957年提出的，根据每个单元的重要程度、复杂程度以及工作时间进行可靠性指标的分配，是应用较广的一种方法。

3）加权因子分配法。一般而言，各子系统的功能各不相同，复杂性也不相同，因此在分配可靠性指标时，不能平均分配，而应考虑系统单元的重要性、复杂性因素，以及环境因素、标准化因素、维修性因素和质量因素，加权处理。

其他还有拉格朗日乘数法、最小工作量法、预计故障率法等，可参阅相关文献，本书不再赘述。

（3）可靠性分析

随着系统的不断庞大和复杂，若设计不当，可能存在着一种潜在的通路，在一定条件下由于潜在功能的作用，会使系统在所有元器件都正常工作的情况下发生重大故障。因此，在设计阶段为保证产品的可靠性，必须进行有效的可靠性分析，及时发现产品的缺陷和不足，予以改进。系统可靠性常用的分析技术有以下两种：

1）FMEA 和 FMECA。在产品设计阶段，通过对产品各单元潜在的各种故障模式及其影响进行分析，提出可能采取的预防改进措施，以提高产品可靠性的一种设计分析方法，称为故障模式影响分析（Failure Mode and Effect Analysis，FMEA）技术。若在分析产品各单元潜在的各种故障模式及其影响以外，还要判断故障模式影响的危害度，使分析量化，即进行危害性分析，则称为故障模式、影响及危害性分析（Failure Mode Effect and Criticality Analysis，FMECA）。因此，可认为 FMECA 是 FMEA 的一种扩展。FMEA 和 FMECA 均需从产品的故障（失效）分析中，寻找发生故障的机理与诱因，借此为排除故障制定相应的对策。

2）故障树分析。故障树分析（Fault Tree Analysis，FTA）和 FMECA 是分析系统故障因果关系的两种常用而有效的技术。FTA 还可以用于故障诊断，分析系统的薄弱环节，指导运行和维修，实现系统的优化设计等方面。

此外，还有冗余设计、简化设计和降额设计等，可参阅相关文献，本书不再赘述。

6.2.3　质量功能展开

1. 质量功能展开概念

质量功能展开是描述现代产品设计逻辑的技术，将顾客的要求转换成质量特性，保证顾客的关键需求以及企业的核心技术系统地展开到产品的各功能部件、过程变量等质量特性，从而形成满足顾客要求的产品质量。质量功能展开通过定义"做什么"（即顾客要求）和"如何做"（即质量特性），识别关键的质量特性，将顾客定义的质量要素注入产品或服务。

2. 质量功能展开原理与构成

质量功能展开基本工具是质量屋。质量屋以矩阵为工具，将顾客需求如下逐层展开：①产品设计要求（涉及规格或规范）；②分系统、零部件的设计要求；③生产要求等。然后，采用加权评分的方法，评定设计、工艺要求的重要性，通过量化计算，找出产品的关键单元、关键部件、关键工艺，为优化设计这些"关键"提供方向，采取有力措施。

根据我国的实践经验，我国提出了中国化的质量屋（见图 6-3）。其基本结构要素如下：

1）左墙——顾客需求及其重要度。

2）顶棚——工程质量（设计要求或质量特性）。

3）房间——关系矩阵。

4）地板——工程措施的指标及其重要度。

5）屋顶——相关矩阵。

6）右墙——市场竞争能力评估矩阵。

7）地下室——技术竞争能力评估矩阵。

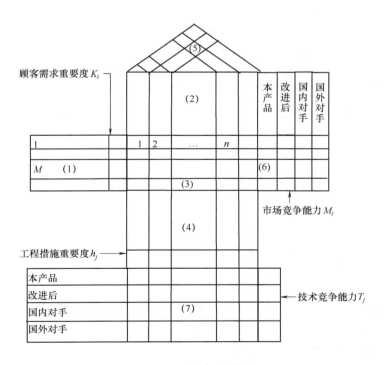

图 6-3 质量屋结构图

组成质量的基本表格有五种，它们是：①顾客需求展开表，位于质量屋的左墙；②关键顾客需求确定表，位于右墙；③技术要求展开表，位于顶棚；④质量表，是 QFD 核心，位于房间；⑤输出质量特性确定表，位于地板和地下室。

3. 质量功能展开的程序

下面用一个实例说明质量功能展开的程序。

例 6-1 某种型号的 PECVD 设备开发的质量功能展开。

1）顾客需求展开。项目组收集有关顾客提供的信息，经过整理、加工、提炼，形成顾客需求六条，填入顾客需求展开表（见表 6-1）。

2）PECVD 设备的关键质量展开。项目组经调查后，确认各项质量需求的认知质量重要度依次为 "5" "5" "4" "2" "1" "2"，本产品实际感受（感知质量）依次为 "4" "3" "3" "3" "3" "4"。

表 6-1 顾客需求展开表

顾客需求	准则层 B	指标层 C	
顾客满意	生产性能 B_1	1. 沉淀的薄膜质量好 2. 对有害气体防护好 3. 可靠性高且便于维修	C_{11} C_{12} C_{13}
顾客满意	外形 B_2	4. 可比国内同型号设备大 5. 美观且与生产线其他设备和谐	C_{21} C_{22}
顾客满意	经济性 B_3	6. 价格适中	C_{31}

计算各项顾客需求的水平提高率、绝对权重和权值，其中

$$水平提高率 = \frac{改进目标}{本公司满意度评价}$$

$$绝对权重 = 重要度（平均）\times 水平提高率 \times 商品特性点$$

式中，商品特性点 "◎" 之值为 1.5（特别重要），"○" 之值为 1.2（比较重要），空白为 1（一般重要）。然后，换算出顾客需求的权值（即关键顾客需求的排序）：

$$权值（Q_j）= \frac{绝对权重}{各个需求绝对权重之和} \times 100\% \quad (j = 1, 2, \cdots, m)$$

再计算市场竞争能力指数 M：

$$M = \frac{\sum K_i M_i}{5 \sum K_i} \tag{6-1}$$

式中，M_i 表示市场竞争能力；K_i 是客户需求重要度。

3）进行技术特性描述。提出的技术要求展开成表 6-2。然后，对技术要求之间做相关分析，相关影响度可按见表 6-3 所示分类。

根据专业人员分析，技术要求之间的相关影响程度如图 6-4 所示。

表 6-2　技术要求展开

技术要求	技 术 指 标						
	控制系统设计	真空系统设计	气路系统设计	推拉舟装置及其他系统设计	RF（射频）电源设计	可靠性、维修性设计	成本
	特征值	特征值	特征值	特征值	特征值	特征值	特征值

表 6-3　影响度划分表

影响程度	符　号	影响程度	符　号
强正影响	◎	强负影响	#
正影响	○	无影响	空白
负影响	×		

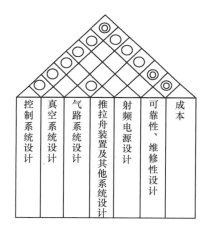

图 6-4　相关影响程度

4）计算各项技术要求（工程措施）重要度

$$h_j = \sum K_i r_{ij} \tag{6-2}$$

式中，r_{ij} 是质量表的元素；K_i 是顾客需求重要度。

5）关键质量特性确定。经过进一步分析，控制系统设计主要是主机和功能单元的电路设计，真空系统设计的技术要求是泵的抽气速率达标及能排除副产品，气路系统设计要求气密性达到要求，推拉舟的设计要求晶片舟进出反应室平稳，射频电源的设计要求射频电源与负载之间阻抗匹配良好，可靠性、维修性分别为 MTBF = 250h 及 MTTR（平均修复时间）= 6h，控制成本使售价不超过 100 万元人民币。由上可知关键措施应是气密性设计及可靠性、维修性设计。

计算技术竞争能力指数：

$$T = \frac{\sum h_j T_j}{5 \sum h_j} \tag{6-3}$$

式中，T_j 表示技术水平，可分为五个等级。

综上所述，构造开发某种型号的 PECVD 设备的质量屋（如图 6-5 所示）。

顾客需求＼技术要求（工程措施）	重要度	控制系统设计	真空系统设计	气路系统设计	推拉舟装置及其他系统设计	射频电源设计	可靠性、维修性设计	成本	市场竞争能力 M_i 本产品	改进后产品	国内对手	国外对手
1.沉淀的薄膜质量好	5	9	3	5	5	5	5	1	4	5	4	5
2.对有害气体防护好	5	3	5	9	5		7	3	3	4	4	5
3.可靠性高且便于维修	4	5	5	7	5	5	7	5	3	4	3	5
4.可比国内同型号设备大	2	1	1	1	1	1	3		3	4	3	5
5.美观且与生产线其他设备和谐	1	1					1	3	3	4	3	5
6.价格适中	2	1	1	1	1	2	1	3	4	5	3	4
$\sum K_i$	19	主机和功能单元的电路设计	泵的抽气速率达标及能排除副产品	气密性设计达到要求	晶片舟进出反应室平稳	射频电源与负载间的阻抗匹配良好	MTTR=6h　MTBF=240h	售价不超过100万元人民币	0.67	0.87	0.65	0.98

市场竞争力指数 M

技术要求重要度 h_j		85	64	102	74	53	96	49	$\sum h_j$=523	
技术竞争能力	本产品	85	64	102	74	53	96	49	0.712	技术指数竞争能力
	改进后产品	4	4	3	3	3	4	4	0.912	
	国内对手	5	5	4	4	4	5	4	0.624	
	国外对手	3	4	3	3	3	3	3	0.981	

图 6-5　某种型号 PECVD 设备一级质量屋

6.3　制造过程质量工程

6.3.1　质量统计过程控制

1. SPC 概述

SPC 是英文 Statistical Process Control 的简称，即统计过程控制，最早于 20 世纪 20 年代由

美国贝尔实验室的沃尔特·休哈特（Walter A. Shewhart）博士提出。SPC 技术基于统计理论的技术和方法，通过对生产过程中各工艺参数质量数据进行统计分析和描图，实现对工艺过程稳定性的监控和预测。

对异常波动的及时预警是 SPC 的最大特点。应用 SPC 对检测数据进行统计分析，能够区分生产过程中的正常波动和异常波动，及时预警。它能在异常因素刚露出苗头，尚未造成不合格产品之前及时发现，指导管理人员及时采取措施消除异常，从而极大地减少不合格产品的产生，保证生产顺畅进行，最终提高生产效率。

2. SPC 的技术流程

SPC 技术主要应用数理统计分析手段，解决与质量管理相关的技术问题，即选择不同生产线的不同关键点实施基本技术流程，如图 6-6 所示。

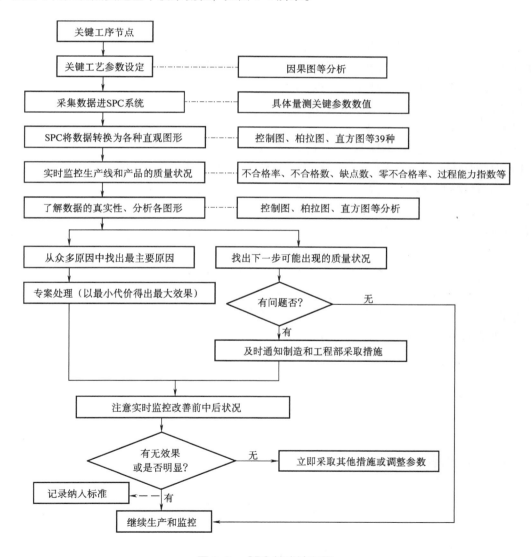

图 6-6　SPC 技术流程图

3. 控制图

控制图根据数理统计的基本原理绘制而成，其基本格式如图6-7所示。

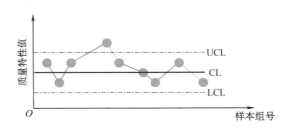

图 6-7　控制图原理图

图中，CL 是中心线，UCL 是上控制界限线，LCL 是下控制界限线。中间的点是按时间顺序描出质量特性的抽样数据点。抽样数据点的分布可以动态地反映质量变化的状况。如果数据点落在上、下控制界限线内，且无规则地排列，则说明生产过程中处于统计控制状态；如果数据点落在上、下控制界限线外，或数据点虽然在控制界限线内，但数据点的排列呈现某种规则，则表明生产过程存在系统性误差。据此可以判断生产过程中出现的偏差，是由于偶然因素产生的随机误差，还是非随机的系统误差。当过程中存在系统因素的影响而处于失控状态时，可采取相应的措施，使生产过程恢复到仅受随机性因素影响的受控状态。通过控制图即可对生产过程实施监控，对系统异常及时警告，对工序进行有效控制。

（1）控制图类型及 $\overline{X}$—R 控制图的做法

休哈特控制图有许多种。均值—极差控制图（$\overline{X}$—R 控制图）是最常用、最重要的计量值控制图，适用于长度、重量、时间、强度、成分以及某些电参数的质量控制，是其他类型控制图的基础。

$\overline{X}$—R 控制图，由均值控制图（$\overline{X}$ 图）与极差控制图（R 图）构成。在 $\overline{X}$—R 控制图中，$\overline{X}$ 图检查工序平均值的变化，可以检查样本之间的偏差，而无法检查样本内部的偏差。而极差 R 和标准差有一定比例关系，可以检查样本内部偏差。

$\overline{X}$ 控制图的控制线为

$$UCL_{\overline{X}} = \mu_{\overline{X}} + 3\sigma_{\overline{X}} = \mu + \frac{3\sigma}{\sqrt{n}} = \overline{\overline{X}} + \frac{3\overline{R}/d_2}{\sqrt{n}} = \overline{\overline{X}} + A_2\overline{R}$$

$$CL_{\overline{X}} = \mu_{\overline{X}} = \mu = \overline{\overline{X}}$$

$$LCL_{\overline{X}} = \mu_{\overline{X}} - 3\sigma_{\overline{X}} = \mu - \frac{3\sigma}{\sqrt{n}} = \overline{\overline{X}} - \frac{3\overline{R}/d_2}{\sqrt{n}} = \overline{\overline{X}} - A_2\overline{R}$$

R 控制图控制线为

$$UCL_R = \mu_R + 3\sigma_R = \overline{R} + \frac{3d_3\overline{R}}{d_2} = \overline{R}\left(1 + \frac{3d_3}{d_2}\right) = D_4\overline{R}$$

$$CL_R = \mu_R = \overline{R}$$

$$LCL_R = \mu_R - 3\sigma_R = \overline{R} - \frac{3d_3\overline{R}}{d_2} = \overline{R}\left(1 - \frac{3d_3}{d_2}\right) = D_3\overline{R}$$

其中，A_2、d_2、d_3、D_3、D_4 是与样本量 n 有关的系数，由表 6-4 给出。一般可用极差 R 来估计标准差 σ，但样本量 n 不宜过大，选 $n=4$、5 或 6 为宜，当 $n>10$ 时，效率会迅速下降。

由于在 $\overline{X}$ 图、R 图控制线的计算均涉及 $\overline{R}$，如果先作 $\overline{X}$ 图，则因此时 R 图未判稳，$\overline{R}$ 的数据还不能使用，故在 GB/T 4091—2001《常规控制图》中规定先作 R 图，再作 $\overline{X}$ 图。必须注意，所有正态分布的控制图（包括多元正态分布控制图）都是先作 R 图，再作 $\overline{X}$ 图。

表 6-4 控制图的系数

n	2	3	4	5	6	7	8	9	10
d_2	1.128	1.693	2.059	2.326	2.534	2.704	2.847	2.970	3.078
d_3	0.853	0.888	0.880	0.864	0.848	0.833	0.820	0.808	0.797
A_2	1.880	1.023	0.729	0.577	0.843	0.419	0.373	0.337	0.308
C_4	0.7979	0.8862	0.9213	0.9400	0.9515	0.9594	0.9650	0.9693	0.9727
D_3	0	0	0	0	0	0.076	0.136	0.184	0.223
D_4	3.267	2.574	2.282	2.114	2.004	1.924	1.864	1.816	1.777

下面以一个例子来说明 $\overline{X}$—R 控制图的做法。

例 6-2 某金属零件的质量特性值是零件的长度。为控制零件的质量，在生产现场每隔 1h 连续测量 5 件产品的长度与零件名义尺寸之差，数据见表 6-5。

表 6-5 数据及计算表

（单位：丝）

序 号	测 量 值					$\overline{X}_i$	R_i
	X_{i1}	X_{i2}	X_{i3}	X_{i4}	X_{i5}		
1	12	8	5	12	3	8.0	9
2	11	13	8	11	4	9.4	9
3	10	3	6	2	7	5.6	8
4	12	12	6	12	4	9.2	8
5	6	9	6	5	5	6.2	4
6	8	11	8	9	2	7.6	9
7	10	9	6	3	7	7.0	7
8	7	12	9	1	3	6.4	11
9	5	9	11	6	7	7.6	6
10	7	7	6	11	11	8.4	5
11	10	13	9	12	15	11.8	6
12	4	7	6	8	13	7.6	9

（续）

序 号	测 量 值					$\overline{X}_i$	R_i
	X_{i1}	X_{i2}	X_{i3}	X_{i4}	X_{i5}		
13	8	4	13	7	11	8.6	9
14	8	4	7	7	4	6.0	4
15	10	6	9	10	14	9.8	8
16	14	7	8	6	5	8.0	9
17	1	11	2	8	8	6.0	10
18	5	6	3	10	6	6.0	7
19	6	7	4	7	10	6.8	6
20	12	7	9	9	13	10.0	6
21	3	11	6	12	6	7.6	9
22	4	2	5	9	8	5.6	9
23	7	12	7	11	10	9.4	5
24	4	5	8	9	7	6.6	5
25	5	9	6	12	5	7.4	7
均值						7.7	7.32

试作 $\overline{X}$—R 控制图。

解 （1）计算各样本组的均值 $\overline{X}_i$ 与极差 R_i，结果见表 6-5。

（2）由所得的均值 $\overline{X}_i$ 与极差 R_i，有

$$\overline{X} = \frac{\sum X_i}{n} = 7.7$$

$$\overline{R} = \frac{\sum R_i}{n} = 7.32$$

（3）根据公式得 R 图的控制线

$$\mathrm{UCL}_R = D_4\overline{R} = 15.474$$

$$\mathrm{CL}_R = \overline{R} = 7.32$$

$$\mathrm{LCL}_R = D_3\overline{R} = 0$$

（4）根据公式得 $\overline{X}$ 图的控制线

$$\mathrm{UCL}_{\overline{X}} = \overline{\overline{X}} + A_2\overline{R} = 11.924$$

$$\mathrm{CL}_R = \overline{R} = \overline{\overline{X}} = 7.7$$

$$\mathrm{LCL}_R = D_3\overline{R} = \overline{\overline{X}} - A_2\overline{R} = 3.476$$

（5）作图，先画中心线和上、下控制界限，然后打点，得到 $\overline{X}$—R 控制图，如图 6-8 所示。

其他类型的控制图的控制界限的确定方法与 $\overline{X}$—R 控制图类似，而且几种常用控制图的控制界限已经标准化，见 GB/T 4091—2001《常规控制图》。常用控制图界限计算公式见表 6-6。

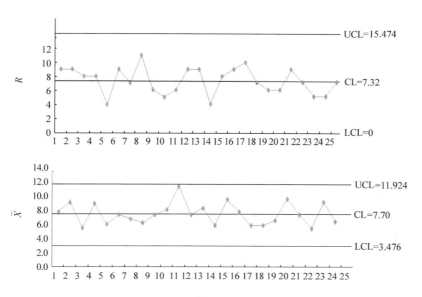

图 6-8 $\overline{X}$—R 控制图

表 6-6 常用控制图的控制界限和应用范围

序号	质量数据分布形式	控制图名称	代号	图名	中心线	控制界限	应用范围
1	正态分布（计量型数据）	均值—极差控制图（软件操作演示见视频6-1）	$\overline{X}$—R	$\overline{X}$ 图	$\overline{\overline{X}}$	$\overline{\overline{X}}+A_2\overline{R}$	计量值数据控制，检出力较强
				R 图	$\overline{R}$	$D_4\overline{R}$，$D_3\overline{R}$	
2		均值—标准差控制图	$\overline{X}$—S	$\overline{X}$ 图	$\overline{\overline{X}}$	$\overline{\overline{X}}+A_3\overline{S}$	计量值数据控制，检出力最强
				S 图	$\overline{S}$	$B_4\overline{S}$，$B_3\overline{S}$	
3		中位数—极差控制图	$\widetilde{X}$—R	$\widetilde{X}$ 图	$\overline{\widetilde{X}}$	$\overline{\widetilde{X}}\pm A_4\overline{R}$	计量值数据控制，检验时间短于加工时间
				R 图	$\overline{R}$	$D_4\overline{R}$，$D_3\overline{R}$	
4		单值移动极差控制图	X—R_s	X 图	$\overline{X}$	$\overline{X}\pm 2.66\overline{R}_s$	计量值数据控制，用于一定时间取一个数据的场合
				R_s 图	$\overline{R}_s$	$3.267\overline{R}_s$，0	
5	二项分布（计件数据）	不合格品率控制图（软件操作演示见视频6-2）	p	p 图	$\overline{p}$	$\overline{p}\pm3\sqrt{\overline{p}(1-\overline{p})/n}$	关键件全检场合
6		不合格品数控制图（软件操作演示见视频6-3）	p_n	p_n 图	$\overline{p}_n$	$\overline{p}_n\pm3\sqrt{\overline{p}_n(1-\overline{p})}$	零部件的样本容量一定的场合

（续）

序号	质量数据分布形式	控制图名称	代号	图名	中心线	控 制 界 限	应 用 范 围
7	泊松分布（计点数据）	单位缺陷数控制图	μ	μ图	$\bar{\mu}$	$\bar{\mu} \pm 3\sqrt{\bar{\mu}/n}$	全数检验单位缺陷数的场合
8		缺陷数控制图	c	c图	$\bar{c}$	$\bar{c} \pm 3\sqrt{\bar{c}}$	要求每次检验样本容量一定的场合

视频 6-1 均值—极差控制图软件操作演示 　　视频 6-2 不合格品率控制图软件操作演示 　　视频 6-3 不合格品数控制图软件操作演示

（2）控制图的判断

控制图判断主要有判异和判稳两大准则。

1）判异准则。判异的基本准则是：点出界以及点在界内不是随机地排列。就其本质而言，就是拒绝过程处于稳定状态的假设，是小概率事件发生。因此可以通过计算事件发生的概率来判断过程是否处于异常状态。

GB/T 4091—2001《常规控制图》引用其中8种，作为判异准则（见表6-7）。

表 6-7 判异准则

序　号	判 异 准 则	显著性水平α
1	点出界	0.0027
2	连续9点在中心线同一侧	0.0038
3	连续6点递增或递减	0.00273
4	连续14点中相邻两点上下交替	接近0.0027
5	连续3点中有2点位于中心线同一侧的2σ区以外	接近0.0027
6	连续5点中有4点位于中心线同一侧的σ区以外	接近0.0027
7	连续15点位于中心线上下	0.00326
8	连续8点中有4点位于中心线两侧，但无一在σ区中	0.0002

2）判稳准则。判稳就是接受过程处于稳定状态的假设，即小概率事件未曾发生。

经过实践提出常用的准则：①连续25个点，界外的点数$d=0$；②连续35个点，界外的点数$d \leqslant 1$；③连续100个点，界外的点数$d \leqslant 2$。

由于样本点数增加成本随着提高，实际判稳时，应从准则1开始，逐次递进。

6.3.2 过程能力分析

1. 过程能力

过程能力（Process Capability，PC）以往称为工序能力，在 ISO 8402：1994《质量管理和质量保证 术语》作出规定以后，现一律称为过程能力。过程能力是与生产能力不同的概念。生产能力是指加工数量方面的能力，而过程能力是指过程加工质量满足技术标准的能力。虽然如此，但二者也有联系。过程能力是处于统计控制状态时输出符合容差范围的能力，反映过程稳定的程度，稳定程度越高，生产能力也就越大。

过程能力取决于质量因素：人、机、料、法、测、环（Man，Machine，Material，Method，Measurement，Environment，即 5M1E），在过程稳定时，质量特性值服从正态分布 $N(\mu, \sigma^2)$，其中标准差 σ 的大小表示过程稳定程度，σ 的数值越小，过程越稳定。稳定过程的 99.73% 的产品质量特性值散布在区间 $[\mu-3\sigma, \mu+3\sigma]$ 内（见图6-9），该区间的长度 6σ 可以衡量过程能力。6σ 值越小，过程越稳定，过程能力越强。若将过程能力记为 PC，过程能力通常定义为 PC $=6\sigma$。

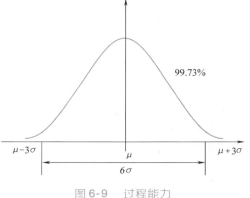

图6-9 过程能力

2. 过程能力指数和计算

过程能力指数（Process Capability Index，PCI）以往称为工序能力指数，是用于度量过程加工质量符合技术规范，即企业满足顾客要求的程度的指标。顾客要求体现在规范限 (T_L, T_U)。规范限的宽度 $T = T_U - T_L$，通常称为公差，表示顾客要求的宽严程度，点 $M = (T_L + T_U)/2$ 成为规范中心（也称公差中心）。

（1）无偏移的过程能力指数

1）无偏移双侧规范的过程能力指数 C_p。当规范中心 M 与受控过程中心（计正态均值）μ 重合时，称为过程能力"无偏"，此时过程能力指数定义为

$$C_p = \frac{T_U - T_L}{6\sigma} = \frac{T}{6\sigma} \tag{6-4}$$

式中，T_U、T_L 分别为上、下规范界限；σ 为过程质量特性值分布的总体标准差，可由 $\hat{\sigma}_{st} = \bar{R}/d_2$（$\bar{X}—R$ 控制图）或 $\hat{\sigma}_{st} = \bar{s}/C_4$（$\bar{X}—S$ 控制图）估计，这里，$\bar{R}$ 为样本极差均值；$\bar{S}$ 为样本标准差均值，系数 d_2 和 C_4 可查表6-4得出。由式（6-4）可知，公差越大，C_p 值越高；数据散布（σ）越大，则 C_p 值越低。

例6-3 按工艺规范要求，某零件热处理温度为（760±5）℃，长期测试结果表明，炉温服从 $N(760, 2^2)$ 的正态分布，试计算过程能力指数。

解 由于 $\mu = M = 760℃$，$T = 10℃$，$\sigma = 2℃$，故

$$C_p = \frac{T}{6\sigma} = \frac{10℃}{6 \times 2℃} = \frac{10℃}{12℃} \approx 0.83$$

由于 $C_p \approx 0.83 < 1$，即 $T < 6\sigma$，表明受控的过程能力不能满足要求，如果放宽条件，例如温度控制范围放宽至（760 ± 8）℃，此时 $T = 16$℃，代入式（6-4），C_p 值为

$$C_p = \frac{T}{6\sigma} = \frac{16℃}{6 \times 2℃} = \frac{16℃}{12℃} \approx 1.33$$

此时，$C_p \approx 1.33 > 1$。说明条件放宽后，受控过程已能满足要求。当 $C_p < 1$ 时，为使受控的过程能力满足顾客和技术要求，可改进过程，使标准差 σ 减小。

2）无偏移单侧规范的过程能力指数。在实际生产中，有时只有上限而无下限（或只有下限而无上限）的要求。这就提出了如何计算单侧规范情况的过程能力指数的问题。其计算公式为

上单侧过程能力指数

$$C_{pU} = \frac{T_U - \mu}{3\sigma} \approx \frac{T_U - \bar{X}}{3\hat{\sigma}} \qquad (\bar{X} < T_U)$$

下单侧过程能力指数

$$C_{pL} = \frac{\mu - T_L}{3\sigma} \approx \frac{\bar{X} - T_L}{3\hat{\sigma}} \qquad (\bar{X} > T_L)$$

单侧规范的过程能力指数分析可见视频6-4。

（2）有偏移的过程能力指数 C_{pk}

规范中心 M 与受控过程中心（计正态均值）μ 不重合时，则发生偏移，此时上单侧过程能力指数和下单侧过程能力指数分别为

$$C_{pU} = \frac{T_U - \mu}{3\sigma} \approx \frac{T_U - \bar{X}}{3\hat{\sigma}} \qquad (\bar{X} < T_U)$$

$$C_{pL} = \frac{\mu - T_L}{3\sigma} \approx \frac{\bar{X} - T_L}{3\hat{\sigma}} \qquad (\bar{X} > T_L)$$

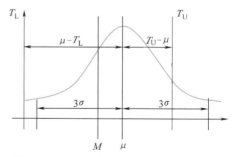

视频6-4 单侧规范的
过程能力指数分析

从改进质量的角度考虑，应把注意力放在 C_{pL} 与 C_{pU} 中较小的一个（见图6-10）。于是，定义有偏移情况的过程能力指数 C_{pk} 为

$$C_{pk} = \min\{C_{pL}, C_{pU}\}$$

也称实际过程能力指数，C_p 也称为潜在过程能力指数。

通过推导可得

$$C_{pk} = (1-k)C_p = (1-k)\frac{T}{6\sigma} \approx (1-k)\frac{T}{6\hat{\sigma}}$$

图6-10 有偏移时的两侧过程能力系数

式中，$k = \dfrac{\varepsilon}{T/2} = \dfrac{2\varepsilon}{T}$，一般而言，$0 \leq k < 1$，其中 $\varepsilon = |M - \mu|$ 是规范中心 M 与受控中心 μ 的偏移度，$k = 0$ 时，规范中心和受控过程中心重合。

双侧规范的过程能力指数分析可见视频6-5。

例6-4 根据技术要求，某零件的尺寸要求为 $\phi 30^{+0.023}_{-0.023}$，由随机抽样数据计算的样本特性值为 $\bar{X} = 29.997$，$C_p = 1.095$，试计算 C_{pk}。

视频6-5 双侧规范的
过程能力指数分析

解

$$M = \frac{1}{2}(T_U + T_L) = \frac{1}{2}(30.023 + 29.977) = 30.000$$

$$T = 30.023 - 29.977 = 0.046$$

$$\varepsilon = |M - \mu| = |M - \overline{X}| = 30.0000 - 29.997 = 0.003$$

$$C_{pk} = \left(1 - \frac{2 \times 0.003}{0.046}\right) \times 1.095 = (1 - 0.13) \times 1.095 = 0.952$$

因为，$C_{pk} = (1 - k)C_p$ 且 $0 \leqslant k < 1$，所以 $C_{pk} \leqslant C_p$，并随偏移度的减小而增加，C_p 的大小，反映加工的质量能力。C_p 值越大，过程的合格品率越高，质量特性曲线越"锐"。而 C_{pk} 表示偏移，其值越大，表示受控过程中心 μ 与规范中心 M 间的偏移越小，同时也表示质量能力越强。

如果过程的质量特性服从正态分布，可以根据 C_p、C_{pk} 求出相应的不合格率 P，公式如下：

$$P = 1 - \Phi(3C_p - 3kC_p) + \Phi(-3C_p - 3kC_p)$$

3. 过程能力评价

过程能力指数客观且定量地反映了过程能力满足质量标准的程度。它与加工精度和成本有关。因此，要根据过程能力指数的大小对工序的加工能力进行分析和评价，以便采取必要的措施，既保证质量，又使成本最低。在一般情况下，对过程能力的判断及处理可以参照表 6-8 的标准。但需要指出的是，表中所列的标准并不是绝对的，应视具体情况而定。现在有些企业对过程能力要求很高，例如对于 6σ 管理而言，过程能力指数大于 1.67 也不意味着能力过于充足。

表 6-8 过程能力评定和处理

类 型	C_p	p (%)	过程能力判断	处 理
特级加工	$C_p > 1.67$	$p < 0.00006$	过程能力过于充足	即使质量波动有些增大，也不必担心，可考虑放宽管理或降低成本，可考虑收缩规格范围，或放宽检查
1 级加工	$1.67 \geqslant C_p > 1.33$	$0.006 > p \geqslant 0.00006$	过程能力充足	允许小的外来干扰引起的波动，对不重要的工序放宽检查；工序控制抽样间隔可放宽些
2 级加工	$1.33 \geqslant C_p > 1.00$	$0.27 > p \geqslant 0.006$	过程能力尚可	工序需要严格控制，按正常规定进行检查
3 级加工	$1.00 \geqslant C_p > 0.67$	$4.55 > p \geqslant 0.27$	过程能力不足	必须采取措施，提高过程能力，已经发现一些不合格品，要加强检查，必要时全检
4 级加工	$C_p \leqslant 0.67$	$p \geqslant 4.55$	过程能力严重不足	立即追查原因，采取紧急措施，提高过程能力，或研究放宽规格范围；若出现较多不合格品，要加强检查，最好全检

6.3.3 质量改进工具

在质量改进项目和活动中，只有正确地运用相应工具和技术对资料进行加工整理，去粗取精，去伪存真，才能确定过程或产品的质量状况，找到产品质量波动的规律，明确质量改进方向，保证质量改进项目和活动的成功，最终做出科学合理的决策。下面将介绍一些最基本、常用的质量改进工具和技术。

1. 因果图

因果图（Cause and Effect Diagram）也称为石川图（由日本专家石川馨博士于1972年在他的《质量控制指南》一书中首次应用）、鱼刺图等。它是以结果为特性，以原因为因素，将它们用箭头联系起来，表示因果关系的图形。因果图能简明、准确地表示事物的因果关系，进而识别和发现问题的原因和改进的方向。运用因果图处理问题是一种系统分析的方法，它是从产生问题的结果出发，从影响质量问题的六大因素——人、机、料、法、测、环着手，首先找出影响质量问题的大原因，然后再找影响大原因质量的中原因，并进一步找影响中原因质量的小原因……以此类推，步步深入，一直找到能直接采取措施为止。某产品质量问题因果图如图6-11所示。

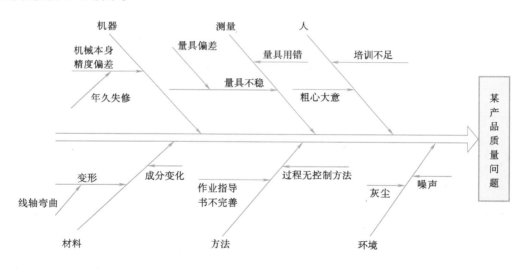

图6-11 某产品质量问题因果图

2. 排列图

排列图也称帕累托图。它是将质量改进项目从最重要到最次要进行排列而采用的一种简单的图示技术，能找出影响产品质量的主要因素和识别质量改进的机会。排列图是在质量改进活动中寻找主要矛盾的工具之一。

排列图由一个横坐标、左右两个纵坐标、几个高低顺序排列的矩形和一条累计百分比折线组成。横坐标表示影响质量的各个因素，左边的纵坐标表示频数，右边的纵坐标表示累计频率；直方图的高度表示某个因素影响程度的大小；折线表示各影响因素大小的累计百分比，该折线称为帕累托曲线。如图6-12所示。

通常，将因素分为三类：A类因素的累计百分数为0~80%，在这个区间内的因素是主要因素；B类因素的累计百分数为80%~90%，在这个区间内的因素是次要因素；C类因素的累计百分数为90%~100%，在这个区间内的因素是一般因素。从图6-12中可以看到，项目1、2、3的累计百分数大约为70%，说明这三个因素是主要因素，至项目5累计百分数是90%，至其他累计百分数为100%，说明后面几个因素相对次要。

视频6-6和视频6-7介绍了排列图绘制的软件操作。

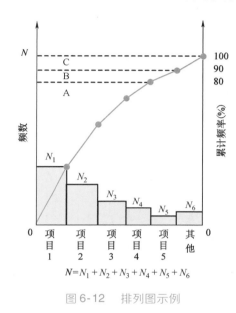

$N=N_1+N_2+N_3+N_4+N_5+N_6$

图6-12　排列图示例

视频6-6　机械手质量缺陷排列图绘制软件操作示例

视频6-7　太阳镜质量缺陷排列图绘制软件操作示例

3. 直方图

在质量管理中，直方图是应用很广的一种分析工具。直方图通过对收集到的貌似无序的数据进行处理，以反映产品质量的分布状况、过程能力等，并判断和预测产品质量状况和不合格率。

直方图的作图步骤通过下面的例子来说明。

例6-5　已知某零件的外径尺寸的标准为$\phi 30^{+0.3}_{+0.1}$mm，在加工过程中抽取100个零件，测得外径偏差数据见表6-9。

表6-9　100个零件的外径偏差原始数据表

（单位：0.01mm）

16	20	16	17	22	19	24	20	14	16
22	17	17	19	13	17	15	14	11	9
17	13	17	18	27	21	24	22	16	15
11	20	26	14	13	22	14	16	16	20
25	19	16	15	21	18	10	19	15	12

（续）

13	19	17	15	8	20	14	6	11	12
16	18	9	13	20	10	16	10	19	13
21	15	25	14	9	15	20	16	7	13
9	8	13	12	16	19	14	29	18	14
13	18	10	26	17	23	16	24	18	15

解　该零件外径偏差频数直方图的作图步骤为：

（1）收集数据。一般取数据 $N \approx 100$ 个，见表 6-9，表中的数据表示某零件标准为 $\phi 30^{+0.3}_{+0.1}\text{mm}$ 的外径偏差尺寸。

（2）确定极差 R。根据表中所有数据，找出最大值 $X_{\max}$ 和最小值 $X_{\min}$，计算两者的差值，即极差 $R = X_{\max} - X_{\min}$，本例的极差 $R = 29 - 6 = 23$。

（3）确定分组的组数和组距。将数据分成多少组是个很关键的问题，分组数太少，会掩盖数据的变动情况，分组数太多，会使各组的数据相差悬殊，有时可能使其中一组没有数据，从而看不出规律。究竟分成多少组，通常根据数据的多少而定，可参考表 6-10；也可以采用斯特林经验公式确定

$$k = 1 + 3.3\lg N$$

分组数确定后，组距 h 按下式确定

$$h = \frac{R}{k}$$

表 6-10　数据数量与分组数的对应表

数　据　个　数	分　组　数
50 ~ 100	6 ~ 10
100 ~ 250	7 ~ 12
250 以上	10 ~ 20

对于本例，k 取 10，所以 $h = R/k = 23/10 = 2.3$。

为避免分组出现骑墙现象，组距的确定应保证测定单位的整数倍。如本例测定单位 = 1，组距 2.3 不能被整除，所以取 $h = 2$，这样 $k = 23/2$ 组 ≈ 12 组。

（4）确定各组上、下限。首先确定第一组的下限值，等于最小值减去测定单位的一半，第一组的上限值为其下限值加上组距。第二组的下限值等于第一组的上限值。第二组的下限值加上组距 h 就等于第二组的上限值，以此类推。要注意的是，最后一组应包含数据的最大值。对于本例，最小值为 6，所以第一组的下限值 = $6 - 1/2 = 5.5$，上限值 = $5.5 + 2 = 7.5$。第二组的下限值为第一组的上限值 7.5，第二组的上限值就等于第二组的下限值加上组距，结果为 9.5，以此类推。最后一组的上限值为 29.5。

（5）作频数分布表。统计各组的数据个数，即频数 f_i，见表 6-11。

（6）求组中值 x_i 和变换组中值 u_i，其中 $x_i =$（某组上限值 + 某组下限值）/2，设最大频数栏的组中值为 x_0，则 $u_i = (x_i - x_0)/h$。

表 6-11 频数分布表

组　序	分组界限/0.01mm	频　数	累计频数	累计频率
1	5.5~7.5	2	2	2%
2	7.5~9.5	6	8	8%
3	9.5~11.5	7	15	15%
4	11.5~13.5	12	27	27%
5	13.5~15.5	16	43	43%
6	15.5~17.5	20	63	63%
7	17.5~19.5	13	76	76%
8	19.5~21.5	10	86	86%
9	21.5~23.5	5	91	91%
10	23.5~25.5	5	96	96%
11	25.5~27.5	3	99	99%
12	27.5~29.5	1	100	100%
合计		100		

（7）求平均值和标准差

$$\bar{x} = x_0 + h\frac{\sum f_i u_i}{\sum f_i} = 16.5 + 2 \times \frac{-6}{100} = 16.38$$

$$s = h\sqrt{\frac{\sum\limits_{i=1}^{k} f_i u_i^2}{\sum\limits_{i=1}^{k} f_i} - \left(\frac{\sum\limits_{i=1}^{k} f_i u_i}{\sum\limits_{i=1}^{k} f_i}\right)^2} = 2\sqrt{\frac{562}{100} - \left(\frac{-6}{100}\right)^2} = 4.74$$

（8）画直方图，如图 6-13 所示。

直方图的横坐标表示质量特性，纵坐标表示频数，在横坐标上以各组组界为底边，以各组的频数为高，画出一系列的直方柱，就得到直方图。

（9）直方图的空白区域，标明有关数据资料，如数据个数、平均值 $\bar{x}$ 等。

从图 6-13 可以看出，该直方图近似于正态分布，均值为 16.38mm，外径尺寸在 30.195mm 以下的有 76%。

直方图作好之后，就可以通过直方图来分析质量状况：一方面可观察直方图的形状判断总体（生产过程）的正常或异常，进而

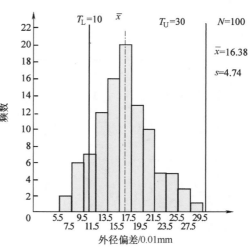

图 6-13　零件外径频数直方图

寻找异常的原因；另一方面可与质量标准（公差）比较，判定生产过程中的质量情况。当出现异常情况时，应立即采取措施，预防不合格品产生。

视频6-8和视频6-9介绍了直方图绘制和正态性检验的软件操作。

视频6-8　直方图绘制软件操作示例　　　视频6-9　正态性检验软件操作示例

4. 散布图

散布图又称相关图，是描述两个因素之间关系的图形。它的用途有二：①可以发现和确认两组数据之间的关系并确定两组相关数据之间预期的关系；②可通过确定两组数据、两个因素之间的相关性，寻找问题的可能原因，从而对质量进行改进。

绘出散布图后，应对其观察和分析，来判断两个变量之间的相关关系。根据散布图中点的分布形状，可以归纳为六种类型，见表6-12。

表6-12　常见的散布图形状与分析

图 形	x 与 y 的关系	说 明
	强正相关 x 变大，y 也变大	x、y 之间，可以用直线表示。一般只要控制住 x，y 就会得到相应的控制
	强负相关 x 变大，y 变小； x 变小，y 变大	x、y 之间，可以用直线表示。一般只要控制住 x，y 就会得到相应的控制
	弱正相关 x 变大，y 大致变大	除 x 因素影响 y 外，还要考虑其他因素（一般可进行分层处理，寻找 x 以外的因素）
	弱负相关 x 变大，y 大致变小；x 变小，y 大致变大	除 x 因素影响 y 外，还要考虑其他因素（一般可进行分层处理，寻找 x 以外的因素）

（续）

图　形	x 与 y 的关系	说　明
	不相关 x 和 y 无任何关系	不存在相关系数 r
	非线性相关	不存在相关系数 r，但是我们可以通过数学方法做相关变换，转化成线性相关的关系后，再作散布图

5. 数据分层

分层就是将大量的有关某一特定主题的观点、意见或想法按组归类。通俗地说，就是分门别类。它是数据整理与分析的一项基础工作。

之所以要对数据分层，是因为常常不同的总体混在一起，使得测量数据杂乱无章，掩盖了事实真相，以致无法找出规律性。

数据分层的步骤为：

1）收集数据。

2）根据不同的目的，选择分层标志。

3）根据不同分层标志对数据进行分层。

4）按层归类统计。

5）画分层统计图表或分层进行统计分析。

下面通过一个例子来加以说明。

例 6-6　某轧钢厂有甲、乙、丙三个生产班组，一月份各轧钢 2000t，共轧钢 6000t，其中轧废 169t。如果仅知道这三个数据，是无法找出质量问题的原因所在的。这时可对废品原因进行数据分层。表 6-13 显示了甲、乙、丙三个生产班组每类废品的数据。

表 6-13　某轧钢厂 1 月份废品分类

废品项目	废品数量/t			
	甲	乙	丙	合计
尺寸超差	30	20	15	65
轧废	10	23	10	43
耳子	5	10	20	35
压痕	8	4	8	20
其他	3	1	2	6
	56	58	55	169

从表 6-13 中的数据可以看出：甲班产生废品的主要原因是"尺寸超差"；乙班产生废品的主要原因是"轧废"；丙班产生废品的主要原因是"耳子"。这样就可以针对各自产生废品的原因采取相应的措施。

6. 检查表

检查表又叫调查表、核对表、统计分析表。它是用来系统地收集资料（数字与非数字）、确认事实并对资料进行粗略整理和分析的图表。检查表绘制步骤：

1）确定收集资料的具体目的（将要解决的问题）。

2）确定为达到目的所需收集的资料。

3）确定对资料的分析方法（如应用哪些统计技术）以及分析资料的负责人。

4）编制用于记录资料的表格。表格应包括以下栏目：收集人、收集地点、收集时间、收集方式等。

5）通过收集和记录某些资料来试用表格。

6）必要时，评审并修订表格。

如不合格品分项检查表见表 6-14。

表 6-14　不合格品分项检查表

零件名称	AZ105—004	检查日期	2015 年 5 月 10 日
工序	最终检查	加工单位	1 车间 3 工段
检查总数	2420	生产批号	2015—1—3
检查方式	全数检查	检查者	童祥

不合格种类	检查记录	小计
表面缺陷	正正正正正正正	35
裂纹	正正正正正	25
加工不合格	正正	10
形状不合格	正丁	7
其他	正下	8
总计		
不合格总数	正正正正正正正正正正正正正正正正正	85

除了上述质量改进工具，还有新的质量改进工具如箱线图、关联图、矩阵图、亲和图、过程决策程序图、优先级矩阵图、树图、网络图等，视频 6-10 介绍了箱线图绘制的软件操作，其他工具可参考相关文献。

视频 6-10　箱线图绘制
软件操作示例

 6.4　检验质量工程

质量检验是监督检查产品的重要手段，是整个生产过程不可缺少的重要环节，是质量管理的基础。

6.4.1　质量检验概述

1. 质量检验的概念

国际标准 ISO 9000：2015 对质量检验下的定义为：通过观察和判断，必要时结合测量、试验或度量所进行的符合性评价。对于产品而言，质量检验是对产品的一个或多个质量特性进行的诸如测量检查、试验或度量，并将结果与规定要求进行比较，以确定各项特性合格情况所进行的活动。

质量检验包括四个基本要素：①度量，即采用试验、测量、化验、分析与感官检查等方法测定产品的质量特性；②比较，即将测定结果同质量标准进行比较；③判断，即根据比较结果，对检验项目或产品做出合格性的判定；④处理，即对单件受检产品，决定合格放行还是不合格返工、返修或报废，对受检批量产品，决定接收还是拒收，对拒收的不合格批产品，还要进一步做出是否重新进行全检或筛选甚至报废的结论。

2. 质量检验的基本内容

质量检验的目的是保证产品质量符合经批准的设计、工艺文件及合同所提出的要求，基本内容是：生产操作的质量检验；外购件及其保管的质量检验；工序质量检验；成品及其包装的质量检验。

6.4.2　抽样检验的方法

检验有多种方法，按检验的数量可分为全数检验和抽样检验。全数检验又称为 100% 检验，它是对一批产品逐个进行的检验。全数检验可以确保不合格品不出厂或不转序，但检验的花费很大。并且在很多情况下，全数检验并不宜使用，如检验过程是破坏性的、产品批量很大、检验花费时间很多、检验费用很高等。上述情况常采用抽样检验法。

1. 抽样检验的概念

抽样检验是相对于全数检验而言的。这种检验方法按照规定的抽样方案和程序仅从其中随机抽取部分单位产品组成样本，根据对样本逐个测定的结果，最后对检验批做出接受或拒收判定的一种检验方法。简言之，就是按照规定的抽样方案，随机地从一批或一个过程中抽取少量个体进行的检验称抽样检验，其过程如图 6-14 所示。批产品称为检查批，简称批。构成批的产品，必须具备两个条件：①生产条件（包括设备、原材料、工艺过程等）一致；②产品的种类型号相同。一批产品所包含的单位产品总数称为批量。批量的大小没有统一的规定。一般地，质量不稳定的产品，以小批量为宜；质量很稳定的产品，批量可取大些，但

图 6-14　抽样检验示意图

不能过大，批量过大，样品的代表性较差，因此可能造成误判。此外，批量过大一旦被拒收，会导致检验工作量陡增。

产品的质量水平一般采用不合格率和百分不合格率来描述。其中，不合格率＝不合格数／被观测的个体总数，百分不合格率＝不合格率×100％。

值得注意的是，在抽样检验中，不可把样本的不合格率等同于整批待检产品的不合格率；要保证抽样样本数达到一定水平，符合统计特征。

2. 抽样方案分类

在抽样检验时，合理确定样本容量和有关接受准则的一组规则称为抽验方案。抽样方案有两个基本参数——样本容量 n 和判定标准 c。因此，一个抽样方案可用这两个参数来表示，记为 (n, c)，其含义是：从批量 N 的一批产品中抽取样本容量为 n 的样品进行检验，若符合标准 c，则判定该批产品是合格批，否则判定为不合格批。

抽样检验方法经过70多年的发展，已形成许多各具特色的抽验体系，例如，按产品质量特征分类，可分为：①计数抽样方案。将样本的每一产品经检验分为合格品或不合格品，根据不合格品的个数与事先规定的判别准则比较，判断交验批产品是否合格的抽样方案，称为计数抽样。②计量抽样方案。对样本的每一产品特征进行测量，将计算测量结果与事先规定的判别准则比较，判断交验批产品是否合格的抽样方案，称为计量抽样。

其他分类方法有按抽样次数分类，按获取样本的方法分类，按抽样方案是否调整分类等。

抽样检验的规范标准可参考 GB/T 13393—2008《验收抽样检验导则》。

3. 抽样方案特性

抽样方案 (n, c) 给定后，所关心的问题是抽样方案的好坏。为此必须了解不合格品率 P 与接收概率 $L(P)$ 之间的关系。

（1）接收概率

接收概率也称批合格概率，是指某批产品按照一定的抽样方案抽检后，根据抽检结果判定该批产品合格而接收的概率。

任何一批产品的不合格品率 P，无论人们知道与否，均存在一个客观的值。使用一定抽样方案验收时，接收该批产品的概率 $L(P)$ 为：$0 \leqslant L(P) \leqslant 1$。在抽样方案 (n, c) 中样本量 n 和接收数 c 确定的情况下，如不合格品数 $r \leqslant c$，批产品被判合格，予以接收，则接收概率为

$$L(P) = P(r \leqslant c)$$

（2）操作特性曲线

在实际工作中，每一个检验批的不合格品率不仅是未知的，而且是变化的。对于一定的抽样方案 (N, n, c) 来说，每一个不同的 P 值都对应着唯一的接收概率 $L(P)$。当 P 值连续变化时，特定操作方案的接收概率随 P 值的变化规律称为操作特性。若在直角坐标系中将这一规律用曲线描绘出来，就称为操作特性曲线，简称为 OC 曲线（Operating Characteristic Curve），如图 6-15 所示。

影响 OC 曲线形状的主要因素有批量 N、样本大小 n 和合格判定数 c，它们的影响规律如下：

1）当 n 和 c 一定时，N 对 OC 曲线的影响甚微。

2）当 N 和 n 一定时，c 增大，则 OC 曲线向右移，且曲线变缓，表明鉴别能力降低。c 越小，鉴别能力越高。

3）N 和 c 一定时，n 增大则 OC 曲线左移，且曲线形状变陡，表明鉴别能力提高。

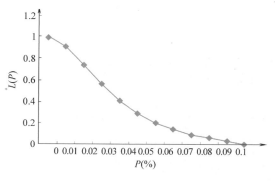

图 6-15　操作特性曲线

4. 抽样方案参数

（1）接收质量限

生产方希望选用的抽样方案对自己产品有较小的拒收概率。为此，生产方参考自己产品的生产过程，选定一个确定的比较高的接收概率（也即比较小的拒收概率）称为接收质量限（Acceptable Quality Limit，AQL）。相应的拒收概率 $1 - L(P_0)$，称为生产方风险（Producer's Risk）。在实际应用中风险通常可规定为 5%。按国际惯例，以 α 记 $1 - L(P_0)$。

（2）批允许不合格品率

对使用方来说，批产品的质量水平如差到一定程度，即质量水平 P 值大到一定水平上时，是不能接收的。因此，使用方根据自己的需要选定一个质量水平 P_1，对应于一个确定的比较低的接收概率，称为极限质量（Limiting Quality，LQ）。当产品的质量水平用不合格品率表示时，极限质量又称为批允许（百分）不合格品率（Lot Tolerance Percent Defective，LTPD）。相应的接收概率 $L(P_1)$，称为使用方风险（Consumer's Risk）。在实际应用中，使用方风险通常可规定为 10% 或 5%。按国际惯例，以 β 记 $L(P_1)$。

极限质量的规范标准可参考 GB/T 2828.2—2008《计数抽样检验程序　第 2 部分：按极限质量（LQ）检索的孤立批检验抽样方案》。

（3）平均出厂不合格品率

平均出厂不合格品率（Average Outgoing Quality，AOQ）是指对于一定质量的待验收产品，利用某一验收抽样方案检验后，检出产品的预期平均质量水平。

（4）平均抽验量

对于一次抽检方案，其抽取的样品数就等于样本容量 n，且是确定的。而对于二次抽检方案和多次抽检方案来说，则每次检验所抽取的样品数事先是不确定的，即检验时可能抽一个样本就做出了判断，也可能还要抽取第二个、第三个……才能做出判断。但可以求出它的平均抽取样品数，即平均抽验量，简称 ASN。ASN 是 P 的函数，记为 ASN（P），称其为抽检方案的 ASN 的函数。

5. 计数标准型一次抽样方案

所谓标准型抽样方案，其特点是所选定的抽样检验方案能同时满足生产方和使用方的质量保护要求。对于生产方，通过固定 α、P_0 值来提供保护；对于使用方，通过固定 β、P_1 值来提供保护。即标准型抽样检验方案的 OC 曲线同时通过（α，P_0）及（β，P_1）这两点，因此，要使一个计数标准型一次抽检方案（n，c）的 OC 曲线通过预先规定的这两个点，需 n 和 c 满足下式

$$\begin{cases} L(P_0) = 1 - \alpha \\ L(P_1) = \beta \end{cases}$$

其中，P_0、P_1、α、β 均为预先给定值；n、c 为未知值，由两个方程式可以得到唯一的一组 n、c。但求解过程十分麻烦。为了简化起见，可利用一次抽样方案表进行查询，见表 6-15。

表 6-15　一次抽样方案表

c	P_1/P_0			nP_0	c	P_1/P_0			nP_0
	$\alpha=0.05$ $\beta=0.10$	$\alpha=0.05$ $\beta=0.05$	$\alpha=0.05$ $\beta=0.01$	$\alpha=0.05$		$\alpha=0.01$ $\beta=0.10$	$\alpha=0.01$ $\beta=0.05$	$\alpha=0.01$ $\beta=0.01$	$\alpha=0.01$
0	44.890	58.404	89.781	0.052	0	229.105	298.073	458.210	0.010
1	10.946	13.349	16.681	0.355	1	20.134	31.933	44.686	0.149
2	6.509	7.699	10.280	0.818	2	12.206	4.439	19.278	0.436
3	4.490	5.675	7.352	1.366	3	8.115	9.418	12.202	0.823
4	4.057	4.646	5.890	1.970	4	6.249	7.156	9.072	1.279
5	3.349	4.023	5.017	2.613	5	5.195	5.889	7.343	1.785
6	3.208	3.604	4.435	3.286	6	4.520	5.082	6.253	2.330
7	2.957	3.303	4.019	3.981	7	4.650	4.524	5.506	2.906
8	2.768	3.074	3.707	4.695	8	3.705	4.115	4.962	3.507
9	2.618	2.895	3.462	5.426	9	3.440	3.803	4.548	4.130
10	2.497	2.750	3.265	6.169	10	3.229	3.555	4.222	4.771
11	2.397	2.630	3.104	6.924	11	3.058	3.354	3.959	5.428
12	2.312	2.528	2.968	7.890	12	2.915	3.188	3.742	6.099
13	2.240	2.442	2.852	8.464	13	2.795	3.047	3.559	6.782
14	2.177	2.367	2.752	9.246	14	2.692	2.927	3.403	7.477
15	2.122	2.302	2.665	10.055	15	2.603	2.823	3.269	8.181

计数标准型一次抽样的规范标准可参考 GB/T 13262—2008《不合格品百分数的计数标准型一次抽样检验程序及抽样表》。

下面通过例 6-7 简要说明计数标准型一次抽样检验过程。

例 6-7　一批元器件需要交验，供需双方商定 $P_0 = 4\%$，$P_1 = 10\%$，$\alpha = 5\%$，$\beta = 10\%$。试确定一次抽样方案。

解　$P_1/P_0 = 2.5$，而 $\alpha = 5\%$，$\beta = 10\%$，所以查表 6-15，得到最接近 $P_1/P_0 = 2.5$ 的值是 2.497，对应的 $c = 10$，$nP_0 = 6.169$，$n = 6.169/P_0 = 6.169/0.04 = 154$，所以抽样方案为 (154，10)。这说明在批产品中抽取 154 个样本，检查其中的不合格数 r。如果不合格数 $r \leqslant 10$，认为批为合格，接收；如果 $r > 10$，认为批不合格，拒收。其他类型的计数标准型一次抽样方案标准可参考 GB/T 2828.4—2008《计数抽样检验程序　第4部分：声称质量水平的评定程序》。

6. 计数调整型抽样方案

与标准型方案明显不同的是，调整型方案具有动态调整抽样检查宽严程度的特点。当连

续若干批产品提交检查时，调整型方案则利用正常、加严、放宽检查三种严格程度不等的标准，根据交检批质量的变化，按照一定的转换规则，交替使用，从而对生产方和使用方提供质量保护，如图6-16所示。在同样质量保证的前提下，可比不调整的抽检方案节约更多的检验工作量。同时，调整型抽检方案也能促进供方为提高产品质量而努力。

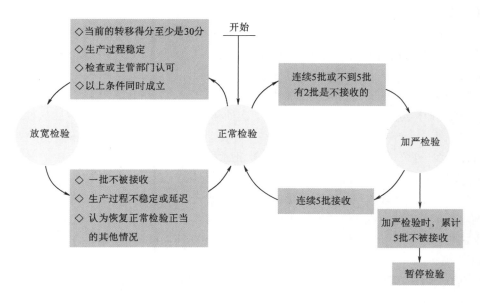

图6-16　抽样检验宽严程度转移规则图

在各种调整型抽样方案中，国际标准化组织（ISO）的计数抽样检验标准ISO 2859—1999是一个国际通用的抽样标准。我国以ISO 2859—1999为基准，颁布了GB 2828.1—2003《计数抽样检验程序　第1部分：按接收质量限（AQL）检索的逐批检验抽样计划》。2012年对GB 2828.1—2003进行了修订。下面根据应用实例讲述GB/T 2828.1—2012的抽样检查程序。

例6-8　甲厂长期需要一种规格为外径 $\phi 20^{\ 0}_{-0.02}$ mm、长50mm的圆柱销，由乙厂供货。乙厂长期生产该产品，质量稳定，信誉良好，每天按时分两次送1000件给甲厂，甲厂对每天送来的货物进行检验验收。由于批量大，考虑用抽样检验。试设计抽样方案（假设连续10个班生产的圆柱销进行全数检验，得到平均不合格率为2.43%）。

1）规定的质量特性。本案例圆柱销的外径具有尺寸公差，长度没有尺寸公差，且为自由尺寸，故以外径直径20mm作为检验的质量特性，并规定外径尺寸在19.98~20mm之间为合格品，超出这个范围为不合格品。

2）确定不合格品类。明确区分单位产品合格或不合格。划分不合格品（或缺陷）的类别。一般而言把不合格区分为A、B、C三类。A类是最重要质量特性不符合规定或一般质量特性特别严重不符合规定，B类是重要质量特性不符合规定或一般质量特性严重不符合规定，C类是一般质量特性不符合规定。

本案例被检验质量特性为外径公差。由于圆柱销外径尺寸直接影响该零件的使用性能，是极重要的质量特性，故定为A类不合格。

3）规定AQL值。接收质量限（AQL）值在合同中约定或由负责部门（或由负责部门按规定的惯例）制定。要避免 AQL 值过高或过低。AQL 值过高将脱离供方实际能力，导致增加生产成本或增加检验费用；过低将使供方放松质量要求，需方得不到满意的产品。因此，要在需方希望得到的批质量和供方可以提供的批质量以及价格之间进行平衡。

本例可用平均法规定 AQL 值，对连续 10 个班生产的圆柱销进行全数检验，得到平均不合格率为 2.43%，接近 2.5%，故取 AQL 为 2.5%。

4）规定检验水平。检验水平由抽样方案事先选定，将样本大小与批量相联系。GB/T 2828.1 给出了三个一般检验水平I、II、III和四个特殊检验水平 S-1、S-2、S-3、S-4。如无特殊要求，采用一般检验水平II。

本例采用一般性检验，故取检验水平 II。

5）确定抽样方案的类型。一般只考虑一次抽样方案还是二次抽样方案。二次抽样方案因有可能是抽第二个样本，在管理上增加一些工作量，试验工作量及时间一般要多一些，但样本量可能会少一些。综合权衡后本例采用一次正常抽样。

6）确定样本量字码。按批量和检验水平确定的用于表示样本量的字母叫"样本量字码"。从 A、B、C…到 R，共 16 个字母。样本量字码表 6-16 中批量 N 的分档是根据优先数列确定的。批量范围的所在行及检查水平所在的列，两者交会格文字即样本量字码。

本例每天送 1000 件，分两批发送，故取批量为 500 件，根据 $N = 500$，检验水平 II，得出样本量字码为 H。

7）确定抽样方案。根据样本大小字码、AQL 值、抽样的类型以及宽严程度，在 GB/T 2828.1 所提供的抽样检查表中检索抽样方案。

表 6-16 样本量字码表 （GB/T 2828.1—2012）

批量N（件）	特别检验水平				一般检验水平		
	S-1	S-2	S-3	S-4	I	II	III
2 ~ 8	A	A	A	A	A	A	B
9 ~ 15	A	A	A	A	A	B	C
16 ~ 25	A	A	B	B	B	C	D
26 ~ 50	A	B	B	C	C	D	E
51 ~ 90	B	B	B	C	C	E	F
91 ~ 150	B	B	C	D	D	F	G
151 ~ 280	B	C	D	E	E	G	H
281 ~ 500	B	C	D	E	F	H	J
501 ~ 1200	C	C	E	F	G	J	K
1201 ~ 3200	C	D	E	G	H	K	L
3201 ~ 10 000	C	D	F	G	J	L	M
10 001 ~ 35 000	C	D	F	H	K	M	N
35 001 ~ 150 000	D	E	G	J	L	N	P
150001 ~ 500 000	D	E	G	I	M	P	Q
500 001 以上	D	E	H	K	N	Q	R

在本例中，样本量字码为 H，AQL 值为 2.5%，查正常检验一次抽样表，得到抽样方案：样本量 = 50，合格的判定数为 3，不合格的判定数为 4。

8）抽取样本。采用随机抽样方法，从批量中按抽样方案规定抽取样本。采用二次抽样检验方案时，每次样本也必须从批的全体中抽取。

本例从 500 件圆柱销中随机抽取 50 件。

9）样本的检测。检测样本，按确定的质量标准判定不合格品或不合格数。

本例对随机抽取的 50 件圆柱销逐个检查外径尺寸，并记录结果，判断是否合格，将不合格品和合格品隔离。

10）判定批是否合格。统计样本中出现的不合格品数或不合格总数，与抽样方案中规定的合格判定数和不合格判定数比较，判定批合格或不合格。

本例根据统计的不合格数进行判断，若不合格数小于或等于 3，断定这批为合格；若不合格数大于或等于 4，则判定为不合格。表 6-17 是本例两天抽样检验的记录表。

11）批的处理。合格批接收，不合格批原则上全批退给供方。合格批中发现的不合格品要全部退给供方。供方再次提交退回的不品格批时，必须把全数不合格品换成合格品或修正了缺陷后的批。

表 6-17　抽样检验的记录表

产品型号：ABC101

产品图号：9811　　　　　　　　　　　　　　质量特性：$\phi 20_{-0.02}^{0}$ mm

产品名称：圆柱销　　　　　　　　　　　　　抽样方案类型：一次抽样检验

日期	检验批号	检验严格度	样本大小		判定组数		样本中不合格品数	批质量结论	检查工章	备注
			n	累计	A类不合格		A类不合格		01	
1 月 13 日	1	正常	50		3	4	0	合格	01	
1 月 13 日	2	正常	50		3	4	1	合格	01	
1 月 14 日	3	正常	50		3	4	4	不合格	01	退回
1 月 14 日	4	正常	50		3	4	2	合格	01	

其他类型的计数调整型抽样标准可参考 GB/T 2828.3—2008《计数抽样检验程序　第 3 部分：跳批抽样程序》、GB/T 2828.5—2011《计数抽样检验程序　第 5 部分：按接收质量限（AQL）检索的逐批序贯抽样检验系统》。

6.5　管理质量工程

质量管理活动属于管理质量工程的范畴，包括全面质量管理、质量认证、质量成本、质量法规等，这里主要介绍全面质量管理、质量管理体系及质量认证、6σ 管理。

6.5.1　全面质量管理

1. 全面质量管理的定义

ISO 8402：1994《质量管理和质量保证术语》对全面质量管理（Total Quality Management，TQM）的定义是：一个组织以质量为中心，全员参与为基础，使顾客满意和本组织所有成员及社会受益而达到长期成功的管理途径。TQM的核心思想是：企业的一切活动都围绕质量来进行。从概念上讲，全面质量管理集中体现了现代质量工程的理论体系和工作方法。因此，全面质量管理是企业质量管理的"纲"，企业只有认真贯彻全面质量管理的思想，按照全面质量管理的工作方式进行质量管理，才能保证以最经济的方式生产出用户满意的产品。

2. 全面质量管理的特点

全面质量管理的特点可归纳为"五全"：全员参加的质量管理、全过程的质量管理、全面质量的管理、全面运用各种管理方法的管理和全面经济效益的管理。

（1）全员参加的质量管理

产品的质量水平是许多生产环节和各项管理工作的综合反映。企业中任一环节、任何一个人的工作质量，都会不同程度地直接或间接影响产品质量。因此，质量管理活动必须是所有部门的人员都参加的"有机"组织的系统性活动。

（2）全过程的质量管理

TQM不局限于一个工序或制造过程，而是贯穿于包括市场调研、设计、规划的编制以及产品研制、采购、工艺准备、生产制造、检验和试验、包装和储存、销售和发运、安装和运行、技术服务和维护、用户处置的产品质量的产生、形成和实现的全过程。

（3）全面质量的管理

全面质量管理，首先，是指质量的全面性，不仅包括产品质量，而且还包括工作质量；其次，是指对影响产品和服务质量因素的全面控制。影响产品质量的因素很多，可概括为包括人员、机器设备、材料、工艺、检测手段和环境等方面。

（4）全面运用各种管理方法的管理

它综合运用数理统计、工业工程学、价值工程、系统工程、运筹学、电子计算机技术等一切有效的科学方法和管理技术、专业技术，有效地实施质量管理，保证质量目标的实现。

（5）全面经济效益的管理

TQM的目的是在顾客满意的前提下，使组织的所有成员及社会受益且达到长期成功。

3. 全面质量管理的基础工作

（1）标准化工作

在企业中实行标准化，就是要对产品的尺寸、质量、性能及技术操作等方面，规定出标准，根据这些标准组织生产技术活动，把全体职工的行动都纳入执行标准的轨道，严格遵守和达到这个标准，并为提高和超过标准而努力。加强质量管理，必须自始至终都以标准化为工作依据，抓好标准化工作。

（2）计量工作

计量工作是全面质量管理的重要基础工作之一。基础计量管理工作的基本要求是：严格保持测量手段及量值的统一、准确和一致，并符合国家标准；保证测量仪器和工具质量可靠稳定及配套；定期对全部量具进行检定和维护，禁止不合格量具投入使用；完善测量技术、测量手段的技术改进和技术培训工作；逐步实现计量工作的科学化与现代化。

（3）质量信息工作

质量情报的及时获得和传递是生产过程质量控制的必要条件。质量信息工作必须建立企业质量信息系统，并和企业内外的质量跟踪系统相结合。要确定质量跟踪点、质量反馈程序和期限，并把质量跟踪方式与企业生产计划、批量投入计量标准结合起来，以保证质量信息的及时性。质量信息工作应和企业的生产统计分析工作相结合，使之规范化、制度化。

（4）质量教育工作

质量教育工作包括全面质量管理的普及、技术业务教育与培训。质量教育需要因地制宜、因人而异，联系实际，内容、方法各有侧重。教育方式应普及和提高相结合。质量教育需要经常化、制度化，并加以考核，尤其要重视结合实际工作，避免流于形式。

（5）QC 小组活动

QC 小组是全面质量管理的群众基础。QC 小组是指由同一个工作场所的人，为了解决工作问题，突破工作绩效，而组成的工作小组。小组成员分工合作，分析、解决工作场所的障碍问题以实现改进业绩的目标。QC 小组的活动，不但可改进工作质量，解决部门存在的问题，更重要的是可对员工进行质量管理方法的教育，使质量改进成为员工的自觉行动，改进过程及成果显现可鼓舞士气，强化团队意识，提高团队的工作业绩。

6.5.2　质量管理体系及质量认证

1. 质量管理体系的建立与运行

ISO 8402：1994《质量管理和质量保证术语》给质量体系下的定义是："质量体系是为实施质量管理所需的组织结构、职责、程序、过程和资源。"建立、完善质量管理体系并保持其有效运行是提高企业产品和服务质量的重要环节，也是一项复杂又具有相当大难度的系统工程。建立和完善质量管理体系一般要经过质量管理体系的策划与设计、质量管理体系文件的编制、质量管理体系的试运行、质量管理体系的审核与评审四个阶段。

（1）质量管理体系的策划与设计

策划与设计主要从以下几个方面着手：首先，要教育培训，统一认识，特别是企业领导层要有统一的意见和清晰的认识。其次，建立组织，拟订计划，企业必须成立一个精干的三个层次工作小组：第一层次成立以行政主要领导为首的领导小组，第二层次成立以各职能部门领导为首的小组，第三层次成立部门内部要素工作小组。成立组织后，确定质量方针，制定质量目标，然后就可以对现状进行调查分析。最后根据实际情况，调整组织结构，配备相应的资源和权限。

（2）质量管理体系文件的编制

编制质量管理体系文件（以下简称体系文件）是一个组织实施 ISO 9000 族标准，设计、建立并保持本组织质量管理体系有效运行的一项非常重要的基础工作。体系文件一般应由四类文件组成：①质量手册；②工作程序文件；③作业指导书、技术文件或质量计划；④质量记录。

（3）质量管理体系的试运行

质量管理体系文件编制完成后，质量管理体系将进入试运行阶段。其目的是通过试运行考验质量管理体系文件的有效性和协调性，并对暴露出的问题采取改进措施和纠正措施，以达到进一步完善质量管理体系文件的目的。在质量管理体系试运行过程中，要重点抓好以下工作：有针对性地宣传贯彻质量管理体系文件；全体职工要从实践中将所出现的问题和改进意见如实地反馈给有关部门，以便采取纠正措施；及时进行协调和改变体系设计不周、项目不全、体系环境不适应等情况；加强信息管理。

（4）质量管理体系的审核与评审

质量管理体系的审核与评审是为保证质量管理体系的有效运行逐步发展起来的一项现代化管理技术。无论在体系的试运行还是在以后的正常运行阶段，都必须周期性地开展质量管理体系的审核与评审。特别是质量体系试运行阶段，体系审核与评审要对刚建立的质量体系的有效性和适合性进行验证，以便及时发现问题，采取纠正和改进措施。

从审核主体的角度，质量管理体系审核可分为第一方审核、第二方审核、第三方审核三类。

第一方审核主要用于组织内部目的，也称内部审核，由组织自己或以组织的名义进行，可作为组织自我合格声明的基础。第二方审核是组织的用户、顾客等需求方对组织的审核，和后面的第三方审核同属外部审核。第三方审核是指公正的第三方（认证/注册机构）对申请审核或认证的组织所进行的审核。

2. 质量管理体系认证

（1）质量管理体系认证的概念

质量认证也称合格性认证（Conformity Certification），在国际标准化组织1983年出版的第2号指南《标准化、认证与实验室认可的一般术语及定义》中，对"合格性认证"的定义是："第三方依据程序对产品、过程或服务符合规定的要求给予书面的保证（合格证书）"。该定义用于质量管理体系认证时，只需将对象换成"质量管理体系"即可。

质量管理体系认证的目的在于通过审核、评定和事后监督等活动，对供方的质量保证能力给予证实，从其性质而言，它来源于质量认证中的"企业质量保证能力评定"，是质量认证的基本形式之一。从其活动方式和对企业质量管理体系的作用来讲，它是质量审核的第三方质量管理体系审核，是由第三方权威机构派出的国家注册的质量管理体系审核员负责开展的活动。质量管理体系认证除了核动力、压力容器等安全性要求特别高的产品外，一般以企业自愿申请为原则。

（2）质量管理体系认证的实施程序

1）认证申请阶段。这个阶段首先由申请方提出认证申请，然后认证机构对申请方进行认证申请的审查，若通过则予以批准。

2）审核准备阶段。这个阶段主要是认证机构成立1~4人的审核组并编制审核计划。

3）实施审核阶段。这个阶段主要是审核组对受审方进行现场审查，验证受审方单位质量管理体系的有效性。通过首次会议、现场审核、审核内部会议和末次会议的程序，最终提交审核结果，宣读审核报告。

4）审核报告的分发和存档。审核报告出来后，应与观察结果记录、凭证材料表及与审核有关的其他文件由审核组长提交审核机构。委托方负责向受审方领导提供报告副本。审核报告的进一步发放，应征询受审方的意见后再确定。审核报告应尽可能及时发布。

5）注册和注册后的管理。这个阶段首先主要是认证机构对审核组提出的审核报告进行全面审查。经审查，若批准通过认证，则认证机构予以注册并颁发注册证书，注册证书的有效期一般为三年。在有效期内，认证机构继续对注册单位施行监督管理，包括供方通报、监督检查、认证暂停、认证撤销、认证有效期的延长等。

6.5.3　6σ 管理

1. 6σ 管理概述

（1）6σ 管理概念

6σ 管理是通过减少波动、不断创新、质量缺陷达到或逼近百万分之三点四的质量水平，以实现顾客满意和最大收益的系统科学，是通过对顾客需求的理解，对事实、数据的规范使用，统计分析，以及对管理、改进、再发明业务流程的密切关注的一种综合性系统管理方法。

6σ 可解释为每 100 万个机会中仅有 3.4 个出错的机会，即控制合格率在 99.999 66% 以上，σ 水平和合格率以及百万次不合格数之间的关系见表 6-18。

表 6-18　σ 水平和合格率以及百万次不合格数之间的关系

σ 水平	合格率（%）	每百万次的不合格数（次）
1	30.23	697 670
2	69.13	308 770
3	93.32	66 807
4	99.3790	6210
5	99.976 70	233
6	99.999 660	3.4

（2）6σ 常用的度量缺陷指标

1）DPU（Defect Per Unit，单位产品缺陷数），反映各种类型的缺陷在抽取的单位产品总数中所占的比率。

2）DPO（Defect Per Opportunity，机会缺陷率），即每一个机会中出现缺陷的比率，表示了单位产品中缺陷数占全部机会数的比例。

3）DPMO（Defect Per Million Opportunities，百万机会缺陷数），是 DPO 乘以 10^6 的结果，它是可以综合度量过程质量的一个指标，6σ 管理中经常以此来体现质量效果。

（3）6σ 管理的价值观

1）以顾客为中心。"以顾客为中心"不但是 6σ 管理最基本的价值观，也是现代企业管理理论和实践的基本原则。6σ 管理从倾听顾客的声音开始，基于顾客要求改进和评价改进的效果，即一切以顾客满意和为顾客创造价值为中心。

2）基于数据和事实的管理。"基于数据和事实的管理"是现代管理与传统经验管理的分水岭。6σ 管理强调一切用数据和事实说话。

3）聚焦于过程改进。在 6σ 管理中，设计产品和服务，测量绩效并进行分析、改进和控制，甚至经营企业等，都是通过过程而进行的。

4）有预见的积极管理。6σ 管理包括一系列工具和实践经验，它用动态的、即时反应的、有预见的、积极的管理方式取代那些被动的习惯，促使企业在当今追求几乎完美的质量水平而不容出错的竞争环境下，能够快速向前发展。

5）无边界合作。6σ 管理需要建立企业消除职能之间、层级之间乃至合作伙伴之间沟通壁垒的"无边界合作"基础，营造一种真正支持团队合作的管理结构和环境。

6）追求完美，容忍失败。6σ 管理鼓励企业建立创新和变革、容忍失败的文化环境，以积极应对挑战的心态，敢于面对失败并从中汲取经验教训，为成功奠定基础。

2. 6σ 管理组织

企业实施 6σ 活动的首要关键任务是形成 6σ 的组织体系。图 6-17 是 6σ 管理组织结构示意图。

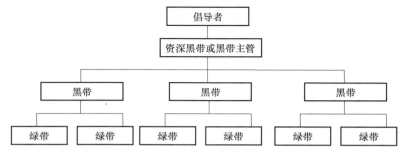

图 6-17　6σ 管理组织结构示意图

6σ 组织由倡导者、资深黑带、黑带、绿带等构成。他们的职责与权限如下：

（1）倡导者

倡导者一般由企业高层担任，主要职责是调动公司各项资源，支持和确认 6σ 全面推行工作，决定该做什么，确保按时按质完成既定目标，领导资深黑带和黑带工作。

（2）资深黑带

资深黑带是实施 6σ 管理的技术总负责人，他的职责在不同的企业有不同的规定，一般而言，其主要职责为：①具体协调、推进 6σ 管理在全公司或特定领域、部门的开展，持续改进公司的运作绩效，确保完成项目；②担任培训师，为黑带学员培训 6σ 管理及统计方面的知识；③为参加项目的黑带提供指导和咨询，保证黑带及其团队保持在正确的轨道上，能够顺利地完成他们的工作；④为团队在收集数据、进行统计分析、设计试验及与关键管理人员沟通等方面提供意见和帮助。

（3）黑带

黑带是 6σ 管理中最为重要的角色，是 6σ 项目的技术骨干，是 6σ 组织的核心力量。他们的努力程度决定着 6σ 管理的成败。黑带的主要任务是：①在资深黑带的指导下，界定 6σ 项目；②培训和指导绿带设计和编制 6σ 项目工程计划；③带领 6σ 团队选择有效的工具和方法，开展 6σ 活动；④采集、分析、评价和计算 6σ 工程项目成本和效益；⑤项目完成后及时向最高管理层提供项目报告等。

（4）绿带

绿带是黑带项目团队的成员，一般是基层业务工作的骨干，已接受 6σ 培训，掌握 6σ 常用的方法和工具。他们的职责是：提供相关过程的专业知识；收集相关数据资料；接受并完

成所有被安排的 6σ 活动；参加相关 6σ 会议和活动，执行 6σ 改进计划；与非团队的同事进行沟通；促进团队观念转变；保持高昂的士气等。

3. 6σ 管理改进

在 PDCA 循环的基础上，6σ 管理形成其独特的改进模型——DMAIC。DMAIC 是 6σ 管理的基础，一切过程和活动都紧紧围绕 D（Define，界定）、M（Measure，测量）、A（Analysis，分析）、I（Improve，改进）、C（Control，控制）这五个阶段展开，其活动要点和常用的工具及技术见表 6-19。

表 6-19　DMAIC 活动要点和常用的工具及技术

阶　段	活　动　要　点	常用的工具及技术
D	寻找确定目标，建立顾客信息反馈系统，劣质成本分析，缺陷分析	头脑风暴法、PDCA 分析、亲和图、因果图、树图、客户的声音、流程图、项目管理、平衡记分卡、劣质成本分析、立场图等
M	测量过程输出，测量过程，测量过程输入	排列图、劣质成本分析、因果图、散布图、PDCA 分析、过程流程图、直方图、趋势图、测量系统分析、失效模式分析、检查表、过程能力分析等
A	寻找问题的原因，确定关键原因，验证分析结果的正确性	头脑风暴法、PDCA 分析、因果图、抽样计划、假设检验、多变量图、回归分析、方差分析、审核、水平对比法、5S 法、试验设计等
I	寻找解决问题的改进措施，确定最佳方案，验证最佳方案的有效性，实施改进方案	试验设计、质量功能展开、测量系统分析、过程改进、正交试验、响应曲面法、展开操作等
C	证实改进的真实性，保持改进后过程的长期稳定受控，建立文件化标准化的控制体系，完成 6σ 项目	控制图、过程能力分析、统计过程控制、标准操作程序、防错设施、过程文件控制等

某汽车零部件制造公司生产的产品涵盖中国、美国、韩国、日本、欧洲五大车系共 4000 多个规格品种，已经形成了每年生产 750 万只等速万向节、240 万套传动轴总成与 40 万只轮毂轴承单元的制造能力；被评为国家级高新技术企业，是国家汽车零部件出口的基地企业。

外球笼式等速万向节（见图 6-18）是汽车传动系统中的重要部件，它的作用是将发动机的动力从变速器传递到两个前车轮，驱动汽车高速行驶。应用于汽车的等速万向节类型有很多，其中应用最多的是外球笼式等速万向节与三角架式等速万向节，主要由传动轴、保持架、星形套、钟形壳等主要零件组成。

图 6-18　外球笼式
等速万向节外观图

6.6.1 问题的提出

通过查阅 AD801 外球笼式等速万向节（以下简称外球笼）生产车间 2013 年 10 ~ 12 月的产品质量检验记录，AD801 外球笼的质量缺陷统计表见表 6-20。

表 6-20 AD801 外球笼质量缺陷统计表

质量缺陷	频数（次）	百分比（%）	累计百分比（%）
外花键跨棒距偏差	30	44.1	44.1
ABS[1]档外径过大	10	14.7	58.8
油封档外径过小	8	11.8	70.6
护圈尺寸偏差	6	8.8	79.4
丝径过紧	6	8.8	88.2
轴承档尺寸偏差	4	5.9	94.1
外圆碰伤	4	5.9	100.0
合计	68	100.0	

① ABS 即防抱死制动系统。

用 Minitab 软件绘制排列图，见图 6-19。

根据"20/80"原则，AD801 外球笼的关键质量缺陷为外花键跨棒距偏差、ABS 档外径过大和油封档外径过小。由于篇幅限制，此处仅对外花键跨棒距偏差问题进行详细的分析。

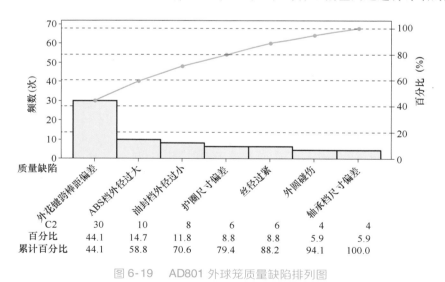

质量缺陷	外花键跨棒距偏差	ABS档外径过大	油封档外径过小	护圈尺寸偏差	丝径过紧	外圆碰伤	轴承档尺寸偏差
C2	30	10	8	6	6	4	4
百分比	44.1	14.7	11.8	8.8	8.8	5.9	5.9
累计百分比	44.1	58.8	70.6	79.4	88.2	94.1	100.0

图 6-19 AD801 外球笼质量缺陷排列图

6.6.2 数据采集

为分析 AD801 外球笼的外花键生产过程的稳定性，从 2014 年 1 月 6 日到 2014 年 1 月 31

日（20 个工作日），随机抽取当日同一批次的 AD801 外球笼半成品 5 只，对其外花键进行测量。测量工具为外径千分尺、环规、量棒（$\phi 1.524mm$），测量数据为外花键跨棒距。一共收集了 20 组共 100 个数据，具体可见表 6-21。

表 6-21　AD801 外球笼外花键跨棒距

（单位：mm）

测量日期	样品 1	样品 2	样品 3	样品 4	样品 5
1 月 6 日	32.63	32.65	32.63	32.63	32.63
1 月 7 日	32.62	32.63	32.62	32.62	32.61
1 月 8 日	32.61	32.61	32.61	32.61	32.61
1 月 9 日	32.62	32.62	32.63	32.62	32.63
1 月 10 日	32.62	32.62	32.62	32.63	32.61
1 月 13 日	32.63	32.64	32.63	32.63	32.63
1 月 14 日	32.62	32.64	32.63	32.63	32.63
1 月 15 日	32.63	32.63	32.62	32.62	32.62
1 月 16 日	32.60	32.61	32.61	32.61	32.62
1 月 17 日	32.61	32.62	32.61	32.61	32.60
1 月 20 日	32.63	32.63	32.64	32.64	32.63
1 月 21 日	32.62	32.63	32.62	32.62	32.63
1 月 22 日	32.60	32.61	32.60	32.61	32.61
1 月 23 日	32.62	32.63	32.63	32.62	32.62
1 月 24 日	32.63	32.62	32.62	32.62	32.63
1 月 27 日	32.63	32.63	32.63	32.64	32.63
1 月 28 日	32.64	32.63	32.63	32.63	32.63
1 月 29 日	32.63	32.62	32.63	32.63	32.62
1 月 30 日	32.61	32.62	32.61	32.61	32.61
1 月 31 日	32.61	32.61	32.60	32.62	32.62

6.6.3　稳定性及过程能力分析

首先通过采集的数据，对外花键加工的工序进行稳定性分析。这里选用均值—极差控制图，用于观察质量特性值均值的变化与质量特性值分散程度的变化。应用 Minitab 软件绘制均值—极差控制图，得到如图 6-20 所示的结果。

首先观察 R 图，发现 R 图的 20 个数据都在控制界限之内，说明 R 图处于稳定状态。然后观察 $\overline{X}$ 控制图，发现 20 个点中只有 7 个点正常，其余 13 个点出现了超出控制界限等异常模式。由此，可以认为该生产过程不受控。

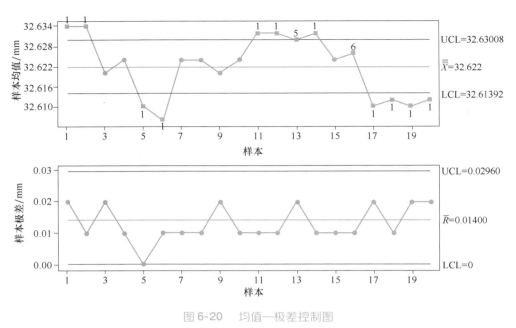

图 6-20　均值—极差控制图

下面对外花键加工进行过程能力分析。跨棒距的加工要求为 $[32.61\mathrm{mm}, 32.68\mathrm{mm}]$，借助 Minitab 软件，绘制出外花键加工过程能力分析图，具体如图 6-21 所示。

使用 Box-Cox 变换，Lambda=-5

过程数据	
LSL	32.61
望目	32.68
规格上限	32.68
样本均值	32.622
样本 N	100
标准差(组内)	0.00601878
标准差(整体)	0.0104447
变换后	
LSL*	2.71173e-008
目标*	2.68281e-008
USL*	2.68281e-008
样本均值*	2.70675e-008
标准差(组内)*	2.49654e-011
标准差(整体)*	4.33371e-011

潜在(组内)能力	
Cp	1.93
CPL	0.66
CPU	3.20
Cpk	0.66

整体能力	
Pp	1.11
PPL	0.38
PPU	1.84
Ppk	0.38
Cpm	0.00

实测性能	
PPM ＜ 规格下限	50000.00
PPM ＞ 规格上限	0.00
合计 PPM	50000.00

预期组内性能	
PPM ＞ 规格下限*	23060.25
PPM ＜ 规格上限*	0.00
合计 PPM	23060.25

预期整体性能	
PPM ＞ 规格下限	125307.14
PPM ＜ 规格上限*	0.02
合计 PPM	125307.16

图 6-21　外花键加工过程能力分析图

可以得到，外花键加工的工序能力（Cpk）仅为 0.66。根据过程能力评级表可知，该加工过程的工序能力为第三级，过程能力不足，必须采取措施提高工序能力。

6.6.4 质量原因分析

结合 5M1E 的原理，从人、机、料、法、测、环六个方面来探索引起外球笼外花键质量变动的可能因素。

（1）人员（操作者）

1）没有自检意识或自检意识不强：没有认识到自检的重要性，只是单纯地完成自检任务；读数不准确、测量工具错误使用、不进行自检的现象普遍存在。

2）未正确使用高精度液压搓齿机。

3）劳动强度过大，导致精神难以集中，效率低下。（搓花键工序需倒班。）

4）在精车外形工序，杆部尺寸没有控制好。

5）热处理时未控制好温度与时间，导致产生热处理变形。

（2）机器（高精度液压搓齿机）

1）工装夹具定位不合理：夹具松动，材料未完全固定。

2）刀具：刀具选择不合理、刀具已磨损、刀具未装夹到位。

（3）材料。主要是材料变形，即热处理时温度与时间未控制好，机械碰撞引起材料变形。

（4）方法

1）高精度液压搓齿机未正确使用。

2）车床未按正确的使用方法使用。

（5）测量

1）测量方法不正确：包括测量仪器的使用、读数等不正确。

2）测量工具已损坏，却未及时发现。

（6）环境

1）场地布置不合理：易产生机械碰撞。

2）温度：主要为热处理时所处温度。

3）噪声：易使操作者形成烦躁心理，难以集中精神，降低工作效率。

4）振动：影响加工精度。

绘制 AD801 外球笼外花键质量因果图，如图 6-22 所示。

对因果图所列举的各种可能因素进行现场验证，得出以下三个主要原因：

1）在精车外形工序杆部尺寸没有控制好，操作人员未进行自检就流入下一工序，导致搓花键工序时造成较大的偏差。

2）自检意识不强，错误使用测量工具。

3）场地布置不合理。

6.6.5 外花键质量改进建议

针对上文验证的三个主要因素，提出以下三个建议：

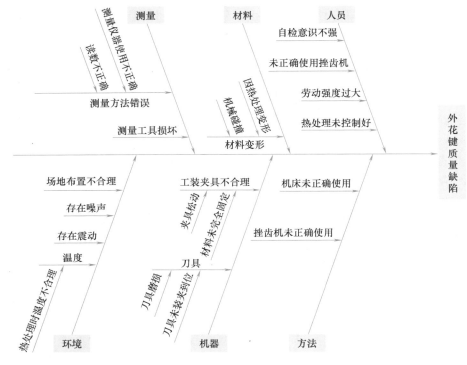

图 6-22 外花键质量因果图

（1）制作标准作业指导书（精车外形与搓花键）并严格执行

车间主任要在每日进行的常规早会上，一再强调其重要性。具体由组长落实到每个员工，并将每日操作情况进行记录。结果需纳入员工的考核系统，与每月的质量考核奖挂钩。每到月底，在车间看板上，将本月每人落实的情况进行归纳、总结，并进行公示。对确实落实到位的或者比上月有大幅提高的员工要进行表彰，而对未落实的或比上月反而有懈怠的，需进行批评教育。

1）精车外形工序操作步骤（车床型号 HTC2050，日本法兰克系统）：

① 车床开机，机床主轴低速运转 15min。

② 检查切削液箱、润滑油箱等，填写设备点检表。

③ 查找产品及流水卡。

④ 校正三爪卡盘和顶尖，手动装夹工件，使主轴低速运转，保证圆跳动在 0.30mm 以内。

⑤ 检查刀具并进行安装。

⑥ 查找程序、确认工件后对刀调试。

⑦ 自检合格后，如实填写三检卡再送检。

⑧ 首检合格后，才可以进行批量加工。

⑨ 对卡盘、轨道、尾座等部位进行润滑。

⑩ 检查机床系统和各装置是否处在正常状态。

⑪ 清理现场：清理机床与工作区；擦净刀具、量具、检具，并将其放置在规定位置。

⑫ 做好交接班记录。

2）搓花键工序操作步骤（高精度液压搓齿机）：

① 做加工准备工作，准备好量具、检具。

② 查找产品对应图样（AD801），用三检卡记录工艺要求的数据。

③ 打开电源，启动液压系统，检查机床各部分运转是否正常。

④ 根据产品参数选择正确的搓齿板，正确安装搓齿板并将其固定至 0 位。

⑤ 调节外花键有效长度，试搓外花键齿形，加工第一个产品并进行自检，自检合格后首检，必须刷卡后才能进行操作。

⑥ 检验合格后，进行批量操作。

⑦ 结束工作，清理机床各部位杂物。刀具、量具、检具清理后入盒并摆放至规定位置。整理工作台并清理现场卫生。

（2）加强自检教育，进行课程培训

进行有关半成品常规测量（轴向长度、径向长度等）的课程培训，具体由人事部安排相关的培训时间，统计参与培训的员工人数，安排培训地点。生产管理部则需要负责邀请相关的培训导师（质量管理科工程师或资深检验员），通知所有需要参与培训的员工，要求其准时参与培训。培训前三天发出通知，进场需打卡签到。实在有其他事情无法参与培训的员工，至少提前一天向班组长请假，并填写请假单。请假单一式两份，一份交于生产管理部，另一份上交人事部，以便于统计实际参与的人数，安排适宜的会场。质量管理科则需要负责安排相关的培训内容，每次培训的内容事先需要与生产管理部沟通，并形成培训资料，根据实际参与的人数印发资料。培训时，需要以 PPT 结合视频并配合演讲的形式进行，还需要借助各种测量仪器，用以现场展示。培训资料的纸质版和电子版都需交至人事部，用以存档，以后新员工需要培训时，可以直接使用。培训时，人事部也需派人出席，用以记录培训纪要，总结培训经验，寻找问题，分析归纳后，方便提出改进建议。

同样，参与培训的情况也与考核挂钩，作为奖金发放的一个重要依据。至于自检意识的形成则需要两个方面的共同努力，一方面车间内部从车间主任到普通员工要共同学习并不断强调自检的重要性。另一方面需进行目视管理，将质量目标、质量的重要性、自检的重要性等通过宣传看板进行展示。

（3）对车间的现场布置进行全面排查

主要观察物流通道是否通畅、地面是否平整、员工拉运半成品是否规范等。尽一切可能减少机械碰撞。在主要通道的地面上要做好标记，防止物流通道被占道或堵塞。在车间的看板或墙面上应粘贴物流通道图，方便员工识别。

思考与练习题

1. 什么是质量工程？

2. 现代质量工程包括哪些内容？

3. 什么是三次设计？三次设计的原理是什么？

4. 什么是可靠性预测和可靠性分配？它们常用的方法有哪些？

5. 质量改进有哪些工具？

6. SPC 的意义是什么？过程能力指数主要有什么作用？

7. 简述抽样检验的 OC 曲线的意义。

8. 简述质量管理体系认证的实施程序。

9. 某机械加工 $\phi 60^{+0.015}_{-0.005}$ mm 的 A 型轴，为提高产品质量，厂方决定采用控制图控制生产。已取得每组 5 个数的 30 组数据见表 6-22，表中的数据是实测值减去 60 再乘 1000 而得。试为该厂制定 $\bar{X}$—R 控制图。

表 6-22　观测数据

（单位：mm）

组　号	测　定　值				
	X_1	X_2	X_3	X_4	X_5
1	11	10	8	10	12
2	9	10	8	11	9
3	11	6	9	11	12
4	9	13	9	10	11
5	12	8	10	8	7
6	11	11	12	9	12
7	9	10	10	11	9
8	12	13	14	10	12
9	8	12	9	9	11
10	8	10	8	11	10
11	14	8	13	10	11
12	8	12	8	7	9
13	12	11	10	10	12
14	9	11	9	7	8
15	10	8	7	7	8
16	7	11	10	10	12
17	11	6	5	12	9
18	8	12	9	12	11
19	11	9	10	8	10
20	9	12	9	11	11
21	11	10	12	13	9
22	9	10	10	9	8
23	10	6	8	7	12
24	7	10	9	12	11
25	8	12	10	9	8
26	11	9	14	12	13

（续）

组　号	测 定 值				
	X_1	X_2	X_3	X_4	X_5
27	15	12	14	13	13
28	10	7	11	12	10
29	8	12	14	9	5
30	11	9	10	9	10

10. 已知某零件的外径为 $\phi50^{+0.3}_{-0.1}$mm，经抽样检验，测得 $\overline{X}=50.05$mm，$S=0.061$，求过程能力指数及不合格率 P。

11. 某机电公司委托某机械加工厂外协零件加工，双方协议规定 $P_0=1.2\%$、$\alpha=0.05$；$P_1=6.0\%$、$\beta=0.10$。试求抽样方案（n，c）。

第7章
现代制造系统

　　大型飞机的设计制造是一个复杂的制造系统工程，波音787飞机的研制过程中大量地采用了并行工程、虚拟制造、计算机集成制造、精益生产等现代制造模式和技术。波音公司用了10亿美元和10年时间，构建了基于构型控制的数字化制造信息管理系统，来支持整个波音公司分布在全球72个不同场所的45 000名员工在40 000多台各种工作站上同时进行并行的工作，并通过网络支持全球供应商的有关产品数据管理；在研制787客机的过程中，采用了全新的基于模型定义的计算机集成制造技术，采用数字化的三维模型彻底代替二维图样，将三维制造信息和三维设计信息共同定义到产品的三维数字化模型中来实现CAD和CAM的高度集成；在整个飞机的装配工作过程中，进行全机装配过程的数字化模拟仿真，通过建立"波音虚拟实验室"，设计人员可以在实验室戴上三维眼镜，操作和控制实际飞机的装配过程，评估在装配中是否有影响可达性的情况，以及将来飞机进入航线后的可维护性问题；采用电子看板管理的模式，应用精益生产的原则，使零部件、工艺装备、材料和人员在精确的时间到达生产线所需要的精确地点。

　　先进制造模式和技术对于改善企业的生产、经营和管理，进而提升企业的管理效率和综合竞争能力具有重要的作用。本章在介绍制造系统的概念与发展的基础上，阐述了现代制造系统的理论和发展趋势，并着重介绍了几种典型现代制造模式的产生背景、原理及应用，包括精益生产、并行工程、大规模定制、敏捷制造、虚拟制造以及计算机集成制造。

7.1　制造系统概述

7.1.1　制造系统的基本概念

1. 制造系统的定义

　　制造活动是社会最基本的活动。人们为了以最有效的方式实现从原材料到产品的转换，必须用系统论的观点来分析和研究制造过程，于是出现了制造系统的概念。

现代制造系统是一种复杂的大系统，涉及制造企业的全部生产经营活动，即从市场预测、产品开发设计、加工制造、生产管理到售后服务的所有活动。开发这样一个系统所涉及的学科，除了企业的生产经营各方面专业知识外，还有系统科学、管理科学、计算机科学等学科，是一项多学科、综合性强的工程。多位学者从不同的角度给出了制造系统的定义。

英国著名学者约翰·帕纳比（John Parnaby）于 1989 年给出的定义是："制造系统是工艺、机器系统、人、组织结构、信息流、控制系统和计算机的集成组合，其目的在于取得产品制造的经济性和产品性能的国际竞争性。"

国际生产工程学会（CIRP）于 1990 年公布的制造系统的定义是："制造系统是制造业中形成制造生产（简称生产）的有机整体。在机电工程产业中，制造系统具有设计、生产、发运和销售的一体化功能。"

美国麻省理工学院教授乔治·克里斯索洛里斯（George Chryssolouris）于 1992 年将制造系统定义为："制造系统是人、机器和装备以及物料和信息流的一个有机体。"

综上所述，可将制造系统定义为："制造系统是指由制造过程及其涉及的硬件和相关软件所组成、实现资源转换以满足社会需求的有机整体。"

可以从以下三个方面来理解制造系统的定义：

1）从结构上。制造系统是制造过程所涉及的硬件及相关软件组成的有机整体。制造系统的硬件主要包括人员、设备、物料、能源等；所涉及的相关软件主要有制造理论、制造技术、制造工艺、制造方法、制造标准、制造规范和计算机相关程序。

2）从功能上。制造系统是一个将制造资源（原材料、能源等）转换为产品或半产品的输入输出系统。衡量系统输入输出转换优劣的主要有六大指标——TQCSFE，即时间（Time）短、质量（Quality）好、成本（Cost）低、服务（Service）优、柔性（Flexibility）高、环境（Environment）清洁。

3）从过程上。制造系统是产品全生命周期所经历的制造活动过程，包括市场分析、产品设计、工艺规划、制造装配、检验包装、销售服务和报废处理等环节。

2. 制造系统的基本类型

根据产品的原材料性质、结构特征、使用功能、制造工艺和生产流程等特点，可以将制造系统分为离散型制造系统和连续型制造系统。

1）离散型制造系统。机械制造、家具制造、服装、电子设备制造行业的生产过程均属这一类型。离散型制造系统的工艺特点是：产品由许多零部件构成，各零件的加工过程彼此相互独立，制成的零件通过部件装配和总装配最后成为产品。离散型制造系统生产管理的特点，除了要保证及时供料和稳定的加工质量外，重要的是要控制零部件的生产进度，保证生产的成套。因为如果生产的品种、数量不成套，只要缺少一种零件，就无法完成装配。另外，如果在生产进度上不能按时成套，那么由于少数零件的生产进度拖期，必然会延长整个产品的生产周期，以致延误产品的交货期。同时，还要蒙受大量在制品积压和生产资金积压的损失。

2）连续型制造系统。化工、炼油、造纸、水泥等是连续型制造系统的典型。连续型制造系统的工艺特点是：工艺过程的加工顺序是固定不变的，生产设施按照工艺流程布置；生产对象按照固定的工艺流程连续不断地通过一系列设备和装置，被加工、处理成为产品。对于连续型制造系统，生产管理的重点是要保证连续供料和确保每一生产环节在生产期间都正常运行。因为任何一个生产环节出现故障，就会引起整个生产过程的瘫痪。由于产品和生产工艺相对稳定，通常采用各种自动化装置，实现对生产过程的实时监控。

3. 制造系统的发展历史

可将制造系统的发展历程归纳为五个阶段：

1）第一阶段：刚性制造系统。本阶段在20世纪50年代前已基本完成。刚性制造系统采用专用机床和自动单机等组成流水生产线和自动生产线，实现大批量生产，其特点是可实现固定产品的高生产率生产，但很难实现产品生产的改变。其涉及的主要技术有继电器程序控制、组合机床、自动化生产线等。

2）第二阶段：数控加工系统。数控加工包括数控（NC）和计算机数控（CNC）。NC技术在20世纪50～70年代发展起来并迅速成熟，但到了20世纪70年代以后，由于计算机技术的飞速发展，很快被CNC取代。数控加工设备包括数控车床、数控铣床、加工中心等；辅助设备包括自动上下料装置、机械手等。数控加工系统的特点是柔性好、加工质量高、速度快、适应多品种、中小批量的生产（包括单件产品）。其涉及的主要技术有数控技术、计算机编程技术等。

3）第三阶段：柔性加工系统。柔性加工系统包括计算机直接数控（DNC）加工系统、柔性制造单元（FMC）、柔性制造系统（FMS）和柔性制造生产线（FML）等。本阶段产生于20世纪60年代末，70年代以后得到快速发展。柔性加工系统强调制造过程的柔性和高效率，适应于多品种、中小批量的生产。涉及的主要技术有：成组技术（GT）、DNC、FMC、FMS、FML、离散系统理论与方法、计算机仿真技术、车间计划与调度、制造过程诊断与监控技术、计算机控制与通信网络等。

4）第四阶段：计算机集成制造系统（CIMS）。计算机集成制造系统包括信息集成、过程集成和企业集成，是20世纪80年代迅速发展起来的，而今正方兴未艾。CIMS的特征是强调制造全过程的系统性和集成性，以实现企业生存与竞争的六大指标——TQCSFE。涉及的主要技术有现代制造技术、管理技术、计算机技术、信息技术、自动化技术、系统工程技术、环境工程技术等。

5）第五阶段：智能制造系统（IMS）。智能制造系统是先进信息技术与先进制造技术的深度融合，贯穿于产品设计、制造、服务和回收的全生命周期。其中，智能产品是主体，智能生产是主线，以智能服务为中心的产业模式变革是主题。智能制造已成为世界制造业发展的一大趋势。涉及的主要技术有：机器学习、深度学习、强化学习、群体智能、跨媒体智能等大数据和人工智能技术，先进控制与优化技术，系统协同技术，模块化、嵌入式控制系统设计技术，故障诊断与健康维护技术，数字孪生和信息物理系统技术等。

4. 制造系统的基本理论

（1）制造系统的基本特性

由于制造系统是人力资源与其他多种资源组合而成的复杂人造系统，并受多种要素的制约，因此，必须用系统科学与工程的观点、方法来研究和描述制造系统的基本特性。制造系统既具有一般系统所具有的共同特性，同时还有自身的特点。概括起来，制造系统的基本特性包括：

1）集合性。制造系统是由两个或两个以上的子系统组成的集合体。例如，企业级制造系统由物流系统（输送、存储、装卸装置等）、信息系统、财务系统和人力资源系统等若干部分组成。

2）相关性。制造系统内的各子系统是相互联系的，集合性确定了制造系统的组成要素，相关性则说明这些组成要素之间的关系。人（或组织）、技术和管理是制造系统的三大主要要素。制造系统中任一要素与存在于该制造系统中的其他要素之间相互关联、相互制约，当某一要素发生变化时，其他相关联的要素也相应做出改变和调整，以保持系统的整体优化状态。

3）目的性。一个制造系统就是一个整体，必须完成一定的制造任务，或者说要实现一个或多个目标。制造系统的主要目标之一是把现有的制造资源转变成产品或财富。

4）环境适应性。制造系统是环境的产物，其生存和发展与环境变化息息相关。一个具体的制造系统，必须具有对周围环境变化的适应性。外部环境与系统相互影响，两者之间存在物质、能量或信息的交换。制造系统应是具有动态适应性的系统，表现为以最小的代价和时间延迟适应变化的环境，使系统接近理想状态。

5）动态性。制造系统的目的性决定了制造系统总是处于动态变化、不断更新与完善的过程。制造系统的动态性主要表现在以下几个方面：①制造系统总是处于生产要素（原材料、能量、信息、技术等）不断输入和产品不断输出的动态过程中；②制造系统内部的全部硬件、软件、人和组织都处于不断变化和发展之中；③制造系统的组织结构在激烈的市场竞争中总是处于不断的更新与完善之中，直到突变或重构，使制造系统向更高的形式发展。目前，随着科学技术的迅猛发展和市场竞争的不断加剧，我国的制造企业正经历着动态的调整。

6）反馈性。制造系统在运行过程中，其输出状态（包括中间输出状态和最终输出状态，如产品质量信息、制造资源利用状况、客户对产品的需求等）总是不断反馈到制造过程的各个环节，从而实现制造系统的不断优化。

7）随机性。制造系统的内部环境和外部环境中存在很多随机因素，从而使制造系统具有很强的随机性。例如，产品的市场需求、原材料价格、加工精度的控制、产品装配的质量、重大设备事故的发生、新政策的出台等均有随机性，这给制造系统的控制带来很大的难度。因此，处于难以预测变化环境中的制造系统，必须具备"随机应变"的能力。

（2）制造系统的四流结构论

制造系统的运行过程本质上是一个资源转换的过程，是一个面向客户需求、不断适应环境变化、不断改善和进化的动态过程。在资源转换过程中，有四种要素在流动，极大地影响制造系统的运行质量和发展活力，它们是物料流、信息流、资金流和工作流，如图 7-1 所示。

1）物料流（Material Flow）。物料流是一个输入制造资源通过制造过程而输出产品或半产品，并同时产生废弃物的动态过程。任何制造系统都是根据客户和市场的需求，开发产品，购进原材料，加工制造出成品，以商品的形式销售给客户并提供售后服务。物料从供方开始，沿着各个环节向需方移动。

2）信息流（Information Flow）。信息流是指制造系统与环境和系统内部各单元传递与交换各种数据、情报和知识的运动过程。根据类型可将信息分为需求信息和供给信息。需求信息如客户订单、生产计划、采购合同等从需求方向供应方流动，这时还没有物料流动，但它引发物料流。而供给信息如入库单、完工报告单、库存记录、提货单等，同物料一起从供应方向需求方流动。信息流表明了制造过程中信息的采集、特征提取、组织、交换、传递、处理等特性。

3）资金流（Bankroll Flow）。物料是有价值的，物料的流动引发资金的流动。制造系统的各项业务活动都会消耗一定的资源。消耗资源会导致资金流出，只有当消耗资源生产出产

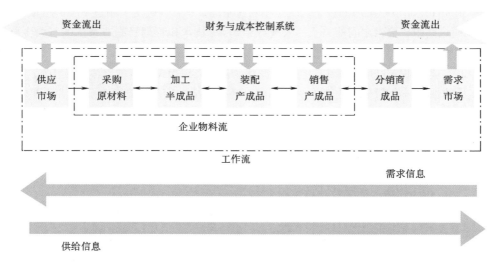

图 7-1 制造系统的"四流"示意图

品出售给客户后，资金才会重新流回制造系统，并产生利润。为了合理使用资金，加快资金周转，必须通过企业的财务成本控制系统来控制每一个环节上的各项经营生产活动；通过资金的流动来控制物料的流动；通过资金周转率的快慢体现企业系统的经营效益。

4）工作流（Work Flow）。工作流是指制造系统中有关人员的安排、技术的组织与分布等业务活动。信息、物料、资金都不会自己流动，要靠制造系统的业务活动即工作流来带动。工作流决定了各种流的流速和流量，制造系统的体制组织必须保证工作流的畅通，对瞬息万变的环境做出响应，加快各种流的流速（生产率），在此基础上增加流量（产量），为企业系统谋求更大的效益。

制造系统的物料流、信息流、资金流、工作流之间相互联系、相互影响，是一个不可分割的有机整体。运用企业流程重组的各种理论和方法，通过过程重组和优化，特别是四种要素流的合理配置和协同运作，可以改善和提高制造系统的过程特性。

7.1.2 制造系统面临的挑战及其发展趋势

1. 传统制造业面临的挑战

在制造业全球化、市场需求个性化、高科技迅猛发展以及资源和环境的压力等因素的共同作用下，当前制造业的发展模式正经历着深刻的变化。产品生命周期缩短、品种增加、批量减少，用户对产品的交货期、质量和价格的要求越来越高，对产品的个性化需求越来越高。现代制造系统也出现了诸多需要解决的新的科学问题，主要表现在以下几个方面：

1）制造已不再仅仅是传统意义上的制造行为，还包括社会、经济、人文等综合因素。因此，必须将制造系统置于社会、经济和人文环境中，成为一个复杂的社会化大系统。

2）现代制造系统必须体现数字化、柔性化、敏捷化、客户化、网络化与全球化等基本特征。数字化、柔性化与敏捷化是快速响应客户化需求的前提，这意味着现代制造系统必须具有动态易变性，能通过快速重组，快速响应市场需求的变化。由于制造资源与市场的全球化，因此，这种快速重组必须建立在全球性的分布式网络化基础上。

3）市场需求驱动的、建立在全球分布式网络化基础上的现代制造系统，本质上是一个复杂的社会经济人文交互系统。市场需求的快速多变和不确定性决定了制造系统的暂时性，其生命周期取决于市场需求的存在，并随着市场需求的变化快速组建与撤销，快速进入与退出市场。这就要求采用新的有效的组织与控制决策策略，能通过简单的控制规则来实现复杂制造系统的动态重组与运行控制。

4）制造企业的组织形态、经营模式和管理机制需要有全方位的创新，使之满足现代制造系统模式要求。

5）制造系统的信息及信息量急剧增长。柔性敏捷化要求、分布式网络化结构以及智能化水平的提高，使制造过程中所需接收和处理的各种信息正在呈爆炸性增长，海量制造信息成为制约系统效能的关键因素。

6）制造系统和制造过程的复杂性问题变得十分突出。制造系统的复杂性包括：①来源于系统的本质非线性；②来源于分布式制造系统的自组织、自适应与多自主体在信息共享基础上的分布式协同；③来源于调度、排样与决策中的"组合爆炸"问题。

所有这些都向支撑制造技术取得革命性进步的基础理论研究提出了严峻的挑战。鉴于此，各国政府出于增强国家经济实力与国防实力，提高市场竞争力和可持续发展等国家目标的需要，无一例外地将现代制造系统理论及其科学基础作为其先进制造技术发展规划的重要组成部分。

2. 现代制造系统的发展趋势

近年来，制造自动化技术的研究发展迅速，其发展趋势可用"六化"简要描述，即制造全球化、制造敏捷化、制造网络化、制造虚拟化、制造智能化和制造绿色化。

（1）制造全球化

制造全球化包括的内容非常广泛，主要有：

1）市场的国际化，产品销售的全球网络正在形成。

2）产品设计和开发的国际合作。

3）产品制造的跨国化。

4）制造企业在世界范围内的重组与集成，如动态联盟公司。

5）制造资源的跨地区、跨国家的协调、共享和优化利用。

6）新冠疫情背景下全球产业链的弹性重构与数字化变迁。

7）全球制造的体系结构已经形成并不断进化。

（2）制造敏捷化

敏捷制造是一种面向 21 世纪的制造战略和现代制造模式，当前全球范围内敏捷制造的研究十分活跃。敏捷制造是对广义制造系统而言。制造环境和制造过程的敏捷性问题是敏捷制造的重要组成部分。制造环境和制造过程的敏捷化包括的内容很广，如：

1）柔性。柔性包括组织柔性、机器柔性、工艺柔性、运行柔性和扩展柔性等。

2）重构能力。能实现快速重组重构，增强对新产品开发的快速响应能力。

3）快速化的集成制造工艺。例如快速原型制造（RPM），是一种 CAD/CAM 的集成工艺。

（3）制造网络化

基于网络的制造，包括以下四个方面：

1）制造环境内部的网络化，实现制造过程的集成。

2）制造环境与整个制造企业的网络化，实现制造环境与企业中工程设计、管理信息系统等各子系统的集成。

3）企业与企业间的网络化，实现企业间的资源共享、组合与优化利用。

4）通过网络实现异地制造。

（4）制造虚拟化

制造虚拟化主要是指虚拟制造。虚拟制造（VM）是以制造技术和计算机技术支持的系统建模技术和仿真技术为基础，集现代制造工艺、计算机图形学、并行工程、人工智能、人工现实技术和多媒体技术等多种高新技术为一体，由多学科知识形成的一种综合系统技术。它将现实制造环境及其制造过程通过建立系统模型映射到计算机及其相关技术所支撑的虚拟环境中，在虚拟环境下模拟现实制造环境及其制造过程的一切活动和产品制造全过程，并对产品制造及制造系统的行为进行预测和评价。当前，虚拟制造的研究越来越受到重视。例如，美国政府制订的敏捷制造使能计划（Technologies Enabling Agile Manufacturing，TEAM）包括五个重点研究领域，虚拟制造是其中之一。虚拟制造是实现敏捷制造的重要关键技术，对未来制造业的发展至关重要。

（5）制造智能化

智能制造将是未来制造自动化发展的重要方向。所谓智能制造系统，是指一种由智能机器和人类专家共同组成的人机一体化智能系统，它在制造过程中能进行智能活动，诸如分析、推理、判断、构思和决策等。智能制造技术的宗旨是通过人与智能机器的合作共事，去扩大、延伸和部分地取代人类专家在制造过程中的脑力劳动，以实现制造过程的优化。

有人预言 21 世纪的制造工业将由两个"I"来标识，即 Integration（集成）和 Intelligence（智能）。

（6）制造绿色化

由于制造业量大面广，因而对环境的总体影响很大。可以说，制造业一方面是创造人类财富的支柱产业，但另一方面又是当前环境污染的主要源头。由此可见，如何使制造业尽可能少地产生环境污染是当前环境问题研究的一个重要方面，于是就产生了绿色制造（Green Manufacturing，GM）的概念。

绿色制造涉及的面很广，涉及产品的整个生命周期。对制造环境和制造过程而言，绿色制造主要涉及资源的优化利用、清洁生产和废弃物的最少化及综合利用。绿色制造是目前和将来制造自动化系统应该予以充分考虑的一个重大问题。

 7.2 现代制造系统的主要技术方法

7.2.1 精益生产

1. 精益生产的产生背景

精益生产（Lean Production，LP）来源于日本的丰田生产方式。它是美国麻省理工学院根据其在题为"国际汽车计划"的研究中总结日本企业成功经验后提出的一个概念。之所以称为"精益",是因为它与大量生产方式相比,一切投入都大大减少——企业的工作人员、生产占用的场地和设备投资减为原来的一半。此外,在产品品种多且不断变化的情况下,所需的现场库存至少可以节省一半以上,废品也大大减少。

20 世纪初,由美国人亨利·福特开创的大量生产(Mass Production)方式揭开了现代化大生产的序幕,引起了制造业的根本变革。大量生产方式取代了单件生产方式,也使美国战胜了当年工业最发达的欧洲,成为世界第一大工业强国。

第二次世界大战以后,日本汽车工业开始起步,但此时占世界统治地位的生产模式是以美国福特制为代表的大量生产方式。这种生产方式的特点是以流水线形式生产大批量、少品种的产品,以规模效应实现汽车成本降低,并由此带来价格上的竞争优势。日本的汽车制造商们是无法与其在同一生产模式下进行竞争的。为此,日本丰田汽车公司的丰田英二和大野耐一多次访问美国福特汽车公司。通过观察和分析发现,丰田公司从成立到 1950 年的十几年间,汽车总产量甚至不及福特公司一天的产量。与此同时,日本汽车企业还面临需求不足与技术落后等严重困难,加上战后日本国内的资金严重匮乏,也难以有大规模的资金投入来保证日本国内的汽车生产达到有竞争力的规模。此外,丰田汽车公司在参观美国的几大汽车厂之后还发现,在美国企业管理中,特别是人事管理中,存在着日本企业难以接受之处。因而,鉴于当时的历史环境,在丰田汽车公司不可能,也不必要走大量生产方式道路的情况下,以大野耐一等人为代表的创始者们,受到美国超市运行模式的启发(准时制生产的思想产生于"缺货后及时补货"),根据自身的特点,在分析总结美国福特大量流水生产方式利弊的基础上,逐步创立了一种独特的多品种、小批量、高质量和低消耗的生产方式——丰田生产方式。

20 世纪 70 年代的石油危机以后,丰田生产方式在日本汽车工业企业中得到迅速普及,并体现出巨大的优越性。此时,整个日本的汽车工业生产水平已迈上了一个新台阶,其汽车产量在 1980 年一举超过美国,成为世界汽车制造的第一大国。在市场竞争中遭受了惨重失败的美国,开始对自己所依赖的生产方式产生了怀疑,为了重新夺回竞争优势,1985 年年初,麻省理工学院成立了一个名为"国际汽车计划"的专门机构,耗资 500 万美元,历时 5 年,对美国、日本以及原西欧共 90 多家汽车制造厂进行了全面、深刻的对比、调查、分析和研究。其结果表明,造成日本与美国以及原西欧各国在汽车工业发展上的差距的,不是企业自动化程度的高低、生产批量的大小、产品类型的多少,而是生产方式的不同。日本之所以能在汽车工业上取得这样的地位,就是因为它采用了由丰田汽车公司创造的新生产方式——丰田生产方式,美国人称之为"精益生产"。

随着日本制造业在国际竞争中的不断取胜,以及世界各国对 LP 研究的逐步深入,LP 在实践上也逐步被诸多企业所采用。首先在汽车行业内,几乎所有的大型汽车制造厂商都开始吸收 LP 的思想,推行准时制生产,加强企业间的协作。尤其在部分生产方法的改进方面。有些企业推行 LP 甚至超过了日本国内的企业。随后,越来越多其他行业的企业开始广泛地吸收和推广 LP 的生产组织方法、人员管理方法及企业协作方法。

2. 精益生产的原理

(1) 精益生产的概念

精益生产中的"Lean"直译为"瘦"之意,即要去掉一切无用的"肥肉",引申为"从简、完善、周密、高品质"之意。因此从字面上理解，精益生产就是简化生产的各个环节，使之更完善、更周密，并使产品品质更好的生产模式。对生产过程进行"减肥"，其中心思想就是在工厂的各个环节中去掉一切无用的东西，每个员工及其岗位的安排原则是必须保证增值，不能增值的岗位必须加以撤除。

简而言之，精益生产是以满足市场需求为出发点，以充分发挥人的作用为根本，对企业所拥有的生产资源进行合理配置，使企业适应市场的应变能力不断增强，从而获得最高经济效益的一种生产模式。精益生产的基本思想包括：

1）以满足市场需求为出发点。传统企业的经营观念是以产品为出发点，而精益生产要求企业的一切活动均以适应市场变化、满足用户需求为出发点，用户需要什么就生产什么，用户需要多少就生产多少，并从价格、质量、交货速度、售后服务等各个方面满足用户的需求。

2）以"简化"为主要手段，消除一切浪费。"简化"是实现精益生产的基本手段，具体的做法有：

① 精简组织机构，去掉一切不增值的岗位和人员。

② 简化产品开发过程。强调并行设计，并成立高效率的产品开发小组。

③ 简化零部件的制造过程。采用"准时制"生产方式，尽量减少库存。

④ 协调总装厂与协作厂的关系，避免相互之间的利益冲突。

3）以"人"为中心。这里所说的"人"包括整个制造系统所涉及的所有的人，如本企业各层次的工作人员以及协作单位的员工、销售商和用户等。由于人是制造系统的重要组成部分，是一切活动的主体，因此，LP强调以人为中心，认为人是生产中最宝贵的资源，是解决问题的根本动力。为了充分发挥人的作用，LP的具体做法有：

① 将人视为比机器更为重要的财富。对员工进行持续不断的培训教育，扩大其知识面和培养其解决问题的独立能力，使员工的积极性和创造性得以充分发挥。

② 推行独立自主的小组化（Teamwork）工作方式。成立高效率的小组，并为其创造工作条件，充分发挥人的主观能动性、集体责任感与协作精神。

③ 原则上工人是终身雇佣的。工人的工资按资历分级，奖金与公司盈利挂钩，从而增强工人的主人翁责任感和工作的主动性。

④ 要求工人是多面手，从而提高了工作任务安排的灵活性，避免了单调枯燥的重复工作，提高了工作的创造性。

4）以"尽善尽美"为目标。精益生产系统最终追求的目标是"尽善尽美"，在降低成本、减少库存、提高产品质量等方面持续不断地努力。当然，"尽善尽美"的理想目标是难以达到的，但是企业可以在对"尽善尽美"的无止境的追求中源源不断地获取效益。

（2）精益生产的特点

1）拉动式（Pull）准时化生产。

① 以最终用户的需求为生产起点。

② 强调物流平衡，追求零库存，要求上一道工序加工完的零件可以立即进入下一道工序。

③ 组织生产运作是依靠看板进行，即由看板传递工序间需求信息（看板的形式不限，关键在于能够传递信息）。

④ 根据市场销售的步调制定一套时间规范，使各工序之间有节奏地联系起来。

2）全面质量管理。

① 强调质量是生产出来的，而非检验出来的，由过程质量管理来保证产品质量。

② 重在培养每位员工的质量意识，保证及时发现质量问题。

3）团队工作法。

① 每位员工在工作中除了执行上级的命令，还应积极参与决策。

② 组织团队的原则并不完全按行政组织来划分，而主要根据业务的关系来划分。

③ 团队的组织是变动的，针对不同的事务，建立不同的团队，同一个人可能属于不同的团队。

4）并行工程（CE）。它是 LP 的基础，它有两个特点：

① 产品开发各阶段的时间是并联式的，开发周期大为缩短。

② 信息交流及时，发现问题尽早解决，产品开发的成本、质量和用户要求能够得到有效的控制保证。

3. 三洋制冷的"零库存"之路

三洋制冷在 1995 年引进"准时制生产方式"时，进行了认真的研究和比较分析，使管理思想出现了比较大的变化。认识到在大批量生产方式下的均衡生产，是以大量的原材料、零部件、在制品、半成品的库存为条件的，超量的库存掩盖了生产过程中的矛盾，造成了均衡生产的假象，占用了大量的资金、空间、时间，浪费了人力和物力。为此，三洋制冷把"准时制"和公司的实际情况相结合，提出了"零库存"的生产管理思想，并把它作为公司产、供、销等生产经营活动的指导思想。在这里需要特别强调指出的是，"零库存"并非是数学上的完全没有，而是"尽量减少到最小的必需程度"的库存。

例如，在制造部里，为上下筒体加工提供筒盖部件的班组，以前采取的是筒盖加工完毕后，就吊装到下道工序处放置的方法，放置时间的长短与本班无关，造成在制品库存积压。通过推行"零库存"的生产管理思想，他们积极地和上下工序协商，从后向前反向计算所需加工工时，按需生产，从而在下道工序需要时，直接把部件吊装到正在组装的产品上投入使用，真正做到了准时制生产。

制造部在取得了初步成果后发现，要想全面实施准时制生产方式是非常困难的。首先，制造部内各工序实施准时制生产时，经常受到国内外物资供应不及时的干扰，造成生产中断。当要求采购部门按照精益生产方式改进工作时，经常会受到"精益生产方式只能在美国、日本那样物流先进的国家才存在实现的可能，在物资供应不能得到保障的情况下要实施准时制生产简直是开玩笑"这样的反驳；其次，由于国内市场充满着不可确定性，制造部按照合同交货期准时完成成品后，由于各种原因却积压在库房内，无法按期运往用户处；此外，制造部内部也存在着对该生产方式一知半解、思想不统一、缺乏支持手段等困难，准时制生产方式很难得到顺利实施。为此，公司在 2000 年年初设立了生产管理部，负责公司生产经营相关联活动的计划、组织、协调、控制、检查和考核等工作，并把从合同签订后直到产品完成出厂的整个流程交由生产管理部统筹管理。

生产管理部主政以后，在公司领导层的大力支持下，和相关部门初步统一思想，迅速采取了应对措施，扭转了被动局面。首先，与营销部门加强信息沟通，随时掌握市场动向，从压缩产成品库存入手，逐步盘活资金；其次，对于新增合同，通过各地事务所定期确认交货期，不断调整生产进度，避免形成新的积压；最后，对于依靠库存原材料难以满足生产的合同，则在与用户谈判时就开始介入，根据谈判的进展状况和可靠程度，确定何时提前进行物资采购，以满足短交货期的合同。通过这些主要对策，基本上解决了精益生产方式用户方面的问题，为"零库存"的全面推广打通了一条出路。

与此同时，生产管理部开始对原材料库存进行整顿。借着ERP（企业资源计划）系统投入使用的机会，生产管理部全面掌握了库存状况，避免了以前采购部门因对库存实际数量掌握不清而出现盲目采购的情况，从而可以根据营销部门的合同和信息，有计划地对积压物资安排使用，仅仅对于短缺的物资才安排采购，从源头上开始对库存进行控制。经过艰苦的努力，在当年圆满完成了原材料库存资金的控制指标，"零库存"的生产管理思想得到了验证。

7.2.2　并行工程

1. 并行工程的产生背景

20世纪80年代中期以来，制造业商品市场发生了本质性变化。同类商品日益增多，企业之间的竞争愈演愈烈。竞争的焦点转移到满足用户需求和综合上市时间、产品质量、产品成本和售后服务等指标。同时，顾客对产品质量、成本和种类要求越来越高，产品的生命周期越来越短。企业为了赢得市场优势，就不得不解决加速新产品开发、提高产品质量、降低成本和提供优质服务等一连串的问题。在这些问题中，迅速开发出新产品，使其尽早进入市场成为赢得竞争优势的关键。

然而，传统的产品串行开发模式已无法满足这一要求，其开发模式如图7-2所示。这种开发模式的缺陷是在设计的早期不能很好地考虑后续的可制造性、可装配性、质量保证、产品销售等多种因素，导致设计与制造脱节，一旦制造过程出现问题，则与设计有关的环节就得修改，且后续阶段与之相关的环节都必须随之重新设计，从而严重影响了产品的上市时间、质量和成本。

为解决以上问题，人们引入了并行工程概念。并行工程与传统串行产品设计方式的根本区别在于，并行工程把产品开发的各个活动看成是一个整体、集成的过程，并从全局优化的角度出发，对集成过程进行管理与控制，如图7-2所示。并行工程的最大目标是追求产品设计一次性成功，从而达到缩短产品开发周期、提高产品质量、降低生产成本和提高产品竞争力的目的。

并行工程作为一种先进制造模式，已在美国、日本、德国等发达国家得到广泛应用，并日益受到各国工业界和学术界的高度重视。我国于1992年开始酝酿并行工程，1995年正式将其作为关键技术列入863/CIMS研究计划。目前，并行工程在我国机械、汽车、勘测、航空、铁路等行业获得了成功的应用。

2. 并行工程的原理

（1）并行工程的概念

1986年美国国防部防御分析研究所（Institute of Defense Analyze，IDA）发表了著名的R-338报告，提出了"并行工程"（Concurrent Engineering，CE）的概念，并于1988年完整地提出了并行工程的定义："并行工程是对产品及其相关过程（包括制造过程和支持过程）进

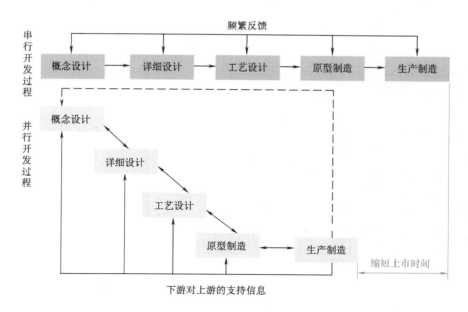

图 7-2　串、并行产品开发过程对比

行并行、一体化设计的一种系统化工作模式。这种工作模式力图使开发者从一开始就考虑到产品全生命周期中的所有因素，包括质量、成本、进度和用户需求。"当前这一定义已被广泛接受。

根据这一定义，并行工程是组织跨部门、多学科的开发小组，在一起并行协同工作，对产品设计、工艺、制造等上下游各方面进行同时考虑和并行交叉设计，及时地交流信息，使各种问题尽早暴露，并共同加以解决。这样就使产品开发时间大大缩短，同时使质量得到改善、成本得以降低。

并行工程可以理解为一种集企业组织、管理、运行等诸多方面于一体的先进制造模式。它通过集成企业内的所有相关资源，使产品生产的整个过程在设计阶段就全面展开，旨在设法保证设计与制造的一次性成功。

并行工程的目标是提高质量、降低成本、缩短产品开发周期和产品上市时间。并行工程实现上述目标的主要方法包括：设计质量的改进（即设法使早期生产中工程变更次数减少50% 以上）；产品设计及其相关过程并行（即设法使产品开发周期缩短 40% ~ 60%）；产品设计及其制造过程一体化（即设法使制造成本降低 30% ~ 40%）。

（2）并行工程的体系结构

并行工程通常是由过程管理与控制、工程设计、质量管理与控制、生产制造、支持环境等分系统所组成，其体系结构如图 7-3 所示。

1）过程管理与控制系统。分析和建立产品开发过程，利用产品数据管理（PDM）等技术进行整个并行工程的过程设计、计划管理和过程控制。产品数据管理是一门管理所有与产品本身的相关信息和开发过程的相关信息的技术。它将数据库的数据管理能力、网络通信能力、过程控制能力集合在一起，实现在分布环境中的产品数据统一管理，是并行工程的重要使能技术。

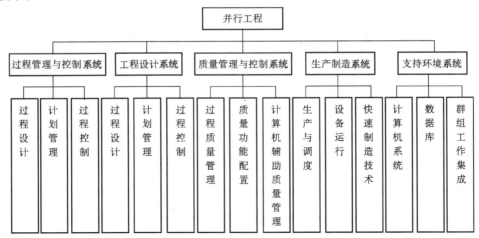

图 7-3 并行工程的体系结构

2）工程设计系统。它主要进行产品的全生命周期设计工作，是利用计算机集成制造（CIM）技术、计算机辅助工程（CAE）技术、面向工程的设计（DFE）技术、共同对象请求代理结构（CORBA）技术和 Web 技术等，进行基于产品数据管理的产品全生命周期的工程设计。

3）质量管理与控制系统。以质量功能配置（QFD）为核心，对产品开发过程全生命周期中的各个阶段进行质量分析，提出质量功能要求，以保证所生产的产品能最大限度地满足用户和市场的需求。质量功能配置过程实质上是一个优化设计过程。质量保证应贯穿于整个产品的开发过程中，形成用户需求—产品特征—设计特征—工艺特征—生产计划等质量功能配置链。

4）生产制造系统。其主要工作是在计算机上利用仿真技术进行生产计划和调度、设备运行、工况监控等。对于一些重要的零部件，为了保证其性能和质量，仍可采用制作实物或模型，并进行必要的试验，以最后确定其结构。零部件的实质制造可采用快速原型制造等方法，以加快制造进度。

5）支持环境系统。由于并行工程是在计算机集成制造系统的基础上进行的，同时，又是在产品数据管理下由异地分布的产品开发群组协同工作的，因此，并行工程的支持环境，除计算机系统、数据库、网络通信技术外，还应包括计算机集成框架系统和群组工作集成框架、产品数据交换标准（STEP）、产品数据管理、计算机仿真软件等。

（3）并行工程的关键技术

1）质量功能配置（QFD）。QFD 是一种结构化过程、一种可视化语言和一组相互关联的工程与管理图表，它使用"客户的声音（VoC）"获取客户的需求，并将需求转化为设计、生产和制造过程的特征。定义客户的声音是 QFD 中最重要和最耗时的步骤，如果不清楚了解客户的声音，QFD 则无法发挥作用。

QFD 技术贯穿从产品开发到制造质量控制的四个阶段，即产品规划、产品设计、工艺规划、生产规划。

2）面向全生命周期的设计（DFX）。DFX 技术是在 CAX（计算机辅助技术）基础上发展起来的一类新兴技术，DFX 中的 X 可代表产品全生命周期的所有因素，诸如：成本、质量、装配、制造、检测、维护、支持、服务、报废等。DFX 包括面向装配的设计（DFA）、面向成本的设计（DFC）、面向环境的设计（DFE）、面向测试的设计（DFT）、面向制造的设计（DFM）、面向生产的设计（DFP）、面向质量的设计（DFQ）、面向回收的设计（DFR）、面向服务和支持的设计（DFSS）等。DFX 是一种开发技术，旨在产品开发的早期阶段尽可能考虑影响产品生命周期的各种因素，在产品投产之前，解决设计中存在的各种问题，避免产品开发后期的设计返工。

3）计算机支持协同工作（CSCW）。CE 团队的成员来自企业的不同部门，不同的专业领域，按产品进行组织，队伍庞大且地域分散。为了适应多专业的协同工作，必须建立一个协同工作环境，即建立一个内部可以交互操作的支持环境：一方面要将正确的信息在正确的时刻以正确的方式送给正确的人，以便做出决策、修改或认可；另一方面要建立各种数据库及方法库，积累在设计和管理中的经验，重复使用以前所获得的成果，辅助决策。并行工程环境是由通信组织的多任务协作。作为一个多任务的集体队伍，在产品开发的长时期中，所有的人在一起工作，每一个成员拥有产品数据的一部分，每个成员依靠和调用其他成员建立的信息。

3. 并行工程在美国的应用

美国波音公司在 777 大型民用客机的研制中，运用 CE 技术，组成了包含 200 个研制小组的群组协同工作组，减小了工程更改 50％以上，建立了电子样机，除起落架舱外，成为世界上第一架无原型样机而一次成功飞上蓝天的喷气客机，也是世界航空发展史上最高水平的"无图样"研制的飞机。它与波音 767 飞机的研制周期相比，缩短了 13 个月，实现了五年内从设计到试飞的一次成功。美国洛克希德公司 1992 年在新型号导弹的研制中，采用了并行工程方法，将开发周期从五年缩短到两年。

在美国 ATF（先进技术战斗机）计划中，引入"综合产品组"（IPT）概念，使设计人员、装配工人和地勤人员一开始就共同参与设计，使发动机在基本性能、可生产性和维护性保障性方面实现了平衡。F-22 飞机组建了 84 个 IPT，F119 发动机组建了 100 个 IPT。与 F-100-PW-220 相比，研制 F119 推行并行工程后，返修率下降 74％，非计划拆卸率减少 33％，每飞行小时的维修人时减少 63％，平均故障间隔增加 62％，空中停机率减少 20％，大大改善了 F119 的可靠性和维修性。

据美国空军的综合分析，采用了并行工程的美国公司（如波音、麦道、IBM、PW、洛克希德等）均取得了显著效益，表现为：①改善产品质量：制造缺陷下降 87％，外场故障下降 83％；②缩短研制和生产准备时间：产品研制时间缩短 60％，生产准备时间减少 10％，含设计、研制及生产的全过程时间缩短 46％；③改善工程过程：工程与图样更改为原来的 1/15，早期生产更改减少 50％，原型机制造工作量减少 2/3，废品及返工减少 87％，备件储存减少 60％。

7.2.3　大规模定制

1. 大规模定制的产生背景

随着经济全球化的加剧，企业之间的竞争开始转向基于时间和顾客需求的竞争。为顾客提供定制化的产品，全面提高企业的服务水平和顾客的满意度，已经成为现代制造企业追求新的竞争优势的一种必然趋势。大量定制生产模式以其独特的竞争优势，引起人们的重视，得到迅速的发展。

1970年，阿尔文·托夫勒（Alvin Toffler）在《未来的冲击》一书中提出了一个设想：以类似于标准化或大量生产的成本和时间，提供满足顾客特定需求的产品和服务。1987年，斯坦·达维斯（Stall Davis）在《完美的未来》中将这种生产方式称为大量定制（Mass Customization，MC），它又称为大批量定制。1993年，约瑟夫·派恩二世（Joseph Pine Ⅱ）在《大量定制商业竞争的新前线》中对大规模定制进行了完整的描述，并将它与大量生产模式进行了比较，从而确定了它的概念内涵。

大规模定制这种既能满足客户的真正需求而又不牺牲企业效益和成本的生产方式，正在成为21世纪的主流生产方式。

目前，国内外的学术界和企业界对MC生产进行了广泛的理论研究和实际应用。例如，美国摩托罗拉（Motorola）公司的传真机、日本松下公司的自行车、英国Raleigh公司的山地车、德国奔驰（Benz）公司的轿车、美国李维斯（Levi's）公司的牛仔裤、我国青岛海尔公司的家用电器等都不同程度地采用了MC生产方式。中国科学院软件研究所工业管理与设计工程研究中心在1998年开始了MC设计技术的研究。我国863计划CIMS主题专家组在"九五"和"十五"期间也有计划地部署了一系列课题，对MC的理论、方法和技术等进行了深入的研究。

2. 大规模定制的原理

（1）大规模定制的概念

MC是一种在系统整体优化的思想指导下，集企业、客户、供应商和环境于一体，充分利用企业已有的各种资源，根据顾客的个性化需求，以大量生产的低成本、高质量和高效率提供定制产品和服务的生产模式。MC结合了定制生产和大规模生产两种生产方式的优势，它包含：①MC的指导思想是系统整体优化；②MC的产品能够满足客户的个性化需求，即定制；③MC具有与大量生产的产品相同的成本、质量和效率；④MC是对企业的设计、制造、销售、服务等活动以客户为中心进行思考的一种哲理，是考虑问题的思想方法。

MC的基本思想是：通过产品结构和制造过程的重构，运用现代信息技术、新材料技术、柔性制造技术等一系列高新技术，把产品的定制生产问题全部或部分转化为大量生产，以大量生产的成本和速度，为单个客户或小批量多品种市场定制任意数量的产品。

MC有两个含义：一是Mass，也就是大规模；二是Customization，也就是定制化。从客户的角度看，MC的客户化是指系统为不同客户提供不同形式的最终产品的能力。从制造的角度来看，MC的经济性主要是通过内部模块和组件的复用来实现。MC的本质是要在满足不同客户定制需求的同时，用大规模的方式进行设计、生产、管理，以有效地控制生产成本、压缩产品周期。

（2）大规模定制生产与大批量生产、完全定制生产的区别

表7-1和表7-2对MC生产与大批量、完全定制生产方式进行了比较。

表 7-1　大规模定制生产与大批量生产的比较

比较项目	大批量生产	大规模定制生产
关注点	通过稳定和控制获得效率	通过柔性和快速反应取得品种和定制
目标	以几乎每个人都能支付的低价格开发、生产、销售和分发商品和服务	开发、生产、销售和分发可支付的商品和服务，其种类和定制足以使几乎每个人能买到满足自己需要的商品
主要特征	1. 稳定的需求 2. 巨大、统一的市场 3. 低成本、稳定的质量、标准产品和服务 4. 产品开发周期长 5. 产品生命周期长	1. 分散的需求 2. 不同的小市场 3. 低成本、高质量、定制的商品和服务 4. 产品开发周期短 5. 产品生命周期短
利润模式	通过规模效益获得利润	通过对满足顾客个性化需求的不同产品实行差别定价实现利润最大化

表 7-2　大规模定制生产与完全定制生产的比较

比较项目	大规模定制生产	完全定制生产
适用对象	适用于对产品价格有要求的同时，又对产品个性化有较高需求的客户	适用于完全追求产品个性化而不太考虑价格或成本的客户
实现定制的方法	通过产品结构优化和制造流程优化，扩大标准件/通用件以及通用环节的比例，减少定制零件以及定制环节的比例，低成本，快速满足用户的定制需求	通过改变或修改设计以及工艺流程来满足定制需求
成本	成本较低	成本高
敏捷性	主动的反应策略，敏捷性高，能快速响应市场的需求变化	被动的反应方式，敏捷性差
适用条件	产品变化很大，而生产流程没有太大变化	产品变化很大，同时生产流程也不确定

从以上比较可以看出，大规模定制生产把大批量生产和完全定制生产这两种生产模式的优势结合起来，在确保企业经济效益不降低的前提下，了解并满足单个客户的需求，从而使企业获得更大的竞争优势。

1）市场优势。大规模定制是一种进行市场研究的好方法。通过定制某些产品，能够预知与大规模生产相关客户的偏好，从而能更好地满足不同客户需求。

2）竞争优势。按照客户需求而定制的产品可能只有极少数，甚至根本没有竞争对手，因此在某种程度上居于垄断地位。

3）成本优势。大规模定制是按订单生产，可以消除制造企业的成品库存，实现零库存，从而降低成本。

4）销售优势。大规模定制能够充分考虑市场"边缘客户"的需求，从而增加销售量，扩大市场份额。

5）价格优势。因定制产品能更好地满足客户的个性需求，对客户来说，其价值更高，所以定制产品就有可能溢价。

6）双赢优势。厂商以卖产品和服务的形式，满足了客户的需求，客户又利用厂商提供的贴身产品或服务提高了竞争力，二者相得益彰。

（3）大规模定制的分类

大规模定制生产是一种大规模生产和定制生产相结合的混合模式，企业根据市场预测进行有库存的大规模生产，当接到客户订单时，在库存原材料或预制零部件的基础上，开始进行满足客户需求的定制生产。因此，在生产过程中存在一个客户订单分离点。所谓客户订单分离点（CODP），是指在企业生产活动中由基于预测的面向库存的制造转向响应客户需求的定制生产的转化点。

根据CODP在生产过程中的不同位置（见图7-4），可将大规模定制分为按订单销售、按订单装配、按订单制造、按订单设计四种类型。

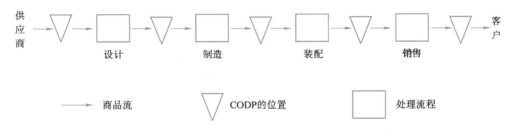

图7-4 客户订单分离点与大规模定制类型

1）按订单销售（Sale-to-order，STO）。这是指根据客户订单的需求量出库。在这种生产方式中，CODP在销售或递送活动处，只有销售活动是由客户订单驱动的，客户需求的改变仅仅影响到产品库存，对生产活动没有影响，常见的按订单销售的产品有日常生活用品和家用电器等。

2）按订单装配（Assemble-to-order，ATO）。这是指接到客户订单后，企业将已有的零部件经过再配置后向客户提供定制产品的生产方式。在这种生产方式中，CODP在装配活动处，装配活动及其下游销售活动是由客户订单驱动的。客户需求的改变主要影响企业的零部件库存，而对产品制造过程几乎没有影响，常见的按订单装配的产品有计算机和轿车等。

3）按订单制造（Make-to-order，MTO）。这是指接到客户订单后，在已有零部件的基础上进行变型设计、制造和装配，最终向客户提供定制产品的生产方式。在这种生产方式中，CODP在制造活动处，变型设计及其下游的活动是由客户订单驱动的。客户需求的改变直接影响到产品制造阶段，此时产品的制造不再仅仅是企业单方面的事，而是需要客户的参与，甚至还需要零部件供应商的参与。常见的按订单制造的产品主要是一些大型设备，或模块化程度不太高的产品，如飞机、家具和服装等。

4）按订单设计（Engineer-to-order，ETO）。这是指按照客户订单中的特殊需求，重新设计能满足特殊需求的新零部件或整个产品，在此基础上向客户提供定制产品的生产方式。在这种生产方式中，CODP在设计活动处，开发设计及其下游的活动是由客户订单驱动的。此时产品的设计由客户和企业共同完成，多数情况下还需要零部件供应商的参与。一些大型设备（如化工产品和水轮发电机等）、特制的纪念品等可以采用这种生产方式。

（4）实现大规模定制的关键技术

1）产品模块化技术。面向大规模定制的开发设计是建立在产品模块化基础上的。对大规模定制而言，产品的模块化具有特别重要的意义。产品模块化是标准化和规范化的结果，是实现产品资源重用的基础，是实现产品配置设计和变型设计的关键。模块化产品设计方法的原理是，在对一定范围内的不同功能或相同功能不同性能、不同规格的产品进行功能分析的基础上，划分并设计出一系列功能模块，通过模块的选择和组合构成不同的客户定制的产品，以满足市场的不同需求。这是相似性原理在产品功能和结构上的应用，是一种实现标准化与多样化的有机结合以及多品种、小批量与效率统一的标准化方法。

2）产品变型设计技术。在面向大规模定制的产品开发中，变型技术发挥了很大的作用。一个产品的开发并不是从零开始，为了减少错误、提高质量、降低开发成本并缩短开发时间，必须充分利用企业已有的产品信息资源。开发产品时，在满足要求的前提下要尽量使用企业中已有的零部件或对零部件进行变型设计。因此，有必要开发组合产品系统以有效支持产品信息资源的重用，该系统还应提供对产品进行标准化和规范化的功能，从而可将新的主产品结构加入到组合产品系统中，丰富组合产品系统的主产品模型。

在设计过程中，不仅对零件采用变型设计方法，而且对部件这一级也要采用变型设计方法。这样能重复使用结构合理并经过实践检验的部件，减少部件的类别和便于信息处理，使设计自动化，从而减少设计人员的重复设计工作，并为以后的加工合理化提供方便。

3）大规模定制的产品决策及评价技术。大规模定制是面向产品族的设计，其设计结果是可变型的产品模型。成功产品族的获得需要对客户需求进行系统分析，但根据客户的产品需求，可以得到多种产品配置方案，在众多配置方案中选择最具竞争优势的方案也是需研究的关键技术。

3. 浙江泰恒光学有限公司的大规模定制的应用

浙江泰恒光学有限公司（以下简称泰恒公司）成立于 1996 年，坐落在温州市瓯海经济开发区。公司年生产各类眼镜（太阳镜、老花镜、光学镜架、劳保镜）4000 万副，各类镜片（树脂片、AC 片⊖、PC 片⊜等）1000 万副，产品 95% 以上出口欧美、东南亚等 100 多个国家和地区，具有自营进出口权。2006 年销售额达 2.7 亿元，是我国最大的集眼镜产品设计、生产、贸易于一体的企业之一。

随着人们生活质量的提高、消费观念的变化及消费心理的成熟，消费需求已经进入了个性化时代，眼镜产品也不例外。一般眼镜企业每个订单平均包括 6～10 种眼镜款式，每月生产的眼镜款式在 20～30 种之间，每个款式的数量少则几百副，多则上万副，这是一个典型的多品种、变批量的市场需求。为了适应市场环境的变化，泰恒公司从 2002 年开始转变思路，将定制化的思想引入眼镜产品的生产中，依托温州大学制造系统与自动化工程研究中心多年的实践经验，共同研究眼镜产品的大规模定制，以满足消费者对眼镜产品的个性化需求。

泰恒公司建立了一个可供客户进行个性化的眼镜信息系统平台，把研制开发出的各类眼

⊖ 亚克力镜片。

⊜ 碳酸聚酯镜片。

镜和镜片的上千种基本产品类型放到平台上，客户可以在这些平台上进行模块化操作。这些基本产品类型，就相当于提供了多种设计"素材"，再加上平台提供的上百种可供客户自由选择的基本功能模块，使得客户可以根据自己的需求，有针对性地进行产品功能的重新组合，定制出自己喜爱的产品。

该眼镜信息系统平台的关键技术主要包括：

1）产品族的建立。通过对眼镜产品结构、工艺流程、生产方法以及客户需求特征的研究分析，建立眼镜产品族。产品族分成成品层、模块层和配件层，各层之间通过映射关系建立起它们之间的相互关联，如图7-5所示。

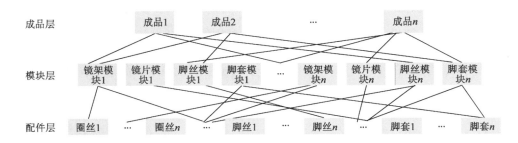

图7-5　产品族结构图

2）脸形参数提取技术。脸形特征是指与眼镜产品相关的脸部生理参数。基于特征的眼镜产品设计的关键在于脸形特征的提取和识别，而脸形特征参数的提取主要基于人体的测量技术。通过对人体脸型特征的分析，以及脸部特征点的选取，系统计算出脸形的关键参数，从而为客户的产品定制和设计人员的个性化设计提供重要的数据。

3）相似匹配搜索技术。在系统的产品族平台上，客户可以选择模块进行组装设计，并通过系统的匹配搜索技术，设计输出客户所需的产品的图像效果。其基本原理是利用各模块在眼镜装配中的重要程度和需求特征与模块特征之间的相似度这两个指标在可选模块单元域内进行搜索，从而得到眼镜配置的设计方案。

7.2.4　敏捷制造

1. 敏捷制造的产生背景

从20世纪70年代到80年代初，美国由于片面强调第三产业的重要性而把制造业视为夕阳产业不再予以重视，致使美国的制造业出现了严重的衰退，逐步失去了其世界霸主的地位。为了重新夺回美国在制造业的领先地位，美国的理论界和工业界开始了广泛的研究。

1986年，麻省理工学院的工业生产率委员会在美国国家科学基金会（NSF）和美国产业界的支持下，开始深入研究美国制造业衰退的原因和振兴的对策。研究的结论是"一个国家要生活得好，必须生产得好"，并提出以先进技术、强大竞争力的国内制造业来夺回美国优势的振兴制造业对策。

1988年，美国里海大学和通用汽车公司（GM）共同提出了敏捷制造（Agile Manufacturing，AM）的概念，这一概念一经提出，立即引起美国制造业的强烈关注。1991年，美国里海大学和美国工业界联合向美国国会提交了《21 世纪制造企业发展战略报告》，描述了 AM 的概念、方法和技术。1993 年，美国国家科学基金会联合国防部在纽约、伊利诺伊、得克萨斯等州建立了敏捷制造国家研究中心，分别研究电子行业、机床工业和航天国防工业中的敏捷制造问题。随着研究的深入，美国一些大公司应用敏捷制造哲理取得了显著成效。日本和当时的欧共体也开展了与敏捷制造有关的研究计划。我国"863"计划从 1993 年开始对敏捷制造进行跟踪研究，国家自然科学基金委员会（NSFC）自 1995 年，每年都有资助敏捷制造方面的研究项目。目前，敏捷制造已在计算机制造、汽车与航空业等领域里有一定的实践基础，其理论体系也已初具雏形。

2. 敏捷制造的原理

（1）敏捷制造的概念

敏捷制造思想的出发点是基于对多元化和个性化市场发展趋势的分析，认为制造系统应尽可能具有高的柔性和快速能力（即敏捷性），从而在变化莫测和竞争激烈的市场中具有高的竞争能力。因此，敏捷制造是制造系统为了实现快速反应和灵活多变的目标而采取的一种新的制造模式。

由于敏捷制造是制造的一种哲理，正处于一个不断的发展过程中，因此，还没有一个关于敏捷制造的公认定义。可以把敏捷制造理解为：制造企业采用现代通信手段，通过快速配置各种资源，包括技术、管理和组织，以有效和协调的方式响应用户需求，实现制造的敏捷性。敏捷制造的核心是保持企业具备高度的敏捷性。敏捷性是指企业在不断变化、不可预测的经营环境中善于应变的能力，它是企业在市场中生存和领先能力的综合表现。

可以从以下几个方面来理解敏捷制造的含义：

1）敏捷制造的出发点是快速响应市场和用户的需求，因此要求制造系统具有足够的柔性，即能够迅速实现自我调整以适应不断的变化。

2）强调高素质的员工，即要造就一支高度灵活、训练有素、能力强且具有高度责任感的员工队伍，并充分发挥作用。

3）敏捷制造的实现需要多个相关企业的协同工作，最终目标是使企业能在无法预测、持续变化的市场环境中保持并不断提高其竞争能力。敏捷制造通常通过动态联盟或称虚拟企业来实现。

4）虚拟制造技术是敏捷制造的重要支持技术。虚拟制造是指在计算机上完成产品从概念设计到最终实现的整个过程。

（2）敏捷制造的实现技术

企业实施敏捷制造模式的技术包括：

1）基础技术——CIM 技术。CIM（计算机集成制造）技术是一种组织、管理与运行企业生产的技术。它通过计算机软硬件，将企业生产全过程中人、技术、经营管理三要素及信息流、物流有机地集成并优化运行，以实现产品高质、低耗、上市快，从而使企业赢得市场竞争。CIM 技术为实现敏捷制造的集成环境打下了坚实的基础，是敏捷制造的基础技术。

2）环境技术——网络技术。实现敏捷制造，网络环境是必备的。利用企业网实现企业内部工作小组之间的交流和并行工作，利用全国网、全球网共享资源，实现异地设计和异地制造，及时、最优地建立动态联盟。基于网络的企业资源计划管理系统和产品供应链系统都将为敏捷制造的实施提供必需的信息。

3）统一技术——标准化技术。以集成和网络为基础的制造离不开信息的交流，而执行电子数据交换（EDI）标准、产品数据交换标准和超文本数据交换标准等是进行信息交流的基础。因此，标准化技术是进入国际合作大环境、参加跨国动态联盟的前提。

4）虚拟技术——模型和仿真技术。敏捷制造通过动态联盟和虚拟制造来实现，采用基于仿真的产品设计和制造方法对产品经营过程进行建模和仿真是十分必要的。同时，以模型和仿真技术为基础的虚拟原型系统是敏捷制造在产品设计和制造过程中的主要手段之一。

5）协同技术——并行工程技术。并行工程技术是对产品及相关过程（包括制造过程和支持过程）进行并行、一体化设计的一种系统技术。该技术要求产品设计人员在设计的开始阶段就考虑到产品全生命周期中的所有因素，包括质量、成本、速度、进度及用户要求等。采用并行工程技术，可以缩短产品开发周期，降低成本，增强对市场的响应速度。

6）过程技术——工作流管理技术。动态联盟是面向具体产品而动态创建的虚拟公司，其组织结构具有临时性和动态性。支持企业业务重组、业务过程集成、项目管理和群组协同工作的工作流管理技术，对实施动态联盟具有重要的作用。

7）企业集成。企业集成就是开发和推广各种集成方法，在适应市场多变的环境下运行虚拟的、分布式的敏捷企业。

此外，支持敏捷制造和动态联盟的重要技术还有集成框架技术、集成平台技术、数据库技术、决策支持系统、人机工程、人工智能等。

（3）敏捷制造的特征

1）敏捷虚拟企业组织形式。这是敏捷制造模式区别于其他制造模式的显著特征之一。

敏捷虚拟企业简称虚拟企业（Virtual Enterprise），或称企业动态联盟（Dynamic Alliance Enterprise），是依据市场需求和具体任务大小，为了迅速完成既定目标，按照资源、技术和人员的最优配置原则，通过信息技术和网络技术，将一个公司内部的一些相关部门或者同一地域的一些相关公司或者不同地域且拥有不同资源与优势的若干相关企业联系在一起，快速组成一个统一指挥的生产与经营动态组织或临时性联合企业。

一般地，企业动态联盟或虚拟企业的产生条件是：参与联盟的各个单元企业无法单独地完全靠自身的能力实现超常目标，或者依靠自身能力完成目标的成本明显大于构建虚拟企业来完成的成本。因此，必须与其他对此目标有共识的企业建立全方位的战略联盟。而采用虚拟企业组织方式可以降低企业风险，使生产能力前所未有地提高，从而缩短产品的上市时间，减少相关的开发工作量，降低成本。

2）虚拟制造技术。这是敏捷制造模式区别于其他制造模式的另一显著特征。虚拟制造技术又称可视化制造技术，是指综合运用仿真、建模、虚拟现实等技术，提供三维可视交互环境，对从产品概念产生、设计到制造全过程进行模拟实现，以便在真实制造前，预计产品的功能及可制造性，获取产品的实现方法，从而缩短产品上市时间，降低产品成本。虚拟制造内容详见"7.2.5"。

3. 透视戴尔公司敏捷制造的应用

提到戴尔公司的成功，人们通常会归功于它的产品销售方式——直销。然而，如果没有直销背后有效的管理，戴尔公司的成功又从何谈起？

（1）速度快、满足顾客要求的戴尔公司

在全球商业界，戴尔公司掀起了一场真正的革命。这场革命要真正按照顾客的要求来设计制造产品，并把它在尽可能短的时间内送到顾客手上。这种以顾客为导向的商业模式使戴尔公司像坐直升机一样进入了业界巨头的圈子，速度和规模都令人目眩。

和硅谷那些迅速发家的技术新贵不同的是，戴尔公司并不是以技术见长。它孜孜以求并且也最拿手的就是尽可能消弭一切中间环节。它其实是在组装市场，在第一时间根据市场需求把高度模块化的半成品组装起来，大大减少了市场流转的时间和成本，从而使市场潜力充分地释放了出来。

（2）比顾客更了解客户的戴尔公司

《哈佛商业评论》刊登的一项研究显示，1994 年时，戴尔公司的客户还只有两类：大型客户和包括一些商业组织与消费者在内的小型客户，当年公司的资产为 35 亿美元。到 1996 年，就从大型客户市场中细分出大型公司、中型公司、政府与教育机构三块市场，同年公司资产升至 78 亿美元。而到了 1997 年，戴尔公司又进一步把大型公司细分为全球性企业客户和大型公司两块市场，政府与教育机构市场则分为联邦政府、州政府和地方政府、教育机构三块不同的市场；小型客户则进一步分解为小型公司和一般消费者两块业务，当年公司资产攀升到了 120 亿美元。

戴尔公司市场细分 + 客户细分的做法，可以更有效地衡量各营运项目的资产运用，通过评估每个细分市场的投资回报率，并与其他市场做比较，就可以制定出日后的绩效目标，使各项业务的全部潜能得以充分发挥。戴尔说："分得越细，我们就越能准确地预测客户日后的需求与其需求的时机。取得这种策略性的信息后，便可与供应商协调，把信息转换为应有的存货。"

成长后会与客户脱节一直是不少大公司的通病。而戴尔公司每一次的业务细分，却都能更深入了解各客户群的特别需要，确实是个奇迹。戴尔说："我们的目标是要做到比客户更了解他们自己的需求。"

（3）虚拟整合：建立信息伙伴关系

1999 年 11 月，在底特律经济俱乐部发表的《在互联网经济中赢得竞争优势》的演讲中，戴尔告诫说，如今对价值的界定已经发生了基本的变化。以前是以存货来界定价值，现在则是以信息来界定。戴尔公司的库存是 6 天，而竞争者是 60 天，这使戴尔公司能向客户提供最新的技术，而且价格更便宜。"你拥有的信息质量与你需要的库存量之间是相互关联的，如果以客户为驱动，就能使资产更有效。换句话说，有形的资产正在被智力资产所取代，封闭的商业系统将让位于合作。"在这个过程中，网络无疑会发挥核心作用。

7.2.5　虚拟制造

1. 虚拟制造的产生背景

1993 年，日本科学家 Kimura 领导的小组在研究并行工程的支持技术时，首次提出了虚拟制造（Virtual Manufacturing，VM）。这一概念代表了一种全新的制造系统和模式。虚拟制造技术作为信息技术和制造科学相结合的产物，从一开始就引起极大的关注。美国已形成了由政府、企业、大学组成的多层次、多方位的综合研发力量，主要有：美国国家标准研究所（National Institute of Standards and Technology，NIST）建立的 VM（称之为国家先进制造测试台，即 National Advanced Manufacturing Test bed，NAMT）；华盛顿州立大学的 VRCIM 实验室的设计与制造虚拟环境；波音公司与麦道公司联手建立的 MDA（Mechanical Design Automation）等。英国曼彻斯特大学、德国达姆斯塔特工业大学，比利时的虚拟现实协会，加拿大的滑铁卢大学等均先后成立了研究机构，开展了 VM 技术研究。日本形成了以大阪大学为中心的研究开发力量，进行了大量 VM 系统体系结构的基础研究和系统开发，并开发出虚拟工厂的构造环境 Virtual Works。

我国对 VM 的研究起步比国外晚，但是随着"863"计划的 CIMS 主题将"制造系统可视化、虚拟建模与仿真"定位为研究重点，目前清华大学国家 CIMS 工程研究中心等科研单位已经在产品虚拟设计技术、产品 VM 技术和 VM 系统等方面取得了一定的成就。

　　2. 虚拟制造的原理

（1）虚拟制造的概念

虚拟制造作为一个全新的概念，是信息时代制造技术的重要标志。由于对虚拟制造的研究还在不断地深入，到目前为止，国际上对虚拟制造的概念还没有一个统一的定义。不同的研究人员从不同的角度出发，给出了不同的描述。

佛罗里达大学格洛里亚·韦斯（Gloria J. Wies）给出的定义是："虚拟制造是这样一个概念，即与实际制造一样在计算机上执行制造过程，其中虚拟模型是在实际制造之前用于对产品的功能及可制造性的潜在问题进行预测。"

美国莱特空军实验室提出："虚拟制造是仿真、建模和分析技术及工具的综合应用，以增强各层制造设计和生产决策与控制。"

马里兰大学爱德华·林（Edward Lin）等人给虚拟制造的定义是："虚拟制造是一个用于增强各级决策与控制的一体化的、综合性的控制环境。"

从上面这些定义可以看出，虚拟制造虽然不是实际的制造，但却是实际制造的本质过程。虚拟制造是对制造过程的各个环节，包括产品的设计、加工、装配，乃至企业的生产组织管理与调度进行统一建模，形成一个可运行的虚拟制造环境，以软件技术为支撑，借助高性能的硬件，在计算机上生成数字化产品，实现产品设计、性能分析、工艺决策、制造装配和质量检验。利用 VM 技术能够获得及时的反馈信息，实现并行、分布式的协同工作，大大缩短产品开发周期、节约生产成本、提高设计质量，从而对难以预测、持续变化的市场需求做出快速响应，更好地满足市场变化所要求的 TQCSFE，提高企业的竞争力。

（2）虚拟制造的体系结构

VM 的体系结构如图 7-6 所示，主要由以下四部分组成：

1）虚拟开发平台。该平台支持产品的并行设计、工艺规则、加工、装配及维修等过程，进行可加工性分析（包括性能分析、费用分析、工时估计等）和可装配性分析。具体包括：①产品虚拟设计环境。除了支持产品的几何造型和特征造型等环境外，还包括有限元、运动学、动力学等分析环境。②产品虚拟加工。包括成型过程分析、工艺过程优化、工艺设计优化、加工过程分析等。③产品虚拟装配。根据产品设计的形状特征、精度特征，在计算机上真实地三维模拟产品的装配过程，并允许用户以交互方式控制模拟装配过程，以检验产品的

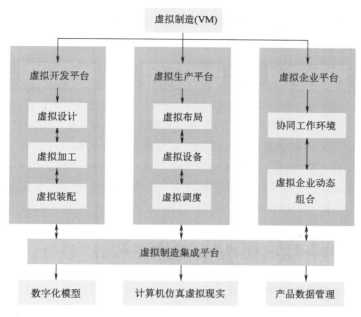

图 7-6　虚拟制造的体系结构

可装配性。

2) 虚拟生产平台。该平台支持生产环境的布局设计及设备集成、产品远程虚拟设计、企业生产计划及调度的优化，进行可生产性分析。具体包括：①虚拟生产环境布局。根据产品的工艺特征、生产场地、加工设备等信息，真实地模拟生产环境，并对生产环境的布局进行优化。②虚拟设备集成。包括实现集成支持环境和优化集成方案，即为不同厂家制造的生产设备实现集成提供支持环境，并对不同的集成方案进行比较。③虚拟计划与调度。根据产品的工艺特征、生产环境布局模拟产品的生产过程，并允许用户以交互的方式修改参数、改变生产流程、进行动态调度，从而找出最满意的生产计划与调度方案。

3) 虚拟企业平台。该平台支持把不同地区合作伙伴的现有资源和信息，利用网络通信技术，迅速组合成一种跨企业、跨地区的统一指挥、协调工作的经营实体，从而实现劳动力、资源、资本、技术、管理和信息等的最优配置。具体包括：①虚拟企业协同工作环境。支持异地设计、装配、测试的环境，特别是基于广域网的三维图形的异地快速传送、过程控制、人机交互等环境。②企业动态组合及运行支持环境，特别是互联网（Internet）与内部网（Intranet）下的系统集成与任务协调环境。

4) 虚拟制造集成平台。该平台是综合建模、仿真和虚拟企业中产生的信息，并以数据、知识和模型的形式，通过建立交互通信的网络体系，支持分布式的、不同计算机平台和开放式的虚拟制造环境。虚拟制造集成平台具有统一的框架、统一的数据模型，包括支持虚拟制造的产品数据模型、虚拟集成制造技术和基于产品数据管理的开发过程集成。

（3）虚拟制造的关键技术

虚拟制造技术涉及面很广，其核心技术主要是建模技术、仿真技术以及虚拟现实技术。

1）建模技术。虚拟制造系统（VMS）是现实制造系统（RMS）的模型化、形式化和计算机化的抽象描述和表示。VMS 的建模包括：生产模型、产品模型和工艺模型。生产模型包含静态描述和动态描述两个方面，静态描述是指系统生产能力和生产特性的描述，动态描述是指在已知系统状态和需求特性的基础上预测产品生产的全过程。产品模型是制造过程中各类实体对象模型的集合。产品模型中除了包含必备的几何形状、公差等静态信息以外，还必须能够通过映射、抽象等方法提取出制造过程中所需的动态信息。工艺模型将工艺参数与影响制造功能的产品设计属性联系起来，以反映生产模型与产品模型之间的交互作用。

2）仿真技术。VM 依靠仿真技术来模拟产品开发、制造和装配过程，使设计者可以在计算机中"制造"产品。仿真是应用计算机对复杂的现实系统经过抽象和简化形成系统模型，然后在分析的基础上运行此模型，从而得到系统一系列的统计性能。由于仿真是以系统模型为对象的研究方法，而不干扰实际生产系统，同时仿真可以利用计算机的快速运算能力，用很短时间模拟实际生产中需要很长时间的生产周期，因此可以缩短决策时间，避免资金、人力和时间的浪费。计算机还可以重复仿真，优化实施方案。

3）虚拟现实技术（Virtual Reality Technology，VRT）。虚拟现实技术是在为改善人与计算机的交互方式，提高计算机可操作性中产生的，它是综合利用计算机图形系统、各种显示和控制等接口设备，在计算机上生成可交互的三维环境（称为虚拟环境）中提供沉浸感觉的技术。

由图形系统及各种接口设备组成，用来产生虚拟环境并提供沉浸感觉，以及交互性操作的计算机系统称为虚拟现实系统（Virtual Reality System，VRS）。虚拟现实系统包括操作者、机器和人机接口三个基本要素。它不仅提高了人与计算机之间的和谐程度，也成为一种有力的仿真工具。利用 VRS 可以对真实世界进行动态模拟，通过用户的交互输入，并及时按输出修改虚拟环境，使人产生身临其境的沉浸感觉。

3. 数字化虚拟制造在制造业中应用

数字化虚拟制造技术首先在飞机、汽车等工业领域获得了成功的应用。目前，虚拟制造技术的应用主要在以下两个方面：

（1）虚拟产品制造

应用计算机仿真技术，对零件的加工方法、工序顺序、工装的选用、工艺参数的选用，加工工艺性、装配工艺性、配合件之间的配合性、连接件之间的连接性、运动构件的运动性等均可建模仿真。建立数字化虚拟样机是一种崭新的设计模式和管理体系。

虚拟样机是基于三维 CAD 的产物。三维 CAD 系统是一种造型工具，能够支持结构分析、装配仿真及运动仿真等复杂设计过程，使设计更加符合实际设计过程。三维 CAD 系统能方便地与 CAE（计算机辅助工程）系统集成，进行仿真分析；能提供数控加工所需的信息，如 NC 代码，实现 CAD/CAE/CAPP（计算机辅助工艺过程设计）/CAM 的集成。一个完整的虚拟样机应包含如下的内容：

1）零部件的三维 CAD 模型及各级装配体，三维模型应参数化、适合变型设计和部件模块化。

2）与三维 CAD 模型相关联的二维工程图。

3）三维装配体适合运动结构分析、有限元分析、优化设计分析。

4）形成基于三维 CAD 的 PDM 结构体系。

5）从虚拟样机制作过程中摸索出定制产品的开发模式及所遵循的规律。

6）三维整机的检测与试验。以 SolidEdge/Solidworks、UG 等为设计平台，建立全参数化三维实体模型。在此基础上，对关键零件进行有限元分析以及对整机或部件的运动模拟。通过数字化虚拟样机的建立、实施，帮助企业建立起一套基于三维 CAD 的产品开发体系，实现设计模式的转变，加快产品推向市场的周期。

（2）虚拟企业

虚拟企业是目前国际上一种先进的产品制造方式，采用的是"两头在内，中间在外"哑铃形生产经营模式，即产品研究、开发、设计和组装、调试、销售两头在公司内部进行，而中间的机械加工部分通过外协、外购方式进行。

虚拟企业的特征是：企业地域分散化。虚拟企业从用户订货、产品设计、零部件制造，以及总成装配、销售、经营管理都可以分别由处在不同地域的企业，按契约互惠互利联作，进行异地设计、异地制造、异地经营管理。因为虚拟企业是动态联盟形式，突破了企业的有形界限，利用外部资源加速实现企业的市场目标。企业信息共享化是构成虚拟企业的基本条件之一，企业伙伴之间通过互联网及时沟通信息，包括产品设计、制造、销售、管理等信息，这些信息是以数据形式表示，能够分布到不同的计算机环境中，以实现信息资源共享，保证虚拟企业各部门步调高度协调，在市场波动条件下，确保企业最大整体利益。

7.2.6　计算机集成制造

1. 计算机集成制造的产生背景

1974 年美国人约瑟夫·哈林顿（Joseph Harrington）博士根据计算机技术在工业生产中的应用及其发展趋势，首先提出了计算机集成制造（Computer Integrated Manufacturing，CIM）的概念。但是，基于 CIM 理念的计算机集成制造系统（CIMS）却直到 20 世纪 80 年代中期才开始受到人们的重视并大规模实施。其原因是 20 世纪 70 年代的美国过分地夸大了第三产业的作用，而将制造业贬低为"夕阳工业"，从而导致美国制造业优势的急剧衰退。此时，美国才开始重视并决心用其信息技术的优势夺回制造业的霸主地位。美国、欧洲、日本等先进工业国家先后制定了长期的 CIMS 发展规划。例如，美国政府已将 CIMS 列为影响国家安全和经济繁荣的 22 项重要技术之一，并将其列为制造技术领域中四项关键技术的首位；欧洲信息技术研究发展战略计划（ESPRIT）中制定了专门的 CIMS 规划。世界各国都相继投入了大量人力、物力进行 CIMS 项目的研究，并采取各种切实有效的措施，在许多企业应用和推广。

CIMS 是我国高技术研究发展计划（863）的主题之一。自 1989 年以来，863/CIMS 主题已在我国机械、家电、纺织、轻工、化工、冶金等 20 多个行业中的 200 多家企业实施各种类型的 CIMS 应用示范工程。实施的企业覆盖离散、连续和混合三种生产方式，包括大、中、小各种规模企业，涉及多品种小批量、少品种大批量、单件订单、大量定制各种运行模式，涉及国有、集体、民营、合资和股份制等多种经济体制。已验收的多家企业 CIMS 工程的结果表明，CIMS 应用示范工程的实施，推动并提高了企业标准化和管理规范化工作，提高了企业对市场的快速响应速度和企业产品创新能力，显著地增强了企业的综合竞争能力。

　　2. 计算机集成制造的原理

　　（1）计算机集成制造的概念

　　首次提出 CIM 概念的哈林顿认为，CIMS 包括两个基本要点：①企业生产经营的各个环节，如市场分析预测、产品设计、加工制造、经营管理、产品销售等一切的生产经营活动，是一个不可分割的整体；②企业整个生产经营过程从本质上看是一个数据的采集、传递、加工处理的过程，而形成的最终产品也可看成是数据的物质表现形式。

　　1991 年日本能源协会提出 CIM 的定义是："为实现企业适应今后企业环境的经营战略有必要从销售市场开始，对开发、生产、物流、服务进行整体优化组合。CIM 是以信息作为媒介，用计算机把企业活动中业务领域及其职能集成起来，追求整体效益的新型生产系统。"

　　1992 年国际标准化组织 ISO TC 184/SC5/WG 认为："CIM 是把人和经营知识及能力与信息技术、制造技术综合应用，以提高制造企业的生产率和灵活性，由此将企业所有人员、功能、信息和组织诸方集成为一个整体。"

　　经过十几年的实践，1998 年我国 "863" 计划 CIMS 主题专家组结合我国国情，提出了新的 CIM 定义："将信息技术、现代管理技术和制造技术相结合，并应用于企业产品全生命周期（从市场需求分析到最终报废处理）的各个阶段。通过信息集成、过程优化及资源优化，实现物流、信息流、价值流的集成和优化运行，达到人（组织、管理）、经营和技术三要素的集成，以加强企业新产品开发的时间（T）、质量（Q）、成本（C）、服务（S）、环境（E），从而提高企业的市场应变能力和竞争能力。"

　　由此可见，CIM 是信息时代组织和管理企业生产的一种哲理，是信息时代新型企业的一种生产模式，是信息技术与生产技术的综合应用，也是信息技术与制造过程相结合的自动化技术与科学，其目的是提高制造系统的生产率和响应市场的能力。按照这一哲理和技术构成的具体实现便是 CIMS。

　　（2）CIMS 的体系结构

　　CIMS 以计算机网络和数据库为基础，利用信息技术和现代管理技术将制造企业的经营、管理、计划、产品设计、加工制造、销售及服务等全部生产活动集成起来，实现整个企业的信息集成，达到实现企业全局优化、提高企业综合效益和提高市场竞争能力的目的。因此，CIMS 由管理信息子系统、工程设计子系统、制造自动化子系统和质量信息子系统四个功能应用子系统以及计算机网络和数据库管理两个支撑系统组成，如图 7-7 所示。各个分系统的主要功能如下：

　　1）管理信息子系统。它是 CIMS 的神经中枢，用于收集、整理及分析各种管理数据，向企业和组织的管理人员提供所需要的各种管理及决策信息，必要时还可以提供决策支持。它包括预测、经营决策、各级生产计划、生产技术准备、销售、供应、财务、成本、设备、工具、人力资源等各项管理信息功能。其核心为 MRPⅡ 或 ERP。

　　2）工程设计子系统。它是 CIMS 中的主要信息源，根据管理信息系统下达的产品开发要求，通过计算机技术来完成产品的概念设计、工程与结构分析、详细设计、工艺设计以及数控编程等一系列工作，并通过工程数据库和产品数据库 PDM 实现内外部的信息集成。其核心为 CAD/CAPP/CAM 的 3C 化。CAD 系统的功能包括计算机绘图、有限元分析、产品造型、图

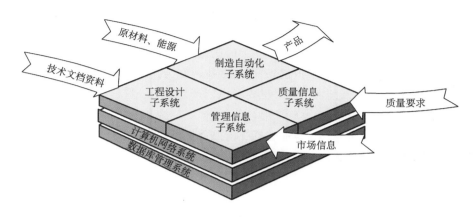

图 7-7 CIMS 体系结构

像分析处理、优化设计与仿真、物料清单的生成等。CAPP 的功能包括毛坯设计、加工方法选择、工艺路线制定、工时定额计算、加工余量分配、切削用量选择、工序图生成以及机床、刀具和夹具的选择等。CAM 系统的功能包括刀具路径的确定、刀位文件的生成、刀具轨迹仿真以及 NC 代码的生成等工作。

3）制造自动化子系统。它是 CIMS 中信息流与物流的结合点，是 CIMS 最终产生经济效益的所在。它以能源、原材料、配套件和技术信息作为输入，在计算机控制和调度下完成加工和装配。通常由数控机床、加工中心、清洗机、测量机、自动导向车、立体仓库、多级分布式控制计算机等设备及相应的支持软件组成。

4）质量信息子系统。其功能包括质量计划、质量检测、质量评价、质量控制和质量信息综合管理。在产品的生命周期中，有许多与质量有关的活动，产生大量的质量信息。这些质量信息在各阶段内部和各阶段之间都有信息传送和反馈，而且也在企业内部各个部门之间进行交换。因此，只有从系统工程学的观点去分析所有信息，使整个质量活动构成一个有机的整体，质量系统才能有效地发挥效能。

5）计算机网络子系统。它是 CIMS 各个分系统重要的信息集成工具。在网络软、硬件的支持下，将物理上分布的 CIMS 各个功能分系统的信息联系起来，实现各个工作站之间、各个分系统之间的相互通信，以达到信息共享和集成的目的。计算机网络系统应满足 4R（Right）要求，即在正确的时间，将正确的信息，以正确的方式，传递给正确的对象。

6）数据库管理子系统。它是 CIMS 信息集成的关键之一，用于存储和管理企业生产经营活动的各种信息和数据，通常采用集成和分布相结合的体系结构来保证数据存储的准确性、及时性、安全性、完整性，以及使用和维护的方便性。集成的核心是信息共享，对信息共享的最基本要求是数据存储及使用格式的一致性。

（3）计算机集成制造的关键技术

CIMS 的关键技术就是集成，而集成从宏观意义上来说主要包括以下三个方面：

1）信息集成。它是针对设计、管理和加工制造中大量存在的自动化信息孤岛，从信息资源管理（IRM）出发，实现信息正确、高效的共享和交换，这是改善企业技术和管理水平的首要问题。

信息集成的途径可以自底向上地进行：信息孤岛→信息平台的集成→整个企业的信息集成。

2）过程集成。企业为了提高竞争力，除了信息集成这一技术手段之外，还可以对过程进行重组。产品开发设计中的各个串行过程尽可能多地转变为并行过程，在设计时既要考虑到下游工作中的可制造性、可装配性，同时也要考虑到产品质量，这样可以减少反复，缩短开发时间，降低成本。

3）企业集成。为了充分利用全球制造资源，把企业调整成适应全球经济、全球制造的新模式，CIMS 必须解决资源共享、信息服务、虚拟制造、并行工程、资源优化、网络平台等关键技术，以更快、更好地响应市场。

3. 中强电动公司 CIMS 的应用

中强电动公司是我国最大的电动工具专业制造商之一，人均产值及利润连续多年在全国同行业中处于领先水平，年产值超过 10 亿元。中强电动公司的优势在于，采用有效的管理模式，集约社会资源，拥有产品市场和技术开发两大核心竞争力，而核心竞争力的背后是其完善和强大的 IT 体系。

（1）CIMS 工程概况

中强电动公司的 CIMS 工程主要由计算机网络/数据库分系统、工程设计（CAD）分系统、PDM 分系统、ERP 分系统四部分组成。

1）工程设计分系统。二维 CAD 绘图设计已完全普及，引进三维设计软件并逐步应用到新产品造型设计、总体设计、结构设计、零部件设计及总体装配等工作中，大大加快了设计开发进程，并提高了设计质量，优化了产品设计，缩短了产品开发周期。

2）PDM 分系统。采用上海某软件公司开发的产品数据管理（SIPM/PDM）系统和图档管理（EDM）系统，有效地解决了设计流程、技术资料的规范化，技术信息传递、流转、反馈快速流畅，并保证了数据的完整性、安全性和保密性，目前已运行在公司产品设计部门，实现了产品设计、工作流程的无纸化管理。

3）ERP 分系统。采用某国产软件公司的 ERP 系统，并分批实施了制造数据管理、销售管理、技术工艺管理、生产计划、车间作业、物料需求计划、采购管理、库存管理、质量管理、人力资源管理、设备管理、计件工资成本管理、PDM 接口等一系列子系统，此外还开发实施了基于 Internet 的订货管理子系统，作为销售管理子系统的上游子系统，为其提供数据。

4）系统集成。在基本完成各分系统应用后，对整个项目的系统集成进行了安装和调试。目前，整个系统已经可以集成运行，实现了 CAD、PDM 和 ERP 的信息集成。

（2）CIMS 工程的综合效益

中强电动公司应用国产软件实施 CIMS 工程，不仅提高了企业管理水平，同时也获得了良好的经济效益。

直接经济效益表现在：

1）响应市场的速度提高了 30%，对快速占领市场发挥了重要作用。

2）新产品开发速度提高 25% 以上，为新产品占领市场抢得先机。

3）生产率提高了 17%。

4）资金周转率提高了 0.2 次，公司每年可节省开支 90 万元。

间接经济效益表现在：

1）规范了企业的基础管理和运作方式，使公司建立起科学的管理体系和快速反应的企业经营机制，推动了企业管理流程的规范化、制度化，使各部门职责更加明确、科学合理。

2）大大提高了工作效率，增加了管理工作的深度，提高了管理工作水平。

3）提高了企业的声誉，增强了市场的竞争能力和应变能力。

7.2.7 联合攻击战斗机的研制与现代制造系统

联合攻击战斗机（JSF）研制计划是有史以来规模最大的军用飞机研制计划。联合攻击战斗机研制计划由美国牵头，英国、荷兰、丹麦、挪威、加拿大、新加坡、土耳其和以色列等多国参与合作。

洛克希德·马丁公司研制的 X-35 型联合攻击战斗机和波音公司研制的 X-32 型联合攻击战斗机经过激烈角逐，洛克希德·马丁公司最终胜出并赢得了价值约 2000 亿美元的订货合同。在研制阶段，洛克希德·马丁公司和波音公司均大量采用了现代制造系统的模式和技术，在武器装备快速研制、全生命周期管理、降低研制成本、提高武器装备经济性等方面取得了显著效益：

（1）广泛应用信息化设计技术

洛克希德·马丁公司使用 Catia 系统建立飞机零部件的三维 CAD 模型，实现了无纸化设计；基于建立的三维模型，通过开发的专用 CAPP 系统，自动地生成数控加工的 CAM 程序，并取消了专用工装，利用万能夹具对零件进行高速加工；最后使用 Metronor 作为 CAT 系统测试和验证零件的几何形状。

通过 CAD/CAPP/CAM/CAT 的集成运用，X-35 型概念验证机的设计和制造周期缩短了近50%，消除了因不正确或不完整尺寸、数据误译及 NC 编程错误等造成的返工，大幅减少了检验工作。

（2）虚拟开发环境覆盖全生命周期的每个阶段

洛克希德·马丁公司联合洛杉矶的 MSC（MacNeal-Schwendler Corporation）公司开发了包括设计/仿真集成、多学科概念设计、分析知识工程、产品数据管理等的虚拟开发环境，用于模拟飞机全生命周期的设计、制造和保障，以便在硬件制造之前就对设计方案进行工艺验证与改进。例如，在真正装配 X-35 飞机前，并没有采用传统装配过程中必需的实物样机，而是采用虚拟样机的方式进行预装配，大大缩短了研制周期，降低了研制成本。

同时，虚拟开发环境可以提供位于不同地点的部门和合作单位之间的实时连接，进而构建虚拟企业的联盟。洛克希德·马丁公司的合作伙伴在世界各地都可以实时存取和集成所有机体设计的有关数据，从而最大限度地使用建模和仿真工具。例如，洛克希德·马丁公司与诺斯罗普·格鲁门公司、英宇航公司、达索公司等在开发的产品数据管理系统的基础上，构建虚拟企业联盟，实现了资源共享和优化配置，提高了设计效率，降低了研发成本。

（3）采用并行工程实现异地联合设计制造

并行工程是实现异地联合设计和制造的前提之一，有助于充分发挥各自的特长。波音公司的 X-32 概念验证机在开发过程中创造了先进的设计和制造理念"在任何地方设计和制造"。基于全球数字协同网络，通过集成十多个国家的 4000 余名高级工程师和研究人员，利用与合作伙伴之间的时差，24h 并行地在计算机上进行设计和模拟组装，再与其他承包商合作，共同完成装配作业，极大地提高了设计的效率，缩短了研制周期。

（4）产品数据管理极大简化了工作程序，保证了准确性

通过开发支持全球协同的产品数据管理系统，对飞机研制过程中的所有文档、模型、图样等进行数字化管理，保证了产品数据的有效性和安全性，支持了虚拟制造的开展。

产品数据管理系统的数据库中存放了支持洛克希德·马丁公司 X-35 研制计划所有用于设计、制造和维修的数据，分布在全球的工作站在权限和安全的控制下可以实时地读取所有的产品数据，确保了对整个 X-35 研制计划进行实时集成和评审。

例如，波音公司在圣·路易斯生产 X-32 概念验证机前机身的各种部件，与在西雅图生产的中机身、机翼、后机身和尾翼等各种零部件，都是根据同一个数据库中的数据来设计和制造的。过去，波音公司需要把这些数据交给生产部门编写数控加工程序，控制 4～5 台数控机床加工出一个木质或铝质工件，以检验各系统的运转是否正常。现在，在集成工作流的基础上，只需要调用有关零件的数字定义，然后在一台计算机自动编程的数控机床上进行加工，一次加工就能完成，节省了大量的时间。

（5）通过精益生产实现经济可承受性

精益生产在联合攻击战斗机的装配中起到了重要作用，联合攻击战斗机已经成为通过精益生产达到经济可承受性目标的标志。

例如，波音公司吸取了其他项目的经验，改进了 X-32 的装配步骤，以便在同一个直线装配线上生产三种不同的机型。据报道，通过精益生产优化，波音 AH-64 阿帕奇直升机的装配线已于 1998 年转变为这种直线装配线，装配线上的 19 个工作站减少到了 10 个，装配周期从 81 天缩短到 44 天，总装周期缩短了 60%。同样的方法，波音公司用一条仅有 7 个工作站的装配线来满足 X-32 的生产要求，飞机在完成前 4 个工作站的装配后，就可以从移动式机架上取下，从第 5 个工作站起，X-32 就可以利用其自身的机轮在生产线上转移，然后移动式机架又回到生产线的起始位置迎接下一架飞机。这种装配线每月能生产 17.5 架 X-32，在每个工作站里停留的工作时间仅为 1.5 天。

又如，在总装车间，工程师通过使用桌面计算机代替纸质图来读取 X-32 设计说明书，并设计了一款挂在工程师腰间的微型计算机，再通过一种单目镜片，将装配顺序按照装配好后的样子投射到正在装配的部件上方，来辅助工程师的装配作业，从而提高了装配的效率，降低了装配的出错率。

再如，洛克希德·马丁公司采用精益生产中的快速换模技术和信息化生产技术，实现了生产作业的快速转换。联合攻击战斗机有三种不同的机型：美国空军的常规起降型、美国海军的航母舰载型以及美国海军陆战队和英国空、海军的短距起飞/垂直着陆型。三种机型的机翼材料相同，但用户对机翼的要求不同，因此，机翼机构设计是不一样的。如何实现不同机翼的"混流"加工制造，以控制成本，快速响应客户需求，是联合攻击战斗机生产的技术难题。洛克希德·马丁采用柔性生产线和信息化控制技术实现生产线从生产一种机型顺利转向另外一种机型：①采用高速数控铣床直接从 Catia 软件得到指令，实现上述三种机翼的转换加工，机翼铣削加工成本是常规加工成本的 1/3；②由于数控铣床主轴转速极高，在铣削过程

中飞溅出切屑，带走了部件上的热量，避免了热量积聚，减轻了加工部件的弯曲变形，因此不需要采用铣削夹具，节约了夹具的切换时间；③由于不需要夹具，不同类型机翼的切换加工，只需向数控铣床输入新的代码即可，另外通过使用 Cadam 软件直接进行编程，大大缩短了生产布置的时间。以前，机型转换需分别用 6 周时间进行编程和刀具调试验证，现在 1 天就能完成上述工作。通过这种精益的柔性信息化装配线，1 号 X-35 概念验证机的整体机翼与中部机身拼装只需 4 个机械工程师花 14min 完成，前部和中部机身拼装只需 16min，而采用非信息化制造技术，仅机身拼装就需要 7~10 天的时间。

 思考与练习题

1. 什么是制造系统？

2. 现代制造系统的发展趋势有哪些？

3. 精益生产的基本思想是什么？

4. 并行工程与传统串行开发有何本质区别？

5. 并行工程的关键技术主要有哪些？

6. 大规模定制和大批量生产的主要区别是什么？

7. 大规模定制有哪些类型？

8. 如何理解敏捷制造的含义？

9. 虚拟制造系统由哪几部分组成？分别简述其内涵。

10. CIMS 的基本概念是什么？

11. 叙述 CIMS 的组成及各部分的主要功能。

参 考 文 献

［1］BARNES R M. Motion and time study：design and measurement of work ［M］. New York：John Wiley & Sons, Inc. , 1990.

［2］NIEBEL B, FREIVALDS A. 方法、标准与作业设计：第 11 版 ［M］. 影印版. 北京：清华大学出版社，2003.

［3］GRANT E L, LEAVENWOTH R S. 统计质量控制；第 7 版 ［M］. 影印版. 北京：清华大学出版社，2002.

［4］SALVENDY G. Handbook of industrial engineering ［M］. 3rd ed. New York：John Wiley & Sons, Inc. , 2001.

［5］特纳，米兹，凯斯，等. 工业工程概论 ［M］. 张绪柱，译. 3 版. 北京：清华大学出版社，2007.

［6］BOARDMAN J, SAUSER B. Systemic thinking：building maps for worlds of systems ［M］. Hoboken：Wiley，2013.

［7］JACKSON M C. Reflections on the development and contribution of critical systems thinking and practice ［J］. Systems research and behavioral science, 2010 (27)：133-139.

［8］BUSHE G R. The appreciative inquiry model ［M］//KESSLER E H. The Encyclopedia of Management Theory. Thousand Oaks：Sage Publications，2013.

［9］简祯富，赵立忠，朱珮君. 工业工程在台湾医院管理之研究与应用 ［J］. 工业工程，2013，16 (1)：1-8.

［10］顾基发. 物理事理人理系统方法论的实践 ［J］. 管理学报，2011，8 (3)：317-322.

［11］汪应洛，袁治平. 工业工程基础 ［M］. 2 版. 北京：中国科学技术出版社，2005.

［12］周密. IE 方法实战精解 ［M］. 广州：广东经济出版社，2003.

［13］郭位. 前瞻工业工程的定位 ［J］. 工业工程与管理，2002，9 (1)：1-3.

［14］刘胜军. 精益生产：现代 IE ［M］. 深圳：海天出版社，2003.

［15］傅武雄. 标准工时制定与工作改善 ［M］. 厦门：厦门大学出版社，2003.

［16］今井正明. 现场改善 ［M］. 周健，等译. 北京：机械工业出版社，2013.

［17］张根保. 现代质量工程 ［M］. 北京：机械工业出版社，2007.

［18］郭伏，钱省三. 人因工程学 ［M］. 北京：机械工业出版社，2007.

［19］宾鸿赞，王润孝. 先进制造技术 ［M］. 北京：高等教育出版社，2006.

［20］刘新建. 系统评价学 ［M］. 北京：中国科学技术出版社，2007.

［21］俞金寿. 信息科学与工程 ［M］. 北京：科学出版社，2007.

［22］刘鲁. 信息系统：原理、方法与应用 ［M］. 北京：高等教育出版社，2006.

［23］杰克逊. 系统思考：适于管理者的创造性整体论 ［M］. 高飞，李萌，译. 北京：中国人民大学出版社，2005.

［24］石渡淳一，加藤贤一郎，高柳昭，等. 最新现场 IE 管理 ［M］. 严新平，朱小红，熊辉，译. 深圳：海天出版社，2004.

［25］易树平，郭伏. 基础工业工程 ［M］. 2 版. 北京：机械工业出版社，2014.

［26］王家善，吴清一，周佳平．设施规划与设计［M］．北京：机械工业出版社，1999．

［27］韩展初．现场管理实务［M］．厦门：厦门大学出版社，2002．

［28］周晓东，邹国胜，谢洁飞，等．大规模定制研究综述［J］．计算机集成制造系统，2003，9（12）：1045-1052．

［29］麦克沙恩，格里诺．组织行为学［M］．井润田，王冰洁，赵卫东，译．北京：机械工业出版社，2007．

［30］韩维生．板式家具生产系统现场工作研究［D］．南京：南京林业大学，2007．

［31］孙少雄．如何推行5S［M］．厦门：厦门大学出版社，2007．

［32］徐航，李国新．5S管理实务［M］．北京：中国时代经济出版社，2008．

［33］陈军波．现场管理体系及其关键技术研究［D］．重庆：重庆大学，2006．

［34］丁玉兰．人因工程学［M］．上海：上海交通大学出版社，2004．

［35］权秀敏，尹显明．成组技术与现代化生产［J］．农业装备与车辆工程，2007（2）：8-10．

［36］刘丽文．生产与运作管理［M］．北京：清华大学出版社，2002．

［37］李怀祖．生产计划与控制［M］．北京：中国科学技术出版社，2008．

［38］潘尔顺．生产计划与控制［M］．上海：上海交通大学出版社，2003．

［39］陈荣秋．生产计划与控制：概念、方法与系统［M］．武汉：华中理工大学出版社，1995．

［40］蒋贵善．生产计划与控制［M］．北京：机械工业出版社，1995．

［41］程杰，宋福根，赵晓珍．MRP Ⅱ 中生产计划与控制的缺陷分析及改进［J］．工业工程与管理，2006（4）：11-15．

［42］谢沁华，孙先锦．MRP系统的设计缺陷改进研究［J］．工业工程，2004，7（2）：21-24．

［43］王军强，张翠林，孙树栋，等．MRPII、JIT、TOC生产计划与控制比较研究［J］．制造业自动化，2005，27（2）：9-13．

［44］朱耀祥，朱立强．设施规划与物流［M］．北京：机械工业出版社，2005．

［45］方庆琯，王转．现代物流设施与规划［M］．北京：机械工业出版社，2004．

［46］马汉武．设施规划与物流系统设计［M］．北京：高等教育出版社，2005．

［47］陈呈频，毕娜，等．车间设施优化布置方案［J］．工业工程与管理，2007（1）：103-105．

［48］蒋祖华，奚立峰．工业工程典型案例分析［M］．北京：清华大学出版社，2005．

［49］刘志坚．工效学及其在管理中的应用［M］．北京：科学出版社，2002．

［50］苏秦．现代质量管理学［M］．北京：清华大学出版社，2013．

［51］陈宝江．质量管理与工程［M］．北京：北京大学出版社，2009．

［52］温德成．质量管理学［M］．北京：机械工业出版社，2014．

［53］方志耕．质量与可靠性管理［M］．北京：科学出版社，2011．

［54］同淑荣．质量管理学［M］．北京：科学出版社，2011．

［55］韩福荣．现代质量管理学［M］．3版．北京：机械工业出版社，2012．

［56］熊伟．质量功能展开：理论与方法［M］．北京：科学出版社，2012．

［57］于振凡，孙静．生产过程质量控制［M］．北京：中国标准出版社，2013．

［58］杨鑫，刘文长．质量控制过程中的统计技术［M］．北京：化学工业出版社，2014．

［59］梁工谦．质量管理学［M］．2版．北京：中国人民大学出版社，2014．

［60］马义中，汪建均．质量管理学［M］．北京：机械工业出版社，2012．

［61］龚益鸣．现代质量管理学［M］．北京：清华大学出版社，2012．

［62］苏秦. 质量管理与可靠性［M］. 2 版. 北京：机械工业出版社，2014.

［63］何桢. 六西格玛管理［M］. 3 版. 北京：中国人民大学出版社，2014.

［64］谢建华. 质量管理体系 ISO9001&TS16949 最新应用实务［M］. 北京：中国经济出版社，2013.

［65］韩之俊，许前. 质量管理［M］. 3 版. 北京：科学出版社，2011.

［66］洪生伟. 企业质量工程［M］. 北京：中国质检出版社，2013.

［67］周宏明. 设施规划［M］. 北京：机械工业出版社，2013.

［68］迈耶斯. 制造设施设计和物料搬运［M］. 蔡临宁，译. 2 版. 北京：清华大学出版社，2006.

［69］蒋祖华，苗瑞，陈友玲. 工业工程专业课程设计指导［M］. 北京：机械工业出版社，2006.

［70］张公绪，孙静. 质量工程师手册［M］. 北京：企业管理出版社，2002.

［71］戴明. 戴明论质量管理［M］. 钟汉清，戴永久，译. 海口：海南出版社，2003.

［72］戴庆辉，宋卫霞. 论现代工业工程技术与先进制造模式的关系［J］. 机械制造与自动化，2006，35（3）：1-3.

［73］邵家骏. 质量功能展开［M］. 北京：机械工业出版社，2004.

［74］严隽琪，范秀敏，马登哲. 虚拟制造的理论、技术基础与实践［M］. 上海：上海交通大学出版社，2003.

［75］戴庆辉. 先进制造系统［M］. 北京：机械工业出版社，2006.

［76］蒋志强，施进发，王金凤. 先进制造系统导论［M］. 北京：科学出版社，2006.

［77］李蓓智. 先进制造技术［M］. 北京：高等教育出版社，2007.

［78］祁国宁，顾新建. 21 世纪成组技术的发展方向初探［J］. 成组技术与生产现代化，2005，22（2）：1-5.

［79］单泪源，高阳，陈荣秋. 敏捷制造系统体系结构研究［J］. 中国机械工程，2000，2（6）：687-691.

［80］姚振强，张雪萍. 敏捷制造［M］. 北京：机械工业出版社，2004.

［81］于位灵，万军. 虚拟制造技术（VMT）的发展与应用研究［J］. 制造业自动化，2008，30（2）：1-3.

［82］李志辉，查建中，鄂明成，等. 虚拟制造开放式层次化体系结构的研究［J］. 北方交通大学学报，2003，27（1）：6-11.

［83］班纳吉，丹泽图. 虚拟制造［M］. 张伟，译. 北京：清华大学出版社，2005.

［84］吴昊. CIMS 应用集成平台技术发展现状与趋势［J］. 中国科技信息，2006（3）：80-81.

［85］李美芳. CIMS 及其发展趋势［J］. 现代制造工程，2005（9）：113-115.

［86］夏传良，刘秀婷，张志军，等. CIMS 仿真建模方法［J］. 计算机仿真，2006，23（2）：211-214.

［87］熊光楞，张和明，李伯虎. 并行工程在我国的研究与应用［J］. 计算机集成制造系统，2000，6（2）：1-6.

［88］易树平. 并行工程的研究热点［J］. 国际学术动态，2003（2）：32-34.

［89］罗辑，曹建国，陈世平. 成组技术的应用及其效益［J］. 中国制造业信息化，2004，33（9）：92-93.

［90］王国华，梁樑. 决策理论与方法［M］. 合肥：中国科学技术大学出版社，2006.

［91］顾新建，祁国宁，谭建荣. 现代制造系统工程导论［M］. 杭州：浙江大学出版社，2007.

［92］顾新建，纪杨建，祁国宁. 制造业信息化导论［M］. 杭州：浙江大学出版社，2010.

［93］张霖，罗永亮，范文慧，等. 云制造及相关先进制造模式分析［J］. 计算机集成制造系统，2011，

17（3）：458-468.

［94］黄沈权，顾新建，陈芨熙，等．制造云服务的按需供应模式及其关键技术研究［J］．计算机集成制造系统，2013，19（9）：2315-2324.

［95］吴雁，王彦瑞，张杰人，等．基于 MES 的离散型制造业的高级计划排产的应用研究［J］．制造技术与机床，2018，674（8）：47-51.

［96］王成桥，乔非．ERP 与 MES 集成模式方法研究［J］．工业工程，2006，9（2）：77-81.

［97］李文辉．制造执行系统（MES）的应用与发展［J］．兰州理工大学学报，2006，32（2）：56-60.

［98］马万太，谭惠民，黎志光，等．ERP 闭环实现关键：ERP/MES/底层控制集成系统研究［J］．中国机械工程，2003，14（16）：4，43-46.

［99］仲秋雁，闵庆飞，吴力文．中国企业 ERP 实施关键成功因素的实证研究［J］．中国软科学，2004（2）：73-78.

［100］唐堂，滕琳，吴杰，等．全面实现数字化是通向智能制造的必由之路：解读《智能制造之路：数字化工厂》［J］．中国机械工程，2018，29（3）：366-377.

［101］柴天佑，郑秉霖，胡毅，等．制造执行系统的研究现状和发展趋势［J］．控制工程，2005，12（6）：4-9.

［102］饶运清，李培根，李淑霞，等．制造执行系统的现状与发展趋势［J］．机械科学与技术，2002，21（6）：1011-1016.

［103］王法，聂荣，袁德成．APS 理论与应用［J］．物流科技，2005，28（119）：86-89.

［104］翁元，周跃进，朱芳菲．基于约束理论的制造业高级计划排程模型的建立及应用［J］．中国管理信息化（综合版），2007，10（9）：17-21.

［105］丁斌，陈晓剑．高级排程计划 APS 发展综述［J］．运筹与管理，2004，13（3）：155-159.